密碼學

密碼分析與實驗

Cryptography

鄧安文

2018

獻給Lilie、Carl與Liberty

目 錄

序言 **11**

「密碼學（二版）」序言 12

「密碼學－加密演算與密碼分析計算實驗」序言 13

初版前言 14

1 緒論 **19**

1.1 通訊安全 21

1.2 公開金鑰密碼系統與對稱金鑰密碼系統 29

2 古典密碼 **33**

2.1 凱撒挪移碼 36

2.2 仿射密碼 38

2.3 單套字母替代法以及頻率分析 40

2.4 福爾摩斯與密碼 47

2.5 金甲蟲(Gold-Bug)密文 49

2.6 Vigenère密碼 51

2.7 Hill密碼 59

2.8 單次密碼簿 62

2.9 Enigma密碼機 65

2.10 破譯Enigma與對稱群 72

3 基礎數論 **81**

3.1 模運算與輾轉相除法 82

3.2 Java之BigInteger Class 92

▶Java BigInteger測試 97

3.3 中國餘式定理(Chinese Remainder Theorem) 99

3.4 Lagrange定理與費馬小定理 101

3.5 原根(Primitive Root) 103

3.6 二次剩餘(Quadratic Residue) 105

3.7 Galois體 111

3.8 Galois體$\mathbb{F}_{2^8}$程式實作 115

3.9 質數理論 120

3.10 連分數 128

3.11 密碼安全似亂數位元生成器 134

4 訊息理論   **137**

4.1 機率 138

▶Poisson分佈 140

4.2 完美秘密 140

4.3 熵 143

4.4 自然語言之熵 146

5 AES與對稱金鑰密碼系統   **151**

5.1 DES與Feistel密碼 153

5.2 Triple DES與DES挑戰 161

5.3 AES 165

5.4 AES Java測試 179

5.5 RC4 182

5.6 IDEA 183

5.7 區塊密碼加密模式 188

▶電子編碼簿模式ECB 188

▶密碼區塊串聯模式CBC 189

▶圖像加密ECB vs CBC 190

▶密文回饋模式CFB 191

▶輸出回饋模式OFB 193

6 RSA密碼   **195**

6.1 公開金鑰密碼系統 197

6.2 RSA演算法 199

6.3 RSA之數論背景 204

6.4 RSA Java測試程式與openSSL測試 210

▶openSSL使用RSA初探 214

6.5 RSA數位簽章 216

6.6 同時RSA加密和RSA數位簽章 219

6.7 RSA-129挑戰與因數分解 222

6.8 二次篩法與 Pollard 之 p − 1 法 226

▶二次篩法 227

▶Pollard的 p − 1 法 231

6.9 利用RSA私鑰因數分解 232

6.10 RSA密碼系統使用之注意事項 235

6.11 Wiener低冪次 d 攻擊 239

6.12 時序攻擊 242

6.13 Rabin密碼 244

7 非對稱鑰密碼系統與離散對數   **249**

7.1 Pohlig-Hellman密碼與離散對數 251

7.2 尋找安全質數與原根 255

7.3 Diffie-Hellman金鑰交換 258

7.4 ElGamal密碼 261

7.5 Pohlig-Hellman演算法 263

7.6 Index Calculus 265

8 數位簽章   **269**

8.1 數位簽章方案 271

8.2 RSA盲簽章 273

8.3 Hash函數簡介 275

▶簡易Hash程式 277

8.4 生日攻擊 278

▶生日攻擊離散對數 280

8.5 ElGamal數位簽章 280

8.6 DSA數位簽章 284

8.7 Schnorr數位簽章 289

8.8 Nyberg-Rueppel數位簽章 290

8.9 MD系列Hash函數與微軟password 294

▶MD4與微軟password 297

8.10 SHA系列Hash函數 299

▶SHA-256演算法 303

8.11 雜湊函數與比特幣 306

▶Merkle雜湊樹 307

▶雜湊現金與比特幣挖礦 308

▶51%雙重支付攻擊 310

8.12 訊息鑑別碼MAC 313

8.13 台灣現行電子簽章法規 315

9　質數與大整數算術　　　　　　　　　　　　　　　　　　　　**321**

9.1　大整數之加減乘法 322

9.2　大整數之除法 325

9.3　Montgomery算術 328

9.4　模指數運算 332

9.5　Miller-Rabin質數測試 334

9.6　Agrawal-Kayal-Saxena演算法 337

9.7　公開鑰密碼之質數 340

　　▶強質數 340

　　▶DSA質數 343

9.8　大整數算術與數論套件及軟體 346

10　橢圓曲線密碼　　　　　　　　　　　　　　　　　　　　　**349**

10.1　橢圓曲線 351

10.2　橢圓曲線 $(\bmod\ p)$ 357

10.3　質數曲線的乘法演算與測試 362

10.4　Jacobian投影座標 368

10.5　定義在Galois體 $\mathbb{F}_{2^m}$ 之橢圓曲線 371

10.6　密碼安全曲線 375

　　▶secp256k1橢圓曲線 376

10.7　如何將訊息化為橢圓曲線代碼 382

10.8　橢圓曲線公開金鑰密碼演算法 383

10.9　橢圓曲線因數分解 392

10.10橢圓曲線挑戰 396

10.11平行Pollard Rho法 400

11　公開金鑰基礎建設　　　　　　　　　　　　　　　　　　　**403**

11.1　憑證機構CA 404

11.2　X.509 407

11.3　自然人憑證 410

　　▶內政部憑證管理中心的驗證 411

　　▶自然人憑證之安全性 411

　　▶內政部憑證管理中心 412

12　量子密碼　　　　　　　　　　　　　　　　　　　　　　　**415**

12.1　量子實驗 416

12.2　量子電腦基本元件 419

12.3　量子金鑰分配 422

12.4 淺談Shor之量子演算法 425

　　▶Shor演算法量子計算部分 427

12.5 「後量子」密碼系統 428

參考書目   **429**

　　圖目錄 436

　　表目錄 437

　　索引 439

本版序言

寫一本書寫了十餘年，誠屬不易。感謝全華圖書股份有限公司的支持，本書能以改版的方式再次發行。感謝宏碁股份有限公司資安維運處資深處長的黃瓊瑩博士，擔任本人所開授密碼學相關課程的業師，本人與修課同學都受益良多。感謝我的家人Lilie、Carl以及Liberty，也參與了部分密碼學素材的創作。感謝曾多次擔任本人密碼學課程業師的傅國清博士，引入了資訊安全攻防相關的教學。在這幾年密碼學的教學，本人也導入由德國Kassel大學所開發的密碼教學軟體CrypTool 2，大幅簡化密碼分析演練的難度，藉由圖形化的介面，讓密碼學的教學，變成是可以「看」得到的，即使不諳程式設計的學生，實作也變成可能，這也有必要介紹，感謝讀者不吝指正前書的謬誤之處，這在本版都做了必要的修正與增減。另外，適度地使用openSSL，即使不用來當成撰寫密碼程式的工具，依然能透過指令操作金鑰對產生、加解密、數位簽章、雜湊函數運算等基本密碼學元件操作，特別是檔案的處理，是其強項，像是圖檔的加密、解密也不成問題。新版的書名就定為「密碼學－密碼分析與實驗」。

十年前，所謂的密碼貨幣，如比特幣、以太坊，都還沒有成形，誰當時會想到密碼學會跟新一代金融有任何關聯？如今加密貨幣居然成了投機者與黑道關注的標的，冰島挖礦機大批被竊，密碼貨幣的礦工能挖虛擬貨幣挖到電力消耗大幅成長，甚至連GPU都能一度賣到缺貨，然而台灣的相關硬體製造商從中也獲利不少。連如雷貫耳的勒索病毒，也是用先進的密碼技術，透過網路的漏洞，近乎隨機式地加密受害者的檔案。要說世界因密碼學而改變，不但不誇張，其實也是剛好而已。密碼貨幣的密碼機制，也是本書探討的課題之一。

地球上的強權、強國、跨國領導企業們紛紛追逐「量子霸權」，量子電腦的發展，不斷有新的進程；擁有足夠量元的量子電腦搭配Peter Shor量子平行演算法，將是非對稱金鑰密碼RSA、橢圓曲線密碼的剋星。這一天何時來臨？微軟也針對量子計算發展一套Q#程式語言，想要嚐鮮，直接在Visual Studio就能撰寫量子程式，用傳統電腦模擬量子電腦，效能雖差遠了，但還真能滿足不少想像。當代密碼學遲早會碰上了量子危機，所謂一物降一物。「後量子」密碼學的探討，對於慮患也深的人們，應該不是杞人憂天吧？

在學習區塊鏈、FinTech的底層知識密碼學時，或許基本功就是，要先弄清楚公鑰、私鑰的使用時機，知道支付加密貨幣，並未加密而是用自己的私鑰做了數位簽章。或許有人就自始認為，虛擬貨幣只是場龐氏騙局，所以根本不想與其有關聯的知識有任何瓜葛？然而這段時間與密碼學相關的大事，還是發生了。史上第一次，SHA-1的碰撞終於在2017年透過Google強大的計算能力被找到，破解者聲稱shattered了。比特幣的硬分叉Bitcoin Gold於2018年五月被51%雙重支付攻擊成功，損失1800萬美元。 2018年Google發表72量子位元的量子處理器Bristlecone。

　　2018年北半球的夏天好熱，你可以懷疑，冰山的裂解，是否跟林立的挖虛擬貨幣的礦場有無關連，筆者無法證實或否定。雖然地球依然繞著太陽旋轉，但自轉的速度變慢了。可以確定的，在明日科技的各領域呈現互相糾結狀態中，密碼學是有一席之地的。

鄧安文　　2018年于台北

https://anwendeng.blogspot.com/
https://www.youtube.com/user/anwendeng/

「密碼學（二版）」序言

感謝全華圖書股份有限公司的支持，讓本書有付梓的機會。也感謝健行科技大學，讓本人仍有機會教授密碼學相關的課程。也感謝我的家人Lilie、Carl以及Liberty，讓本人有可能在家進行完成本書的修稿、完稿工作。感謝讀者不吝指正前書的謬誤之處，這在本書都做了必要的修正。

　　本書主要是探討密碼學主要元件的演算機制，除了各種相關的演算法的鋪陳，對部分演算機制，並附上未使用特殊套件的C/C++/Java程式源碼，相信藉此能對密碼學建立較為深刻的認識。本書不僅探討Know How，也試圖探尋Know Why。然而本書並非定位為應用代數之類的書籍，對於密碼學相關的數學背景知識，試圖不使用太多的數學理論，在需要時才引入的方式下，我們介紹當代密碼學當紅的RSA、AES、橢圓曲線密碼以及量子密碼。本書力求理論闡述嚴格完備，並以豐富的實例探討各個課題。

　　雖說密碼學是深邃的，希望藉由本書的導引，能讓讀者逐步進入密碼學的殿堂。

鄧安文　　2013年于台北

「密碼學－加密演算與密碼分析計算實驗」序言

寫完《密碼學—加密演算法》已有兩年半的光陰。2005年之際，去趟英國的Bletchley Park，在緬懷歷史上密碼學前輩之餘，也關注目前的密碼學發展，其進展實在很快，近年來又有新的突破。

首先談談RSA-200挑戰。去年，也就是2005年，一個200位的十進位數，被成功地因數分解了。這表示200位以下的RSA已經不宜採用，512-bit RSA早就不行。這不禁讓人問道：RSA的霸主地位，什麼時候會受到動搖？

要破譯RSA，有人想求助於Peter Shor的量子演算法，然而這得先有真的量子電腦才行。2001年，IBM的研究團隊造好一部可以執行Peter Shor的量子演算法的「量子電腦」，運用了核磁共振的技術，可以分解$15 = 3 \times 5$。

要造「量子電腦」，絕非易事，但是「量子密碼」的技術已有相當的成熟度，這樣的商品正由紐約的MagiQ、日內瓦的id Quantique在販售。

想要破譯RSA，身旁又無「量子電腦」，因數分解又太「難」，就試試Side Channel Attack，這類的攻擊，有時也能奏效。

在密碼應用中，幾乎無所不在的Hash函數；尤其是號稱安全Hash演算法的SHA-1，已經被來自山東大學的王小云和她的團隊所證明，找到碰撞次數是可以從原先的2^{80}計算量降至2^{63}，這個發現引起密碼學界的振動，誠如Schneier所言，2^{64}是個關鍵數字，這樣的Hash函數，還能是安全的？這個發展還會繼續，要尋找安全的Hash演算法，只能在更長位元數的Hash函數中尋找。

甚至才在本世紀初，剛頒定的加密標準AES，也傳出有「有效的」代數攻擊，好在事後才知道是「理論上可以如何如何」的攻擊，這可需要大量的代數知識，能不能奏效，這可要看攻擊者是否能找到AES的「代數公式解」。

至於被譽為「下一世代密碼」的橢圓曲線密碼，這方面的密碼分析，目前是已經破解了ECCp-109、ECC2-109挑戰。

密碼學的進展很快，這方面的課程、書籍，也必須時時更新。本書嚴格來說是原先《密碼學—加密演算法》第二版，但是在改版的過程中，除了有相當程度的修訂與改寫，也加入不少的新體裁；部分章節重新調整，亦加入更多的攻擊法介紹，實作更多的範例，這已經不只是「第二版」，所以取個新名，重新出書：在考量密碼學的進展，以及多次教授密碼學課程的經驗，重新調整部分素材。

- 有別舊書的Pseudo Code，加上為數不少的完整的Java源碼。選擇Java，主因還是較易實作，也不必太過擔心像是一般自由軟體不同版次的問題。這些Java源碼，並不是以如何操作JCE為主，重點還是如何將演算法實踐。畢竟筆者是無法容忍整個密碼運算機制，是在「黑盒子」裡進行。這些Java源碼，是筆者多年教學的結晶，在輔助學生了解密碼計算上，有相當大的助益；譬如如何找強質數、安全質數、DSA質數、實作2048-bit RSA玩具，都在書中有所討論，並採取最新版次的Java 1.5測試執行過。

- 加上《時序攻擊》，即Timing Attack。有關Side Channel Attack的談論，雖時有所聞，但多數的書籍，也只是略為帶過。在此，筆者嘗試把較易理解且攻擊性強的Timing Attack版本，也納入書中討論。

- 模指數運算是公開金鑰密碼計算最關鍵的演算，越快的模指數運算，就有越快的密碼計算。故筆者也嘗試將各種不同的演算方式，納入討論。

- 加上《Galois體$\mathbb{F}_{2^8}$程式實作》，Galois體$\mathbb{F}_{2^8}$是了解AES之鑰，讀者可藉由此程式實作，對Galois體$\mathbb{F}_{2^8}$有更徹底的了解。

- 介紹Peter Shor的量子演算法，並將量子計算的討論納入。

- 將橢圓曲線的「乘法」以Java實作。許多的橢圓曲線計算，都可藉此執行，並以163-bit橢圓曲線測試。

感謝

感謝邱琦文、李秋瑩兩位教授對乘法器的解說，讓筆者對密碼計算硬體實作有進一步的認識。感謝資工系主任陳維魁對於書中內容的興趣。感謝林克儒，在筆者密碼學的教學與專題研究中，所做的貢獻。感謝全華李素玲經理的大力支持，使本書能夠付梓。感謝Lilie的相扶相持，使筆者能一圓遊Bletchley Park的心願，並靜心完成文稿，共同期待多多的來臨。也感謝貝貝，在筆者忙碌之際，有所節制，並忙碌於他的解碼遊戲—拼圖，這對兩歲的男孩，誠屬難能可貴。

鄧安文　　2006年于台北

初版前言

"Die Wissenschaft soll die Freundin der Praxis sein, aber nicht ihre Sklavin."
Carl Friedrich Gauß

勝利是屬於「公理正義」的一方。從歷史上來看，能取得戰爭勝利的，就往往取得歷史的「解釋權」，他們的意識型態就理所當然地成為所謂的「主流價值觀」，因此，勝利者會被「解釋」成「公理正義」的一方，而失敗的敵人卻被無情地「污名化」、「妖魔化」。然而勝利往往是屬於「掌握優勢資源」的一方，這些優勢資源包括了軍事力量、先進科技、生產技術等等，同時也包括了常為人所諱言的「密碼技術」。

二次世界大戰之際，日本海軍聯合艦隊可說是當時世界最強的艦隊，而美國在珍珠港一役之後，海軍實力已處於劣勢。然而，美國卻能破譯日本的密碼，在一連串所破譯的密電中，顯示日本海軍大將山本五十六的行蹤，以及聯合艦隊的動向，日後也才能適時狙殺山本五十六於飛往索羅門群島座機途中，並以劣勢兵力贏得中途島海戰，這是整個太平洋戰役的轉捩點。

無庸置疑地，密碼學的確是一門實用的學科；從以往君王、將帥用來對他們所發佈的訊息加密，一直到今日的電子商務、「自然人憑證」、網路安全等，其中所用的核心技術就是密碼學。

要談到當代密碼學的核心，我們就無可避免地要了解當代密碼系統的運作機制；要想對其安全性評估，就無可避免地要了解其密碼系統的演算法；任何只是將密碼系統演算法輕描淡寫，或只是套用一些專業術語，充其量也只能「按圖索驥」，對於使用密碼學技術不會有太大實質幫助。因為任何密碼學所能提供的安全保證，不是建立在「入侵者無知」的假設上，其所要面對的是精通各類資訊技術、了解密碼系統演算法的超級駭客。

誠然，資訊安全的漏洞，往往不是發生在所用密碼演算法上，而主要是系統管理人員上；即使密碼系統程式師，能夠遵循密碼學演算法、協定撰寫一份近乎「完美無缺」的系統，卻可能忽略了亂數產生問題硬體、作業系統等因素；有時甚至所使用的密碼學產品本身就是洩密機。即使聲稱是以當代密碼技術RSA、DES、Triple DES為加密系統的「健保IC卡」或是「自然人憑證」，都曾發生過資料保密上之紕漏，被人視為是近乎「完美無缺」的系統，卻無法保證非密碼層面不出問題。

本書並不想對整個資訊安全的大架構進行討論，因為一方面，除了理論上的探討外，另一方面也必須很實際地，從管理層面探討，這並非單從演算法、協定中所能解釋清楚的，這是大師級的工作，決非筆者所長；反而當代密碼學各類演算法，有其精確數學描述方式，將其程式化，也都不是那麼遙不可及，倘若能將這些內容，列入訓練學生教材，成效也較能預期。

一成熟耐用的密碼系統，首先要有能經得起嚴謹理論考驗的演算法，綜觀當代密碼系統，主要可分為公開鑰密碼系統（Public Key Cryptosystem）以及對稱鑰密碼系統（Symmetric Key Cryptosystem）兩類，以前者為代表的有RSA、ElGamal，橢圓曲線密碼系統；

而以後者為代表的有DES、　AES等。這些密碼系統，不免都要用到一些數學的概念，而用到最多的相關數學知識，竟然是被數學王子高斯喻為「數學女王」、在台灣視為最冷門的「數論」（Number Theory）；誠然由於真正「了解內情」的人，實在不多，所以用當代密碼學技術為幌子行騙的空間很大，有鑑於此，筆者特將相關的基礎數論列入本書內容，其實不外乎是大學程度的「代數」以及部分「質數理論」，這些都是研究當代密碼學的基礎。

由於當代密碼技術的實作，已經不是只在「紙上談兵」而已，必須仰賴程式實作。故在本書編排上，特別以類似C/C++/Java的語法，對於部分已成熟的演算法寫成Pseudo Code，只需些微更動修改，都可以執行運算。對於密碼演算法的研習，有相當的幫助。

儘管古典密碼早已不符當代資訊安全的需求，但光就其中所帶來的益智性樂趣，筆者實在不想只是輕描淡寫；就二次大戰期間德國人所用之Enigma密碼機而言，除了歷史上的興趣外，而其中的加密解密運算，其實就是對稱群上的置換作用，就如同轉動魔術方塊一樣，是絕佳的「群」作用範例，令人著迷不已。

記得1998、1999冬天之際，曾與RSA的A合作過的黃明德，曾在台大一系列講述他的工作，當時筆者幾乎每場都到；也領略到，高深的「數論」以及「代數幾何」是可以應用到密碼學的研究，密碼學的內涵是深邃的，引人入勝的。

本書在撰寫之際，所費時最久的，應是書中的每個例題，這些例題，除了少數是參考其他文獻外，大多數都是特別程式執行的結果整理而成，部分也取自筆者的研究內容。

另外，在準備本書內容之際，部分內容，如RSA密碼、非對稱鑰密碼與離散對數，數位簽章以及部分的古典密碼介紹，也都在筆者於清雲科技大學教授「密碼學」、「公開鑰密碼系統」中講授過。至於筆者所指導之專題學生，也分別以「RSA電子投票研究」、「健保IC卡研究」、「RSA與PGP研究」當作專題研究方向，專題學生林俊余與黃明宗等人，也實作出以Java撰寫RSA為基礎的「電子投票系統」的半成品，雖離產品成熟還有大段距離，但也屬難能可貴。感謝這些專題學生林俊余、林岡永、許豐琳、楊賀傑、黃明宗、徐效群、林克儒、陳惠甄、陳華君、陳麗君、陳俞婷、李建志、潘丹尼、吳英綺的熱心參與，使得筆者在密碼學的授課及學生Seminar過程中，增加不少互動。所謂教學相長，這對本書的撰寫有一定的幫助。

在本書即將成書之際，筆者仍發現密碼學實在涉略廣大，許多內容只好忍痛割捨，限於各種因素，無法面面俱到，在取材上不免有遺珠之憾。

特別感謝中央研究院數學所研究員謝春忠教授對於本書演算法及算式之逐一檢查校閱。感謝中央研究院數學所提供筆者短期訪問的機會，不少相關研究密碼學文獻資料，都是在此取得。更感謝清雲科技大學的系主任李振膏教授及系上同事的支持與協助。另外在Lilie的協助下，本書也加上「福爾摩斯與密碼」一節，這也替本書增色不少，至於尚未出世的小貝貝，也在Lilie胎中，領略不少「密碼學胎教」。

本書文字以及版面排版係為筆者採自由軟體LATEX之中文版本χTEX編排而成(χTEX是由現任清雲科技大學教授陳弘毅多年研發而成)；部分函數圖形由數學軟體Mathematica產生，部分精美圖案則由全華圖書公司繪製而成。沒有全華李素玲主任的大力支持，此書絕對付梓不易。 感謝Bletchley Park Trust所提供的珍貴照片及Sue May的協助；也感謝Brian Smith的居中聯絡。感謝何俊賢的打字。

歌廷根人　　鄧安文

$1+\varepsilon$ 修訂版跋

本書$1+\varepsilon$修訂版完成之前，ECC2-109挑戰已遭破解，MD5已經找到碰撞，SHA-1的密碼分析已有重大發展，量子密碼商品也告上市，IBM能做出執行Peter Shor演算法分解 $15 = 3 \times 5$ 之量子電腦，台灣未實施電子投票，小貝貝已領了健保IC卡，…。感謝狗也菊對相關密碼學教學網路平台的協助製作。感謝中國水利水電出版社發行本書的簡體版。

鄧安文

第 1 章

緒論

圖 1.1: 著名的勒索病毒Wanna Cry就是採用RSA加上AES的加密技術，而付贖款所用的比特幣，其底層技術，卻是橢圓曲線密碼學。當中的英數字碼，其實是駭客的公鑰雜湊值，為58進位表達式

密碼學(**Cryptology**，**Cryptography**)即指秘密書寫、加密訊息、隱藏訊息內容的科學，同時也泛指與密碼有關的科學。人類文明歷史本是爾虞我詐，紛爭不斷，自從發展大規模的暴力戰爭行為以來，密碼的使用，早就史不絕書。如羅馬共和國時代的執政官凱撒(Gaius Juluis Caesar, 100 B.C.–44 B.C.)，就多次使用一種字母替代密碼，即凱撒挪移碼(Caesar Shift Cipher)。二次世界大戰之際，盟軍適時有效破譯德國Enigma密碼機，至少挽救了百萬生靈免於塗炭。

戰後，大不列顛王國接收了為數眾多的Enigma密碼機當作戰利品，多數也賣給了大英國協成員國，然而國協成員國居然都迷信這些德國貨真能保密，聯合王國也不願破除迷信，這使得Enigma密碼機倒成了Enigma洩密機，替聯合王國賺取了不少機密。

然而密碼學的應用，已經不再只是侷限於「軍國大事」，誠然有關密碼學的研究卻仍以負責「國家安全」的研究單位聘有最多的數理、工程博士，擁有大量之研發人力資源(至少西方先進國家是如此)。與大多數學科不同的，密碼學的許多研究成果是不公開的、也不希望被外界披露、密碼技術的輸出更受到管制，這也使得密碼學的研究蒙上神秘的色彩。隨著近十年網路Internet的發展，電子商務的開展、IC卡的使用，都必須依賴可靠的通訊安全，以防止懷有敵意的第三者—如駭客(Hacker)入侵，而密碼學也因此成為顯學。密碼學一般而言,是被視為資訊安全中偏重防禦的一端,連**乙太坊(Ethereum)**的創辦人,人稱「V神」的 **Vitalik Buterin**在他的"**A Proof of Stake Design Philosophy**"一文中,也毫不保留的表示:『密碼學在21世紀極其特殊,因為密碼學是極少數的領域之一,還在對抗性衝突中繼續極大地偏袒防禦者。』但是,危害網路世界的**勒索病毒(Ransomware)**就是採用RSA加上AES的先進密碼技術,將受害者的檔案加密,沒有金鑰,想要破解,幾乎是緣木求魚。而歹徒要求匯款的方式,可是要用去中心化、無發行銀行的**密碼貨幣–比特幣(Bitcoin)**。防禦的利器成為攻擊為惡的武器,連台積電都中WannaCry的變種病毒,^{註[1]} 世界早已因這些密碼技術,已經有了顯著的改變。所謂的**區塊鏈**(**Block chain**),其底層技術,就是**非對稱金鑰密碼學**;密碼貨幣的礦工們為了挖到虛擬貨幣,除了把挖礦產業用電量飆高,一度還把電玩玩家最在意的GPU挖到缺貨。十多年前產官學大力推銷密碼學技術,如電子公文交換系統、健保IC卡、自然人憑證、甚至電子投票等;現在更有區塊鏈技術,FinTec的名號更喊得震天嘎響。業界大力推銷密碼商品,好像不買不安全,買了就有保障,這些密碼技術、Know How,多半來自「密碼先進技術國家」,而多半使用民眾是不了解,也無從檢驗其「安全性」,這些密碼技術、密碼商品是否真如推銷者所言,還是另有玄機?

1995年,德國的明鏡雜誌(Der Spiegel)以及美國的Baltimore Sun都報導了,位於瑞士著名的一家密碼公司Crypto AG就在他們的部分密碼商品加上暗門,並提供美國國家安全局(National Security Agency, NSA)暗門細節,客戶的資料,可藉由此暗門竊取,這件事件在當時,引起譁然。

密碼學的應用也早已超越單純的資訊安全的領域,逐漸滲透到我們的日常生活,可以確定的,我們是逐漸生活在一個密碼技術的年代,希望這些密碼技術是真正能保障生活隱私,而不是以密碼技術為幌子加上暗門的「特洛伊木馬」用來服務「老大哥」,否則電影「全民公敵」的故事情節將會以密碼技術為包裝的情況重演。

1.1 通訊安全

密碼學的核心,就是密碼加密方法,而每種密碼法都可視為某種加密法,即**演算法**(**Algorithm**),加上**金鑰(Key)**之組合。考慮加密解密之場景(Scenerio): 在密碼學的場景泛指

- **Alice**為傳遞訊息暨加密者,將**明文 (Plaintext)** 加密成**密文 (Ciphertext)**,

- **Bob**為接?為T息暨解密者,將密文解密成明文,

- **Eve**為敵對之第三者,她在傳訊過程中截收密文。

Eve可能會有以下目的:

---

^{註[1]} 台積電機台停擺元兇,證實是WannaCry變種病毒,因新機台帶有病毒,先上線才進行防毒處理,加上生產設備網路全部連結一起,導致大規模感染。參閱2018-08-06的報導: https://www.ithome.com.tw/news/125015

圖 1.2: 通訊場景

1. 閱讀密文。

2. 找出金鑰，解讀密文。

3. 竄改塗改Alice傳給Bob之訊息。

4. 假扮成Alice，與Bob傳訊，讓Bob誤認為他還是與Alice通訊。

　　如果Eve只是在閱讀密文，似乎是無害的；如果是透過網管軟體或Sniffer軟體窺視敏感資訊，還是無害的嗎？而上述不同程度的情況發生，端賴乎Eve有「多邪惡」，這一方面是Eve的意願問題；而另一方面，卻是Eve的**密碼分析(Cryptanalysis)**的技術能力的問題，誠然透過有心人士大力散佈特定軟體，現在要當「邪惡」Eve門檻已經降低許多。可依Eve對傳訊方式密碼系統不同程度之掌握，將攻擊方式分類如下：

1. 以破譯密文層次的攻擊方式：

   - **密文攻擊(Ciphertext-Only Attack)**： Eve僅知道密文，嘗試回復成相應之明文，或者找出金鑰。

   - **明文攻擊(Known-Plaintext Attack)**： Eve知道至少一組明文/密文對照文，嘗試找出金鑰，或者嘗試破譯解讀其他密文。

   - **選擇明文攻擊(Chosen-Plaintext Attack)**： Eve能夠(一度)將明文編譯成密文，但不知道金鑰，嘗試找出金鑰，或者破譯解讀其他密文。

   - **選擇密文攻擊(Chosen-Ciphertext Attack)**： Eve能夠(一度)將密文解譯成明文，但不知道金鑰，嘗試找出金鑰。

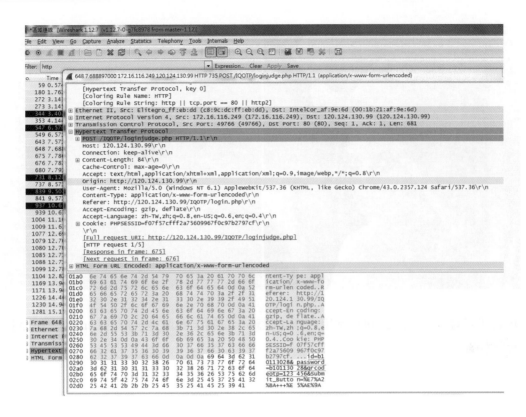

圖 1.3: 使用http協定明文傳輸帳號密碼，難保不會被像是**wireshark**這類的網路封包分析軟體擷取到敏感資料。

2. **主動式攻擊**(Active Attack)：這一大類的攻擊方式有時也需要先進的硬體設備，也包括涉及竄改塗改訊息、假扮傳訊者的攻擊方式。以破譯密文層次的古典密碼攻擊方式，一般是演算法的、是數學的；但是破譯密碼系統沒有一定的方式，現代密碼運算也多半在電腦上執行，有時繞過密碼系統強硬的演算法，運用硬體的、物理的方式，取得正執行密碼運算電腦上所產生的任何側面訊息，反而更有效；這一大類的攻擊，當然涵蓋上世紀末才發展竄紅的**側面通道攻擊**(Side Channel Attack):

   - 包括以偵測解譯每則密文成明文所費時間的**時序攻擊**(Timing Attack)，

   - 偵測解譯密文的電力消耗變化量的**電力解析攻擊**(Power Analysis Attack)，

   - CPU在執行密碼計算時，會產生微量噪音(某些情形可達10 kHz)，偵測其微量噪音並分析的**聲音解析攻擊**(Acoustic Cryptanalysis)，

   - 而所謂的**暴風雨攻擊**(Tempest Attack)就是**電磁波解析攻擊**(Electromagnetic Analysis Attack)中的一類，在Alice完成密文編譯之前，Eve能偵測出Alice電腦輸入明文每一字母所發出之特有電磁波訊息。

   - Eve利用密碼系統產生的錯誤解析攻擊，這些是自然產生或者是Eve以外力產生，這類攻擊稱之為**錯誤解析攻擊**(Fault Analysis Attack)。

圖 1.4: 資訊隱藏術(Sternography)常用於圖像隱藏，左圖乍看像是一般的Lena圖，然而其低位元中藏有右圖

例 1.1.1:
在二次世界大戰之際，德國使用**Enigma**密碼機，盟國破譯的攻擊方式，是屬於明文攻擊。最常出現的例子就是在於德國每日的氣象報告的密電，德文的氣象Wetter，在密電中編譯成密文，如此，找出?為闞h明文/密文對照文，加以分析，而後破譯出當日德國所使用之金鑰。

例 1.1.2:
在密文攻擊中，若採取將所有可能金鑰逐一檢視，此即**窮舉法(Exhaustive Attack)**或稱為**暴力攻擊(Brute-Force Attack)**。比方說，對稱金鑰密碼**DES**的金鑰有效長度為56-bit，因此所有可能的金鑰數為 2^{56}，暴力攻擊成功，仍屬可能。

在現代密碼學中，針對資訊保密上有一非常重要的假設，即**Kerckhoffs原理**：

　　『對於一密碼系統的安全性，應假設敵人是知道所使用的方法。』

因此密碼系統的使用，其安全性是在於金鑰的保密，而演算法是假設破譯者早已知道。如圖1.4，**資訊隱藏術(Sternography)**常用於圖像隱藏、藏頭詩，隱藏與加密不同，是沒有金鑰的，左圖乍看像是一般的Lena圖，然而其低位元中藏有右邊的圖，只要知道怎麼藏，就會解。該圖取自本人所指導的「學生C++影像處理，資訊隱藏&加密小專題」：
https://youtu.be/KSOjTVszxRg。
這是不符Kerckhoffs原理的。密碼系統演算法的強度當然是關鍵，早期無線網路協定**WEP(Wired Equivalent Privacy)**是透過**串流密碼(Stream Cipher)**RC4加解密，RC4演算法強

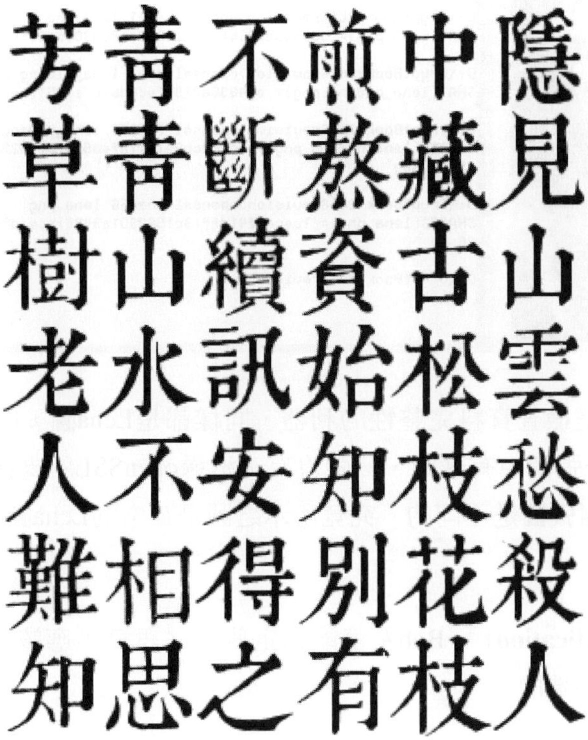

芳青不煎中隱
草青斷熬藏見
樹山續資古山
老水訊始松雲
人不安知枝愁
難相得別花殺
知思之有枝人

圖 1.5: 這就是一個藏頭詩的例子。詩句產生於網頁《朕的字體 - 康熙字典體產生器》

度有限，在ithome的一篇文中，甚至宣稱WEP無須專家就可破解。 [2] 而在今日，演算法應廣義地包括密碼系統之加密、解密演算法、所用之密碼元件、所使用之協定、亂數生成器、軟體硬體設備。

而密碼系統應對資訊安全提供以下四大功能：

1. **機密性(Confidentiality)**： Eve根本無法破譯解讀Alice傳給Bob的密文，而其主要工具就是該密碼系統的加密、解密演算法。

2. **資料完整性(Data Integrity)**： Bob想要確定Alice所傳訊之訊息未被竄改，(但在傳訊上也可能會出錯，此時就要考慮具偵錯功能的編碼理論(Coding Theory)，而密碼Hash函數，提供了可偵測資料是否遭竄改的方法。)

---

[2] ithome於2010-03-08的標題為「無線網路安全拉警報」的文寫道：
『你知道嗎？現在破解無線網路的WEP加密，竟然已經完全不需要專業門檻喔！網路上已經有販賣破解WEP加密的無線路由器，任何人，就算他不懂得WEP到底是什麼，只要動動手指按幾下，就能夠破解WEP加密。而這樣的設備，竟然還提供字典檔，讓使用者能夠透過字典檔，不停實驗，進而突破WPA或WPA2的防護。‥‥』

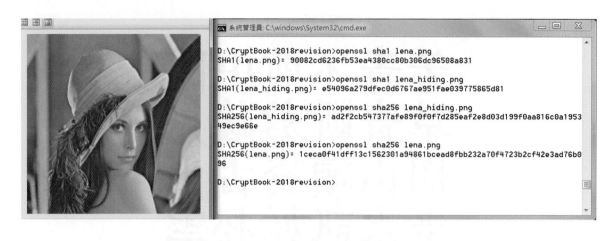

圖 1.6: 雜湊函數Hash是檢查資料完整性的利器，同樣都是Lena圖，同樣是png格式的圖檔，肉眼無法區別差異，一張圖中有藏圖，一張沒有，透過openSSL所支援的兩種雜湊函數SHA-1與SHA-256，就知道兩張圖是不同的。究竟所示之圖是正常的Lena圖嗎？

3. **可認證性(Authentication)**：　Bob希望能確定傳訊之訊息「應該」是由Alice本人所發送的，而非他人所偽造的。

4. **不可否認性(Non-Repudiation)**：　Alice不能否認這是他所發送的訊息。

可認證性與不可否認性似乎是相近的概念，仍有其區分：以傳統的**對稱金鑰密碼**(Symmetric Key Cryptosystems)為例，　Alice與Bob共同使用一把相同金鑰在此對稱金鑰密碼加密解密，當然金鑰是必須保密的，在Bob收到密文之際，就假設除了Bob之外，只有Alice、Bob知道金鑰，因此密文應該是Alice傳送的，而非他人偽造，因此可認證性自然成立；但在有疑慮爭議之際，Alice否認是他發送這份訊息，因為不排除Bob也將金鑰告訴了第三者，或偽造密文，兩造各執一辭，因此不可否認性在此事不可能實現。此時，藉由**公開金鑰密碼系統**(Public Key Cryptosystem)中**私鑰**(Private Key)的唯一性，不可否認性得以解決，其方案就借助於**數位簽章**(Digital Signature)。不可否認性排除了Alice尋找「不在場證明」(Alibi)的可能性，這在電子商務，特別是網路交易提供了重要的安全功能。

如何界定一密碼系統的安全程度？我們先討論以下的術語。

定義 1.1.3：
一密碼系統為**無條件安全**(Unconditionally Secure) $\iff$ 即使截收到無限密文，也無法確定其金鑰。

定義 1.1.4：
一密碼系統為**計算上安全**(Computationally Secure) $\iff$ 該密碼系統滿足

- 破解密文的花費遠遠大於所加密訊息的價值。

- 破解密文所花費的時間遠遠多於該資訊的有效期間。

演算法	計算複雜度	所需運算次數	1 MIPS 電腦執行時間
常數	$O(1)$	1	$1\ \mu sec$
線性	$O(n)$	10^6	1 sec
平方	$O(n^2)$	10^{12}	11.6 天
立方	$O(n^3)$	10^{18}	32000 年
指數	$O(2^n)$	10^{301030}	10^{301017} 年

表 1.1: 演算法處理 $n = 10^6$ 在 1 MIPS電腦所需之「時間」

定義 1.1.5:

一密碼系統為**可證明安全(Provably Secure)** $\iff$ 該密碼安全性問題可化約成某個業經深入研究眾人公認困難問題。

事實上，一密碼是無條件安全，只有在密文的長度與金鑰的長度大致相同時，才會成立，這在實用上，大概只有**單次密碼簿**(One-Time Pad)才是無條件安全，其他的都不是。而公開金鑰密碼系統**RSA**，是可證明安全，是因為該密碼系統的安全性問題，在大量的研究下，一般相信是可化約成質因數分解的問題，而質因數分解的問題，一般相信是困難的。而實用上，能將一密碼的安全的程度「量化」，就是在於計算上安全這個概念；這與度量一演算法的時間變數與空間(即記憶體)變數之**計算複雜度(Computational Complexity)**有直接的關聯。

例 1.1.6:

如函數 $4n^2 + 7n + 12$ 之數量級為 n^2，通常用「Big O」、「Little o」表為

$$4n^2 + 7n + 12 = O(n^2)，\quad 4n^2 + 7n + 12 = o(n^3)。$$

定義 1.1.7:

令 f、g 為 n 之函數，

$$f(n) = O(g(n)) \iff \lim_{n \to \infty} \frac{|f(n)|}{|g(n)|} < c$$

對某正數 c 成立。而

$$f(n) = o(g(n)) \iff \lim_{n \to \infty} \frac{|f(n)|}{|g(n)|} = 0。$$

另外在資訊科技常用的單位**MIPS**(One-Million-Instruction-Per-Second，一秒執行百萬次指令) 在30年前之電腦VAX-11/780就大約是 1 MIPS電腦， 1 MIPS電腦在一年約可執行 3×10^{13} 次指令，而100 MHz Pentium 電腦是50 MIPS電腦，執行速度約50倍於VAX-11/780，而1 GHz Pentium電腦則是 500 MIPS電腦。單位「**MIPS-年**」係指 1 MIPS電腦在一年內所可執行指令的次數，為計算量單位，以表1.1為不同數量級演算法處理 $n = 10^6$ 在 1 MIPS電腦所需之「時間」如表1.1。

值得一提的，目前的電腦技術主流，已經進入多核心CPU計算，甚至是利用GPU加速計

RSA金鑰位元數	MIPS-年
512	8400
768	5×10^7
1024	6×10^{10}
2048	7×10^{19}
3072	3×10^{26}
4096	6×10^{31}

表 1.2: 使用代數數體篩法分解不同金鑰長度的RSA模數所需運算次數

算,對於這樣的平行計算技術所建構的超級電腦,速度之快超乎想像。像是日本富士通所造出的超級電腦「京」(K computer),就有88128顆八核心富士通生產的SPARC64CPU,計算速度達10^{10}MIPS。而較新規格的四核心Intel i7 4770K CPU的執行速度也有133740 MIPS之譜。2018年最快的超級電腦,美國的Summit,計算速度達1876593 **PetaFLOPS**(每秒10^{15}次的浮點運算)。 註[3]

例 1.1.8:

RSA密碼系統是可證明安全的,該密碼系統可化約成質因數分解的問題,以目前的**代數數體篩法**(Algebraic Number Field Sieve Method) 演算法嘗試破解,依不同的RSA金鑰長度,其計算的數量次數如表1.2。

附帶一提的,許多對稱金鑰密碼以及所有的公開金鑰密碼系統皆可在**NP時間**內破解。 註[4]

定義 1.1.9:

令A為輸入為$\ell-$bit長度的演算法。

- A 為**多項式時間**(Polynomial-time)演算法

  $\iff$ 存在某實數$c > 0$,使其執行時間為$O(\ell^c)$。

- A 為**次指數時間**(Subexponential-time)演算法

  $\iff$ 執行時間為$2^{o(\ell)}$,且不為多項式時間演算法。

- A 為**全指數時間**(Fully-exponential-time)演算法

註[3] 目前,超級電腦都採平行運算技術(多核、GPU),其速度是以每秒浮點運算次數"FLOPS"(floating-point operations per second)來作量度單位,來取代MIPS。然而密碼計算是不用浮點計算,不像浮點計算必須考慮誤差累積要在容忍程度之內,密碼是不能也不會有計算誤差產生。

註[4] NP(Nondeterministic Polynomial)問題係指在Nondeterministic Turing機上所需多項式時間方可破解。而Nondeterministic Turing機器指一有限狀態機可做無限多次讀寫動作,且可平行嘗試所有的「猜想」,並需多項式時間可破解;而與現在電腦較為相近,則是Deterministic Turing機,有關此問題,可參閱:
Daniel I. A. Cohen, *"Introduction to Computer Theory"*, Second Edition, John Wiley & Sons, Inc. (1997)。

$$\Longleftrightarrow \text{執行時間不可能為} 2^{o(\ell)} \text{。}$$

　　值得注意的，破譯近代密碼系統的最佳演算法，至少是次指數時間演算法；而暴力攻擊則是指數時間演算法。而用來評估這些不同時間複雜度的演算法，可以較為精細的符號「L」表達。

定義 1.1.10:

令 n 為輸入數字，即 $\ell = \lfloor \log_2 n \rfloor + 1\text{-bit}$ 輸入，令

$$L_n(\alpha, c) = e^{(c+o(1))(\ln n)^\alpha (\ln \ln n)^{1-\alpha}} = e^{(c+(1))\ell^\alpha (\ln \ell)^{1-\alpha}},$$

其中 $c > 0, 0 \leq \alpha \leq 1$。

註:

擁有計算時間為 $L_n(0, c) = (\ln n)^{c+o(1)}$ 的演算法是多項式時間演算法，擁有計算時間為 $L_n(1, c) = n^{\alpha(c+o(1))}$ 的演算法則是指數時間演算法。

1.2 公開金鑰密碼系統與對稱金鑰密碼系統

定義 1.2.1:

考慮 Alice 傳訊給 Bob 如圖 1.7，

- 一密碼系統為**對稱金鑰密碼系統(Symmetric Key Cryptosystem)**
  $\Longleftrightarrow$ 其加密鑰＝解密鑰，金鑰是保密的。對稱金鑰密碼系統又稱為**密鑰密碼系統(Secret Key Cryptosystem)**，其金鑰為**密鑰(Secret Key)**。

- 一密碼系統為**非對稱金鑰密碼系統(Asymmetric Key Cryptosystem)**
  $\Longleftrightarrow$ 其加密鑰≠解密鑰。

- 一密碼系統為**公開金鑰密碼系統(Public Key Cryptosystem)**
  $\Longleftrightarrow$ 其加密鑰≠解密鑰，且加密鑰為**公鑰(Public Key)**而解密鑰為**私鑰(Private Key)**。

註:

金鑰只有三種，即密鑰、公鑰與私鑰。在早期的文獻中，術語還不統一，常有密鑰與私鑰混用的情形。

　　由此定義可知所有的公開金鑰密碼系統皆為非對稱金鑰密碼系統，與對稱金鑰密碼系統是無交集；而卻有一種密碼，稱之為 Pohlig-Hellman 密碼系統，它是非對稱金鑰密碼系統，但不是公開金鑰密碼系統，因其加密鑰及解密鑰皆為保密。對稱金鑰密碼系統包含所有傳統的加密系統，如古早的凱撒挪移碼、Viginère 碼，單次加密簿、以及二次大戰所採用的 Enigma 密碼機和戰後電腦發明後所廣為採用的 DES，以及新的加密法 AES、IDEA 等。而公開

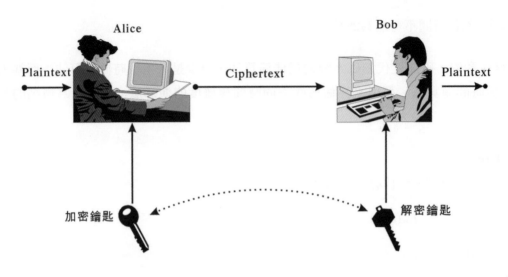

圖 1.7: 對稱性/公開金鑰密碼系統

對稱金鑰密碼	56-bit(如DES)	80-bit	112-bit(如3DES)
RSA	512-bit	1024-bit	2048-bit
對稱金鑰密碼	128-bit(如AES-128)	192-bit(如AES-192)	256-bit(如AES-256)
RSA	3072-bit	7680-bit	15360-bit

表 1.3: 不同長度金鑰之RSA與對稱金鑰密碼系統所提供之相同之計算安全度(美國NIST估計)

金鑰密碼系統則有RSA密碼、將Diffie-Hellman金鑰交換加以推廣之ElGamal密碼，橢圓曲線密碼(Elliptic Curve Cryptosystems)以及大多數的數位簽章(Digital Signature)演算法。

註 1.2.2:
以公開金鑰密碼系統加密為例，每個使用者都有公鑰與私鑰。Alice為傳遞訊息暨加密者，她必須先取得Bob的公鑰，用Bob的公鑰加密；而Bob為接?為T息暨解密者，要用Bob自己的私鑰將密文解密成明文。

　　而對稱金鑰密碼系統與公開金鑰密碼系統在實用上有何優劣之處？在不同的要求上有何特性？

1. 對稱金鑰密碼系統一般而言，其演算的速度是遠快於公開金鑰密碼系統，這在大批資料加密上有其實用的價值，如DES其加密解密的速度就以數量級千倍快於RSA密碼系統。

2. 公開金鑰密碼系統之金鑰長度可依需求而增長，不似對稱金鑰密碼系統之金鑰長度是固定的，如對稱金鑰密碼系統DES之金鑰為固定64-bit（有效長度為56-bit）， AES之金鑰為固定128-bit、 192-bit以及256-bit三種；而公開金鑰密碼系統RSA之金鑰為512-bit甚

圖 1.8: 使用GPG4win軟體解密一加密電子郵件。請注意，寄件者是用收件者的公鑰加密，本身也不一定要有GPG的金鑰對。當中的密文是以base64的方式編碼。解密方式是用手動

至可依需求而增長、增加計算安全度，故擁有長金鑰之RSA，其計算安全度是遠高於DES。通常對稱金鑰密碼系統是以暴力攻擊估計其計算安全度，故其計算複雜度為指數函數 $O(2^n)$，其中對稱金鑰密碼系統之金鑰為 n-bit；而 n-bit金鑰之公開金鑰密碼系統RSA是以代數數體篩法攻擊估計其計算安全度，其計算複雜度為次指數函數

$$L_n(1/3, 1.923) = e^{(1.923+o(1))(\ln n)^{1/3}(\ln\ln n)^{2/3}} = e^{O(\ell^{1/3}(\ln \ell)^{2/3})} \text{ 。}$$

不同長度金鑰之RSA與對稱金鑰密碼系統所提供之相同之計算安全度可見表1.3。

3. 在公開金鑰密碼系統中，數位簽章是可以實現的，以RSA為例，其方法如下：Alice欲數位簽章一文件給Bob，她先用私鑰對欲簽名之文件加密，因為任何人都可取得Alice之公鑰，即加密鑰，加密函數與解密函數互為反函數，因此Bob就可用公鑰對於已加密之Alice數位簽章解密，如此資訊安全所要求之不可否認性就可以做到。

4. 在實用上，所使用的加密軟體大都是將對稱金鑰密碼系統與公開金鑰密碼系統整合而成，如**PGP(Pretty Good Privacy)**電子郵件加密軟體的早期版本，就是用了公開金鑰密碼RSA以及對稱金鑰密碼系統IDEA，分別在加密的速度上以及資訊安全加以考量，以RSA加密傳送**Session Key IDEA**之密鑰，而內文加密採用IDEA，如此加密速度與資訊安全性得以兼顧、並能解決分配密鑰的問題。 註[5]

註[5] 讀者可自行到下列網址下載PGP電子郵件加密軟體：http://www.pgpi.org
自從PGP被某防毒軟體公司買下後，也可以另外考慮與PGP類似的自由密碼軟體**GPG(GNU Privacy Guard)**，針對微軟作業系統則有**GPG4win**：http://www.gpg4win.org/ 此版本可參閱「GPG4win使用步驟」：
https://anwendeng.blogspot.com/2015/10/newgpg4win.html

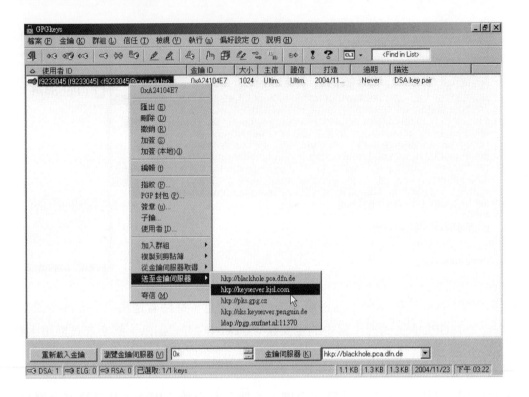

圖 1.9: 與PGP類似的自由密碼軟體**GPG(GNU Privacy Guard)**一樣，都必須在使用者產生金鑰後，將公鑰上傳至金鑰伺服器。

　　而公開金鑰密碼系統的發展是晚近的，最早所思考問題是對傳統對稱金鑰密碼系統的密鑰分配問題，考慮在一龐大的機構中，任何兩人都可彼此利用對稱金鑰密碼加密解密訊息，如此密鑰的總數龐大且管理不易；而公開金鑰密碼系統的概念大大簡化了密鑰的管理問題，在1976年Diffie與Hellman就提出一篇劃時代的文章， 註[6] 當中提出公開金鑰密碼的概念，如**單向陷門函數**(Trapdoor One-way Function)等；而在1977年由Rivest、 Shamir、 Adleman所提出的一種加密法，即後來所稱之RSA密碼，這在密碼學的發展上起了根本的變化，公開金鑰密碼系統於焉產生。

註[6] Diffie and Hellman,"New directions in cryptography" *IEEE Trans. Inform. Theory IT-22* P.644-654, 1976

第 2 章

古典密碼

圖 2.1: 早期美國NSA的logo就是一種密碼盤

古典密碼早就不具足夠資訊安全的強度，而這個資安強度隨著人類的計算能力，而大幅調整。現在每個年輕男女的手中潮機，其計算能力，都大於1968年當時人類登陸月球，全太空總署NASA的總計算能力。人類能發展當代密碼技術，也不是一蹴可幾的，古典密碼方法有的使用數百年也才得以破解。破解當代密碼，對於一般人，幾乎是不可能，然而破譯古典密碼，不但可能，也是一個絕佳，提昇自身密碼分析能力的機會。在本章節中，可使用密碼教學軟體CrypTool 2，進行破譯密碼的練習。
(CrypTool 2安裝設定可參閱 https://youtu.be/lq8HbumseUM)

近代密碼技術是必須在電腦上運作，而人類使用密碼，卻已經有數千年的歷史，而使用密碼的目的，就是不讓敵對陣營或不該知道訊息內容的人知道訊息內容。對使用方塊字的漢人而言，古早年代就有婦女們所使用之「女書」，對於不該知道內容的男人而言，這就是一種密碼法。而西方使用字母拼音文字的民族，早期的密碼技術，主要以書寫文字之**代替**(**Substitution**)以及書寫文字之**位移**(**Transposition**)為主，有時也混合代碼法用以替代整個單字或詞彙。

在中世紀的伊斯蘭世界，學者致力於研究可蘭經，甚至分析到經文每個不同字詞出現的頻率，而至每個字母出現的頻率；當時的伊斯蘭也是處於高度文明的狀態，數學與語言學都處於高度水平，這也替**密碼分析學**(**Cryptanalysis**)提供了可能的環境，在歐洲還是處於黑暗時期時，遠在中東與近東的回教徒早已熟悉**頻率分析**(**Frequency Analysis**)用以破譯當時單套字母替代密碼；誠然簡單的單套字母替代密碼在頻率分析未發明之前如同無字天書，其金鑰空間之龐大，甚至超越許多近代密碼，沒有學過密碼學的，有的還會用此法加密，但在頻率分析大師之前簡直是易如反掌。

　　值得一提的是，16世紀的西班牙國王菲力普二世(Philip II)，曾因西班牙密碼屢被法國密碼分析專家破解，而向梵蒂岡的教宗陳情，並宣稱「這是密碼專家與撒旦結盟」的緣故，指控為惡魔；然而教宗本人也深知，他的御用密碼分析師，也能破解西班牙密碼，駁回了這項指控。這件事一下傳遍全歐的宮廷，頓時成為知道內情者的笑柄。

　　16世紀，一種稱為Vigenère密碼的多套字母替代密碼誕生了，這在當時是被視為無法破譯的密碼，一直要到19世紀，才有人能破解，而所使用的方法，仍是以頻率分析為主。

　　人類在這個時期，是破譯密碼的技術要優於編譯密碼的技術。稍後，從19世紀歐洲列強諸國矛盾衝突所延伸的第一次世界大戰還是爆發了，密碼學家此時倒也無法提供什麼高明的編譯密碼方法，只不過是混合多套字母替代與位移的密碼，如Playfair或ADFGVX，勉強湊合使用，除了剛出爐之際，還可以應付一下，接下來就是等著讓對方密碼分析師應用頻率分析破譯。如此應急式的密碼，再加上當時防禦武器優於進攻武器的情況下，任何「早已被破譯的」攻勢作戰計畫焉有不敗之理。

　　密碼技術在此時的發展，實在令人沮喪，但一種真正無法破譯的密碼方法(不是那種宣稱無法破譯的)單次密碼簿(One-Time Pad)也在戰爭末期發明，值得一提的是，冷戰時期，美蘇之間領導人的熱線，就是用這種方式加密。然而此類密碼法所需成本極高，每加密一次，就要用不同的密鑰，這在工商實業實用上，有其困難，故無法大量使用。

　　古典密碼發展到最後一個階段，應是二次大戰前後，所使用的滾輪(Rotor Machine)編碼，最著名的應屬德國第三帝國所採用的Enigma密碼機，擁有龐大的鑰匙數目，達天文數字，是無法由傳統的頻率分析法破譯，然而卻在德國發動戰爭之前，就被波蘭密碼分析師破譯成功，雖然隨著戰爭爆發，德國繼續加強他們的密碼機，這項破譯技術，也適時地轉移到英國，Bletchley Park的密碼分析師繼續試圖破譯德國的密碼機，藉著他們所建造的機器，對所截收密碼的分析結果，進行計算比對，而所建造之協助破譯機器Bombe以及Colossus，就是電腦的前身。由於密碼分析的需求，人類發明了電腦對付機械密碼機，而在電腦發明之後，人類卻又利用它發展更新、更強的當代密碼技術。

　　古典密碼的方法很多，當中所發展的密碼分析技術也多，本書不可能都談，有興趣的讀者建議可參閱Simon Sigh的「碼書」。[1] 在本章中，我們將考慮下列相關的古典密碼以及其破譯技術：

- 凱撒挪移碼

- 仿射密碼

- 單套字母替代法與頻率分析

- 福爾摩斯與密碼

- 金甲蟲(Gold-Bug)密文

---

[1] 對於英文閱讀無礙的讀者，也請讀Jim Reeds的書評 *Review of "The code book: the evolution of secrecy from Mary Queen of Scots to quantum cryptography" by Simon Singh. Anchor Books.*
http://www.ams.org/notices/200003/rev-reeds.pdf

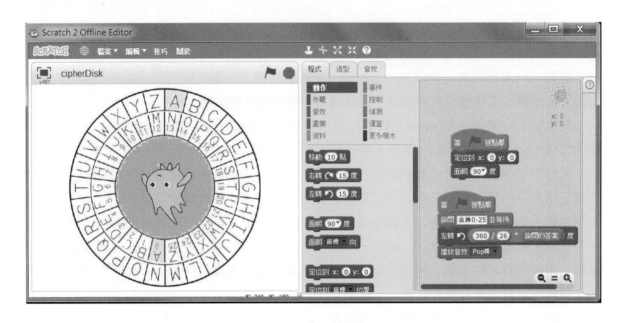

圖 2.2: 小朋友用Scratch所做的電子密碼盤

- Vigenère 碼與頻率分析

- Hill碼

- 單次密碼簿

- Enigma密碼機

- 破譯Enigma密碼與對稱群

2.1　凱撒挪移碼

凱撒挪移碼(Caesar Shift Cipher)為一種簡易的**單套字母替代法**，即將**明文字母(Plain Alphabet)**一一改成在它後三位的字母，若為x、y、z，則換為A、B、C，成為**密文字母(Cipher Alphabet)**。比方凱撒名言'veni vidi vici'(我來了，我見了，我征服了)就可加密成'YHQL YLGL YLFL'；而解密程序就是密文字母一一改成在它前三位的字母，若為A、B、C，則換為x、y、z。相關Java程式實作過程，詳見教學影片「Eclipse中用Java實作凱撒挪移密碼」：

https://youtu.be/1sbhlOF8rCU

　　為計算方便起見，可將字母化為數字代碼。凱撒挪移碼也不限定將明文字母挪移後三位，在下例中說明其加密解密過程：

例 2.1.1:

Alice欲將明文'gaul is divided into three parts'加密成密文，傳訊給Bob。

- (金鑰產生) Alice與Bob協定編碼方式為明文字母移後 4 位，即加密鑰與解密鑰同為 $k = 4$。

- (加密) Alice將明文 'gaul is divided into three parts'化為數字代碼

```
 g  a  u  l  i  s  d  i  v  i  d  e  d  i  n
06 00 20 11 08 18 03 08 21 08 03 04 03 08 13

 t  o  t  h  r  e  e  p  a  r  t  s
19 14 19 07 17 04 04 15 00 17 19 18
```

使用加密函數 $E(m) \equiv m + k = m + 4 \pmod{26}$ 計算得密文

```
10 04 24 15 12 22 07 12 25 12 07 08 07 12 17
 K  E  Y  P  M  W  H  M  Z  M  H  I  H  M  R

23 18 23 11 21 08 08 19 04 21 23 22
 X  S  X  L  V  I  I  T  E  V  X  W
```

- (解密) Bob收到密文，化為密文代碼

```
 K  E  Y  P  M  W  H  M  Z  M  H  I  H  M  R
10 04 24 15 12 22 07 12 25 12 07 08 07 12 17

 X  S  X  L  V  I  I  T  E  V  X  W
23 18 23 11 21 08 08 19 04 21 23 22
```

使用解密函數 $D(c) \equiv c - k = c - 4 \pmod{26}$計算

```
06 00 20 11 08 18 03 08 21 08 03 04 03 08 13
 g  a  u  l  i  s  d  i  v  i  d  e  d  i  n

19 14 19 07 17 04 04 15 00 17 19 18
 t  o  t  h  r  e  e  p  a  r  t  s
```

並考慮空格，可還原明文 'gaul is divided into three parts'

　　凱撒挪移碼的加解密，也可利用程式碼實作完成，下列C程式碼中m, c分別為明文字母以及密文字母，key為金鑰值：

程式 2.1.2: //加密函數

```c
char E(char m, int key){
    return (char)((m-'a'+key)%26+'A');
}
//解密函數
```

```
char D(char c, int key){
    return (char)((c-'A'-key+26)%26+'a');
}
```

例 2.1.3：

Eve截收到一則由Alice傳給Bob之密文，並知道是以凱撒挪移碼編碼。密文為 'PENPXRE'，Eve用暴力攻擊，試用所有25把鑰匙，即解密函數 $D_k(c) \equiv c - k \pmod{26}$ （$k = 1$、2、$\cdots$、25），得

$(k=1)$ 'odmowqd'	$(k=2)$ 'nclnvpc'	$(k=3)$ 'mbkmuob'
$(k=4)$ 'lajltna'	$(k=5)$ 'kziksmz'	$(k=6)$ 'jyhjrly'
$(k=7)$ 'ixgiqkx'	$(k=8)$ 'hwfhpjw'	$(k=9)$ 'gvegoiv'
$(k=10)$ 'fudfnhu'	$(k=11)$ 'etcemgt'	$(k=12)$ 'dsbdlfs'
$(k=13)$ 'cracker'	$(k=14)$ 'bqzbjdq'	$(k=15)$ 'apyaicp'
$(k=16)$ 'zoxzhbo'	$(k=17)$ 'ynwygan'	$(k=18)$ 'xmvxfzm'
$(k=19)$ 'wluweyl'	$(k=20)$ 'vktvdxk'	$(k=21)$ 'ujsucwj'
$(k=22)$ 'tirtbvi'	$(k=23)$ 'shqsauh'	$(k=24)$ 'rgprztg'
$(k=25)$ 'qfoqysf'		

　　發現只有在 $k = 13$ 才得到有意義的文字 'cracker'。相關程式實作過程請詳見「Java實作暴力攻擊法破譯凱撒挪移碼」：

https://youtu.be/_jr3jV6m2DM

2.2　仿射密碼

　　與凱撒挪移碼一樣，**仿射密碼(Affine Cipher)**也是一種單套字母替代法，以拉丁字母26個字母為例，將字母化為數字代碼 $a = 0$、$b = 1$、$\cdots$、$z = 25$，其加密函數為

$$E(m) = \alpha m + \beta \pmod{26}$$

其中 α、β 為整數，且 α 必須與26互質。為何 α 一定要與 26 互質？假設 $\gcd(\alpha, 26) = g > 1$，此時 $E(\cdot)$ 將不是 $1 - 1$，不同明文字母 x_1、x_2 將會對應到相同值；以 $\gcd(\alpha, 26) = g > 1$ 而言，g 值可能有 $g = 2$ 或 $g = 13$，以 $g = 2$ 時為例，只需 $x_1 \equiv x_2 \pmod{13}$，而當 $g = 13$ 時，只需 $x_1 \equiv x_2 \pmod 2$ 時都會滿足

$$\alpha x_1 + \beta \equiv \alpha x_2 + \beta \pmod{26}。$$

當加密函數不是 $1 - 1$ 時，就無法存在反函數，如此的情況必須排除。以集合

$$\mathbb{Z}/26 = \{0, 1, 2, 3, 4, \cdots, 25\}$$

而言，可以在該集合上進行模加法、模減法以及模乘法，但是「**模除法**」就不是每個元素都能做，(詳情請參閱本書《模運算與輾轉相除法》)，此時要考量對於 $x \in \mathbb{Z}/26$，如何判別 x 有「**乘法反元素**」？ 就是是否存在 $y \in \mathbb{Z}/26$，使得

$$xy \equiv 1 \pmod{26}，$$

以及如何求解 y？要判斷 x 是否有「乘法反元素」，只需觀察 x 是否與模數 n 互質；而求解 y 的方式，較為廣泛普遍的方式，就是使用廣義的**輾轉相除法**(**Extended Euclidean Algorithm**)，(詳情請參閱本書《模運算與輾轉相除法》)

例 2.2.1:
集合 $\mathbb{Z}/26$ 中各元素 x 之「乘法反元素」 x^{-1} 對照表(當 $\gcd(x, 26) > 1$ 時，x 無「乘法反元素」，故排除在本對照表之外):

x	1	3	5	7	9	11	15	17	19	21	23	25
x^{-1}	1	9	21	15	3	19	7	23	11	5	17	25

有了 $\mathbb{Z}/26$ 乘法反元素對照表，就可以很容易找出加密函數 $E(m) = \alpha m + \beta \pmod{26}$ 之反函數，即解密函數

$$D(c) = \alpha^{-1}(c - \beta) \pmod{26}。$$

例 2.2.2:
Alice欲將明文 $m =$ 'affine' 用仿射密碼加密，傳訊給Bob，而Bob解讀之。

- (金鑰產生) Alice與Bob事先協定一把密鑰 $K = (3, 8)$ 其中 $\gcd(3, 26) = 1$。

- (加密) Alice使用加密函數 $E(m) \equiv 3m + 8 \pmod{26}$ 計算得

$$\begin{aligned} m &= \text{`affine'} \\ &= (0, 5, 5, 8, 13, 4) \xmapsto{E(\cdot)} (8, 23, 23, 6, 21, 20) \\ &= \text{`IXXGVU'} = c \end{aligned}$$

- (解密) Bob收到密文 $c =$ 'IXXGVU' 使用解密函數

$$D(c) \equiv 3^{-1}(c - 8) \equiv 9(c - 8) \pmod{26}$$

計算得

$$\begin{aligned} c &= \text{`IXXGVU'} \\ &= (8, 23, 23, 6, 21, 20) \xmapsto{D(\cdot)} (0, 5, 5, 8, 13, 4) \\ &= \text{`affine'} = m \end{aligned}$$

2.3　單套字母替代法以及頻率分析

　　前述之凱撒挪移密碼以及仿射密碼均為**單套字母替代法**之特例，一般而言，以英文26字母為例，所謂單套替代法，就是將明文字母以其他的密文字母取代，進行加密，而解密過程就是加密運算之逆運算。更精確的說法，就是考慮字母集合

$$A = \{a, b, c, d, \cdots, x, y, z\}，$$

而加密函數就是 $1-1$ 函數 $f : A \to A$，而解密函數就是 f^{-1}，為 f 之反函數。

定義 2.3.1 (置換，Permutation):

令

$$A = \{1, 2, 3, \cdots, n\}$$

為有限集合，令

$$f : A \to A$$

為函數，稱 f 為 A 上之**置換(Permutation)** $\iff$ f 為 $1-1$。

　　以 S_n 代表 A 上之所有置換所成之集合，即

$$S_n = \{f : A \to A | f \text{ 為 } A \text{ 上之置換}\}，$$

一般稱之為**對稱群(Symmetric Group)**。 註[2]

例 2.3.2:

令 $A = \{1, 2, 3, 4, 5\}$，f 為 A 上之置換，使得

$$f(1) = 2，f(2) = 4，f(4) = 5，f(5) = 1，f(3) = 3。$$

可將置換 f 表達為

$$f = \begin{pmatrix} 1 & 2 & 3 & 4 & 5 \\ 2 & 4 & 3 & 5 & 1 \end{pmatrix}$$

或者

$$f = (1245)，$$

第二種表達方式中之 (1245) 即表示

$$1 \mapsto 2，2 \mapsto 4，4 \mapsto 5，5 \mapsto 1，$$

如此對應關係形成一循環，而 3 不隨置換改變，故未出現；一般稱之為**Cycle**。第三種表達式為

$$f = (15)(14)(12),$$

為**2-Cycle(Transposition)**之乘積(順序為由右而左)。

註[2] 參閱本書《基礎數論》一章對群之介紹。

在此處我們會以第一方式表達置換(當然第二、三種方式是較為經濟的,且較具代數意義)。

例 2.3.3:

Alice欲以單套字母替代法加密,與Bob傳訊,事先約定密鑰為一串字母

$$\text{KEYWORD},$$

此時加密函數為

$$f = \begin{pmatrix} \text{ABCDEFGHIJKLMNOPQRSTUVWXYZ} \\ \text{KEYWORDABCFGHIJLMNPQSTUVXZ} \end{pmatrix},$$

其中前面7個明文字母分別對應至密文字母

$$\text{a} \mapsto \text{K} \text{,} \text{b} \mapsto \text{E} \text{,} \text{c} \mapsto \text{Y} \text{,} \text{d} \mapsto \text{W} \text{,} \text{e} \mapsto \text{O} \text{,} \text{f} \mapsto \text{R} \text{,} \text{g} \mapsto \text{D} \text{,}$$

剩下的,就按照未用之字母順序對應。而解密函數 f^{-1} 就是將加密函數 f 之表達式上下兩例交換,並重新按順序排列:

$$f^{-1} = \begin{pmatrix} \text{ABCDEFGHIJKLMNOPQRSTUVWXYZ} \\ \text{HIJGBKLMNOAPQRESTFUVWXDYCZ} \end{pmatrix}.$$

假設明文為

$$m = \text{``monoalphabeticsubstitutioncipher''},$$

則密文為

$$c = \text{``HJIJKGLAKEOQBYPSEPQBQSQBJIYBLAON''}.$$

例 2.3.4:

Alice以單套字母替代法加密,與Bob傳訊,約定的密鑰為字串

$$\text{WHATISTHECIPHER},$$

將重複出現的字母去除,得

$$\text{WHATISECPR},$$

剩下的,就按照未用之字母順序對應,此時加密函數為

$$f = \begin{pmatrix} \text{ABCDEFGHIJKLMNOPQRSTUVWXYZ} \\ \text{WHATISECPRBDFGJKLMNOQUVXYZ} \end{pmatrix},$$

而解密函數 f^{-1} 就是將加密函數 f 之表達式上下兩例交換,並重新按順序排列:

$$f^{-1} = \begin{pmatrix} \text{ABCDEFGHIJKLMNOPQRSTUVWXYZ} \\ \text{CKHLGMNBEOPQRSTIUJFDVWAXYZ} \end{pmatrix}.$$

Bob收到Alice傳來的密文

$$c = \text{``YJQNCJQDTQNISMILQIGAYWGWDYNPNOJAMWAB''}$$,

逐一字母帶入解密函數f^{-1}，並考慮空格、標點符號，可得明文

$c = $"You should use frequency analysis to crack."

　　以26字母之置換總數共有

$$
\begin{aligned}
26! &= 403291461126605635584000000 \\
&\approx 4 \times 10^{26} \\
&> 72057594037927936 = 2^{56},
\end{aligned}
$$

以暴力攻擊，逐一置換運算代入檢查，這簡直是天文數字，要比近代密碼DES之金鑰數還高，即使用電腦逐一檢查也有困難，但是明文所用之語言，若為英文，其26字母所出現頻率並不是平均的，因此可藉由密文所出現字母頻率，與習慣英文字母出現頻率比率做比較，只要截收到之密文夠長，應足以破譯。以英文字母出現頻率比率可見表，其中最常出現的3個字母分別為：

　　e占 12.7%，t占 9.0%，a占 8.2%，

而最少出現之字母分別為：

　　q占 0.1%，y占 0.1%，z占 0.1%。

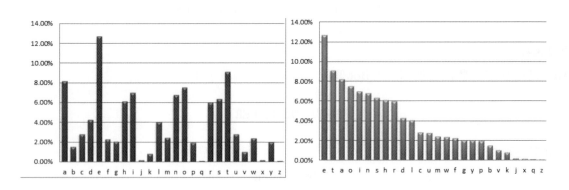

圖 2.3: 自然語言英文字母頻率長條圖

另外，最常出現的**雙字母組合(Bigram)**為：

　　th(3.15%)，he(2.51%)，an(1.72%)，in(1.69%)，er(1.54%)，re(1.48%)，es(1.45%)，on(1.45%)，ea(1.31%)，ti(1.28%)，at(1.24%)，st(1.21%)，en(1.20%)，nd(1.18%)等。

最常出現的**三字母組合(Trigram)**為：

字母	百分比	字母	百分比
a	8.2	n	6.7
b	1.5	o	7.5
c	2.8	p	1.9
d	4.3	q	0.1
e	12.7	r	6.0
f	2.2	s	6.3
g	2.0	t	9.1
h	6.1	u	2.8
i	7.0	v	1.0
j	0.1	w	2.3
k	0.8	x	0.1
l	4.0	y	2.0
m	2.4	z	0.1

表 2.1: 英文字母出現頻率

the, ing, and, her, ere, ent, tha,· · ·。

運用這些資訊，明文為英文之單套字母加密之密文，就不是那麼牢不可破；至於其他語文，如德文、法文，都可以單套字母替代法。（至於漢字，歷史上也有先轉換成拼音文字，再行加密的方式。）而破譯的方式，如同英文的方式，也是用**頻率分析**。 註[3]

例 2.3.5:

有密文如下： 註[4]

BT JPX RMLX PCUV AMLX ICVJP IBTWXVR CI M LMT'R PMTN, MTN YVCJX CDXV MWMBTRJ JPX AMTNGXRJBAH UQCT JPX QGMRJXV CI JPX YMGG CI JPX HBTW'R QMGMAX; MTN JPX HBTW RMY JPX QMVJ CI JPX PMTN JPMJ YVCJX. JPXT JPX HBTW'R ACUTJXTMTAX YMR APMTWXN, MTN PBR JPCUWPJR JVCUFGXN PBL, RC JPMJ JPX SCBTJR CI PBR GCBTR YXVX GCCRXN, MTN PBR HTXXR RL-CJX CTX MWMBTRJ MTCJPXV. JPX HBTW AVBXN MGCUN JC FVBTW BT JPX MR-JVCGCWXVR, JPX APMGNXMTR, MTN JPX RCCJPRMEXVR. MTN JPX HBTW RQMHX, MTN RMBN JC JPX YBRX LXT CI FMFEGCT, YPCRCXDXV RPMGG VXMN JPBR YVBJBTW, MTN RPCY LX JPX BTJXVQVXJMJBCT JPXVXCI, RPMGG FX AGCJPXN YBJP RAMVGXJ, MTN PMDX M APMBT CI WCGN MFCUJ PBR TXAH, MTN RP-

---
註[3] 最常用的現代書寫漢字，依序是「的、一、是、不、了、在、人、有」，其出現的相對頻率為介於4.09%到0.92%之間；常用的500個漢字就佔所使用總數的76%。
http://lingua.mtsu.edu/chinese-computing/statistics/
註[4] 摘自《碼書》(Simon Singh之 "The Code Book")密碼挑戰——十階通達一萬英鎊之第一個密文。

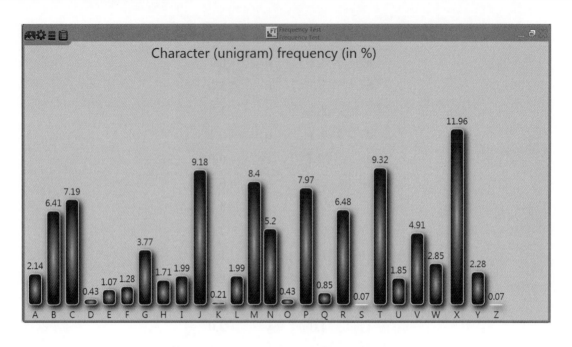

圖 2.4: 例2.3.5密文中字母出現的比例

MGG FX JPX JPBVN VUGXV BT JPX HBTWNCL. JPXT AMLX BT MGG JPX HBTW'R
YBRX LXT; FUJ JPXE ACUGN TCJ VXMN JPX YVBJBTW, TCV LMHX HTCYT JC JPX
HBTW JPX BTJXVQVXJMJBCT JPXVXCI. JPXT YMR HBTW FXGRPMOOMV WVXMJGE
JVCUFGXN, MTN PBR ACUTJXTMTAX YMR APMTWXN BT PBL, MTN PBR GCVNR
YXVX MRJCTBRPXN. TCY JPX KUXXT, FE VXMRCT CI JPX YCVNR CI JPX HBTW
MTN PBR GCVNR, AMLX BTJC JPX FMTKUXJ PCURX; MTN JPX KUXXT RQMHX MTN
RMBN, C HBTW, GBDX ICVXDXV; GXJ TCJ JPE JPCUWPJR JVCUFGX JPXX, TCV GXJ
JPE ACUTJXTMTAX FX APMTWXN; JPXVX BR M LMT BT JPE HBTWNCL, BT YPCL
BR JPX RQBVBJ CI JPX PCGE WCNR; MTN BT JPX NMER CI JPE IMJPXV GBWPJ MTN
UTNXVRJMTNBTW MTN YBRBCL, GBHX JPX YBRNCL CI JPX WCNR, YMR ICUTN
BT PBL; YPCL JPX HBTW TXFUAPMTTXOOMV JPE IMJPXV, JPX HBTW, B RME, JPE
IMJPXV, LMNX LMRJXV CI JPX LMWBABMTR, MRJVCGCWXVR, APMGNXMTR, MTN
RCCJPRMEXVR; ICVMRLUAP MR MT XZAXGGXTJ RQBVBJ, MTN HTCYGXNWX,
MTN UTNXVRJMTNBTW, BTXVQVXJBTW CI NVXMLR, MTN RPCYBTW CI PMVV RX-
TJXTAXR, MTN NBRRCGDBTW CI NCUFJR, YXVX ICUTN BT JPX RMLX NMTBXG,
YPCL JPX HBTW TMLXN FXGJXRPMOOMV; TCY GXJ NMTBXG FX AMGGXN, MTN
PX YBGG RPCY JPX BTJXVQVXJMJBCT. JPX IBVRJ ACNXYCVN BR CJPXGGC.

　　分析密文字母出現頻率，可先嘗試確定較常出現明文字母"e, t, a, o, i, n, s, h, r, d"是
由何字母替代；在此密文中，"JPX"這個字母組合出現的次數很多，因此可能為英文三字
母組合最常出現之"the"，然後再套到其他密碼文中有出現J、P或X的字當中；"BT"字母
組合應是英文單字"in"，"R"為"s"，"BR"應是英文單字"is"，"MTN"應是英文單字"and"，
"MRJCTBRPXN"應是英文單字"astonished"，因此可確定：

明文字母：　etaoinshrd

密文字母：　XJMCBTRP-N

可部分解譯密文如圖2.5。　如此一來，再進一步分析比對，很快就可以解出這段文章的內容。

In the same hour came forth fingers of a man's hand, and wrote over against the candlestick upon the plaster of the wall of the king's palace; and the king saw the part of the hand that wrote. Then the king's countenance was changed, so that the roints of his loins were loosed, and his knees smote one against another. The king cried aloud to bring in the astrologers, the chaldeans, and the soothsayers. And the king spake, and said to the wise men of Babylon, whosoever shall read this writing, and show me the interpretation thereof, shall be clothed with scarlet, and have a chain of gold about his neck, and shall be the interpretation thereof, shall be clothed with scarlet, and have a chain of gold about his neck, and shall be the third ruler in the kingdom. Then came in all the king's wise men; but they could not read the writing, nor make known to the king the interpretation thereof. Then was king Belshazzar greatly troubled, and his countenance was changed in him, and his lords were astonished. Now the queen, by reason of the words of the king and his lords, came into the banquet house; and the queen spake and said, o king, live forever; let not thy thoughts trouble thee, nor let thy countenance be changed; there is a man in thy kingdom, in whom is the spirit of the holy gods; and in the days of thy father light and understanding and wisdom, like the wisdom of the gods, was found in him; whom the king Nebuchadnezzar thy father, the king, I say thy father, made master of the magicians, astrologers, chaldeans, and soothsayers; forasmuch as an excellent spirit, and knowleage, and understanding, interpreting of dreams, and showing of hard sentences, and dissolving of doubts, were found in the same Daniel, whom the king named Belteshazzar; now let Daniel be called, and he will show the interpretation. The first codeword is othello.

加密函數為

$$f = \begin{pmatrix} ABCDEFGHIJKLMNOPQRSTUVWXYZ \\ MFANXIWPBSHGLTCQKVRJUDYZEO \end{pmatrix}。$$

明文出自英文版的舊約但以理書。

例 2.3.6:

越短的密文越難破解。有百來個字母的密文如下：

UAQUSJ VYUH ND BNDX KIUK SEMH EQD HYJEAMKNED KE JMWWYYX NJ BEHY NBFEHKUDK KIUD UDS EKIYH KINDL. – UVHUIUB ANDWEAD

千萬別暴力解，金鑰空間太大了 $26! \approx 4.0329146 \times 10^{26}$，頻率分析才是正途，透過Cryp-Tool 2內建的字典攻擊結合基因演算法，[5] 在"Monoalphatic Substitution"選擇"Dictionary &

---

[5] 有關於基因演算法破解古典密碼，還有不少學者發表過文章。可參考：Verma, A. K., Mayank Dave, and R. C. Joshi. *"Genetic algorithm and tabu search attack on the mono-alphabetic substitution cipher i adhoc networks."* Journal of

▶ JPX=the, BT=in, MTN=and,BR=is, C=o

---

in the saLe hoUV AaLe loVth linWeVs ol a Lan's hand, and YVote oDeV aWainst the AandGestiAH UQon the QGasteV ol the YaGG ol the HinW's QaGaAe; and the HinW saY the QaVt ol the hand that YVote. then the HinW's AoUntenanAe Yas AhanWed, and his thoUWhts tVoUFGed hiL, so that the Soints ol his Goins YeVe Goosed, and his Hnees sLote one aWainst anotheV. the HinW AVied aGoUd to FVinW in the astVoGoWeVs, the AhaGdeans, and the soothsaEeVs. and the HinW sQaHe, and said to the Yise Len ol FaFEGon, YhosoeDeV shaGG Vead this YVitinW, and shoY Le the inteVQVetation theVeol, shaGG Fe AGothed Yith sAaVGet, and haDe a Ahain ol WoGd aFoUt his neAH, and shaGG Fe the thiVd VUGeV in the HinWdoL. then AaLe in aGG the HinW's Yise Len; FUt theE AoUGd not Vead the YVitinW, noV LaHe HnoYn to the HinW the inteVQVetation theVeol. then Yas HinW FeGshaOOaV WVeatGE tVoUFGed, and his AoUntenanAe Yas AhanWed in hiL, and his GoVds YeVe astonished. noY the KUeen, FE Veason ol the YoVds ol the HinW and his GoVds, AaLe into the FanKUet hoUse; and the KUeen sQaHe and said, o HinW, GiDe loVeDeV; Get not thE thoUWhts tVoUFGe thee, noV Get thE AoUntenanAe Fe AhanWed; theVe is a Lan in thE HinWdoL, in YhoL is the sQiVit ol the hoGE Wods; and in the daEs ol thE latheV GiWht and UndeVstandinW and YisioL, GiHe the YisdoL ol the Wods, Yas loUnd in hiL; YhoL the HinW neFUAhadneOOaV thE latheV, the HinW, i saE, thE latheV, Lade LasteV ol the LaWiAians, astVoGoWeVs, AhaGdeans, and soothsaEeVs; loVasLUAh as an eZAeGGent sQiVit, and HnoYGedWe, and UndeVstandinW, ineVQVetinW ol dVeaLs, and shoYinW ol haVV sentenAes, and dissoGDinW ol doUFts, YeVe loUnd in the saLe danieG, YhoL the HinW naLed FeGteshaOOaV; noY Get danieG Fe AaGGed, and he YiGG shoY the inteVQVetation. the liVst AodeYoVd is otheGGo.

▶ inteVQVetation=interperation, ol=of, danieG=daniel, AodeYoVd=codeword

---

in the saLe hoUr caLe forth finWers of a Lan's hand, and wrote oDer aWainst the candlesticH Upon the plaster of the wall of the HinW's palace; and the HinW saw the part of the hand that wrote. then the HinW's coUntenance was chanWed, and his thoUWhts troUFled hiL, so that the Soints of his loins were loosed, and his Hnees sLote one aWainst another. the HinW cried aloUd to FrinW in the astroloWers, the chaldeans, and the soothsaEers. and the HinW spaHe, and said to the wise Len of FaFElon, whosoeDer shall read this writinW, and show Le the interpretation thereof, shall Fe clothed with scarlet, and haDe a chain of Wold aFoUt his necH, and shall Fe the third rUler in the HinWdoL. then caLe in all the HinW's wise Len; FUt theE coUld not read the writinW, nor LaHe Hnown to the HinW the interpretation thereof. then was HinW FelshaOOar WreatlE troUFled, and his coUntenance was chanWed in hiL, and his lords were astonished. now the KUeen, FE reason of the words of the HinW and his lords, caLe into the FanKUet hoUse; and the KUeen spaHe and said, o HinW, liDe foreDer; let not thE thoUWhts troUFle thee, nor let thE coUntenance Fe chanWed; there is a Lan in thE HinWdoL, in whoL is the spirit of the holE Wods; and in the daEs of thE father liWht and UnderstandinW and wisioL, liHe the wisdoL of the Wods, was foUnd in hiL; whoL the HinW neFUchadneOOar thE father, the HinW, i saE, thE father, Lade Laster of the LaWicians, astroloWers, chaldeans, and soothsaEers; forasLUch as an eZcellent spirit, and HnowledWe, and UnderstandinW, inerpretinW of dreaLs, and showinW of harr sentences, and dissolDinW of doUFts, were foUnd in the saLe daniel, whoL the HinW naLed FelteshaOOar; now let daniel Fe called, and he will show the interpretation. the first codeword is othello.

圖 2.5: 解譯部分密文

Genetic"就能正確解出密文。密文是源自某個cipher challenge網站。明文為

> Always bear in mind that your own resolution to succeed is more important than any other thing.
> – Abraham Lincoln

細節請參閱「用CrypTool 2破解單套字母替代密文」：
https://youtu.be/zIJF-OUbm-4

2.4　福爾摩斯與密碼

圖 2.6: 跳舞的小人1

　　破譯密碼，本來就是抽絲剝繭的過程，這與偵探小說的內容有異曲同工之妙，在聞名的偵探小說家福爾摩斯(Sherlock Holmes，本名Sir Conan Doyle柯南道爾爵士)的著名案件裏，其中的一篇「跳舞小人歷險記」(the Adventure of the Dancing Men)，便是利用破解密碼(單套字母替代法)來找到殺人兇手而破案的。其故事之內容簡述如下：住在英國Riding Thorpe Manor的Hilton Cubitt先生最近娶了來自美國芝加哥的Elsie Patrick。在家裏的花園中，Cubitt發現了一張畫有「跳舞的小人」的字條，於是他就將這張字條寄給他的朋友福爾摩斯。在這張字條的內容是如「跳舞的小人1」。 2週之後，Cubitt又在他家的工具室發現有人用粉筆在門上畫上類似的符號。於是，他又將這些符號抄錄下來，寄給福爾摩斯。 2天之後，類似的訊息又出現了。3天後，另一個由「跳舞的小人」所帶來的「訊息」又出現在家中，Cubitt百思不解，他總覺得有人想傳達訊息給他或者是他的太太Elsie。最後，Cubitt把所有的「訊息」，全寄給福爾摩斯，希望福爾摩斯能幫他找到答案。

圖 2.7: 跳舞的小人2

圖 2.8: 跳舞的小人3

Computer science. 2007.
另外CrypTool 2也內建了Hill climbing演算法，也是適用於破解單套字母替代。

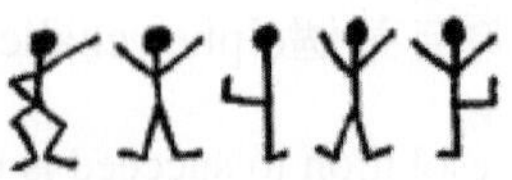

圖 2.9: 跳舞的小人4

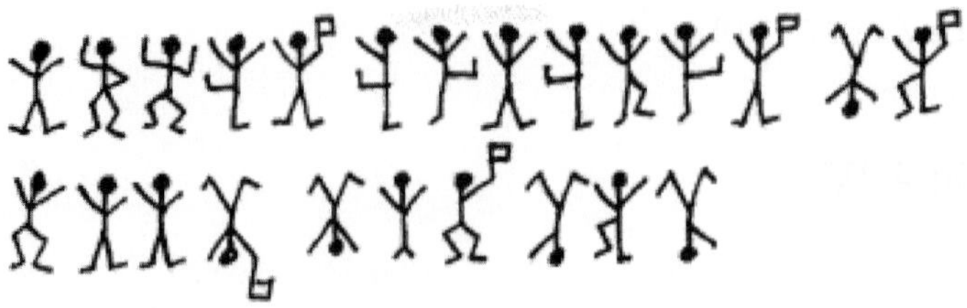

圖 2.10: 跳舞的小人5

　　福爾摩斯研究了幾天，他認為這些「跳舞的小人」應是代表著某種意義或訊息。在福爾摩斯仔細計算這些不同姿勢的「跳舞的小人」出現的頻率後，他忽然從椅子上跌了下來。他發現大事不妙，立即前往Cubitt的家中。沒想到，在他抵達時，已有警察抵達現場。Cubitt已被槍殺身亡，而他的太太Elsie，緊緊地躺在他身邊，也受到重傷。在詢問了幾個問題後，福爾摩斯終於了解了整個案情的來龍去脈，於是福爾摩斯寫了一張紙條，派人送給Abe Slaney先生。在警察問到為何有如此的動作時，福爾摩斯於是開始解釋他是如何破解這些「跳舞的小人」的密碼的。

圖 2.11: 跳舞的小人6

　　他說，在Cubitt寄給他的信中，就這個符號出現最多次，所以他便假設「跳舞的小人6」便是代表英文字母中的E。如此一來，在這些訊息中的其中一封「跳舞的小人7」便是 -E-E-，而可能的字是 LEVER(槓桿)， NEVER(絕不)， SEVER(分開)。 於是福爾摩斯很直覺地猜是NEVER。 所以「跳舞的小人8」便是代表著N，V，R。

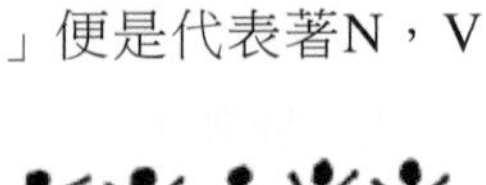

圖 2.12: 跳舞的小人7

圖 2.13: 跳舞的小人8

接下來，福爾摩斯便放心大膽地猜測「跳舞的小人3」的意思為：COME ELSIE，而每一個有舉旗子的小人便是代表每個字的結束。所以很快地，「跳舞的小人1」便可解釋為 AM HERE A- E SLANE-。故事到此，你想知道福爾摩斯到底寫了些甚麼東西給Abe Slaney 先生嗎？它的內容如「跳舞的小人9」。

圖 2.14: 跳舞的小人9

當警察問到是否要去抓Abe Slaney時，福爾摩斯笑道：「不用！他一會兒就會自己來了。」原來，Abe Slaney是Elsie在芝加哥的未婚夫，他深愛著Elsie，然而Elsie已經厭倦了跟著父親的幫派生活，在知道Abe Slaney是怎麼樣的一個人後，Elsie於是逃到英國，並在後來嫁給了心愛的Hilton Cubitt。在Abe Slaney發現了Elsie的蹤跡後，他便心生妒忌，開槍殺害了Cubitt。但Abe Slaney萬萬沒想到的是，他深愛的Elsie，居然願意與Cubitt共生死。而這些「跳舞的小人」便是這個幫派中用來傳遞訊息的符號。

當大家再度很好奇地問著福爾摩斯的信上寫著甚麼時？福爾摩斯又以他聞名的笑容，在紙上寫著："COME HERE AT ONCE"。然後便消失在人群當中。

2.5　金甲蟲(Gold-Bug)密文

The Gold-Bug《金甲蟲》是美國作家愛倫坡Edgar Allan Poe的著名短篇小說，出版於1843年。金甲蟲被視為現代解謎小說的先驅。故事中的密碼看似複雜，其實是以單套字母替代(Monoalphabetic Substitution)所寫的，明文是一般通用的英文，指的可是藏寶的位置，破譯的方式就是用到頻率分析。密文為：

```
53‡‡†305))6*;4826)4‡.)4‡);806*;48†8
¶60))85;1‡(;:‡*8†83(88)5*†;46(;88*96
*?;8)*‡(;485);5*†2:*‡(;4956*2(5*-4)8
¶8*;4069285);)6†8)4‡‡;1(‡9;48081;8:8‡
1;48†85;4)485†528806*81(‡9;48;(88;4
(‡?34;48)4‡;161;:188;‡?;
```

原作小說頻率分析部分有些微的小錯誤。可透過撰寫程式解密，要在C/C++/Java讀取 The Gold-Bug密文字元，部分符號先轉換成ascii碼，如‡,†,¶就以 #, +, $。透過軟體或執行程式，如「Java 實作破譯The Gold-Bug Cipher頻率分析」：
https://anwendeng.blogspot.com/2014/07/java-gold-bug-cipher.html
共204個符號。其中出現最頻繁的符號為：

符　次數　頻率比

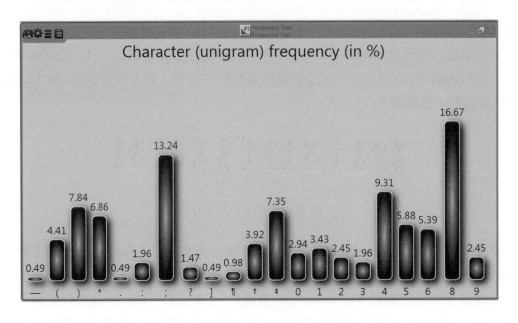

圖 2.15: CrypTool 2統計金甲蟲密文單字母頻率比

```
8    34    0.16666667
;    27    0.13235294
4    19    0.09313725
)    16    0.07843137
#    15    0.07352941
*    14    0.06862745
5    12    0.05882353
6    11    0.05392157
(     9    0.04411765
```

三字母的組合：

符	次數	頻率比
*;4	3	0.014851
;48	6	0.029703
)4#	4	0.019802
8+8	3	0.014851

進一步，透過字串比對取代，如「Java實作破譯The Gold-Bug Cipher解密階段」
https://anwendeng.blogspot.com/2014/07/java-gold-bug-cipher_13.html
可猜測：

;48=the
t(ee=tree
th6rtee*=thirteen
n#rth=north

```
終止解密?(y)n
-----------------
進入解密程序

輸入想要轉換字元序列:thro?3ht
輸入想要替代字元序列:through
重新輸入
輸入想要轉換字元序列:thro?3h
輸入想要替代字元序列:through
5goo+g05))inthe2i)ho.)ho)te0inthe+e
$i0))e5tt]ent:one+egree)5n+thirteen9i
nute)northe5)t5n+2:north95in2r5n-h)e
$enth0i92e5)t)i+e)hoot1ro9the0e1te:eo
1the+e5th)he5+52ee0ine1ro9thetreeth
roughthe)hot1i1t:1eetout
終止解密?(y)n
-----------------
```

圖 2.16: Java程式執行破譯金甲蟲密文過程

透過程式或軟體可解出:

> agoodglassinthebishopshostelinthedevilsseattwentyonedegreesandthirteen
>
> minutesnortheastandbynorthmainbranchseventhlimbeastsideshootfromtheleft
>
> eyeofthedeathsheadabeelinefromthetreethroughtheshotfiftyfeetout

加上適當地斷字、標點符號,得到藏寶的資訊:

> A good glass in the bishop's hostel in the devil's seat twenty-one degrees and thirteen
>
> minutes northeast and by north main branch seventh limb east side shoot from the left eye
>
> of the death's-head a bee line from the tree through the shot fifty feet out.

2.6　Vigenère密碼

16世紀的法國人Vigenère發展了一種**多套字母替代法**(**Polyalphabetic Substitution**),即**Vigenère密碼**,與單套字母替代法最大的不同,就是加密時,不是只針對單一字母加密,而是一個區塊一個區塊加密,其加密方法可整理如下:

演算法 2.6.1 (Vigenère密碼):
令區塊之長度為d,其中訊息代碼為

$$x = (x_1, x_2, \cdots, x_d) \in (\mathbb{Z}/26)^d \text{。}$$

密鑰為

$$k = (k_1, k_2, \cdots, k_d) \in (\mathbb{Z}/26)^d \text{,}$$

則加密函數為

$$E(x) = x + k = (x_1 + k_1, x_2 + k_2, \cdots, x_d + k_d) \quad (\text{mod } 26) \text{ ,}$$

而解密函數為

$$D(y) = y - k = (y_1 - k_1, y_2 - k_2, \cdots, y_d - k_d) \quad (\text{mod } 26) \text{ ,}$$

當中加密函數與解密函數互為反函數，即

$$\begin{cases} E(D(y)) = y \\ D(E(x)) = x \end{cases} \text{ 。}$$

　　事實上，Vigenère密碼是一種挪移密碼，與凱撒挪移密碼不同之處，只是挪移的是字母區塊而非單一字母。加密解密作業方式，無須用到傳統方法26×26的加解密對照表，透過密碼盤可簡易操作，詳見「小朋友用密碼盤操作Vigenère密碼加密解密」：

`https://youtu.be/9aft76xCOtI`

例 2.6.2：

Alice欲使用Vigenère密碼加密與Bob傳訊，他們已事先協定雙方所使用密鑰

$$k = (21, 4, 2, 19, 14) = \text{``VECTO''} \text{ 。}$$

而明文為 $m = $ 'ciphertext'。 其加密過程為：

明文	c	i	p	h	e	r	t	e	x	t
明文代碼	2	8	15	7	4	17	19	4	23	19
密鑰	21	4	2	19	14	21	4	2	19	14
模加法值	23	12	17	0	18	12	23	6	16	7
密文	X	M	R	A	S	M	X	G	Q	H

　　Vigenère密碼在早年，是被視為牢不可破的，其主要的原因，是未找出如何「猜」出密碼的區塊長度的方法；一旦區塊長度能確定，就可運用針對單套替代法的頻率分析，找出密鑰值，因此以密文攻擊層面主要要考量：

- 找出區塊之長度，暨密鑰之長度。

- 找出個別之密鑰值。

　　一種找出密鑰長度的方式，就是將密文印成兩份工整的長條，固定其中一份，移動另一份密文長條比對上下密文字母相吻合之處，並將其吻合字母數寫下，再移動密文長條之位置、比對，記下吻合字母數，如此，比對不同位置，直到結束為止，而其中最高吻合對數之移動位置，應是密鑰之長度。如此找出密鑰長度的方式，其實很容易程式化，可參考下列C程式：

程式 2.6.3:

計算可能密鑰長度：

```
int  coincidence(char* ciphertext,  int  place){
//計算不同位置之吻合字母數
  int  count=0;
  int  j;
  int  n=strlen(ciphertext);
  for(int i=0;i<n;i++){
      j=i+place;
      if  (j>=n)
          break;
      if(ciphertext[i]==ciphertext[j])
          count++;
  }
    return  count;
}
int  keyLength(char*  ciphertext){
//計算可能密鑰長度
    int  maxCoincidence=0;
    int  j,keyLength;
    cout<<"位置\t相同字母數\n";
    for(int  i=1;i<=13;i++){
      j=coincidence(ciphertext,i);
      cout<<i<<'\t'<<j<<endl;
      if(j>maxCoincidence){
        maxCoincidence=j;
        keyLength=i;
      }
    }
    return  keyLength;
}
```

　　所要注意的，使用此種方式找密鑰之長度，是先假設密鑰之長度是 ≤ 13，否則不準。這種找密鑰長度的方式，主要是依據不同字母出現頻率的比率，考慮向量空間 $\mathbb{R}^{26}$ 之向量 W (為字母出現頻率的比率)。

$$
\begin{aligned}
W \ &= \ (p(a), p(b), p(c), \cdots, p(z)) \\
&\approx \ (0.082, 0.015, 0.028, 0.043, 0.127, 0.022, 0.020, \\
&\qquad 0.061, 0.070, 0.001, 0.008, 0.040, 0.024, 0.067, \\
&\qquad 0.075, 0.019, 0.001, 0.060, 0.063, 0.091, 0.028, \\
&\qquad 0.010, 0.023, 0.001, 0.020, 0.001)
\end{aligned}
$$

假設 V 亦為 $\mathbb{R}^{26}$ 中之向量，且 V 之選得為向量 W 之各座標值之置換。由於

$$
\cos\theta = \frac{W \cdot V}{|W||V|}
$$

其中 θ 為向量 $W = (w_1, \cdots, w_{26})$ 與 $V = (v_1, \cdots v_{26})$ 之夾角弧度，$|\cdot|$ 表向量之長度，如

$$
|W| = \sqrt{w_1^2 + w_2^2 + \cdots + w_{26}^2}。
$$

且各字母所出現之頻率均不同，可得

$$W \cdot V \quad \leq \quad W \cdot W$$

$$\approx \quad (0.82)^2 + (0.015)^2 + \cdots + (0.001)^2 \approx 0.066 \text{，}$$

其中只有在 $W \approx V$ 之際 "$\approx$" 才會成立。取 W_i 為向量 W 右旋 i 個位置，可得內積值如下表：

$\|i-j\|$	0	1	2	3	4	5	6
$W_i \cdot W_j$	0.066	0.039	0.032	0.034	0.044	0.033	0.036
$\|i-j\|$	7	8	9	10	11	12	13
$W_i \cdot W_j$	0.039	0.034	0.034	0.038	0.045	0.039	0.042

而 $|i-j|$ 反應在移動密文長條之位置數，所得之吻合對數應為

$$\approx n \times W_i \cdot W_j \text{，}$$

其中 n 為密文之長度，最高之吻合對數約為 $n \times 0.066$，這是其他吻合對數之大約兩倍。在 1920年Wolfe **Friedman**就曾定義所謂吻合指數(Index of Coincidence)：

定義 2.6.4:

令 $x = x_0 x_2 \cdots x_n$ 為長度為 n 之字母字串，定義此字串 x 之**吻合指數(Index of Coincidence)**為任取此字串兩字母為相同之機率，即

$$I(x) = \frac{\sum_{i=0}^{25} \binom{p_i}{2}}{\binom{n}{2}}$$

其中 $p_0, p_1, \cdots, p_{25}$ 代表字母 a、b、c、$\cdots$、z 在字串 x 中所出現之次數。

假設 x 為一普通的英文文章，且 n 很大，則

$$I(x) \approx |W|^2 = w_0^2 + \cdots w_{25}^2 \approx 0.066 \text{。}$$

若 x 為經 Vigenère加密後之密文，可將字串 x 分割成 m 個 $[n/m]$ 之子字串，即 $y_0, y_1, y_2, \cdots, y_{m-1}$，其中

$$y_0 = x_0 x_m x_{2m} \cdots \text{，}$$

$$y_1 = x_1 x_{m+1} x_{2m+1} \cdots \text{，}$$

$$y_2 = x_2 x_{m+2} x_{2m+2} \cdots \text{，}$$

$$y_3 = x_3 x_{m+3} x_{2m+3} \cdots \text{，}$$

$$\ddots$$

$$y_{m-1} = x_{m-1} x_{2m-1} x_{3m-1} \cdots \text{，}$$

若 m 恰好為密鑰之長度(或其整數倍)，則

$$I(y_i) \approx 0.066,\ (i = 1, 2, \cdots, m),$$

否則，字串 y_i 的字母應為均勻分佈，故

$$I(y_i) \approx \frac{1}{26} \approx 0.038,$$

這也就是為何我們找密鑰長度的演算法，能夠進行的原因，聰明的讀者也可藉由吻合指數這個概念，推導出更為精細的頻率分析法，用以估算密鑰之長度。

例 2.6.5:

有 Vigenère 密文不知其密鑰長度，[6] 欲破譯其密文。

```
ciphertext=
"O C W Y I K O O O N I W U G P M X W K T Z D W G T S S A Y J Z W
Y E M D L B N Q A A A V S U W D V B R F L A U P L O O U B F G Q H
G C S C M G Z L A T O E D C S D E I D P B H T M U O V P I E K I F
P I M F N O A M V L P Q F X E J S M X M P G K C C A Y K W F Z P Y
U A V T E L W H R H M W K B B V G T G U V T E F J L O D F E F K V
P X S G R S O R V G T A J B S A U H Z R Z A L K W U O W H G E D E
F N S W M R C I W C P A A A V O G P D N F P K T D B A L S I S U R
L N P S J Y E A T C U C E E S O H H D A R K H W O T I K B R O Q R
D F M Z G H G U C E B V G W C D Q X G P B G Q W L P B D A Y L O O
Q D M U H B D Q G M Y W E U I K"
```

- (密鑰長度) 代入程式 coincidence(ciphertext,place) 如表 2.17，故猜密鑰長度為 6。

- (破譯密鑰) 由於密文很短，出現字母最頻繁的，不一定其明文字母是 'e'、't' 或 'a'，與其瞎猜不如用更為精細的頻率分析。考慮密鑰的第一座標值：令 $C[0]$ 為 ciphertext 之子字串，由第 $0, 6, 12, \cdots, 6k, \cdots$ 個字母生成。其字母出現頻率如表所示。

$$\Rightarrow\quad P = (p(A), p(B), \cdots, p(Z))$$
$$\approx (0.058, 0.077, 0.038, 0, 0, 0.019, 0, 0.096, 0.038, 0.019,$$
$$0.058, 0.077, 0, 0.058, 0.077, 0.077, 0, 0.019, 0.019, 0.038,$$
$$0.134, 0.019, 0.038, 0, 0.019, 0.019)$$

為 $C[0]$ 各字母所出現之頻率之比例，向量 W 表一般英文字母出現頻率比例，而 W_i 為向量 W 之左旋 i 位置，計算內積值

$$P \cdot W_i\quad (i = 0, 1, 2, \cdots, 25)$$

[6] 取自 Wade Trappe 和 Lawrence C. Washington 的 *Introduction to Cryptography with Coding Theory* 57 頁之習題。

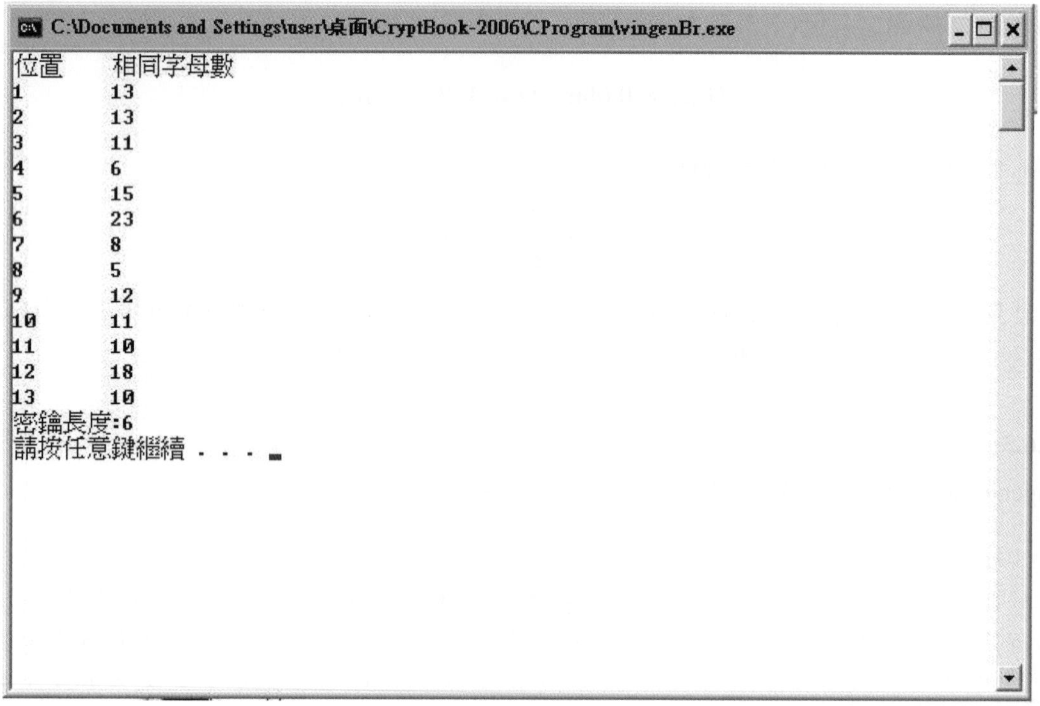

```
C:\Documents and Settings\user\桌面\CryptBook-2006\CProgram\wingenBr.exe      - □ ×
位置     相同字母數
1        13
2        13
3        11
4        6
5        15
6        23
7        8
8        5
9        12
10       11
11       10
12       18
13       10
密鑰長度:6
請按任意鍵繼續 . . . ▄
```

圖 2.17: 計算吻合數coincidence(ciphertext,place)

字母	出現次數	出現頻率比例	字母	出現次數	出現頻率比例
A	3	0.058	N	3	0.058
B	4	0.077	O	4	0.077
C	2	0.038	P	4	0.077
D	0	0	Q	0	0
E	0	0	R	1	0.019
F	1	0.019	S	1	0.019
G	0	0	T	2	0.038
H	5	0.096	U	7	0.134
I	2	0.038	V	1	0.019
J	1	0.019	W	2	0.038
K	3	0.058	X	0	0
L	4	0.077	Y	1	0.019
M	0	0	Z	1	0.019

表 2.2: ciphertext之 $C[0]$ 子字串之字母出現頻率分析表

發現值在 $i = 7$ 之時內積值 0.056 最大，因此向量 P 與 W_7 最接近，故猜密鑰之第一向量為 7。

i	0	1	2	3	4	5	6
$P \cdot W_i$	0.042	0.045	0.037	0.045	0.029	0.030	0.042
i	7	8	9	10	11	12	13
$P \cdot W_i$	0.056	0.038	0.040	0.035	0.037	0.032	0.039
i	14	15	16	17	18	19	20
$P \cdot W_i$	0.041	0.039	0.041	0.032	0.035	0.038	0.048
i	21	22	23	24	25		
$P \cdot W_i$	0.032	0.049	0.039	0.033	0.030		

表 2.3: $P \cdot W_i$ 內積值

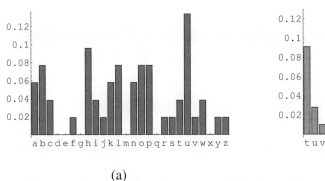
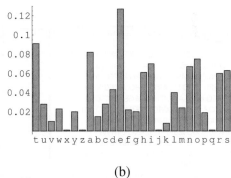

(a)   (b)

圖 2.18: ciphertext之 $C[0]$ 子字串之字母出現相對頻率圖(a)是與一般英文字母出現相對頻率圖、將字母排列右旋7位時之圖(b)「形狀」是較為相近。

如此方法繼續進行，可得完整密鑰值

$$(7, 14, 11, 12, 4, 10) = \text{"HOLMEK"} 。$$

代回解碼連同標點、空格考慮進來，可得明文。

- (明文) 明文原來為"The Advanture of the Dancing Men" 之第一段文字：

  Holmes had been seated for some hours in silence with his long, thin back curve dover a chemical vessel in which he was brewing a particularly malodorous product. His head was sunk upon his breast, and he looked from my point of view like a strange, lank bird, with dull grey plumage and ab lack top-knot. "So Watson," said he, suddenly, "you do not propose to invest in South African securities?"

例 **2.6.6:**

某密文為Vigenère密文：   PLE GKVD SO HEBEZEN BVOW PLE QNIEU GVYZPSS, DDET WAENC

DMDNAR. TRA SRSCMN YB GRILXOQNEPRU MS DUTIMWPLI ZETOZ JRYI GOXYIRXERG 2000 LY, AIDD XHO AKYZPMAX LVAMPMCO KJ HSAVOQHCPREGS. DDISO YSNCEWTOZ SF KZZAXYID ZEGTYCVAWO, XHO PSTKH XHKP QEKJW OP PLAD SES CKPEVU VEXKANOZ XO KJ ILSPI FOS. XHO LVIWWVY BAROGJID EOI OP W QONAVN METHON AAC XC JEHMUC YEECWV (100 B.M. PS FYNXY-PKYR LY), AHY BEIVAH TY PVUCP LIC IISCARGONW OXYI AMP XOQAXHON AIDD LIC CSVONROBO ENN KJFSYIRC.

- (密鑰長度) 透過密碼教學軟體CrypTool 2當中兩種方法分析，其一為Kasiski法，另一為 autocorrelation(類似前述的C程式碼)，其計算結果如圖(2.19)。完整的操作過程可參考教 學影片「Vigenère多套字母替代的加密解密以及如何用CrypTool破譯」： (https://anwendeng.blogspot.com/2016/04/vigenere-CrypTool.html) autocorrelation所呈現比較大的數值都是4的倍數，Kasiski是密文中相同子字串的距離，

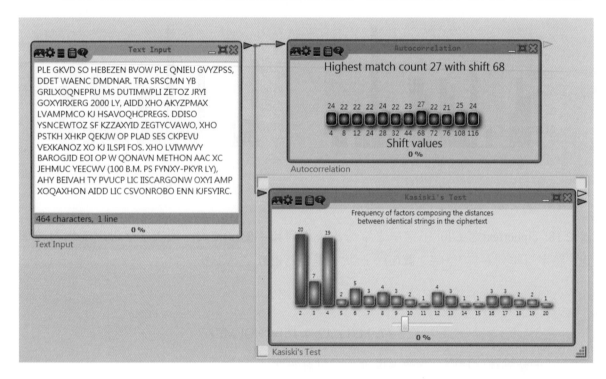

圖 2.19: Kasiski法與autocorrelation計算結果

當中距離為4的也最多，故密鑰長度應為4。

- (破譯密鑰) 可透過上例解出。更為快捷的方式則是，透過Vigenère Analyzer可得猜測的 密鑰為WEAK= $(22, 4, 0, 10)$。

- (明文) 明文原來為：

The word is derived from the Greek kryptos, that means hidden. The origin of cryptography is typically dated from concerning 2000 BC, with the Egyptian practice of hieroglyphics. These consisted of advanced pictograms, the total that means of that was solely renowned to an elite few. The primary renowned use of a modern cipher was by Julius Caesar (100 B.C. to forty-four BC), who failed to trust his messengers once act together with his governors and officers.

2.7　Hill密碼

在1929年，出現於《美國數學月刊(American Mathematical Monthly)》雜誌上一篇標題為 "Cryptography in an Algebraic Alphabet"的文章，作者為Lester Hill，在這篇文章中，Hill引入了一種利用矩陣運算多套字母替換的加密方式，這種加密方式在當今部分的線性代數課本也當作教材，其主要概念就是利用係數為 $\mathbb{Z}/26$ 之矩陣乘法，其作法可見下例：

例 2.7.1:

Alice欲利用**Hill密碼**加密明文 $m =$ 'hill'成密文 c，傳訊給Bob。

- (金鑰產生) 首先決定所用矩陣之大小，譬如是 2×2，

$$E = \begin{bmatrix} 1 & 1 \\ 3 & 4 \end{bmatrix},$$

其中 E 之行列式值 $\det E$ 必須與26互質，否則不存在 E 之反矩陣。

- (加密) Alice將明文 $m =$ 'hill'寫成矩陣型態，即

$$M = \begin{bmatrix} h & l \\ i & l \end{bmatrix} = \begin{bmatrix} 7 & 11 \\ 8 & 11 \end{bmatrix},$$

(因已先協定明文代碼 $a = 0$、$b = 1$、$\cdots$、$z = 25$)將加密矩陣 E 左乘明文代碼矩陣 M，得

$$
\begin{aligned}
EM &= \begin{bmatrix} 1 & 1 \\ 3 & 4 \end{bmatrix} \begin{bmatrix} 7 & 11 \\ 8 & 11 \end{bmatrix} \\
&= \begin{bmatrix} 15 & 22 \\ 53 & 77 \end{bmatrix} \\
&= \begin{bmatrix} 15 & 22 \\ 1 & 25 \end{bmatrix} \pmod{26},
\end{aligned}
$$

故得密文代碼矩陣

$$C = \begin{bmatrix} 15 & 22 \\ 1 & 25 \end{bmatrix} = \begin{bmatrix} p & w \\ b & z \end{bmatrix},$$

將密文 $c=$ 'pbwz' 傳給Bob。

- (解密) Bob計算加密矩陣之反矩陣，再行模運算 (mod 26)，得解密矩陣

$$D = \begin{bmatrix} 4 & -1 \\ -3 & 1 \end{bmatrix} \pmod{26},$$

將所得之密文代碼矩陣 C，以解密矩陣 D 左乘，得

$$\begin{aligned} DC &= \begin{bmatrix} 4 & -1 \\ -3 & 1 \end{bmatrix} \begin{bmatrix} 15 & 22 \\ 1 & 25 \end{bmatrix} \\ &= \begin{bmatrix} 59 & 53 \\ -44 & -41 \end{bmatrix} \\ &\equiv \begin{bmatrix} 7 & 11 \\ 8 & 11 \end{bmatrix} \pmod{26} \\ &= \begin{bmatrix} h & l \\ i & l \end{bmatrix}, \end{aligned}$$

得明文 $m = $ 'hill'。

Hill密碼是不敵**明文攻擊**的。

例 2.7.2 (續上例)：

假設攻擊者Eve已取得一組對照文 $(m,c) = ($ 'hill', 'pbwz' $)$，欲破譯其解密函數 $D(c) = m$，就是解矩陣同餘式[7]

$$\begin{aligned} D &= \begin{bmatrix} d_{11} & d_{12} \\ d_{21} & d_{22} \end{bmatrix} \\ &\equiv MC^{-1} = \begin{bmatrix} 7 & 11 \\ 8 & 11 \end{bmatrix} \begin{bmatrix} 15 & 22 \\ 1 & 25 \end{bmatrix}^{-1} \pmod{26} \\ &= \begin{bmatrix} 7 & 11 \\ 8 & 11 \end{bmatrix} \left(\frac{1}{353} \begin{bmatrix} 25 & -22 \\ -1 & 15 \end{bmatrix} \right) \\ &\equiv 15^{-1} \left(\begin{bmatrix} 7 & 11 \\ 8 & 11 \end{bmatrix} \begin{bmatrix} -1 & 4 \\ -1 & 15 \end{bmatrix} \right) \pmod{26} \\ &\equiv 7 \begin{bmatrix} -18 & 193 \\ -19 & 197 \end{bmatrix} \pmod{26} \\ &= \begin{bmatrix} 4 & 25 \\ 23 & 1 \end{bmatrix} \pmod{26}. \end{aligned}$$

[7] 事實上，這些矩陣 M, C, D 都有反矩陣的存在，以群論的角度，都同屬乘法群 $GL_2(\mathbb{Z}/26)$，而明文矩陣 M 與密文矩陣 C 同時有反矩陣的機率為 $\frac{\phi(26)}{26} = 6/13$，其中 $\phi(x)$ 為 Euler ϕ 函數，即小於 x 與 x 互質之正整數的個數，詳見第三章《基礎數論》。

例 2.7.3:

假設攻擊者Eve已取得一組對照文 $(m, c) = (\text{`abey'}, \text{`bece'})$，欲破譯其解密函數 $D(c) = m$，就是解矩陣同餘式

$$C = \begin{bmatrix} d_{11} & d_{12} \\ d_{21} & d_{22} \end{bmatrix} M$$

其中

$$M = \begin{bmatrix} 0 & 4 \\ 1 & 24 \end{bmatrix}, C = \begin{bmatrix} 1 & 2 \\ 4 & 4 \end{bmatrix} \quad (\text{當中 } \det C = -4)$$

令

$$C^* = \begin{bmatrix} 4 & -2 \\ -4 & 1 \end{bmatrix}, \quad CC^* = C^*C = -4 \begin{bmatrix} 1 & 0 \\ 0 & 1 \end{bmatrix}$$

計算

$$\begin{aligned} -4D &= DCC^* \\ &= MC^* = \begin{bmatrix} 0 & 4 \\ 1 & 24 \end{bmatrix} \begin{bmatrix} 4 & -2 \\ -4 & 1 \end{bmatrix} \\ &\equiv \begin{bmatrix} -16 & 4 \\ 12 & -4 \end{bmatrix} \\ &\equiv -4 \begin{bmatrix} 4 & -1 \\ -3 & -1 \end{bmatrix} \quad (\text{mod } 26) \end{aligned}$$

-4 在 $(\text{mod } 26)$ 中無乘法反元素，但是在 $(\text{mod } 13)$ 有乘法反元素

$$(-4)^{-1} \equiv 10 \quad (\text{mod } 13),$$

得

$$D \equiv \begin{bmatrix} 4 & -1 \\ -3 & 1 \end{bmatrix} \quad (\text{mod } 13)$$

可得16種可能答案

$$D \equiv \begin{bmatrix} 4 + \delta_{11} & -1 + \delta_{12} \\ -3 + \delta_{21} & 1 + \delta_{22} \end{bmatrix} \quad (\text{mod } 26)$$

當中 $\delta_{ij} = 0$ 或 13，帶回同餘式

$$DC = M$$

得可能為解密矩陣 D 者有四：

$$\begin{bmatrix} 4 & -1 \\ -3 & 1 \end{bmatrix}, \begin{bmatrix} 4 & 12 \\ -3 & 1 \end{bmatrix}, \begin{bmatrix} 4 & -1 \\ -3 & 14 \end{bmatrix} \text{及} \begin{bmatrix} 4 & 12 \\ -3 & 1 \end{bmatrix} \quad (\text{mod } 26)。$$

理論上，能再截收到幾組明文/密文對照文，就不難找出唯一的解密函數的解。

例 2.7.4 (續上例):

假設攻擊者Eve又取得一組對照文 $(m, c) = (\text{`kill'}, \text{`skwz'})$。此時明文矩陣、密文矩陣分別為

$$M = \begin{bmatrix} 10 & 11 \\ 8 & 11 \end{bmatrix} \pmod{26} \text{ 及 } C = \begin{bmatrix} 18 & 22 \\ 10 & 25 \end{bmatrix} \pmod{26}$$

將上述可能為解密矩陣D的四個矩陣均代$M = DC$，僅

$$\begin{bmatrix} 4 & -1 \\ -3 & 1 \end{bmatrix} \pmod{26}$$

成立，解出解密函數。

　　至於密文攻擊，是較為複雜的，第一步就是要先決定所用加密解密矩陣之大小，此可利用與找出Vigenère密碼密鑰長度相同的方法；而決定加密解密的方法就要利用破譯單套字母替換的方法，找出每區塊特定位置之代換關係，並解出代數式；這些都是頻率分析結合矩陣運算所能破解的，故Hill密碼並無多大實用價值，不過是人類在發展密碼技術上，運用代數計算的一段小插曲。

2.8　單次密碼簿

　　最著名的無法破譯的密碼系統，應屬**單次密碼簿(One-Time Pad)**，早在1918年前後，就由Gilbert **Vernam**以及Joseph **Mauborgne**所發展出來，這種密碼系統在冷戰期間，尚為蘇聯間諜所使用，而單次密碼簿的密鑰不可重複使用，否則就有被破譯的可能，其加密解密方式可見以下例子：

例 2.8.1:

Alice欲將明文 $m=\text{`OK'}$，藉由單次密碼簿加密成密文 $c$，傳訊給Bob。假設密鑰為 $k=\text{`DA'}$。

- (加密) Alice先將明文 m 化為ASCII代碼(當然雙方必先協定所用之代碼方式)並加密，即

$$
\begin{array}{llll}
\text{明文 } m = \text{`OK'} = & (79, 75)_{\text{ASCII}} = & 10011111001011 & \\
\text{密鑰 } k = \text{`DA'} = & (68, 65)_{\text{ASCII}} = & 10001001000001 & \oplus \\
\hline
\text{密文}c= & & 00010110001010 &
\end{array}
$$

將密文 $c = 00010110001010$傳給Bob。

- (解密) Bob取得密文，並用密鑰解密：

$$\begin{array}{lll}
\text{密文 } c = & 00010110001010 & \\
\text{密鑰 } k = & 10001001000001 & =\text{'DA'} \quad \oplus \\
\hline
\text{明文 } m = & 10011111001011 & =\text{'OK'}
\end{array}$$

(其中 $\oplus$ 表XOR運算，即

$$1 \oplus 0 = 0 \oplus 1 = 1, 0 \oplus 0 = 1 \oplus 1 = 0)$$

註：

英文26個大寫字母只佔ASCII代碼很小一部分，如此只用小部分ASCII代碼的編碼方式並不恰當。另外，密鑰必須是由適當的亂數產生器產生(至少是似亂數產生器)，否則也有被「猜」中密鑰的危險。

單次密碼簿之XOR運算亦可修改成一般模加減法運算，如下例：

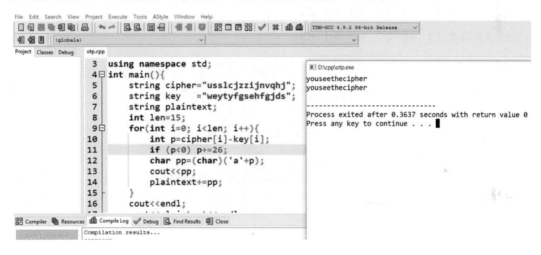

圖 2.20: 已知金鑰，用C++程式模26減法就可解出Vernam密碼，當然也可用CrypTool。參閱「C++實作解密絕對安全密碼Vernam One Time Pad」

https://anwendeng.blogspot.com/2018/04/vernam-otp.html

例 2.8.2：

已知Vernam密碼資訊：

密文c[]=usslcjzzijnvqhj　金鑰k[]=weytyfgsehfgjds
明文m[]=?

Vernam OTP的計算是用到模加減。加密用模加、解密用模減如：

$$c[i] = (\text{char})((m[i] + k[i]) \pmod{26} +' a')$$
$$m[i] = (\text{char})((c[i] - k[i]) \pmod{26} +' a')$$

可得明文m[]=youseethecipher。

例 2.8.3:

Alice將明文字串「這不是單次密碼簿加密」化為**萬國碼(Unicode)**，即明文代碼

m=b3 6f a4 a3 ac 4f b3 e6 a6 b8
 b1 4b bd 58 c3 af a5 5b b1 4b,

假設以一般**似亂數生成器**產生密鑰

k=7f 80 a8 09 9b 4c af db 18 6f
 9a f0 9e 45 3c 04 12 bc 3c 9e,

則密文為$c = m \oplus k$:

c=cc ef 0c aa 37 03 1c 3d be d7
 2b bb 23 1d ff ab b7 e7 8d d5,

解密則利用$m = c \oplus k$，再化為明文字串。特別要注意，這不是單次密碼簿加密！台灣正體漢字只佔萬國碼的一部分，一般似亂數產生器達不到密碼安全的要求。

圖 2.21: Max Newman所設計的電腦前身──Colossus破譯機，戰後連同藍圖一起銷毀(取自 `www.bletchleypark.org.uk`)

2.9　Enigma密碼機

　　二次世界大戰期間，盟國適時地破譯德國**Enigma**密碼機所編出之密文，幾乎解讀了德國當時所有重大的政治、軍事、外交密電；即使二次世界大戰末期，德國發展出類似Enigma，卻比Enigma更強之**Lorenz**密碼機，來傳訊希特勒與高級領導之間密電，盟國也能利用**Colossus**破譯機破譯。在幾乎毫無國防機密可言下，納粹第三帝國輸了戰役，也亡了政權。矢志要將猶太人滅種之希特勒，也在他的領袖防空洞內，舉槍自盡。讓我們將場景拉至二次世界大戰初期。Enigma密碼機伴隨著德國裝甲師團以及U艇出征，透過它與遠在柏林的最高國防軍統帥部Oberkommando der Wehrmacht加密、解密訊息，然而，這些化為摩斯碼的訊息極易遭截收，遠在英國**Bletchley Park**之密碼研究員嘗試分析這些截收到之密文，找出密文之特徵模式，再利用他們所發明製造的破譯機**Bombes**計算，不需數小時，只要所截收之密文數夠多，就可以破解當日Enigma密碼機所用之密鑰；這就是Alice-Eve-Bob場景的二次大戰版。

　　1918年，德國發明家Arthur **Scherbius**發明Enigma密碼機，是由多項零件所組合而成，主要結構為

- 鍵盤：為明文字母輸入用。

- **接線板(Stecker)**：為字母置換，早期有6條接線，可做6對字母間之置換。

- **滾輪(Rotor)**：早期有3個，可改變位置，為Enigma密碼機最關鍵之部分，相當3個編碼器。 註[8]

- **反射器(Reflector)**：固定式的置換作用，使得Enigma密碼機加密與解密之程序一致，故Enigma密碼為對稱鑰密碼。

- 燈板：為密文字母輸出用。

註[8] 最初的Enigma密碼機是沒有反射器的，這是後來才加上的。

圖 2.22: Bletchley Park

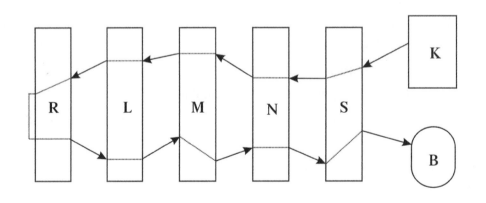

圖 2.23: Enigma M3型密碼編碼路徑圖

● 電源器：可供直流/交流電源輸入。

　　可參閱Enigma M3型密碼機編碼路徑圖2.23，其中L、 M、 N分別代表3個不同之滾輪，R表反射器，S為接線板，K代表鍵盤，B代表燈板。每個滾輪有類似26齒之齒輪之結構，以及牽動他輪之進位凹槽(Notch, Übertragskerbe)，只要一按鍵盤任意鍵，滾輪N就會順時鐘方向轉動 $\frac{1}{26}$ 圈一格，待N轉一周(或至凹槽)，滾輪M才會轉動一格，即 $\frac{1}{26}$ 圈，待滾輪 轉一周(或至凹槽)，滾輪L才會轉動一格，即 $\frac{1}{26}$ 圈，這種滾輪互相牽動之情形類似水表之變動，大部分的時間，只有最右邊的滾輪會轉動，非常規律，有利於密碼分析。晚期的Rotor，其進位

圖 2.24: Enigma滾輪中的進位凹槽(Notch, Übertragskerbe)圖改自網頁文章之圖片「ENIGMA JorgeLuisOrejel」

`https://www.codeproject.com/Articles/831015/ENIGMA`

凹槽就不只一個。誠然滾輪互相牽動之實際情形並非與水表「進位」轉動完全一樣,由於特殊的機械關係,連續按鍵二次,滾輪M有時會被牽動2格;直至G型才加入齒輪箱,解除這種現象。

而編碼是在滾輪牽動之後, Enigma密碼機之滾輪裝置使得明文字母與密文字母之關聯幾乎無跡可尋。而Enigma密碼機之「密鑰」其實是指: (以戰爭初期 M3 版而言)

- 接線板上6條接線是連結哪幾對字母(相連之兩字母即表兩字母對換),以接線板上之 A 與 B 接線相連為例,即

$$A \to B \text{ 與 } B \to A,$$

為方便起見,以2-Cycle (AB) 表之。使用 0、1、...、6 條接線,共有

$$\binom{26}{2}\binom{24}{2}\binom{22}{2}\binom{20}{2}\binom{18}{2}\binom{16}{2}/6!$$

$$+ \binom{26}{2}\binom{24}{2}\binom{22}{2}\binom{20}{2}\binom{18}{2}/5!$$

$$+ \binom{26}{2}\binom{24}{2}\binom{22}{2}\binom{20}{2}/4!$$

$$+ \binom{26}{2}\binom{24}{2}\binom{22}{2}/3!$$

$$+ \binom{26}{2}\binom{24}{2}/2!$$

$$+ \binom{26}{2}$$

$$+ 1$$

$$= 100391791500 + 5019589575 + 164038875$$

$$+3453450 + 44850 + 325 + 1$$

$$= 105578918576$$

種可能性。

- 3個滾輪之位置，以及滾輪之初始字母，共有

$$3!(26)^3 = 105456$$

種可能性。

- 故有

$$105456 \times 105578918576 = 11133930437350656 \approx 10^{16}$$

種可能設定。這在以每分鐘可以檢查一密鑰的速度下是需要比宇宙歲數還長的時間才有辦法檢查完畢。

註:

其實Enigma還有一項裝置，稱之為環(Ring)，這也會增加密鑰的數目。電影「模仿遊戲」(The Imitation Game)中的密碼專家們，並沒有把Ringstellung（Ring設定）會增加密鑰的數目乘數$26^2 = 676$乘上去。這項裝置可調整滾輪「進位」的位置，是Enigma裝置中，最易受到忽略的。他們的算法，是算有10條接線，而且全接上，如此接線板的金鑰貢獻乘數為

$$\binom{26}{2}\binom{24}{2}\binom{22}{2}\binom{20}{2}\binom{18}{2}\binom{16}{2}\binom{14}{2}\binom{12}{2}\binom{10}{2}\binom{8}{2}/10! = 150738274937250$$

如此算出的金鑰數為

$$158,962,555,217,826,360,000 \approx 1.59 \times 10^{20} = 15900京。$$

請注意1京=1億億=10^{16}，電影中字幕翻譯錯誤，造成以訛傳訛。

以下為Enigma密碼機M3型實際的編碼說明(無「進位」現象，只有最右輪轉動):

例 2.9.1:

假設滾輪由左而右的順序為 1、2、3，而滾輪之初始位置為 "AAZ"，接線板上不用任何接線，故接線板上之置換作用為 s = id，輸入明文為 "AA"，則密文為 "UB"。 試解釋其加密路徑如下： 註[9]

註[9] 事實上，這些滾輪都是標準的Enigma滾輪，Rotor1、Rotor2、Rotor3其「進位」位置分別為當S轉至R、 E轉至F、 V轉至W，在本例中是不會產生「進位」現象。而此處的反射器就是標準的B型反射器。

1. 滾輪與反射器之置換為

$$\text{Rotor3}: \text{n} = \begin{pmatrix} \text{ABCDEFGHIJKLMNOPQRSTUVWXYZ} \\ \text{BDFHJLCPRTXVZNYEIWGAKMUSQO} \end{pmatrix}$$

$$\text{Rotor2}: \text{m} = \begin{pmatrix} \text{ABCDEFGHIJKLMNOPQRSTUVWXYZ} \\ \text{AJDKSIRUXBLHWTMCQGZNPYFVOE} \end{pmatrix}$$

$$\text{Rotor1}: \ell = \begin{pmatrix} \text{ABCDEFGHIJKLMNOPQRSTUVWXYZ} \\ \text{EKMFLGDQVZNTOWYHXUSPAIBRCJ} \end{pmatrix}$$

$$\text{Reflector}: \text{r} = \begin{pmatrix} \text{ABCDEFGHIJKLMNOPQRSTUVWXYZ} \\ \text{YRUHQSLDPXNGOKMIEBFZCWVJAT} \end{pmatrix}$$

2. 以按下明文字母第一個A由於接線板無接線交換，A保持不變，按鍵使得Rotor3向前滾動一格(係Rotor3之第一列向右旋一格)，此時電流接觸到Rotor3外環的A，整個由按鍵所產生的電流，通過接線板、滾輪Rotor3、Rotor2、Rotor1，經過反射器Rotor1、Rotor2、Rotor3、接線板，最後到燈板。

   - 整個路徑的作用，可以下列置換作用表示：

   $$\text{s} \circ \text{n}^{-1} \circ \text{m}^{-1} \circ \ell^{-1} \circ \text{r} \circ \ell \circ \text{m} \circ \text{n} \circ \text{s}。$$

   - 經Rotor3的置換作用，得 A → B，
   - 然而Rotor2、Rotor1皆不滾動，因此，在Rotor2上 B → J，
   - 在Rotor1上 J → Z，
   - 在反射器上 Z → T，
   - 回到Rotor1上，作用ℓ^{-1}，得 T → L，(原先之反作用，第二列值對回第一列值)，
   - 回到Rotor2上，作用m^{-1}，得 L → K，
   - 回到Rotor3上，作用n^{-1}，得 K → U，最後經由接線板 U → U。

3. 其密文形成的路徑可參考圖2.25。

   - 按下明文字母第二個A，按鍵使得Rotor3再向前滾動一格，此時滾輪之位置為 "AAB"，而滾輪Rotor3的函數作用為 [10]

   $$\text{Rotor3}: \text{n}_2 = \sigma^{-1} \circ \text{n} \circ \sigma, \text{ 其中 } \sigma = (\text{ABCDEFGHIJKLMNOPQRSTUVWXYZ})。$$

---

[10] 可參考定理2.10.1，事實上

$$n_2 = \begin{pmatrix} \text{ABCDEFGHIJKLMNOPQRSTUVWXYZ} \\ \text{CEGIKBOQSWUYMXDHVFZJLTRPNA} \end{pmatrix}$$

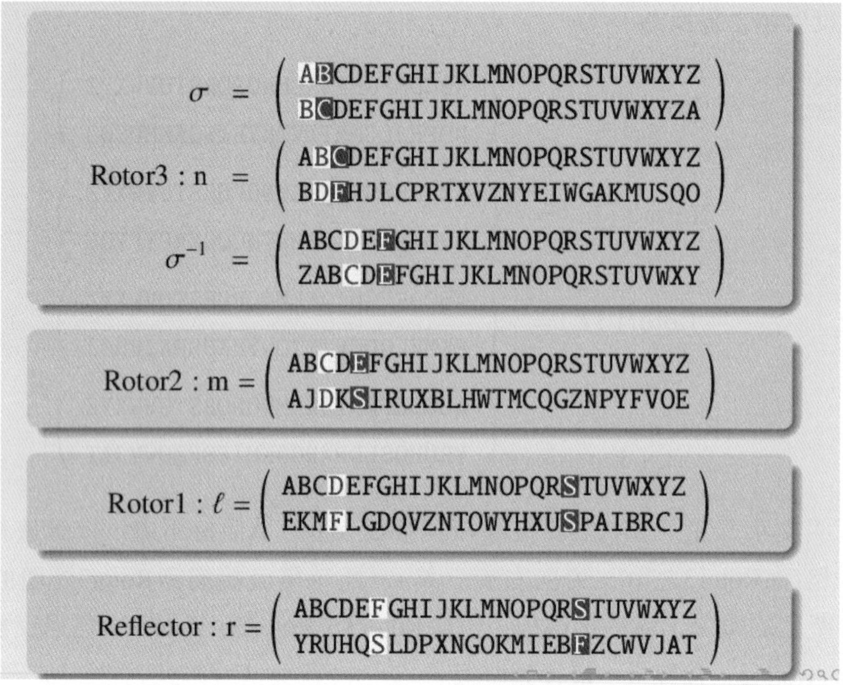

$$\sigma = \begin{pmatrix} \text{ABCDEFGHIJKLMNOPQRSTUVWXYZ} \\ \text{BCDEFGHIJKLMNOPQRSTUVWXYZA} \end{pmatrix}$$

$$\text{Rotor3}: n = \begin{pmatrix} \text{ABCDEFGHIJKLMNOPQRSTUVWXYZ} \\ \text{BDFHJLCPRTXVZNYEIWGAKMUSQO} \end{pmatrix}$$

$$\sigma^{-1} = \begin{pmatrix} \text{ABCDEFGHIJKLMNOPQRSTUVWXYZ} \\ \text{ZABCDEFGHIJKLMNOPQRSTUVWXY} \end{pmatrix}$$

$$\text{Rotor2}: m = \begin{pmatrix} \text{ABCDEFGHIJKLMNOPQRSTUVWXYZ} \\ \text{AJDKSIRUXBLHWTMCQGZNPYFVOE} \end{pmatrix}$$

$$\text{Rotor1}: \ell = \begin{pmatrix} \text{ABCDEFGHIJKLMNOPQRSTUVWXYZ} \\ \text{EKMFLGDQVZNTOWYHXUSPAIBRCJ} \end{pmatrix}$$

$$\text{Reflector}: r = \begin{pmatrix} \text{ABCDEFGHIJKLMNOPQRSTUVWXYZ} \\ \text{YRUHQSLDPXNGOKMIEBFZCWVJAT} \end{pmatrix}$$

圖 2.25: M3型Enigma密文形成的路徑，其滾輪設定為123，滾輪初始位置為"AAA"，接線板無接線字母替換，按"A"鍵後滾輪位置為"AAB"，電流流通，燈板顯示亮燈為密文字母"B"。

此時之置換作用為

$$s \circ n_2^{-1} \circ m^{-1} \circ \ell^{-1} \circ r \circ \ell \circ m \circ n_2 \circ s \, \text{。}$$

- 經由接線板因無接線，A保持不變，因Rotor3已轉動一格，電流接觸到Rotor3外環的$\sigma(A) = B$，在Rotor3上 $B \to D$，因Rotor3已轉動一格，Rotor3內環的D是原來 $\sigma^{-1}(D) = C$的位置，故由Rotor3流出的訊號為C。
- Rotor2上 $C \to D$，
- Rotor1 上 $D \to F$，
- 到反射器上 $F \to S$，
- 回到Rotor1上 $S \to S$，
- 回到Rotor2上 $S \to E$，
- 回到Rotor3上

$$E \to n_2^{-1}(E) = \sigma^{-1} \circ n \circ \sigma(E) = \sigma^{-1} \circ n(F) = \sigma^{-1}(C) = B \, \text{。}$$

讀者請注意反射器之置換作用其實為

$$\begin{aligned} r &= (AY)(BR)(CU)(DH)(EQ)(FS)(GL)(IP)(JX)(KN)(MO)(TZ)(VW) \\ &= r^{-1}, \end{aligned}$$

為13個兩兩不相交2-Cycle(或稱之為 **Transposition**)之乘積，與其反作用 r^{-1} 是同一個，加入反射器之裝置，使得加密解密程序相同；另外，也由於反射器之裝置，明文字母一定被編成不同之密文字母，這反而是Enigma密碼機設計上嚴重的缺陷盲點。[11]

註 2.9.2:

每個滾輪外環與內環的對應是固定的，但因滾輪的位置不同，流入與流出滾輪的電流會因滾輪的位置不同而不同，因此，每個單一滾輪可產生26種不同的置換。假設接線板無接線字母替換，在無「進位」的情況下，以Rotor1設定位置在"E"，按"U"鍵後，Rotor1的位置為"F"，此時電流流入Rotor1的位置是為

$$(\text{char})('U' +' F' -' A') =' Z' \text{ 即 } \sigma^{'F'-'A'}(U) = \sigma^5(U) = Z,$$

透過Rotor1置換，$Z \to \ell(Z) = J$，流出滾輪的位置是為

$$(\text{char})('J' - ('F' -' A')) =' E' \text{ 即 } \sigma^{-'F'+'A'}(J) = \sigma^{-5}(J) = E。$$

此時Rotor1滾輪所產生之置換為

$$\sigma^{-5} \circ \ell \circ \sigma^5。$$

有關Enigma更進一步之資料可參閱下列網址：

- 透過密碼教學軟體CrypTool 2中的Enigma虛擬器的操作「二戰德軍enigma密碼機解密與弱點」：`https://youtu.be/P2671dyHqrk?t=11m5s`

- Bletchley Park之官方網站：
  `https://www.bletchleypark.org.uk/`
  在該網站除了說明Enigma密碼機之歷史沿革，更提供了一Enigma密碼機模擬器，讀者可自行線上操作。

- 有關Alan Turing之網站
  `http://www.turing.org.uk/index.html`
  `https://plato.stanford.edu/entries/turing/`
  當中有Turing當年是如何破譯Enigma之詳盡描述。

- 關於波蘭對破譯Enigma之貢獻，可不能只由好萊塢影片了解，可參閱：
  `http://www.ams.org/publicoutreach/feature-column/fcarc-enigma`

- 與Bletchley Park相關之網址也可看看：
  `http://www.codesandciphers.org.uk/`
  `https://www.gchq.gov.uk/`

---

[11] 這些都可視為群論中對稱群的習題，參閱下節《破譯Enigma與對稱群》之定理2.10.1。

　　另外，讀者若是開Google搜尋引擎，以關鍵字搜尋"Enigma simulator"，將會發現有多項結果。扣除一些不相關的，可找到為數不少的Enigma密碼機之虛擬模擬器，然而，並不是都考據正確、正確模擬，而值得推薦的有：

http://enigmaco.de/enigma/enigma.html

http://www.cryptomuseum.com/crypto/enigma/#sim

http://users.telenet.be/d.rijmenants/en/enigmasim.htm

2.10　破譯Enigma與對稱群

　　早在德國未發動戰爭之際，1930年代，波蘭人Marian **Rejewski**、Henryk **Zygalski**以及Jerzy **Ròzycki**就已經能破譯Enigma密電，同時，這項Know How也在1939年納粹德國發動侵略波蘭戰爭之前數個月，轉移給英國，此後才有Bletchley Park破譯Enigma密電之傳奇。

　　早先德國人使用Enigma密碼機，是用當日之密鑰鎖上該訊息之密鑰，只是接線板之設定不變。為了避免傳訊錯誤，該訊息之密鑰三個字母，重複出現兩次在密文開頭。然而，重複出現是使用密碼的大忌，曾在德國歌廷根大學(Göttingen Universität)數學系唸書的Rejewski就此利用**對稱群**的特殊性質找出破譯的方法。 [12] 對稱群中，有一很簡易的性質，然而此即破譯Enigma之關鍵：

定理 2.10.1：

令 $A = \{1, 2, \cdots, n\}$。令對稱群 $S_n := \{f : A \to A | f\ 為\ 1-1\}$。($S_n$ 對合成運算 "∘" 有封閉性，且滿足群之各項公理。) 令 f、$\sigma \in S_n$ 為置換，其中 σ 可寫成長度為 k 之Cycle，即

$$\sigma = (i_1 i_2 \cdots i_m \cdots i_k) ;$$

即　　$i_1 \mapsto i_2 , i_2 \mapsto i_3 \cdots i_{k-1} \mapsto i_k , i_k \mapsto i_1 ,$ 其他不變。則

$$f \circ \sigma \circ f^{-1} = (f(i_1)\ f(i_2) \cdots f(i_m) \cdots f(i_k))$$

亦為成長度為k之Cycle。

證明：只需觀察下列交換圖(Commutative Diagram)：

$$
\begin{array}{ccc}
i_m & \xrightarrow{\ \sigma\ } & i_{m+1\ (\mathrm{mod}\ m)} \\
{\scriptstyle f^{-1}}\uparrow & & \downarrow{\scriptstyle f} \\
f(i_m) & \longrightarrow & f(i_{m+1\ (\mathrm{mod}\ m)})
\end{array}
$$

□

[12] 參閱Marian Rejewski 之 "An Application of the Theory of Permutations in Breaking the Enigma Cipher." *Applicationes Mathematicae.* 16, No. 4, Warsaw 1980

圖 2.26: Enigma密碼機，M4型(攝自Bletchleypark博物館)

圖 2.27: Hagelin密碼機──與Enigma同期，同為滾輪機械式密碼器，為美國所使用(攝自Bletchleypark博物館)

推論 2.10.2:

令 f、$\sigma \in S_n$ 為置換，其中 σ 可寫成兩兩不相交(Disjoint)之Cycle乘積，其長度分別為

$$(k_1, k_2, \cdots, k_t)。$$

則 $f \circ \sigma \circ f^{-1}$ 亦為兩兩不相交之Cycle乘積，其長度分別為

$$(k_1, k_2, \cdots, k_t)。$$

　　德國早期是在Enigma加密操作上，在密文開頭重複3字母的密鑰兩次(所謂該則訊息密鑰是指滾輪編碼器之初始位置)，故第1與第4個字母、第2和第5個字母、及第3和第6個字母之明文字母相同。 Enigma在每次按鍵編碼時用到不同的置換函數，假設依序為

$$\sigma_1、\sigma_2、\sigma_3、\cdots \in S_{26}，$$

藉由定理2.10.1與反射器裝置可知:

　　『Enigma在每次按鍵所產生之置換函數必為13個兩兩不相交之2-Cycle乘積。
　　而且每個明文字母一定會被編譯成其他不同的字母。』

並且截收到密文多則，經過適當排序:

$$
\begin{array}{llllllll}
第1則密文： & D & M & Q & V & B & N & \cdots \\
第2則密文： & V & O & N & P & U & Y & \cdots \\
第3則密文： & P & U & C & F & M & Q & \cdots \\
& & & \vdots & & & \vdots &
\end{array}
$$

如何利用這些密文，進行密碼分析？

- 首先從第1則密文的第1個字母D出發，連到第1則密文的第4個字母V，即

$$D \mapsto V，$$

- 從第2則密文的第1個字母V出發，連到第2則密文的第4個字母P，即

$$V \mapsto P，$$

- 從第3則密文的第1個字母P出發，連到第3則密文的第4個字母F，即

$$P \mapsto F，$$

$$\vdots$$

如此對應

$$
\begin{array}{lllll}
D \mapsto V & V \mapsto P & P \mapsto F & F \mapsto K & K \mapsto X \\
X \mapsto G & G \mapsto Z & Z \mapsto Y & Y \mapsto O & O \mapsto D
\end{array}
$$

形成Cycle (DVPFKXGZYO)。如果截收到的密文夠多，可以得到完整的置換函數，假設

$$\sigma_4 \circ \sigma_1 = (DVPFKXGZYOD)(EIJMUNQLHT)(BCA)(RWS)。$$

而如此的置換 $\sigma_4 \circ \sigma_1$ 為長度分別為 $(10, 10, 2, 2, 1, 1)$ 之Cycle乘積。

- 相同類似的方法可分析第2和第5個字母、分析第3和第6個字母；假設分析第2和第5個字母可能會得出長度為 $(9, 9, 3, 3, 1, 1)$ 之Cycle乘積的置換；分析第3和第6個字母時，可能會得長度為 $(13, 13)$ 之Cycle乘積的置換。至此，雖然Rejewski還不知道當日金鑰是什麼，但他卻了解這把Enigma金鑰會產生三套有如以下**Enigma金鑰特徵**的置換：

  - 第1和第4字母會得出：長度為 $(10, 10, 3, 3)$ 之Cycle乘積的置換 $\sigma_4 \circ \sigma_1$，

  - 第2和第5字母會得出：長度為 $(9, 9, 4, 4)$ 之Cycle乘積的置換 $\sigma_5 \circ \sigma_2$，

  - 第3和第6字母會得出：長度為 $(13, 13)$ 之Cycle乘積的置換 $\sigma_6 \circ \sigma_3$。

值得注意的是，這三套Enigma金鑰特徵置換中，相同長度的Cycle會成對出現。 註[13]

定理 2.10.3 (Rejewski):

令 S_{26} 代表26字母置換作用所形成之對稱群。

1. 令置換函數 σ、$\tau \in S_{26}$，且均可化為13個兩兩不相交之2-Cycle乘積 $\Longrightarrow$ 兩置換函數之合成置換 $\sigma \circ \tau$ 相同長度的Cycle會成對出現。

2. 若置換函數 f 可表為兩兩不相交Cycle乘積，且相同長度的Cycle會成對出現 $\Longrightarrow$

$$f = \sigma \circ \tau$$

其中 σ，τ 均可化為兩兩不相交之2-Cycle乘積。

證明：我們改寫Rejewski的原始證明，用以說明第一個敘述。假設

$$\sigma = (a_2a_3)(a_4a_5)\cdots(a_{2k-2}a_{2k-1})(a_{2k}a_1)\cdots$$
$$\tau = (a_1a_2)(a_3a_4)\cdots(a_{2k-3}a_{2k-2})(a_{2k-1}a_{2k})\cdots,$$

其中 σ 中之 (a_2a_3)，$\cdots$，$(a_{2k}a_1)$ 與 τ 中之 (a_1a_2)，$\cdots$，$(a_{2k-1}a_{2k})$ 均為不相同之2-Cycle。觀察

$$a_1 \xrightarrow{(a_2a_3)(a_1a_2)} a_3 ,$$
$$a_3 \xrightarrow{(a_4a_5)(a_3a_4)} a_5 ,$$
$$\vdots$$
$$a_{2k-1} \xrightarrow{(a_{2k}a_1)(a_{2k-1}a_{2k})} a_1 ,$$

以及

$$a_{2k} \xrightarrow{(a_{2k-2}a_{2k-1})(a_{2k-1}a_{2k})} a_{2k-2} ,$$
$$a_{2k-2} \xrightarrow{(a_{2k-4}a_{2k-3})(a_{2k-2}a_{2k-3})} a_{2k-4} ,$$
$$\vdots$$
$$a_2 \xrightarrow{(a_{2k}a_1)(a_1a_2)} a_{2k} ,$$

所以 $\sigma \circ \tau$ 中會出現

$$(a_1a_3\cdots a_{2k-3}a_{2k-1}) \text{ 與 } (a_{2k}a_{2k-2}\cdots a_4a_2)$$

相同長度之Cycle，因此在置換 $\sigma \circ \tau$ 中，相同長度之Cycle會成對出現。 □

當然，Enigma的特徵顯然是來自於當日金鑰的設定：例如接線板的設定、編碼器位置、順

註[13] 有的書上所舉之例子，是有待商榷，如暢銷書Singh之 "The Code Book"中用以解釋Enigma金鑰特徵置換之例子，是不符合這個性質。另外，Jim Reeds對此書也有相當中肯的評論，可參閱 *"Review of "The code book: the evolution of secrecy from Mary Queen of Scots to quantum cryptography" by Simon Singh. Anchor Books."*, Notices of the AMS, vol 47, N.3 p.369-372, 2000。

序和編碼器方向的綜合結果。假設,當日金鑰原本在接線板設定裏,要求調換S和G的路線,如果我們現在稍微修改一下當日金鑰的細節,把連結S與G的電線拿掉,改拿去連接T與K,以調換了T與K的路線,結果,由分析第一和第四字母會得出如下的置換:(令置換 $f = \text{(SG)(TK)}$)

$$\begin{aligned}
\sigma_4' \circ \sigma_1' &= (f \circ \sigma_4 \circ f^{-1}) \circ (f \circ \sigma_1 \circ f^{-1}) \\
&= f \circ (\sigma_4 \circ \sigma_1) \circ f^{-1} \\
&= \text{(DVPFTXSZYOD)(EIJMUNQLHK)(BC)(RW)(A)(G)} \text{。}
\end{aligned}$$

(根據定理2.10.1) 雖然有一些Cycle的字母變了,可是每一條Cycle之長度並沒變,如推論2.10.2。 Rejewski辨認出一個只受滾輪編碼器設定影響的Enigma金鑰特徵了。 Rejewski每天都會先記下所有截獲訊息的前6個字母,亦即重複加密的訊息金鑰,然後建立其關聯表,用以追尋字母置換與其Enigma金鑰特徵。現在,Rejewski可以翻開他那本Enigma金鑰特徵目錄了。所有的 $3! \times 26^3 = 105456$ 種編碼器設定,都一一依據其Enigma金鑰特徵詳列在目錄裡,再進一步分析,就可解開滾輪編碼器之順序以及初始位置設定。

　　雖然接線板提供了Enigma最大金鑰總數,然而,若是滾輪編碼器之順序以及初始位置設定被知道,只要用相同的滾輪編碼器設定(無論是哪種接線板設定), 都可將原先之Enigma密文再編碼成單套字母替換法之密文,如此,只需再頻率分析一下(有時還不需要),就可破譯。

　　後來德國改變重複密鑰輸入的方式,編譯Enigma密碼,以完全如同上述一樣的破譯手法就無能為力,就要用其他的方式;不過,波蘭密碼破譯團隊這項Know How卻是其他破譯方法的基礎。

例 2.10.4:

這是code book「碼書」第八個挑戰,其部份金鑰設定為:

Rotors: III, II, I （由左而右）

Reflector: B

Rings: 1,1,1

取自

simonsingh.net/cryptography/cipher-challenge/the-ciphertexts/stage-8/

密文為:

KJQPWCAISRXWQMASEUPFOCZOQZVGZGWWKYEZVTEMTPZHVNOTKZHRCCFQLVRPCCWLW

PUYONFHOGDDMOJXGGBHWWUXNJEZAXFUMEYSECSMAZFXNNASSZGWRBDDMAPGMRWTGX

XZAXLBXCPHZBOUYVRRVFDKHXMQOGYLYYCUWQBTADRLBOZKYXQPWUUAFMIZTCEAXBC

REDHZJDOPSQTNLIHIQHNMJZUHSMVAHHQJLIJRRXQZNFKHUIINZPMPAFLHYONMRMDA

DFOXTYOPEWEJGECAHPHSDQIENAYUUBAGTBHYBGDDWQCPGUELZZWDKJYAAAGATKFNS

IYFJTTEHHFSGBRRDFDIXCPAHVOELLSTDXUAQUWNAPH

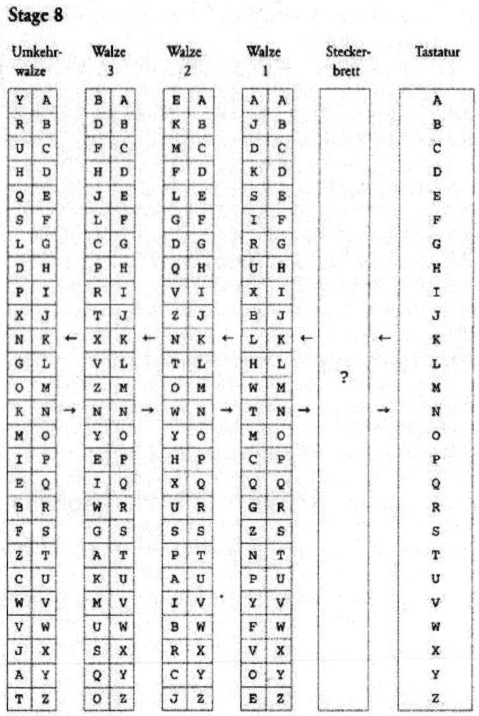

Stage 8

Umkehr-walze		Walze 3		Walze 2		Walze 1		Stecker-brett	Tastatur
Y	A	B	A	E	A	A	A		A
R	B	D	B	K	B	J	B		B
U	C	F	C	M	C	D	C		C
H	D	H	D	F	D	K	D		D
Q	E	J	E	L	E	S	E		E
S	F	L	F	G	F	I	F		F
L	G	C	G	D	G	R	G		G
D	H	P	H	Q	H	U	H		H
P	I	R	I	V	I	X	I		I
X	J	T	J	Z	J	B	J		J
N	K ←	X	K ←	N	K ←	L	K ←	←	K
G	L	V	L	T	L	H	L		L
O	M	Z	M	O	M	W	M	?	M
K	N →	N	N →	W	N →	T	N →	→	N
M	O	Y	O	Y	O	M	O		O
I	P	E	P	H	P	C	P		P
E	Q	I	Q	X	Q	Q	Q		Q
B	R	W	R	U	R	G	R		R
F	S	G	S	S	S	Z	S		S
Z	T	A	T	P	T	N	T		T
C	U	K	U	A	U	P	U		U
W	V	M	V	I	V	Y	V		V
V	W	U	W	B	W	F	W		W
J	X	S	X	R	X	V	X		X
A	Y	Q	Y	C	Y	O	Y		Y
T	Z	O	Z	J	Z	E	Z		Z

圖 2.28:「碼書」第八個挑戰的已知金鑰設定

Enigma Analyzer

Start Time: 2018/7/19 下午 10:06:37　End Time: 2018/7/19 下午 10:06:55
Elapsed Time: 00:00:18　Keys/second: 00
Currently analyzed part: Plugs

#	Value	Key	Key length	Text
1	0.08415598338321	III, II, I / 1, 1, 1 / AS EI JN KL MU OT / A(	46	DASXLOESUNGSWORTXISTXPLUTOXXSTUFEX
2	0.07885528803918	III, II, I / 1, 1, 1 / AS EI JN KL MU / AGL	43	DASXLTESUNGSWTROXISOEPLCOTXXSOUFEX
3	0.07742588704754	III, II, I / 1, 1, 1 / AS EI JN MU OT / AGL	43	VASXKOESUNGSWORTXISTXPKUTOXXSTUFQ)
4	0.0758475901192E	III, II, I / 1, 1, 1 / AS EI JN KR MU OT / A(	46	MASXROESUDGSWOKTXISTXPRUTOXXSTUFX(
5	0.07499888328047	III, II, I / 1, 1, 1 / AS CL EI JN MU OT / A(	46	VASXKPESUNGSWORTXISTXFKUTOXXSTUFQX
6	0.07459686425157	III, II, I / 1, 1, 1 / AS EI JN KR LW MU OT	49	MASXSOESUDGTLOKTXISTXPRUTOXXSTFUXXI
7	0.07261654829439	III, II, I / 1, 1, 1 / AS EI JN MU / AGL	40	VASXSTESUNGSWTROXISOEPLCOTXXSOUFQ:
8	0.0724527627641C	III, II, I / 1, 1, 1 / AS EI JN KR LV MU OT	49	MASXROESUDGSWOKTXISTXPRUTORXXSTUFX(
9	0.07236342520212	III, II, I / 1, 1, 1 / AS EI JN KL / AGL	40	DASXLTESMNGSWYROXRSOEPLCOTXXSOMFE
10	0.07236342520212	III, II, I / 1, 1, 1 / AS EI JN KT MU / AGL	43	ZASXTKESUNGSWKROXISOEPTCOXXSOUFV)
11	0.07145515998868	III, II, I / 1, 1, 1 / AS EI JN LW MU / AGL	43	VASXSTESUNGOLTROXISOEPKCOTXXSOFUQX

Parameter

Enigma model: Enigma I / M3

Text options
Unknown symbol handling: Ignore (leave unmo...
Case handling: Preserve case

Analysis options
☑ Analyze initial rotor positions
☑ Analyze used rotors
☑ Include rotor I
☑ Include rotor II
☑ Include rotor III
☑ Include rotor IV
☐ Include rotor V
☐ Include rotor VI
☐ Include rotor VII

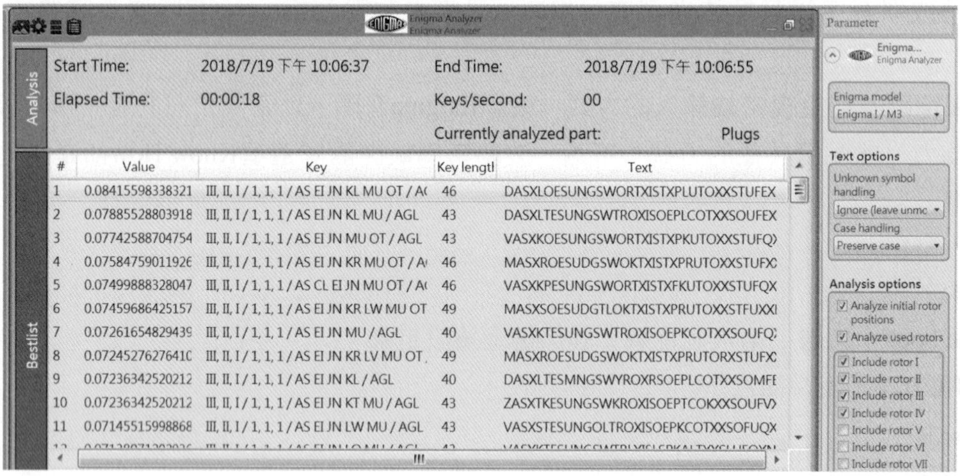

圖 2.29: 透過已知部份Enigma金鑰做適當設定,測試所提供的演算法,找出最佳的猜測

　　當中破譯的步驟,請採用CrypTool 2.1(CrypTool 2版稍不同)中Cryptoanalysis的 Enigma Analyzer,將不會用到的Rotor都去掉勾選,反射器要選對取UKW B, Ring的設定是固定的1,1,1。儘量用已知的資訊,縮小所需測試的金鑰總數,這才是真正密碼分析之道,當初Bletchley的密碼專家們,都會用已知的明文/密文,用所謂的已知明文攻擊,大幅縮小搜尋金鑰總數。如果使用整個金鑰空間的所有金鑰測試,因軟體內建演算法的限制,不但時間會浪費幾十倍、甚至百倍以上,所猜出的明文也大概是錯的。詳見教學影片「使用CrypTool 2破譯enigma密文」:

(https://youtu.be/KSCqVWTG6_8)

所解得的金鑰其他設定為：

接線板設定： AS EI JN KL MU OT

滾輪初始位置：AGL

最後解出整段明文為：

DASXLOESUNGSWORTXISTXPLUTOXXSTUFEXNEUNXENTHAELTXEINEXMITTEILUNG

XDIEXMITXDESXENTKODIERTXISTXXICHXHABEXDASXLINKSSTEHENDEXBYTEX

DESXSCHLUESSELSXENTDECKTXXESXISTXEINSXEINSXZEROXEINSXZEROXZEROX

EINSXEINSXEINSXXICHXPROGRAMMIERTEXDESXUNDXENTDECKTEXDASSXDASXWORT

XDEBUGGERXWENNXESXMITXDEMXZUGRUNDELIEGENDENXSCHLUESSELXENTKODIERT

XWIRDXALSXRESULTATXDIEXSCHRIFTZEICHENXUNTENXERGIBT

其中字母X就代表空格或斷字，XX代表句號，蠻符合當時德國陸軍的SOP，但是解出 ZERO，德文的零不是Null嗎？整段文字解譯如下：

> Das Lösungswort ist Pluto. Stufe neun enthält eine Mitteilung die mit des entkodiert ist. Ich habe das linksstehende Byte des Schlüssels entdeckt. Es ist 110100111. Ich programmierte des und entdeckte dass das Wort Debugger wenn es mit dem zugrundeliegenden Schlüssel entkodiert wird als Resultat die Schriftzeichen unten ergibt.

第 3 章

基礎數論

圖 3.1: 天才數學家、革命分子的Évariste Galois是第一個使用「群」概念來表示一組置換的人。二十歲時在一次被設計的決鬥中殞逝

當代各類密碼技術，往往藉諸各類代數結構，如對稱性密碼系統AES以及各種以橢圓曲線為基礎之公開鑰密碼系統。前者是在**Galois體** $\mathbb{F}_{2^8}$ 上運作，同時也包括在 $\mathbb{F}_{2^8}$ 之上之矩陣代數運算；後者則是運用到橢圓曲線為交換群之事實。這些背景代數知識，往往對於想學習當代密碼技術的人，成為相當的障礙。有鑑於此，本書特對此提出討論，從簡易的模運算、輾轉相除法開始，探討**乘法群** $\mathbb{Z}/n^{\times}$；並提及中國餘式定理、原根、二次剩餘、Galois體以及質數理論和連分數等非常基礎之理論基礎。有了這些基礎對於研習當代密碼技術，應不致不知所云才是。配合C/C++/Java相關程式設計知識，可以完成相當龐大的密碼計算。本章節相關程式設計的部份，也有製作教學影片，文中將附上網路連結網址。

至於其他密碼學用到之各類數論知識，如橢圓曲線、二次篩法等，將在其他相關章節予以探討。另外我們並在本章討論，以數論問題為架構之「安全」似亂數生成器(Pseudo Random Generator)，這在近代密碼學的應用有相當意義。

3.1　模運算與輾轉相除法

在本節中，將介紹簡易**模運算** (Modular Operations)以及輾轉相除法 (Euclidean Algorithm)，這些概念是密碼學計算的基礎，不可小覷；並引入相關代數術語，以深化其概念。首先考慮日常生活的問題。

例 3.1.1:

假設今天是星期五，請問10000天後是星期幾？要回答此問題，可用模7加法：

$$5 + 10000 \pmod 7 \equiv 2 \text{ (即 5+10000乘以7之餘數)}$$

所以得解，10000天後是星期二。

圖 3.2: ISBN碼與條碼(Barcode)

例 3.1.2:

假設今天是星期五,請問10000天前是星期幾?要回答此問題,可用模7減法:

$$5 - 10000 \pmod 7 \equiv -6 \equiv 1 \text{ (即 5-10000除以7之餘數)}$$

所以得解,10000天前是星期一。

註:

以C++程式語言為例

```
cout<<(5-10000)%7;
```

的輸出是為-6。

　　另一模運算常用的例子,就是一般書籍所用的**ISBN碼(International Standard Book Number)**,其實就是一種**偵錯碼(Detecting Error Code)**。

例 3.1.3:

以Lilie所著之《全民英語能力分級檢定測驗》一書為例,其ISBN碼為

$$957 - 28898 - 8 - 5,$$

為一10位之數碼,最後一碼為檢查碼,即5,而Churchhouse所著之 "codes and ciphers" 之 ISBN碼為

$$0 - 521 - 81054 - \text{X},$$

檢查碼為X。其實ISBN碼是用到模11計算 (mod 11):

- 任何一本書之ISBN碼為10位之數碼

$$S = a_1 a_2 a_3 \cdots a_{10},$$

其中 a_1、$\cdots$、$a_9 \in \{0, 1, 2, \cdots, 9\}$ 而 $a_{10} \in \{0, 1, 2, \cdots, 9, \text{X}\}$,X 代表 10。

- ISBN碼必須滿足

$$\sum_{i=1}^{10} ia_i \equiv 0 \pmod{11},$$

否則就是錯誤。

- 以 $S = 052181054X$ 為例

$$
\begin{aligned}
\sum_{i=1}^{10} ia_i &= 2 \times 5 + 3 \times 2 + 4 \times 1 + 5 \times 8 + 6 \times 1 + 8 \times 5 \\
&\quad + 9 \times 4 + 10 \times 10 \\
&\equiv (-1) + 6 + 4 + (-4) + 6 + (-4) + 3 + 1 \pmod{11} \\
&\equiv 0 \pmod{11}。
\end{aligned}
$$

模運算主要是以**同餘類**(Congruence Class)為元素的運算。

定義 3.1.4 (同餘，Congruence):

令 $n \in \mathbb{N}$。令 a、$b \in \mathbb{Z}$ 為兩整數，稱 a 同餘 b 模 n，記為 $a \equiv b \pmod{n}$，當 n 整除 $b - a$。而所有與 a 同餘之整數所成之集合，即

$$[a] = \{b \in \mathbb{Z} | a \equiv b \pmod{n}\}$$

稱為 a 之同餘類。而所有同餘類所形成之集合，即 [1]

$$\mathbb{Z}/n = \{[x] | x \in \mathbb{Z}\}。$$

註:

同餘類 $[a]$ 本身為一**等價類**(Equivalence Class)，即滿足

1. (**反身性**，**Reflexivity**) $\forall x \in [a] : x \equiv x$，

2. (**對稱性**，**Symmetry**) 若 $x \equiv y$ 則 $y \equiv x$，

3. (**遞移性**，**Transitivity**) 若 $x \equiv y$、$y \equiv z$ 則 $x \equiv z$。

例 3.1.5:

$5 \equiv 16 \equiv -6 \pmod{11}$，令 $n = 7$，則

$$[2] = \{x \in \mathbb{Z} | x \equiv 2 \pmod{7}\} = [9] = [-5] = [10005]。$$

$\mathbb{Z}/7 = \{[0], [1], [2], [3], [4], [5], [6]\}。$

---

[1] 不用符號 $\mathbb{Z}_n$ 是避免與 p-進位數(p-adic Number)混淆。

在集合 $\mathbb{Z}/n$ 上可定義加法、減法以及乘法，而除法有時亦可定義，但要看除數是否有乘法反元素，這些計算即模運算，以同餘類的術語定義如下：

- $[a] + [b] := [a + b] = \{x | x \equiv a + b \pmod{n}\}$

- $[a] - [b] := [a - b] = \{x | x \equiv a - b \pmod{n}\}$

- $[a] \cdot [b] := [a \cdot b] = \{x | x \equiv ab \pmod{n}\}$

而在 $\mathbb{Z}/n$ 之加法運算滿足以下性質：

1. 封閉性：若同餘類 x、$y \in \mathbb{Z}/n$ 則 $x + y \in \mathbb{Z}/n$，

2. 交換律：若同餘類 x、$y \in \mathbb{Z}/n$ 則 $x + y = y + x$，

3. 結合律：若同餘類 x、y、$z \in \mathbb{Z}/n$ 則 $(x + y) + z = x + (y + z)$，

4. 存在加法單位元素：存在 $0 = [0]$，使得 $x + 0 = x = 0 + x$，

5. 存在加法反元素：對任一 $x \in \mathbb{Z}/n$ 存在 $-x$，使得 $x + (-x) = 0 = (-x) + x$。

所以 $(\mathbb{Z}/n，+)$ 滿足所有**交換群(Abelian Group)**之**公理(Axiom)**，即 $(\mathbb{Z}/n，+)$ 為交換群；有時，在每一同餘類中各取一元素形成**代表系統(Representative System)**代表 $\mathbb{Z}/n$，如 $\mathbb{Z}/3$ 可以代表系統 $\{0,1,2\}$ 或 $\{3,4,8\}$ 代表之。在 $\mathbb{Z}/n$ 上，習慣上會取代表系統

$$\{0, 1, 2, 3, \cdots, n - 1\}$$

代表之；有時為方便計算 $\mathbb{Z}/n$，會採取代表系統

$$\left\{ \lceil -\frac{n-1}{2} \rceil, -2, -1, 0, 1, 2, \cdots, \lceil \frac{n-1}{2} \rceil \right\}$$
$$\text{或} \quad \left\{ \lfloor -\frac{n-1}{2} \rfloor, -2, -1, 0, 1, 2, \cdots, \lfloor \frac{n-1}{2} \rfloor \right\}。$$

$\mathbb{Z}/7$ 之加法乘法表如表3.1。

定義 3.1.6 (交換群):
考慮 $(G，\star)$，其中 G 為集合，而 $\star$ 為運算。令公理：

1. 封閉性：$\forall x$、$y \in G$ 則 $x \star y \in G$，

2. 交換律：$\forall x$、$y \in G$ 則 $x \star y = y \star x$，

3. 結合律：$\forall x$、y、$z \in G$ 則 $(x \star y) \star z = x \star (y \star z)$，

4. 存在單位元素：$\forall x \in G$　$\exists e \in G$，使得 $x \star e = x = e \star x$，

5. 存在反元素：$\forall x \in G$　$\exists x' \in G$，使得 $x \star x' = e = x' \star x$。

+	0	1	2	3	4	5	6
0	0	1	2	3	4	5	6
1	1	2	3	4	5	6	0
2	2	3	4	5	6	0	1
3	3	4	5	6	0	1	2
4	4	5	6	0	1	2	3
5	5	6	0	1	2	3	4
6	6	0	1	2	3	4	5

$\mathbb{Z}/7$之加法

·	1	2	3	4	5	6
1	1	2	3	4	5	6
2	2	4	6	1	3	5
3	3	6	2	5	1	4
4	4	1	5	2	6	3
5	5	3	1	6	4	2
6	6	5	4	3	2	1

$\mathbb{Z}/7$之乘法

表 3.1: $\mathbb{Z}/7$之加法乘法表

若公理1、3、4、5成立,稱 $(G, \star)$ 為**群(Group)**;若以上公理1-5皆成立,稱 $(G, \star)$ 為**交換群(Abelian Group)**。

例 3.1.7:

許多熟知集合上都有群的代數結構,如整數及加法 $(\mathbb{Z}, +)$、非零有理數即乘法 $(\mathbb{Q} \setminus \{0\}, \cdot)$ 以及 $(\mathbb{F}_2, \oplus)$ 其中集合 $\mathbb{F}_2 = \{0, 1\}$ 及XOR運算 $\oplus$ $(1 \oplus 1 = 0,1 \oplus 0 = 0 \oplus 1 = 0,0 \oplus 0 = 0)$等。這些都是交換群。

若再加上乘法,考慮 $(\mathbb{Z}/n, +, \cdot)$,此時除了 $(\mathbb{Z}/n, +)$ 為交換群外,另外針對乘法運算也滿足封閉性、交換律、結合律以及存在乘法單位元素(即 $[1] = \{x \in \mathbb{Z}|x \equiv 1 \pmod{n}\}$)諸性質,但並非所有非零元素都有乘法反元素,另外乘法對加法有分配律,即:

$$若 x,y,z \in \mathbb{Z}/n 則 x \cdot (y + z) = x \cdot y + x \cdot z$$

此時,以代數的術語,稱 $(\mathbb{Z}/n, +, \cdot)$ 為**交換環(Commutative Ring)**。 註[2] 而在討論模運算之「除法」之前,就要了解,何為同餘類 $[a]$ 在 $\mathbb{Z}/n$ 之「乘法反元素」,即解

$$ax \equiv 1 \pmod{n}。$$

在解此同餘方程式前,先複習四五年級生小學就會的**輾轉相除法(Euclidean Algorithm)**:

性質 3.1.8:

令 $a, b \in \mathbb{N}$,則 $\gcd(a,b) = \gcd(b, a \pmod{b})$。

證明:令 $x = \gcd(a,b), y = \gcd(b, a \pmod{b})$,$r, q$為唯一存在的非負整數,滿足除式

$$a = bq + r,0 \le r < b 其中 r = a \pmod{b} 為餘數。$$

註[2] 可參閱一般代數教科書,如Serge Lang之 "Undergraduate Algebra." Second Edition, Springer-Verlag。

1. $(x|y)$: 因 $x = \gcd(a,b)$，故 $x|a, x|b$，因 $r = a - bq$，得 $x|r$，可得 $x|y = \gcd(b,r)$。

2. $(y|x)$: 因 $y = \gcd(b,r)$，故 $y|r, y|b$，因 $a = bq + r$，得 $y|a$，可得 $y|x = \gcd(a,b)$。

3. $x|y, y|x\ (x, y \in \mathbb{N}) \implies x = y$。

$\square$

例 **3.1.9**:

求 7812 及 6084 之最大公因數 $\gcd(7812，6084)$。考慮

$$被除數 \ = \ 商 \times 除數 + 餘數，$$
$$\gcd(被除數，除數) \ = \ \gcd(除數，餘數)$$

輾轉相除法就是利用此性質，反覆以

$$(除數/餘數) \text{ 取代 } (被除數/除數)，$$

計算直至於餘數為0，其計算過程為：

$$
\begin{array}{r|r|r|l}
1 & 7812 & & \\
 & 6084 & 6084 & 3 \\
1 & 1728 & 5184 & \\
 & 900 & 900 & 1 \\
11 & 828 & 828 & \\
 & 792 & 72 & 2 \\
 & 36 & 72 & \\
 & & 0 & \\
\end{array}
$$

可表列為

k	0	1	2	3	4	5	6	7
r_k	7812	6084	1728	900	828	72	36	0
q_k		1	3	1	1	11	2	

其中 $r_k = q_{k+1}r_{k+1} + r_{k+2}$。所以 $\gcd(7812，6084) = 36$。

其C遞迴函數碼為：

程式 **3.1.10**:

程式 $\gcd()$輾轉相除法計算 $\gcd(a,b)$：

```
unsigned int gcd(a,b) //a,b>0
{
    unsigned int r= a % b;
    if  (r==0)
        return b;
    else
        return gcd(b,r);//(除數/餘數)取代(被除數/除數)
}
```

相關採用Blockly技術產生C源碼的作法，可參考「Blockly C使用ubuntu Linux GCC編譯算gcd成組合語言」https://youtu.be/XglZi-8fXAs

採用Java實作的部份，可參考「用輾轉相除法在Java遞迴方法實作算GCD」https://youtu.be/XeJA67QHGLE

我們在上例中，保留逐次所得之商 q_k，其主要目的是只要稍微修改輾轉相除法，即可找出整數 x、y，使得

$$ax + by = \gcd(a, b) \text{。}$$

例 3.1.11 (續上例):

求整數 x、y，使得 $7812x + 6084y = \gcd = 36$。

k	0	1	2	3	4	5	6	7
r_k	7812	6084	1728	900	828	72	36	0
q_k		1	3	1	1	11	2	
x_k	1	0	1	3	4	7	81	169
y_k	0	1	1	4	5	9	104	217

其中

$$\begin{cases} x_{k+1} = q_k x_k + x_{k-1} \\ y_{k+1} = q_k y_k + y_{k-1} \end{cases},$$

而初始條件

$$\begin{cases} x_0 = 1, & x_1 = 0 \\ y_0 = 0, & y_1 = 1 \end{cases}。$$

其中

$$r_k = (-1)^k x_k a + (-1)^{k+1} y_k b, \quad (k = 1, 2, \cdots)。$$

因此在本例中 $x = (-1)^6 81 = 81$，$y = (-1)^7 104 = -104$，得特殊解

$$81 \times 7812 + 6084 \times (-104) = 36,$$

一般解為

$$x = 81 - 169n, y = -104 + 217n \quad (n\text{為整數。})$$

性質 3.1.12:

$$r_k = (-1)^k x_k a + (-1)^{k+1} y_k b, \quad (k = 1, 2, \cdots)。$$

證明：注意

$$
\begin{aligned}
r_0 &= a = 1 \cdot a - 0 \cdot b = x_0 a_0 - y_0 b, \\
r_1 &= b = -0 \cdot a + 1 \cdot b = -x_1 a + y_1 b,
\end{aligned}
$$

藉由**歸納法假設**(**Inductive Hypothesis**)，等式在 $k' < k$ 皆成立，則

$$
\begin{aligned}
r_k &= r_{k-2} - q_{k-1} r_{k-1} \\
&= (-1)^{k-2} x_{k-2} a + (-1)^{k-1} y_{k-2} b - q_{k-1}((-1)^{k-1} x_{k-1} a + (-1)^k y_k b) \\
&= (-1)^k a(x_{k-2} + q_{k-1} x_{k-1}) + (-1)^{k+1} b(y_{k-2} + q_{k-1} y_{k-1}) \\
&= (-1)^k x_k a + (-1)^{k+1} y_k b,
\end{aligned}
$$

得證。 □

程式 3.1.13:

xeuclidean() **廣義輾轉相除法**(**Extended Euclidean Algorithm**)：給定正整數 a、b，求整數 x、y 及 gcd，使得 $ax + by = \gcd$。

```
struct xgcd{// 答案型態
     int x,y,gcd;
     };
int x[2], y[2];// 初始條件
x[0]=1; x[1]=0;
y[0]=0; y[1]=1;
xgcd xeuclidean(int a,int b)  //a,b>0
{
     xgcd     result;
     int      q,r;
     int      xx,yy;
     q=a/b;
     r=a%b;
     xx=x[1]; yy=y[1];
     x[1]=-q*x[1]+x[0];
     y[1]=-q*y[1]+y[0];
     x[0]=xx; y[0]=yy;
```

```
    if (r==0)
    {//  答案
        result.gcd=b;
        result.x=x[0];
        result.y=y[0];
        return result;
    }
    else
        xeuclidean(b,r);//(除數/餘數)取代(被除數/除數)
};
```

　　相關程式實作部份，可參考「由Euclidean Algorithm透過Java算乘法反元素」
https://youtu.be/GIcA6yKanUA
有了 xeuclidean()，就可求 a 在 $\mathbb{Z}/n$ 之**乘法反元素(Multiplicative Inverse)**；若 $\gcd(a,n) > 1$，即 a 與 n 不互質，此時乘法反元素不存在；但若 $\gcd(a,n) = 1$，即 a 與 n 互質，此時乘法反元素即為式中 $ax + by = 1$ 之 x。考慮整數線性方程式

$$ax + by = d$$

是否有整數解，這可由下列定理回答：

定理 3.1.14:

整數線性方程式

$$ax + by = d$$

有整數解 $\Longleftrightarrow$

$$\gcd(a,b)\big|d \text{。}$$

證明：藉由廣義輾轉相除法，存在整數 x_0、y_0，使得

$$ax_0 + by_0 = \gcd(a,b) \text{。}$$

($\Longleftarrow$) 若 $d = c\gcd(a,b)$，則

$$(x,y) = (cx_0, cy_0)$$

為一整數解。

($\Longrightarrow$) 若

$$ax + by = d$$

有整數解 (x,y)，因 $\gcd(a,b)\big|a$ 且 $\gcd(a,b)\big|b$，故 $\gcd(a,b)\big|d$。

□

相關程式實作，可參考「Euclidean Algorithm解Diophantine等式ax+by=d(含Java程式)」

https://youtu.be/O7KM752lZnc?t=8m

例 3.1.15:

計算 $3x \equiv 1 \pmod{26}$：

運用 xeuclidean() 計算可得：

k	0	1	2	3	4	5
r_k	3	26	3	2	1	0
q_k	0	0	8	1	2	
x_k	1	0	1	8	9	

$\therefore x = (-1)^4 x_k = 9$，$3^{-1} \pmod{26} \equiv 9 \pmod{26}$。

例 3.1.16:

令 n 為自然數，則

$$
\begin{aligned}
\mathbb{Z}/n^{\times} &= \{x \in \mathbb{Z}/n \,|\, x \text{ 有乘法反元素} \} \\
&= \{x \in \mathbb{Z}/n \,|\, \gcd(x, n) = 1\}
\end{aligned}
$$

對模乘法為交換群。

證明：交換群五大公理中，我們檢查封閉性：即

$x \cdot w \in \mathbb{Z}/n^{\times}$ 則 $xw \in \mathbb{Z}/n^{\times}$

因 $x \cdot w \in \mathbb{Z}/n^{\times}$，故存在乘法反元素 $x^{-1} \cdot w^{-1}$，使得

$$xx^{-1} \equiv 1 \text{ 且 } ww^{-1} \equiv 1,$$

而

$$(w^{-1}x^{-1})(xw) \equiv 1,$$

故 $w^{-1}x^{-1}$ 為 xw 之乘法反元素。

□

下表為常用模運算之計算複雜度(均在**多項式時間**可完成)：

運算		計算位元複雜度
模加法	$a + b \pmod{n}$	$O(\log_2 n)$
模減法	$a - b \pmod{n}$	$O(\log_2 n)$
模乘法	$a \times b \pmod{n}$	$O((\log_2 n)^2)$
乘法反元素	$a^{-1} \pmod{n}$	$O((\log_2 n)^2)$

3.2 Java之BigInteger Class

在Java程式語言，提供了**BigInteger Class**套件， ^{註[3]} 這對於有關公開鑰密碼系統程式設計有相當的助益，在此套件中提出對大整數計算的底層如加、減、乘、除以及模運算，甚至在尋找質數上，將Rabin-Miller演算法寫成單一指令，這些封裝的套件指令，雖然不一定使用最佳化的演算法，但解決了底層計算的問題，使得欲在Java上開發密碼系統的設計者，只需關注密碼演算法，在使用上非常便利。與一般Java Class一樣，有其建構子(Constructor)、方法成員(Method Member)以及變數成員(Variable Member)，常用的有下列各項：

1. 變數：

   - ZERO 即常數 0，宣告方式為

     ```
     public static final BigInteger ZERO
     ```

   - ONE 即常數 1，宣告方式為

     ```
     public static final BigInteger ONE
     ```

2. 建構子 BigInteger之使用方法：

   - 一 BigInteger表為正負號signum(−1 為負整數、0 表 0、1 表正整數)以及byte陣列之大整數magnitude所組成之數

     ```
     public BigInteger(int signum,
         byte[] magnitude)
         throws NumberFormatException//例外處理
     ```

   - 一 BigInteger表為radix-進位val字串之數

     ```
     public BigInteger(String val,int radix)
         throws NumberFormatException//例外處理
     ```

   - 一 BigInteger 表為十進位 val 字串之數

     ```
     public BigInteger(String val)
         throws NumberFormatException//例外處理
     ```

   - 一 0 至 $2^{numBits} - 1$ 之隨機BigInteger整數

---

^{註[3]} 參閱 http://docs.oracle.com/javase/1.5.0/docs/api/java/math/BigInteger.html。

```
public BigInteger(int numBits,Random rnd)
    throws IllegalArgumentException//例外處理
```

- 利用 Miller-Rabin 質數測試法找出位元數為 bitLength、質數機率 $\geq 1 - \left(\frac{1}{2}\right)^{\text{certainty}}$ 之隨機可能質數

```
public BigInteger(int,bitLength,
    int certainty,Random rnd)
    throws ArithmeticException//例外處理
```

3. 方法：

- valueOf

```
public static BigInteger valueOf(long val)
```

將型態為 long 之整數 val 化為 BigInteger。

- add

```
public BigInteger add(BigInteger val)
```

執行加法計算 this + val，並以 BigInteger 型態傳回計算值。

- subtract

```
public BigInteger subtract(BigInteger val)
```

執行減法計算 this − val，並以 BigInteger 型態傳回計算值。

- multiply

```
public BigInteger multiply(BigInteger val)
```

執行乘法計算 this ∗ val，並以 BigInteger 型態傳回計算值。

- divide

```
public BigInteger divide(BigInteger val)
    throws ArithmeticException
    //例外處理當 val=0
```

執行除法計算 this/val，並以BigInteger型態傳回計算值。

- divideAndRemainder

```
public BigInteger[] divideAndRemainder(
        BigInteger val)
        throws ArithmeticException
        //例外處理當 val=0
```

執行除法計算 this/val，並以BigInteger陣列型態傳回商數、餘數。

- remainder

```
public BigInteger[] remainder(
        BigInteger val)
        throws ArithmeticException
        //例外處理當 val=0
```

執行除法計算 this/val，並以BigInteger陣列型態傳回餘數。

- pow

```
public BigInteger pow(BigInteger exponent)
      throws ArithmeticException
      //當 exponent<0
```

執行指數計算 $this^{exponent}$，並以BigInteger型態傳回計算值。

- gcd

```
public BigInteger gcd(BigInteger val)
```

執行計算 gcd(|this|, |val|)，並以BigInteger型態傳回計算值。

- nextProbablePrime

```
public BigInteger nextProbablePrime()
      throws ArithmeticException // this < 0.
      //Since:1.5.0
```

傳回最小大於此 BigInteger 的似質數，其失敗為合成數的機率 $\leq 2^{-100}$。此方法不會漏失質數：傳回 p，就不會存在質數 q，使得 $this < q < p$。

- abs

```
public BigInteger abs()
```

執行計算絕對值 |this|，並以**BigInteger**型態傳回計算值。

- negate

```
public BigInteger negate()
```

執行變號計算 −this，並以**BigInteger**型態傳回計算值。

- signum

```
public int signum()
```

取 this 之正負號 (若 this = 0 則取 0)，並以**int**型態傳回計算值。

- mod

```
public BigInteger mod(BigInteger m)
        throws ArithmeticException
        // m<=0
```

執行電腦模計算 this%m，並以**BigInteger**型態傳回計算值。

- modPow

```
public BigInteger modPow(BigInteger exponent,
    BigInteger m)
    throws ArithmeticException
    // m<=0
```

執行指數模計算 $this^{exponent} \pmod{m}$，並以**BigInteger**型態傳回計算值。

- modInverse

```
public BigInteger modInverse(BigInteger m)
    throws ArithmeticException
    // this 與 m 不互質或 m<=0
```

執行乘法反元素計算 $this^{-1} \pmod{m}$，並以**BigInteger**型態傳回計算值。

- shiftLeft

```
public BigInteger shiftLeft(int n)
```

執行位元向左計算 this $<< n$ (相當 this $\times 2^n$)，並以BigInteger型態傳回計算值。

- shiftRight

```
public BigInteger shiftRight(int n)
```

執行位元向右計算 this $>> n$ (相當 this$/2^n$)，並以BigInteger型態傳回計算值。

- bitLength

```
public int bitLength()
```

計算 this 之位元數 (不含正負號)。

- isProbablePrime

```
public boolean isProbablePrime(
          int certainty)
```

利用 Miller-Rabin 質數測試法測試 this 是否為質數；若false則一定為非質數，若true則可能為質數，其機率為 $\geq 1 - (\frac{1}{2})^{\text{certainty}}$ 。

- compareTo

```
public int compareTo(BigInteger val)
```

比較 BigInteger 型態之 this 與 val，

$$
x.\text{compareTo}(y) = \begin{cases} -1, & \text{若 } x < y \\ 0, & \text{若 } x = y \\ 1, & \text{若 } x > y \text{。} \end{cases}
$$

- equals

```
public boolean equals(BigInteger val)
```

比較 this $==$ val。

- toString

```
public String toString(int radix)
```

將 BigInteger this 化為 radix-進位之字串。

- toString

```
public String toString()
```

將 BigInteger this 化為十進位之字串。

▶Java BigInteger測試

　　自由軟體 **GNU C**之 **gcj**對 BigInteger Class與 SecureRandom Class的支援性不佳，也在 2016移出了GCC的編譯器。以下測試程式適用於Java 1.5.0以上版本。使用BigInteger建構 方法以及SecureRandom產生似亂數X, Y, Z，並分別使用方法mod(), add(), multiply(), gcd(), modInverse()，計算模加、模乘、GCD、乘法反元素；並且計算不同模運算之運算時間。

程式 3.2.1 (testBigInteger.java):

使用BigInteger建構方法產生128-bit、512-bit似亂數X, Y, Z，並分別計算模加、模乘、GCD、 乘法反元素。

```java
//testBigInteger.java
import java.math.BigInteger;
import java.security.SecureRandom;

class testBigInteger
{
   static BigInteger X, Y, N, Z;
   static SecureRandom rnd=new SecureRandom();
   static void run(char op, int bitSize)
   {
   long start = System.nanoTime();//Java 1.5.0
   String ops="";
   switch (op)
   {
       case '+':  Z=X.add(Y).mod(N); ops="X+Y mod N"; break;
       case '-':  Z=X.subtract(Y).mod(N); ops="X-Y mod N"; break;
       case '*':  Z=X.multiply(Y).mod(N); ops="X*Y mod N"; break;
       case 'g':  Z=X.gcd(N);  ops="gcd(X,N)"; break;
       case 'i':  try
                     {
                         ops="X^(-1) mod N";
                         Z=X.modInverse(N);
                     }
                     catch(ArithmeticException e)
                     {
                         System.out.println(e);
                         Z=null;
                     }
                     break;
   }
   long end = System.nanoTime();//Java 1.5.0
```

```
C:\WINDOWS\system32\cmd.exe                                    _ □ ×

D:\JavaProgram>java testBigInteger
X=286985775783832693402035833663466547074
Y=153738101920931971957787108528542507124
N=233248827698684360725173159965421775505
128-bit 計算X+Y mod N
Z=207475050006080304634649782226587278693
執行時間 39111 nanosec!

128-bit 計算X*Y mod N
Z=192945652433666221495843529104730741516
執行時間 46654 nanosec!

128-bit 計算gcd(X,N)
Z=1
執行時間 262044 nanosec!

128-bit 計算X^(-1) mod N
Z=157030585838638802962099569860326630024
執行時間 693663 nanosec!

X=734449687008661944722210538321066934126775623509527508023969776698992725044714
47718452148856250328805530026483139759177517633786584832809701102320748520061
Y=659213847549586761915236678354865584453172993729237838988834123083550220502830
80710578951893585990867492310708204925284823158622890661285090202895315312 05
N=425695877874675402998537104408249771517411824760572817811076496866785605784979
5558488676487662749571520602695203132002628681126690164768283015922373242467
512-bit 計算X+Y mod N
Z=116575902626426747391846418962222963313615081798472136358001610153092675652363
6167437080611995383252740425633525072438348035860877055104630082754486655865
執行時間 30451 nanosec!

512-bit 計算X*Y mod N
Z=151454504431857436533088270935615794607439175070975702207498438600653148860733
60595056882266258279546250884194809751532688901468566987610256103474223419 86
執行時間 126273 nanosec!

512-bit 計算gcd(X,N)
Z=1
執行時間 2072889 nanosec!

512-bit 計算X^(-1) mod N
Z=879079210351819891611807869795433408846314867749542041298069868162968978765587
02452485934079022092184923510480310869256835884428918454366231604770648527 2
執行時間 3955251 nanosec!
```

圖 3.3: testBigInteger.java在JVM上編譯執行結果

```java
        System.out.println(bitSize+"-bit 計算"+ops);
        System.out.println("Z="+Z);
        System.out.println("執行時間 "+(end-start)+" nanosec!\n");
    }
    public static void main(String[] argv)
    {
        int [] bitSize= {128, 512};
        char [] op={'+', '*', 'g', 'i'};
        for (int i=0; i<bitSize.length; i++)
        {
```

```
        X=new BigInteger(bitSize[i], rnd);
        System.out.println("X="+X);
        Y=new BigInteger(bitSize[i], rnd);
        System.out.println("Y="+Y);
        N=new BigInteger(bitSize[i], rnd);
        System.out.println("N="+N);
        for (int j=0; j<op.length; j++)
            run(op[j], bitSize[i]);
    }
  }
}
```

註：

由於乘法反元素不一定存在，在使用BigInteger之方法modInverse()時，採用try-catch做例外處理。 Java 1.5.0 以上版本，可用System.nanoTime()取得以10^{-9}秒為單位之時間； Java 1.4 之前的版本可用 System.currentTimeMillis()取得以10^{-3}秒為單位之時間。

3.3　中國餘式定理(Chinese Remainder Theorem)

中國餘式定理(**Chinese Remainder Theorem**) 即俗稱之**韓信點兵**，又稱孫子點兵、鬼谷算、秦王暗點兵，大抵先秦戰國時代，就已有記載。 註[4]

例 3.3.1:

傳當年漢高祖巡狩雲夢大澤，欲藉機擒韓信，但不知其兵數，恐有變，故問曰：『卿部下有多少兵卒？』

信曰：『敬稟陛下，兵不知其數，三三數之剩二，五五數之剩三，七七數之剩二。』

高祖不解，問法於張良。良曰：『兵數無法算，不可數！』

其後雖擒韓信，但仍不知其解。 註[5]

後世有解籤詩 註[6]

『三人同行七十稀，五樹梅花廿一枝，七子團圓正半月，除百零五便得知。
』

何以？令除數 $n_1 = 3$，$n_2 = 5$，$n_3 = 7$ 兩兩互質，$n = n_1 n_2 n_3 = 105$，令餘數 $x_1 = 2$，$x_2 = 3$，$x_3 = 2$。再令 $M_1 = n/n_1 = 105/3 = 35$，$M_2 = n/n_2 = 105/5 = 21$，$M_3 = n/n_3 = $

註[4] 參閱《辭海》之《孫子數物篇》。

註[5] 參閱莫宗堅所著《韓信點兵》，載於科學月刊第一卷第一期。

註[6] 程大位所做之詩。又見金庸所著之《射雕英雄傳》，黃蓉云：「三人同行七十稀，五樹梅花廿一枝，七子團圓正半月，餘百零五便得知。」

$105/7 = 15$，利用廣義輾轉相除法或直接計算乘法反元素得

$$s_1 = M_1^{-1} \pmod{n_1} = 35^{-1} \equiv 2 \pmod{3}$$

$$s_2 = M_2^{-1} \pmod{n_2} = 21^{-1} \equiv 1 \pmod{5}$$

$$s_3 = M_3^{-1} \pmod{n_3} = 15^{-1} \equiv 1 \pmod{7}$$

所以解為

$$x \equiv x_1 M_1 s_1 + x_2 M_2 s_2 + x_3 M_3 s_3 \pmod{n}$$

$$\equiv 2 \times 70 + 3 \times 21 + 2 \times 15$$

$$\equiv 23 \pmod{105}。$$

可將上列計算過程略為整理推廣，便可寫下如下的中國餘式定理版本：

定理 3.3.2 (中國餘式定理，Chinese Remainder Theorem)：

令 n_1、n_2、$\cdots$、n_k 為兩兩互質之正整數，令 $n = n_1 n_2 \cdots n_k$。則同餘聯立組

$$\begin{cases} x \equiv x_1 \pmod{n_1} \\ x \equiv x_2 \pmod{n_2} \\ \quad\vdots \\ x \equiv x_k \pmod{n_k}。 \end{cases}$$

在集合 $\{0, 1, 2, \cdots, n-1\}$ 有唯一解，其解為

$$x = \sum_{i=1}^{k} x_i M_i s_i \pmod{n}$$

其中 $M_i = n/n_i$ 而 $s_i \equiv M_i^{-1} \pmod{n_i}$ $(i = 0, 1, \cdots, k)$。

此版中國餘式定理之證明除了考慮其解之唯一性外，存在性之證明即用定理中之公式可得，如同上例；而其應用面之廣，也絕非只是點兵數物而已，至少在數學領域、資訊領域上均有非常重要的應用，在此試舉一簡例說明之。

例 3.3.3：

解 $x^2 \equiv 1 \pmod{63}$。已知 $63 = 9 \times 7$，利用中國餘式定理，即

$$x^2 \equiv 1 \pmod{63} \iff \begin{cases} x^2 \equiv 1 \pmod{7} \\ x^2 \equiv 1 \pmod{9} \end{cases}$$

而 $x^2 \equiv 1 \pmod 7$ 有兩解，即 $x_1 \equiv \pm 1 \pmod 7$；$x^2 \equiv 1 \pmod 9$ 亦有兩解，即 $x_2 \equiv \pm 1 \pmod 9$。利用中國餘式定理解公式

$$
\begin{aligned}
x &\equiv x_1 M_1 s_1 + x_2 M_2 s_2 \pmod n \quad \text{其中 } M_i s_i \equiv 1 \pmod{n_i} \\
&\equiv (\pm 1)9 \times 4 + (\pm 1)7 \times 4 \pmod{63} \\
&\equiv 1, 8, 55, 62 \pmod{63} \text{。}
\end{aligned}
$$

中國餘式定理其實有非常廣義的陳述，假設整數 n 之質因數分解為

$$
n = \prod_{i=1}^{k} p_i^{e_i} \text{，}
$$

其中 p_i 為 n 之質因數、$e_i > 0$，以**交換環(Commutative Ring)** $\mathbb{Z}/n$ 為例，就有：

性質 3.3.4:
存在**環同構(Ring Isomorphism)** [7]

$$
f : \mathbb{Z}/n^\times \to \prod_{i=1}^{k} (\mathbb{Z}/p_i^{e_i})^\times \text{。}
$$

定義 3.3.5 (Euler-Phi函數)：
當 n 為正整數時，定義**Euler-Phi函數**為

$$
\phi(n) := |\mathbb{Z}/n^\times| \text{。}
$$

性質 3.3.6:

$$
\phi(n) = \prod_{i=1}^{k} \phi(p_i^{e_i}) = n \prod_{i=1}^{k} (1 - \frac{1}{p_i}) \text{。}
$$

證明：藉由性質3.3.4與

$$
\phi(p_i^{e_i}) = p_i^{e_i}(1 - \frac{1}{p_i}) \text{。}
$$

$\square$

3.4　Lagrange定理與費馬小定理

在此我們繼續深化群論的部分概念，這在做理論性的思考時，將有相當大的助益。

---

[7] 函數 f 環同構意味著：
1. f 是 $1-1$ 且 $f(x \times y) = f(x) \times f(y)$。(乘法**單群(Monoid)**同構)
2. f 是 $1-1$ 且 $f(x+y) = f(x) + f(y)$ (加法群同構)

定義 3.4.1 (子群，Subgroup)：
令 $(G, \star)$ 為群，若 $H \subset G$ 為子集，且在相同之運算 $\star$ 形成群則稱 $(H, \star)$ (或 H) 為 G 之**子群(Subgroup)**。

例 3.4.2：
考慮乘法群 $G = \mathbb{Z}/5^{\times}$，此時 $G = \{[1], [2], [3], [4]\}$。 令 $H = \{[1], [4]\}$，其中 $H \subset G$ 且滿足群的各項公理，所以 H 為 G 之子群。

定理 3.4.3 (Lagrange定理)：
若 G 為有限群，H 為 G 中之子群，則

$$\#H \mid \#G \text{。}$$

證明：H 為 G 之子群，為方便起見，假設為乘法群。可定等價關係如下：

$$\text{若} a \cdot b \in G，a \sim b \iff ab^{-1} \in H \text{。}$$

(讀者請自行檢查反身性、對稱性及遞移性三性質)如此定出之等價關係可將 G 分割成若干個等價類，即

$$[a] = \{ha \mid h \in H\}，a \in G \text{。}$$

每個等價類都有 $\#H$ 個元素 (考慮 $H \to [a] \equiv (h \mapsto ha)$ 為 $1-1$ 對應)。 因此， $\#H$ 整除 $\#G$。 □

在公開鑰密碼系統，往往會考慮模指數函數

$$f(x) = a^x \pmod{p}，$$

其中 p 為質數、 a 為整數，此時函數 $f(x)$ 是為週期函數，其週期是必然整除 $p-1$，這個重要性質可由費馬小定理刻劃：

定理 3.4.4 (費馬小定理，Fermat's Little Theorem)：
令 p 為質數， a 為與 p 互質之整數，則 [8]

$$a^{p-1} \equiv 1 \pmod{p} \text{。}$$

---

[8] 費馬(Pierre de Fermat，1601–1665)法國律師，為史上最有名的業餘數學家，他的**費馬最後定理(Fermat's Last Theorem)** 苦煞數世紀數學家之用心，而不得其證，直至上世紀末，才由英國數論家Andrew Wiles得證。

定理 (Fermat's Last Theorem)：
令整數 $n \geq 3$，則 $x^n + y^n = z^n$ 無非零整數解。

證明：考慮乘法群 $G = \mathbb{Z}/p^{\times}$，$H = <[a]>$ 為其子群，根據Lagrange定理，

$$n = \#H \Big| \#G = p - 1,$$

所以 $H = \{[1], [a], [a^2], \cdots, [a^n]\}$ 其中 $a^n \equiv 1 \pmod{p}$。因此

$$a^{p-1} = (a^n)^{\frac{p-1}{n}} \equiv 1 \pmod{p},$$

得證。 □

註：

事實上，a 為與 p 互質之整數，則 $\mathbb{Z}/p^{\times} = <[a]>$。

例 3.4.5:

找尋判斷任意自然數是否為質數的方法，是許多數學家所關心的，然而下列的『中國猜想』卻是錯誤的。

$$\text{對任意自然數}n\text{是質數} \iff n|2^n - 2,$$

用以說明所謂『中國猜想』是錯誤的，就是模算式

$$2^{341} \equiv 2 \pmod{341}。$$

已知質因數分解$341 = 31 \times 11$，透過費馬小定理，得

$$\begin{aligned}
2^{341} &= 2^{10 \cdot 34 + 1} \\
&\equiv (1)^{34} \cdot 2 \pmod{11} \ (\because 2^{10} \equiv 1 \pmod{11}) \\
&= 2 \\
2^{341} &= 2^{30 \cdot 11 + 11} \\
&\equiv (1)^{11}(2^5)^2 \cdot 2 \pmod{31} \ (\because 2^{30} \equiv 1 \pmod{31}) \\
&\equiv 32^2 \cdot 2 \pmod{31} \\
&\equiv (1)^2 \cdot 2 = 2 \pmod{31},
\end{aligned}$$

因此$2^{341} \equiv 2 \pmod{341}$。

3.5　原根(Primitive Root)

考慮 2 之次方 $\pmod{11}$：

$$2^1 \equiv 2，2^2 \equiv 4，2^3 \equiv 8，2^4 \equiv 5，2^5 \equiv 10，$$
$$2^6 \equiv 9，2^7 \equiv 7，2^8 \equiv 3，2^9 \equiv 6，2^{10} \equiv 1。$$

我們發現乘法群 $\mathbb{Z}/11^\times$ 中之同餘類均可表為 $[2]$ 之若干次方，此時稱 2 為乘法群 $\mathbb{Z}/11^\times$ 之 **原根(Primitive Root)**，同時仔細觀察，當 $2^x \equiv 1$ 時，則 10 必整除 x；此時稱 10 為 2 在 (mod 11) (或在乘法群 $\mathbb{Z}/11^\times$)之**秩(Order)**，詳言之，即

定義 3.5.1:

令 G 為乘法群，而 $g \in G$ 為其中一元素，則元素 g 之秩(Order)定為

$$\text{ord}(g) := \min\{x \in \mathbb{N} | g^x = 1\}。$$

註:

也有可能不存在 $x \in \mathbb{N}$，使得 $g^x = 1$，此時定義 $\text{ord}(g) := +\infty$。若 G 為有限群，則 $< g >:= \{g^x | x \in \mathbb{N}\}$ 為 G 之子群，有 $\text{ord}(g) = \# < g >$，根據Lagrange定理，子群之元素個數必整除母群 G 之元素個數，故

$$\text{ord}(g) \Big| \#G。$$

例 3.5.2:

在乘法群中 $\mathbb{Z}/11^\times$ 考慮所有元素之秩。

g	1	2	3	4	5	6	7	8	9	10
$\text{ord}(g)$	1	10	5	5	5	10	10	10	5	2

其中秩為 10 者有 2、6、7、8 共 4 個，其實一般而言，在乘法群 $\mathbb{Z}/p^\times$ (p為質數)有原根 $\phi(p-1)$ 個。而所有元素秩 $\text{ord}(g)$ 都整除 $10 = \#\mathbb{Z}/11^\times$。

原根在公開鑰問題「**離散對數**」的計算上有其重要性，在此例舉一重要性質：

定理 3.5.3:

令 g 為質數 p 上之原根。則

1. 若 x 為整數，則 $g^x \equiv 1 \pmod{p} \iff x \equiv 0 \pmod{p-1}$，

2. 若 i、j 為整數，則 $g^i \equiv g^j \pmod{p} \iff i \equiv j \pmod{p-1}$。

證明:

1($\Longrightarrow$) 若 $g^x \equiv 1 \pmod{p}$，欲證 $p-1 \Big| x$：假設不對，可寫 $x = (p-1)y + r$，其中 $0 < r < p-1$。得

$$1 \equiv g^x \equiv (g^y)^{p-1} g^r \equiv 1 \cdot g^r \equiv g^r \pmod{p} \quad (\because \text{費馬小定理})。$$

但 $g \equiv g^{r+1}$，$g \equiv g^{r+2}$，$\ldots$，所以 $< g >:= \{g^z | z \in \mathbb{N}\}$ 有 r 個元素，如此與 g 為原根之假設矛盾，故 $r = 0$，x 被 $p-1$ 整除。

($\Longleftarrow$) 直接利用費馬小定理可得。

2. 假設 $i > j$ 將同餘式

$$g^i \equiv g^j \pmod{p}$$

兩邊乘以 $(g^{-1})^j$ 得

$$g^{i-j} \equiv 1 \pmod{p},$$

利用已證明之性質1，此等價於

$$i - j \equiv 0 \pmod{p-1} \iff i \equiv j \pmod{p-1},$$

得證。

$\square$

註:

已知 G 為群且 $H \subset G$，此時只需要檢查封閉性及對每一元素 $h \in H$ 都存在反元素，就足以說明 H 為 G 之子群。

例 3.5.4:

令 G 為任一乘法群，$g \in G$ 為任一元素，則 $<g> := \{g^k \in \mathbb{Z}\}$ 為 G 中之子群(封閉性與反元素之存在自然成立)。此子群 $<g>$ 稱為由元素 g 所生成之子群。

定義 3.5.5 (循環群, Cyclic Group):

若存在 $g \in G$，使得 $<g> = G$，則稱 G 為循環群(Cyclic Group)，而 g 為原根或**生成元**
(Generator)。

例 3.5.6:

考慮乘法群 $G = \mathbb{Z}/8^\times$，$G = \{[1], [3], [5], [7]\}$，其中

$$
\begin{aligned}
<[1]> &= \{[1]\}, \\
<[3]> &= \{[1], [3]\}, \\
<[5]> &= \{[1], [5]\}, \\
<[7]> &= \{[1], [7]\},
\end{aligned}
$$

故 G 不為循環群，無原根。

3.6　二次剩餘(Quadratic Residue)

二次剩餘在密碼學之計算有其重要性，主要是考慮同餘式

$$x^2 \equiv a \pmod{n}$$

是否有整數解，其中 a、n 為互質整數，若有解，稱 a 為 $(\mathrm{mod}\ n)$ 之**二次剩餘**(**Quadratic Residue**)：若無解，則稱 a 為 $(\mathrm{mod}\ n)$ 之**非二次剩餘**(**Quadratic Nonresidue**)。

例 3.6.1：

考慮乘法群 $\mathbb{Z}/11^{\times}$ 之二次剩餘有

$$\{[x^2]\big|x \in \mathbb{Z}/11^{\times}\} = \{[1^2],[2^2],[3^2],[4^2],[5^2],[6^2],[7^2],[8^2],[9^2],[10^2]\}$$
$$= \{[1],[3],[4],[5],[9]\}。$$

而非二次剩餘之集合為 $\{[2],[6],[7],[8],[10]\}$

性質 3.6.2：

令 p 為奇質數，可定義函數

$$f:\mathbb{Z}/p^{\times} \to \pm 1 \quad (a \mapsto a^{\frac{p-1}{2}} \equiv \pm 1 \pmod p)，$$

則

$$f(a) = 1 \iff a為二次剩餘。$$

其中

$$\#\{[a] \in \mathbb{Z}/p^{\times}\big|a為二次剩餘\} = \#\{[a] \in \mathbb{Z}/p^{\times}\big|a為非二次剩餘\}$$
$$= \frac{p-1}{2}。$$

證明：

1. 先證明
$$\#\{[a] \in \mathbb{Z}/p^{\times}\big|a為二次剩餘\} = \frac{p-1}{2}。$$
明顯 $\{[1^2],[2^2],\cdots,[(\frac{p-1}{2})^2]\}$ 為所有之二次剩餘 $(\because i^2 \equiv (p-i)^2 \pmod p)$。

2. 證明 f 為完好定義(Well-defined)：由費馬小定理得
$$a^{p-1} - 1 \equiv 0 \pmod p，$$
因 $p-1$ 為偶數，可將上式 [9] 因式分解得
$$(a^{\frac{p-1}{2}} - 1)(a^{\frac{p-1}{2}} + 1) \equiv 0 \pmod p，$$
因 p 為質數，得 $a^{\frac{p-1}{2}} - 1 \equiv 0 \pmod p$ 或 $a^{\frac{p-1}{2}} + 1 \equiv 0 \pmod p$，即 $a^{\frac{p-1}{2}} \equiv \pm 1 \pmod p$。

---

[9] 我們在此用到代數性質多項式環 $\mathbb{Z}/p[x] := \{f(x) = \sum_{i=0}^{n} a_i\big|a_i \in \mathbb{Z}/p，n \in \mathbb{Z}_{\geq 0}\}$ (其中 p 為質數) 為**唯一分解環**(**Unique Factorization Domain**，UFD)之事實！讀者請注意：非所有之多項式都有唯一分解之性質，如 $\mathbb{Z}/4[x]$ 就無此性質。
$$x^2 \equiv x^2 - 4 \equiv (x-2)(x+2) \equiv (x+2)^2 \pmod 4。$$

3. $f(a) = 1 \iff a$ 為二次剩餘：若 a 為二次剩餘，則 $x^2 \equiv a$ 有解，所以

$$a^{\frac{p-1}{2}} \equiv (x^2)^{\frac{p-1}{2}} = x^{p-1} \equiv 1 \pmod{p} \quad (\because \text{費馬小定理}),$$

故 $a^{\frac{p-1}{2}} \equiv 1$ 至少有 $\frac{p-1}{2}$ 解；但其次數(Degree)為 $\frac{p-1}{2}$，故恰有 $\frac{p-1}{2}$ 解，其餘的 $\frac{p-1}{2}$ 個非二次剩餘，為 $a^{\frac{p-1}{2}} \equiv -1 \pmod{p}$ 之解。

$\square$

基於此定理，可引入以下概念：

定義 3.6.3 (Legendre符號)：

令 p 為奇質數，定義**Legendre符號**如下：

$$\left(\frac{a}{p}\right) := \begin{cases} 0 & \text{若 } p \mid a \\ 1 & \text{若 } p \nmid a，a\text{為二次剩餘} \\ -1 & \text{若 } p \nmid a，a\text{為非二次剩餘。} \end{cases}$$

定理 3.6.4 (**Euler判別**)：

令 p 為奇質數，a 與 p 互質，則

$$\left(\frac{a}{p}\right) = a^{\frac{p-1}{2}} \pmod{p}$$

證明：與性質3.6.2類似。 $\square$

基於Euler判別，讀者可自行驗證下列結果：

性質 3.6.5：

令 p 為奇質數，a、b 為與 p 互質之整數，則

1. 若 $a \equiv b \pmod{p}$ 則 $\left(\frac{a}{p}\right) = \left(\frac{b}{p}\right)$。

2. $\left(\frac{a}{p}\right)\left(\frac{b}{p}\right) = \left(\frac{ab}{p}\right)$。

3. $\left(\frac{a^2}{p}\right) = 1$。

4. $\left(\frac{-1}{p}\right) = \begin{cases} 1 & \text{若 } p \equiv 1 \pmod{4} \\ -1 & \text{若 } p \equiv 3 \pmod{4}。 \end{cases}$

5. $\left(\frac{2}{p}\right) = \begin{cases} 1 & \text{若 } p \equiv \pm 1 \pmod{8} \\ -1 & \text{若 } p \equiv \pm 3，\pm 5 \pmod{8}。 \end{cases}$

定理 3.6.6 (**Quadratic Reciprocity**)：

令 p、q 為奇質數，則

$$\left(\frac{p}{q}\right)\left(\frac{q}{p}\right) = (-1)^{\frac{p-1}{2} \cdot \frac{q-1}{2}}。$$

註：

Quadratic Reciprocity最早是由Legendre提出，但第一個正確而完整之證明還是由**高斯**提出，此定理截至目前已提出超過 140 種不同方法之證明。

證明：高斯在他18歲那年提出第一個正確而完整之證明如下：

當 $p \equiv q \equiv 3 \pmod 4$ 時，

$$\left(\frac{p}{q}\right)\left(\frac{q}{p}\right) = -1 \text{，}$$

其他的情況皆

$$\left(\frac{p}{q}\right)\left(\frac{q}{p}\right) = 1 \text{。}$$

□

德國猶太數學家Carl Jacobi推廣Legendre符號，如同Legendre符號，**Jacobi符號**也滿足相類似的性質，也滿足Quadratic Reciprocity，這在計算Legendre符號時非常便利。

定義 3.6.7 (Jacobi符號)：

令 a 為整數， $n > 0$ 為奇整數，其質因數分解為

$$n = p_1^{e_1} p_2^{e_2} \cdots p_k^{e_k} \text{。}$$

定義Jacobi符號

$$\left(\frac{a}{n}\right) = \left(\frac{a}{p_1}\right)^{e_1} \left(\frac{a}{p_2}\right)^{e_2} \cdots \left(\frac{a}{p_k}\right)^{e_k} \text{。}$$

註 3.6.8：

要小心

$$x^2 \equiv a \pmod n \text{ 有解} \Rightarrow \left(\frac{a}{n}\right) = 1 \text{，}$$

但

$$x^2 \equiv a \pmod n \text{ 有解} \nLeftarrow \left(\frac{a}{n}\right) = 1 \text{，}$$

例如

$$\left(\frac{2}{15}\right) = \left(\frac{2}{3}\right)\left(\frac{2}{5}\right) = (-1)(-1) = 1 \text{，}$$

而 $x^2 \equiv 2 \pmod{15}$ 無解，這與Legendre符號不同：

$$x^2 \equiv a \pmod p \text{有解} \iff \left(\frac{a}{p}\right) = 1 \text{。}$$

Jacobi符號之重要性質整理如下：

性質 3.6.9：

令 a、b、n 為整數，則

1. 當 $n > 0$ 為奇整數，Jacobi符號 $\left(\frac{a}{n}\right)$ 才可能有意義，

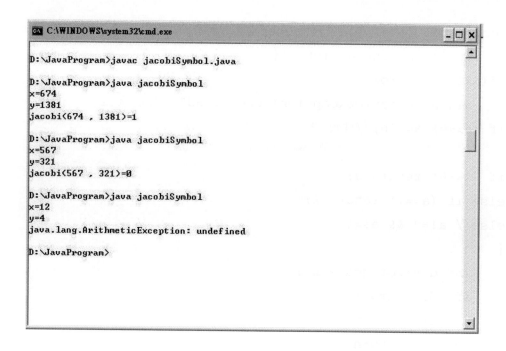

圖 3.4: jacobiSymbol.java計算Jacobi符號

2. 若 n 為奇整數，

$$a \equiv b \pmod{n} \implies \left(\frac{a}{n}\right) = \left(\frac{b}{n}\right) 。$$

3. 若 n 為奇整數，

$$\left(\frac{ab}{n}\right) = \left(\frac{a}{n}\right)\left(\frac{b}{n}\right) 。$$

4. 若 n 為奇整數，

$$\left(\frac{-1}{n}\right) = \begin{cases} 1 & 若\ n \equiv 1 \pmod{4} \\ -1 & 若\ n \equiv 3 \pmod{4} 。 \end{cases}$$

5. 若 n 為奇整數，

$$\left(\frac{2}{n}\right) = \begin{cases} 1 & 若\ n \equiv \pm 1 \pmod{8} \\ -1 & 若\ n \equiv \pm 3,\ \pm 5 \pmod{8} 。 \end{cases}$$

6. Jacobi 符號之 Quadratic Reciprocity：

當 m、n 為奇整數時，

$$\left(\frac{m}{n}\right)\left(\frac{n}{m}\right) = (-1)^{\frac{m-1}{2} \cdot \frac{n-1}{2}} 。$$

可將以上諸性質整理成計算Jacobi符號之Java程式碼：

程式 3.6.10:

計算Jacobi符號 $\left(\frac{a}{n}\right)$：

```java
//jacobisymbol.java之方法成員jacobi
static int jacobi(int a, int n){
    if(n%2==0) throw
        new ArithmeticException("undefined");//性質 1
    if (a>=n) a=a%n;//性質 2

    if (a==0) return 0;
    else if (a==1) return 1;
    else// a!=0 && a!=1
    {
        int divisor=gcd(a,n);
        if (divisor>1)
            if (a==divisor)
                return 0;
            else if (divisor!=0)
                return jacobi(divisor,n)*jacobi(a/divisor,n);
            //性質 3

        if (a<0)//性質 3,4
            if (n%4==1)
                return jacobi(-a,n);
            else
                return -jacobi(-a,n);

        if (a%2==0)  //性質 3,5
            if (n%8==1 || n%8==7) return jacobi(a/2,n);
            else return -jacobi(a/2,n);

        if (((a-1)*(n-1)/4)%2==0)//性質 6
            return jacobi(n,a);
        else
            return -jacobi(n,a);
    }
}
```

例 3.6.11:

$x^2 \equiv 43 \pmod{101}$ 是有解，計算

$$
\begin{aligned}
\left(\frac{43}{101}\right) &= (-1)^{\frac{100 \times 42}{4}}\left(\frac{101}{43}\right) &&(\because \text{Quadratic Reciprocity})\\
&= \left(\frac{15}{43}\right)\\
&= (-1)^{\frac{14 \times 42}{4}}\left(\frac{43}{15}\right) &&(\because \text{Quadratic Reciprocity})\\
&= -\left(\frac{-2}{15}\right)\\
&= -1 \cdot \left(\frac{-2}{3}\right)\left(\frac{-2}{5}\right)\\
&= -1 \cdot \left(\frac{1}{3}\right)\left(\frac{3}{5}\right)\\
&= -1 \cdot 1 \cdot (3^{\frac{5-1}{2}} \pmod 5) &&(\because \text{Euler 判別})\\
&= -1 \cdot 1 \cdot -1\\
&= 1 \text{。}
\end{aligned}
$$

3.7　Galois體

體(Field)為代數基本結構，德文為Körper，法文為corps，字面上的意思就是體，台灣之翻譯應源自德文、法文，而中國則翻譯成「域」，乃取Field之字義。

定義 3.7.1 (體，Field):

令 K 為一集合，並含有兩個運算方式 "$\boxplus$" 及 "$\star$"。則 $(K，\boxplus，\star)$ 為體， $\iff$ 下列公理均成立。

- $(K，\boxplus)$ 為交換群；即

  1. ($\boxplus$-封閉性) $\forall x \cdot y \in K \implies x \boxplus y \in K$

  2. ($\boxplus$-單位元素) $\exists 0 \in K \implies \forall x \in K : x \boxplus 0 = x = 0 \boxplus x$

  3. ($\boxplus$-反元素) $\forall x \in K \ \exists -x \in K \implies x \boxplus (-x) = 0 = (-x) \boxplus x$

  4. ($\boxplus$-結合律) $\forall x \cdot y \cdot z \in K \implies (x \boxplus y) \boxplus z = x \boxplus (y \boxplus z)$

  5. ($\boxplus$-交換性) $\forall x \cdot y \in K \implies x \boxplus y = y \boxplus x$

- $(K^\star，\star)$ 為交換群 $(K^\star = K \setminus \{0\})$，即

  1. ($\star$-封閉性) $\forall x \cdot y \in K^\star \implies x \star y \in K^\star$

  2. ($\star$-單位元素) $\exists e \in K^\star \implies \forall x \in K^\star : x \star e = x = e \star x$

  3. ($\star$-反元素) $\forall x \in K^\star \ \exists x^{-1} \in K^\star \implies x \star x^{-1} = e = x^{-1} \star x$

4. (★-結合律) $\forall x \cdot y \cdot z \in K^{\star} \implies (x \star y) \star z = x \star (y \star z)$

5. (★-交換性) $\forall x \cdot y \in K^{\star} \implies x \star y = y \star x$

- ★ 對 ⊞ 有分配律：

$$\forall x \cdot y \cdot z \in K \implies x \star (y \boxplus z) = (x \star y) \boxplus (x \star z) \, \text{。}$$

數系中之有理數 ($\mathbb{Q}$，$+$，$\cdot$)、實數 ($\mathbb{R}$，$+$，$\cdot$) 以及複數 ($\mathbb{C}$，$+$，$\cdot$) 均為體。但整數 ($\mathbb{Z}$，$+$，$\cdot$) 不為體，因為乘法反元素不普遍存在於 $\mathbb{Z}$ 中，至於自然數 ($\mathbb{N}$，$+$，$\cdot$) 連對加法運算都不是群，更遑論是體。

例 3.7.2：
前頭所述之集合

$$\mathbb{Z}/p = \{0, 1, 2, 3, \cdots, p-1\} \quad (p\text{為質數})$$

在模加法 $+$ 及模乘法 $\times$

$$x + y := x + y \pmod{p} \text{ 及 } x \times y := xy \pmod{p}$$

是為體。

若 (K，⊞，★) 為體，且 K 為有限集合，則稱之為**有限體(Finite Field)**或**Galois體(Galois Field)**。然而，在**AES**中所用到之**Galois體** $\mathbb{F}_{2^8}$，並非直接從整數 $\mathbb{Z}$ 做模運算可得。其中一典型作法是先考慮**多項式環**

$$\mathbb{F}_2[t] := \{f(t) = \sum_{i=0}^{n} a_i t^i \mid \text{某 } n \in \mathbb{N} \, , \, a_i \in \mathbb{F}_2\} \, \text{，}$$

再行模運算

$$(\bmod \ t^8 + t^4 + t^3 + t + 1) \, \text{，}$$

當中 $t^8 + t^4 + t^3 + t + 1$ 為首項係數為1之不可約(**Monic Irreducible**) $\mathbb{F}_2$ 多項式。值得注意的，$\mathbb{F}_p[t]$ (p 為質數)與 $\mathbb{Z}$ 一樣，都是可進行除法、輾轉相除法(Euclidean Algorithm)，註[10] 實際上考慮兩多項式除法 $p(t) \cdot m(t) \in \mathbb{F}_p[t]$ 可唯一表達成

$$p(x) = m(t)q(t) + r(t) \, \text{，}$$

其中 $q(t)$ 為商式，$r(t)$ 為餘式($\deg(r(t)) < \deg(m(t))$)。

例 3.7.3：
令

$$p(t) = t^4 + 2t^2 + 1 \, \text{，} \, m(t) = t^2 + t + 1 \in \mathbb{F}_3[t] \, \text{。}$$

註[10] 代數的術語稱之為**Euclidean Domain**。

用「直式」除法求 $p(t)$ 除以 $m(t)$，為方便起見可分離係數：

```
                        1+  2+  2
   1  +1  +1 / 1+  0+  2+  0+  1
               1+  1+  1
               ─────────────
                   2+  1+  0
                   2+  2+  2
                   ─────────────
                       2+  1+  1
                       2+  2+  2
                       ─────────────
                           2+  2
```

得

$$商 \ q(t) = t^2 + 2t + 2 、餘式 \ r(t) = 2t + 2 ;$$

注意多項式之係數為 $\mathbb{F}_3 = \mathbb{Z}/3$，所有之係數運算皆 $(\bmod\ 3)$ 運算。

　　與 $\mathbb{F}_p$ 由 $\mathbb{Z}$ 做模運算 $(\bmod\ p)$ 所得類似，

$$\mathbb{F}_p[t]/(\ell(t)) \quad (其中 \ \ell(t) \ 為首項係數為 1 之不可約多項式)$$

代表所有 $\mathbb{F}_p$ 多項式模 $\ell(t)$ 之同餘類所形成之集合；由於 $\ell(t)$ 為不可約多項式，所有非 $\ell(t)$ 倍數之多項式，都與 $\ell(t)$ 互質，以下簡例說明，如何利用**多項式版廣義輾轉相除法**，求乘法反元素。

例 3.7.4:

令Galois體 K 定義為

$$K = \mathbb{F}_3[t]/(t^2 + 1) ,$$

(當中 $t^2 + 1$ 為不可約 $\mathbb{F}_3$ 之多項式)求 t 在 K 之乘法反元素 t^{-1} :

```
0 |   t
  |   0 | t² +1 | t
t |   t | t²
  ─────────────────
  |   t |       1
  |   0
```

可表列為

k	0	1	2	3	
r_k	t	t^2+1	t	1	0
q_k		0	t	t	
x_k	1	0	1	t	
y_k	0	1	0	1	

其中

$$\begin{cases} x_{k+1} = & q_k x_k + x_{k-1} \\ y_{k+1} = & q_k y_k + x_{k-1} \end{cases},$$

初始條件： $x_0 = 1$ ， $x_1 = 0$ ， $y_0 = 0$ ， $y_1 = 1$ ，

$$\implies \qquad r_k = (-1)^k x_k r_0 + (-1)^{k+1} y_k r_1$$

$$\implies \qquad (-t)(t) + (t^2 + 1) = 1$$

$$\implies \qquad (-t)(t) \equiv 1 \quad (\mathrm{mod}\ t^2 + 1)$$

$$\implies \qquad t^{-1} \equiv -t \quad (\mathrm{mod}\ t^2 + 1)。$$

而 $\#K = 3^2 = 9$ 。

值得注意的是，所有的Galois體，凡是其元素個數(又稱**秩(Order)**)相同，皆同構，故

$$\mathbb{F}_3[t]/(t^2 + 1) \cong \mathbb{F}_3[t]/(t^2 + t + 1)，$$

($t^2 + 1$ ， $t^2 + t + 1$ 皆為次數3之不可約多項式)因此，在考量Galois體 K 之代數結構時，只需知道 K 之秩，任何選取之模型都是同構。事實上Galois體 K 之秩必然是 $\#K = p^n$ (當中 p 為質數， n 為正整數)；在考量 K 上之計算，一般是考慮模型 $K \cong \mathbb{F}_p[t]/(\ell(t))$ ，($\ell(t)$ 為首項係數為1、次數為 n 之不可約之 $\mathbb{F}_p$ 之多項式)。 在此我們比較Galois體 $\mathbb{F}_p$ 與 $\mathbb{F}_p[t]/(\ell(t))$ 之類同之處：

$$\mathbb{Z} \quad \longleftrightarrow \quad \mathbb{F}_p[t]$$

$$質數\ q \quad \longleftrightarrow \quad 首項係數為\ 1、次數為\ n\ 之不可約多項式\ \ell(t)$$

$$(\mathrm{mod}\ q) \quad \longleftrightarrow \quad (\mathrm{mod}\ \ell(t))$$

$$|\cdot| \quad \longleftrightarrow \quad \deg(\cdot)$$

$$\mathbb{Z}/q \quad \longleftrightarrow \quad \mathbb{F}_p[t]/(\ell(t))$$

$$\mathbb{F}_q \quad \longleftrightarrow \quad \mathbb{F}_{p^n}$$

另外值得一提的則是，在 $\mathbb{F}_{p^n}^{\times} = \mathbb{F}_{p^n} \setminus \{0\}$ 乘法群仍為一循環群，因此，所有以離散對數註[11] 為主之密碼系統，均可推廣至 $\mathbb{F}_{p^n}^{\times}$ 考量。

例 3.7.5:

係數為 $\mathbb{F}_2 = \{0, 1\}$ 次數為2多項式有

$$x^2, x^2 + 1, x^2 + x, x^2 + x + 1,$$

當中

$$x^2 = x \cdot x, x^2 + 1 = (x + 1)^2, x^2 + x = x(x + 1),$$

註[11] 參閱本書《非對稱鑰密碼系統與離散對數》一章。

$\times$	1	x	$x+1$
1	1	x	$x+1$
x	x	$x+1$	1
$x+1$	$x+1$	1	x

表 3.2: $\mathbb{F}_4$乘法表

只有x^2+x+1是不可約的。建構Galois體$\mathbb{F}_4 \cong \mathbb{F}_2[x]/(x^2+x+1)$，有元素

$$0, 1, x, x+1,$$

當中

$$x^2 = x+1, x^3 = x^2 + x = 1,$$
$$(x+1)^2 = x^2 + 1 = x, (x+1)^3 = x(x+1) = x^2 + x = 1,$$

故$x, x+1$為乘法群$\mathbb{F}_4 \setminus \{0\}$之生成元；$\mathbb{F}_4$的乘法表如表3.2。

密碼學常用的Galois體，如**質數體(Prime Field)** $\mathbb{F}_p$、**二元體(Binary Field)** $\mathbb{F}_{2^m}$，在Java 1.5.0版以上，分別在java.security.spec套件中提供ECFieldFp, ECFieldF2m類別，然而相關的代數計算，並未實作。

3.8　Galois體$\mathbb{F}_{2^8}$程式實作

AES所用之**Galois體** $\cong \mathbb{F}_2[x]/(P(x))$，其中$P(x) = x^8 + x^4 + x^3 + x + 1$為不可約五項式 (密碼學常用不可約**三項式 (Trinomial)**、**五項式(Pentanomial)**)。其元素可很自然地化為2進位數，譬如

$$x^7 + x^6 + x^3 + x + 1 \equiv (11001011)_2,$$

而$\mathbb{F}_2$ 多項式之加法，即 XOR 運算，如

$$(x^7 + x^6 + x^3 + x + 1) + (x^7 + x^5 + x^2)$$
$$\equiv (11001011)_2 \oplus (10100100)_2$$
$$= (01101111)_2 \equiv x^6 + x^5 + x^3 + x^2 + x + 1,$$

而乘上 x，即左移一位元，末位填0，如

$$(x^5 + x^3 + 1)x = x^6 + x^4 + x \equiv (01010010)_2 = (00101001)_2 \ll 1,$$

這些計算，包括模運算，都非常容易以軟體、硬體實現。以下的Java程式，也可用 ECFieldF2m類別改寫，不過殺雞焉用牛刀；在此僅用Java的基本型態，程式實作Galois體

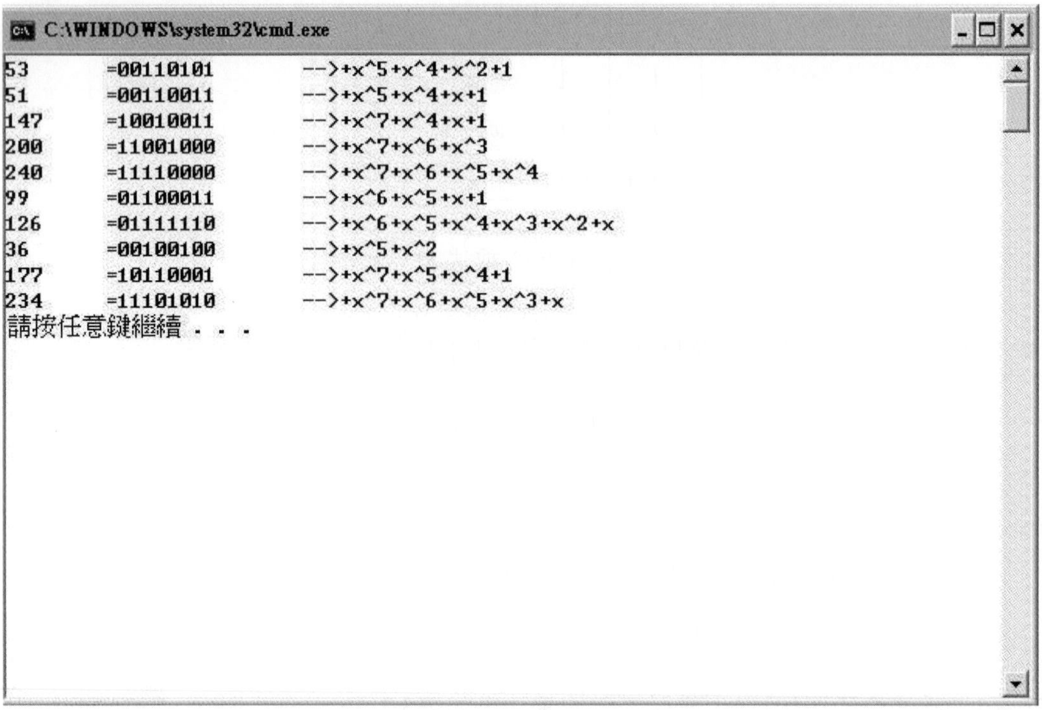

```
53        =00110101      -->+x^5+x^4+x^2+1
51        =00110011      -->+x^5+x^4+x+1
147       =10010011      -->+x^7+x^4+x+1
200       =11001000      -->+x^7+x^6+x^3
240       =11110000      -->+x^7+x^6+x^5+x^4
99        =01100011      -->+x^6+x^5+x+1
126       =01111110      -->+x^6+x^5+x^4+x^3+x^2+x
36        =00100100      -->+x^5+x^2
177       =10110001      -->+x^7+x^5+x^4+1
234       =11101010      -->+x^7+x^6+x^5+x^3+x
請按任意鍵繼續 . . .
```

圖 3.5: GF256.java編譯執行結果

$\mathbb{F}_{256}$的基礎運算。首先，$\mathbb{F}_{256}$可視為維度為8的$\mathbb{F}_2$向量空間，即

$$\mathbb{F}_{256} \cong (\mathbb{F}_2)^8,$$

向量基底可取**多項式基底(Polynomial Basis)**

$$\{1, x, x^2, \cdots, x^7\}, \text{ 其中} x^8 + x^4 + x^3 + x + 1 = 0 \text{。}$$

程式 3.8.1:
Galois體$\mathbb{F}_{256}$上元素，以似亂數產生byte值，並轉換成二進位值以及$\mathbb{F}_{256}$多項式基底表示，並整理成 GF256 類別。

```java
//GF256.java
import java.util.Arrays;
public  class GF256
{   //byte值，二進位以布林陣列
    private boolean [] elt=new boolean[8];
    private byte eltByte;

    public void computeByte()
    {//byte值<--二進位值(布林陣列)
        eltByte=0;
        for(int i=0;i<8;i++)
            if (elt[i]) eltByte+=(1<<i);
    }
```

```
    public void computeBitArray()
    {//byte值-->二進位值(布林陣列)
        byte tmp=eltByte;
        for(int i=0; i<8;i++){
            elt[i]=((tmp & 0x01)==1);
            tmp>>=1;
        }
    }

    public byte getByte(){return eltByte;}

    public boolean[] getBitArray(){return elt;}

    public GF256(){
        Arrays.fill(elt,0,7,false);
        eltByte=(byte)0;
    }

    public GF256(byte eltByte){
        this.eltByte=eltByte;
        computeBitArray();
    }

    public GF256(boolean [] elt){
        this.elt=elt;
        computeByte();
    }

    public String polynomialRep()
    {//二進位值-->多項式基底表示
        String X="";
        for(int i=7; i>1; i--)
            if (elt[i]) X=X+"+x^"+i;
        if (elt[1]) X=X+"+x";
        if (elt[0]) X=X+"+1";
        if (X.length()==0) X="0";
        return X;
    }

    public String binaryRep()
    {//二進位值(01字串)
        String X="";
        for(int i=7; i>=0; i--)
            X=X+(elt[i]?1:0);
        return X;
    }

    public static void main(String[] argv){
        int i,j;
        for (i=0; i<10; i++){
            j=(int)(256*Math.random());
            GF256 x=new GF256((byte)j);
System.out.println
(j+"\t="+x.binaryRep()+"\t-->"+x.polynomialRep());
        }
    }
}
```

$\mathbb{F}_{256}$ 上的加法，就是 XOR 計算，配合上述 GF256 類別，可整理如下。

程式 3.8.2: `public static  GF256 add(GF256 A, GF256 B)`

```
{
    GF256 C;
    byte a=A.getByte();
    byte b=B.getByte();
    byte c=(byte)(a^b);
    C=new GF256(c);
    return C;
}
```

$\mathbb{F}_{256}$ 上的每個元素恰好可由byte表示，其中的乘法運算可採**Least-Significant-Bit-First**的演算方式計算。

程式 3.8.3:

$\mathbb{F}_{256}$ 的乘法，其中不可約多項式 $P(x) = x^8 + \text{aesP}$。

```
public static final boolean [] aesP
={true, true, false, true, true, false, false, false};
public static final GF256 Rep_x8=new GF256(aesP);
public static GF256 mult(GF256 A, GF256 B)
{
  GF256 C=new GF256();
  boolean [] a=A.getBitArray();
  boolean [] b=B.getBitArray();
  for (int i=0; i<7; i++){
    if (b[i]) C=add(C,A);
      A=new GF256((byte)(A.getByte()<<1));
      if (a[7]) A=add(A, Rep_x8);
      a=A.getBitArray();
  }
  if (b[7]) C=add(C,A);
  C.computeBitArray();
  return C;
}
```

例 3.8.4:

令 $y = x + 1$，計算 $f(x) = (x+1)^i$，$(i = 1, 2, \cdots, 255)$顯示其byte十六進位值與多項式表達式的結果。

```
y^1  =03=+x+1                              y^2  =05=+x^2+1
y^3  =0f=+x^3+x^2+x+1                       y^4  =11=+x^4+1
y^5  =33=+x^5+x^4+x+1                       y^6  =55=+x^6+x^4+x^2+1
y^7  =ff=+x^7+x^6+x^5+x^4+x^3+x^2+x+1y^8  =1a=+x^4+x^3+x
y^9  =2e=+x^5+x^3+x^2+x                     y^10 =72=+x^6+x^5+x^4+x
y^11 =96=+x^7+x^4+x^2+x                     y^12 =a1=+x^7+x^5+1
y^13 =f8=+x^7+x^6+x^5+x^4+x^3               y^14 =13=+x^4+x+1
y^15 =35=+x^5+x^4+x^2+1                     y^16 =5f=+x^6+x^4+x^3+x^2+x+1
y^17 =e1=+x^7+x^6+x^5+1                     y^18 =38=+x^5+x^4+x^3
y^19 =48=+x^6+x^3                           y^20 =d8=+x^7+x^6+x^4+x^3
y^21 =73=+x^6+x^5+x^4+x+1                   y^22 =95=+x^7+x^4+x^2+1
y^23 =a4=+x^7+x^5+x^2                       y^24 =f7=+x^7+x^6+x^5+x^4+x^2+x+1
y^25 =02=+x                                 y^26 =06=+x^2+x
y^27 =0a=+x^3+x                             y^28 =1e=+x^4+x^3+x^2+x
y^29 =22=+x^5+x                             y^30 =66=+x^6+x^5+x^2+x
y^31 =aa=+x^7+x^5+x^3+x                     y^32 =e5=+x^7+x^6+x^5+x^2+1
y^33 =34=+x^5+x^4+x^2                       y^34 =5c=+x^6+x^4+x^3+x^2
y^35 =e4=+x^7+x^6+x^5+x^2                   y^36 =37=+x^5+x^4+x^2+x+1
y^37 =59=+x^6+x^4+x^3+1                     y^38 =eb=+x^7+x^6+x^5+x^3+x+1
y^39 =26=+x^5+x^2+x                         y^40 =6a=+x^6+x^5+x^3+x
y^41 =be=+x^7+x^5+x^4+x^3+x^2+x             y^42 =d9=+x^7+x^6+x^4+x^3+1
```

```
y^43 =70=+x^6+x^5+x^4                    y^44 =90=+x^7+x^4
y^45 =ab=+x^7+x^5+x^3+x+1                 y^46 =e6=+x^7+x^6+x^5+x^2+x
y^47 =31=+x^5+x^4+1                       y^48 =53=+x^6+x^4+x+1
y^49 =f5=+x^7+x^6+x^5+x^4+x^2+1           y^50 =04=+x^2
y^51 =0c=+x^3+x^2                         y^52 =14=+x^4+x^2
y^53 =3c=+x^5+x^4+x^3+x^2                 y^54 =44=+x^6+x^2
y^55 =cc=+x^7+x^6+x^3+x^2                 y^56 =4f=+x^6+x^3+x^2+x+1
y^57 =d1=+x^7+x^6+x^4+1                   y^58 =68=+x^6+x^5+x^3
y^59 =b8=+x^7+x^5+x^4+x^3                 y^60 =d3=+x^7+x^6+x^4+x+1
y^61 =6e=+x^6+x^5+x^3+x^2+x               y^62 =b2=+x^7+x^5+x^4+x
y^63 =cd=+x^7+x^6+x^3+x^2+1               y^64 =4c=+x^6+x^3+x^2
y^65 =d4=+x^7+x^6+x^4+x^2                 y^66 =67=+x^6+x^5+x^2+x+1
y^67 =a9=+x^7+x^5+x^3+1                   y^68 =e0=+x^7+x^6+x^5
y^69 =3b=+x^5+x^4+x^3+x+1                 y^70 =4d=+x^6+x^3+x^2+1
y^71 =d7=+x^7+x^6+x^4+x^2+x+1             y^72 =62=+x^6+x^5+x
y^73 =a6=+x^7+x^5+x^2+x                   y^74 =f1=+x^7+x^6+x^5+x^4+1
y^75 =08=+x^3                             y^76 =18=+x^4+x^3
y^77 =28=+x^5+x^3                         y^78 =78=+x^6+x^5+x^4+x^3
y^79 =88=+x^7+x^3                         y^80 =83=+x^7+x+1
y^81 =9e=+x^7+x^4+x^3+x^2+x               y^82 =b9=+x^7+x^5+x^4+x^3+1
y^83 =d0=+x^7+x^6+x^4                     y^84 =6b=+x^6+x^5+x^3+x+1
y^85 =bd=+x^7+x^5+x^4+x^3+x^2+1           y^86 =dc=+x^7+x^6+x^4+x^3+x^2
y^87 =7f=+x^6+x^5+x^4+x^3+x^2+x+1         y^88 =81=+x^7+1
y^89 =98=+x^7+x^4+x^3                     y^90 =b3=+x^7+x^5+x^4+x+1
y^91 =ce=+x^7+x^6+x^3+x^2+x               y^92 =49=+x^6+x^3+1
y^93 =db=+x^7+x^6+x^4+x^3+x+1             y^94 =76=+x^6+x^5+x^4+x^2+x
y^95 =9a=+x^7+x^4+x^3+x                   y^96 =b5=+x^7+x^5+x^4+x^2+1
y^97 =c4=+x^7+x^6+x^2                     y^98 =57=+x^6+x^4+x^2+x+1
y^99 =f9=+x^7+x^6+x^5+x^4+x^3+1           y^100=10=+x^4
y^101=30=+x^5+x^4                         y^102=50=+x^6+x^4
y^103=f0=+x^7+x^6+x^5+x^4                 y^104=0b=+x^3+x+1
y^105=1d=+x^4+x^3+x^2+1                   y^106=27=+x^5+x^2+x+1
y^107=69=+x^6+x^5+x^3+1                   y^108=bb=+x^7+x^5+x^4+x^3+x+1
y^109=d6=+x^7+x^6+x^4+x^2+x               y^110=61=+x^6+x^5+1
y^111=a3=+x^7+x^5+x+1                     y^112=fe=+x^7+x^6+x^5+x^4+x^3+x^2+x
y^113=19=+x^4+x^3+1                       y^114=2b=+x^5+x^3+x+1
y^115=7d=+x^6+x^5+x^4+x^3+x^2+1           y^116=87=+x^7+x^2+x+1
y^117=92=+x^7+x^4+x                       y^118=ad=+x^7+x^5+x^3+x^2+1
y^119=ec=+x^7+x^6+x^5+x^3+x^2             y^120=2f=+x^5+x^3+x^2+x+1
y^121=71=+x^6+x^5+x^4+1                   y^122=93=+x^7+x^4+x+1
y^123=ae=+x^7+x^5+x^3+x^2+x               y^124=e9=+x^7+x^6+x^5+x^3+1
y^125=20=+x^5                            y^126=60=+x^6+x^5
y^127=a0=+x^7+x^5                         y^128=fb=+x^7+x^6+x^5+x^4+x^3+x+1
y^129=16=+x^4+x^2+x                       y^130=3a=+x^5+x^4+x^3+x
y^131=4e=+x^6+x^3+x^2+x                   y^132=d2=+x^7+x^6+x^4+x
y^133=6d=+x^6+x^5+x^3+x^2+1               y^134=b7=+x^7+x^5+x^4+x^2+x+1
y^135=c2=+x^7+x^6+x                       y^136=5d=+x^6+x^4+x^3+x^2+1
y^137=e7=+x^7+x^6+x^5+x^2+x+1             y^138=32=+x^5+x^4+x
y^139=56=+x^6+x^4+x^2+x                   y^140=fa=+x^7+x^6+x^5+x^4+x^3+x
y^141=15=+x^4+x^2+1                       y^142=3f=+x^5+x^4+x^3+x^2+x+1
y^143=41=+x^6+1                           y^144=c3=+x^7+x^6+x+1
y^145=5e=+x^6+x^4+x^3+x^2+x               y^146=e2=+x^7+x^6+x^5+x
y^147=3d=+x^5+x^4+x^3+x^2+1               y^148=47=+x^6+x^2+x+1
y^149=c9=+x^7+x^6+x^3+1                   y^150=40=+x^6
y^151=c0=+x^7+x^6                         y^152=5b=+x^6+x^4+x^3+x+1
y^153=ed=+x^7+x^6+x^5+x^3+x^2+1           y^154=2c=+x^5+x^3+x^2
y^155=74=+x^6+x^5+x^4+x^2                 y^156=9c=+x^7+x^4+x^3+x^2
y^157=bf=+x^7+x^5+x^4+x^3+x^2+x+1         y^158=da=+x^7+x^6+x^4+x^3+x
y^159=75=+x^6+x^5+x^4+x^2+1               y^160=9f=+x^7+x^4+x^3+x^2+x+1
y^161=ba=+x^7+x^5+x^4+x^3+x               y^162=d5=+x^7+x^6+x^4+x^2+1
y^163=64=+x^6+x^5+x^2                     y^164=ac=+x^7+x^5+x^3+x^2
y^165=ef=+x^7+x^6+x^5+x^3+x^2+x+1         y^166=2a=+x^5+x^3+x
y^167=7e=+x^6+x^5+x^4+x^3+x^2             y^168=82=+x^7+x
y^169=9d=+x^7+x^4+x^3+x^2+1               y^170=bc=+x^7+x^5+x^4+x^3+x^2
y^171=df=+x^7+x^6+x^4+x^3+x^2+x+1         y^172=7a=+x^6+x^5+x^4+x^3+x
y^173=8e=+x^7+x^3+x^2+x                   y^174=89=+x^7+x^3+1
y^175=80=+x^7                             y^176=9b=+x^7+x^4+x^3+x+1
y^177=b6=+x^7+x^5+x^4+x^2+x               y^178=c1=+x^7+x^6+1
y^179=58=+x^6+x^4+x^3                     y^180=e8=+x^7+x^6+x^5+x^3
```

```
y^181=23=+x^5+x+1                        y^182=65=+x^6+x^5+x^2+1
y^183=af=+x^7+x^5+x^3+x^2+x+1            y^184=ea=+x^7+x^6+x^5+x^3+x
y^185=25=+x^5+x^2+1                       y^186=6f=+x^6+x^5+x^3+x^2+x+1
y^187=b1=+x^7+x^5+x^4+1                   y^188=c8=+x^7+x^6+x^3
y^189=43=+x^6+x+1                         y^190=c5=+x^7+x^6+x^2+1
y^191=54=+x^6+x^4+x^2                     y^192=fc=+x^7+x^6+x^5+x^4+x^3+x^2
y^193=1f=+x^4+x^3+x^2+x+1                 y^194=21=+x^5+1
y^195=63=+x^6+x^5+x+1                     y^196=a5=+x^7+x^5+x^2+1
y^197=f4=+x^7+x^6+x^5+x^4+x^2            y^198=07=+x^2+x+1
y^199=09=+x^3+1                           y^200=1b=+x^4+x^3+x+1
y^201=2d=+x^5+x^3+x^2+1                   y^202=77=+x^6+x^5+x^4+x^2+x+1
y^203=99=+x^7+x^4+x^3+1                   y^204=b0=+x^7+x^5+x^4
y^205=cb=+x^7+x^6+x^3+x+1                 y^206=46=+x^6+x^2+x
y^207=ca=+x^7+x^6+x^3+x                   y^208=45=+x^6+x^2+1
y^209=cf=+x^7+x^6+x^3+x^2+x+1            y^210=4a=+x^6+x^3+x
y^211=de=+x^7+x^6+x^4+x^3+x^2+x         y^212=79=+x^6+x^5+x^4+x^3+1
y^213=8b=+x^7+x^3+x+1                     y^214=86=+x^7+x^2+x
y^215=91=+x^7+x^4+1                       y^216=a8=+x^7+x^5+x^3
y^217=e3=+x^7+x^6+x^5+x+1                y^218=3e=+x^5+x^4+x^3+x^2+x
y^219=42=+x^6+x                           y^220=c6=+x^7+x^6+x^2+x
y^221=51=+x^6+x^4+1                       y^222=f3=+x^7+x^6+x^5+x^4+x+1
y^223=0e=+x^3+x^2+x                       y^224=12=+x^4+x
y^225=36=+x^5+x^4+x^2+x                   y^226=5a=+x^6+x^4+x^3+x
y^227=ee=+x^7+x^6+x^5+x^3+x^2+x         y^228=29=+x^5+x^3+1
y^229=7b=+x^6+x^5+x^4+x^3+x+1           y^230=8d=+x^7+x^3+x^2+1
y^231=8c=+x^7+x^3+x^2                     y^232=8f=+x^7+x^3+x^2+x+1
y^233=8a=+x^7+x^3+x                       y^234=85=+x^7+x^2+1
y^235=94=+x^7+x^4+x^2                     y^236=a7=+x^7+x^5+x^2+x+1
y^237=f2=+x^7+x^6+x^5+x^4+x             y^238=0d=+x^3+x^2+1
y^239=17=+x^4+x^2+x+1                     y^240=39=+x^5+x^4+x^3+1
y^241=4b=+x^6+x^3+x+1                     y^242=dd=+x^7+x^6+x^4+x^3+x^2+1
y^243=7c=+x^6+x^5+x^4+x^3+x^2           y^244=84=+x^7+x^2
y^245=97=+x^7+x^4+x^2+x+1                y^246=a2=+x^7+x^5+x
y^247=fd=+x^7+x^6+x^5+x^4+x^3+x^2+1    y^248=1c=+x^4+x^3+x^2
y^249=24=+x^5+x^2                         y^250=6c=+x^6+x^5+x^3+x^2
y^251=b4=+x^7+x^5+x^4+x^2                y^252=c7=+x^7+x^6+x^2+x+1
y^253=52=+x^6+x^4+x                       y^254=f6=+x^7+x^6+x^5+x^4+x^2+x
y^255=01=+1
```

註：

如果 $f(x) \in \mathbb{F}_{256}$，其byte的值為 $f(2)$。乘法群 $\mathbb{F}_{256}^{\times}$ 之元素個數為 $\#\mathbb{F}_{256}^{\times} = 255 = 3 \times 5 \times 17$，根據Lagrange定理，任一元素 $g \in \mathbb{F}_{256}^{\times}$ 必滿足 $\mathrm{ord}(g)|255$，根據上述計算結果，$y = x + 1$ 之秩為 $\mathrm{ord}(x+1) = 255$，為 $\mathbb{F}_{256}^{\times}$ 的生成元，其實任何可表為 $(x+1)^i$，只要滿足 $\gcd(i, 255) = 1$，都是生成元，計有 $\phi(255) = \phi(3) \times \phi(5) \times (17) = 128$ 個。利用以上結果，可輕易找出乘法反元素，如

$$x^7 + x^6 + x^5 + x^4 + x = (x+1)^{237} = (x+1)^{255-18} = (x+1)^{-18}$$
$$\implies (x^7 + x^6 + x^5 + x^4 + x)^{-1} = (x+1)^{18} = x^5 + x^4 + x^3 \text{。}$$

AES之**S-Box**的設計就是用到乘法反元素運算。

3.9 質數理論

在本書所探討大部分的公開鑰密碼都需要質數，質數問題本來大概只是少數數學家才關心的問題，而當中所用到之工具，除了少數精通數論重要工具之數學家能夠有較深刻的認識

外，絕非一般大學數學課程所能涵蓋。然而，公開鑰密碼系統的普遍使用，使得與質數相關之理論結果益發重要，徹底了解質數相關理論不是本書的企圖，在此僅將較為普遍的質數知識做一介紹。

定義 3.9.1:

令 p 為不為1之正整數，p 為**質數(Prime)** $\iff$ 若某正整數 d 整除 p(記為 $d|p$) 則 $d = 1$ 或 $d = p$。

定理 3.9.2 (Euclid):

存在無限多個質數。

證明：採用歸謬法證明。假設僅存在有限多個質數，即 p_1、p_2、p_3、$\cdots$、p_k 共 k 個。令

$$p_{k+1} = p_1 p_2 \cdots p_k + 1$$

為一正整數，當中所有之質數 $p_i\ (i = 1, 2, 3, \cdots, k)$ 皆無法整除 p_{k+1}，故數 p_{k+1} 也為質數，此與假設矛盾，故質數必有無限多個。 □

註:

近代的數論問題，多與Riemann-Zeta函數有關，可考慮另一證明為：

證明：令**Riemann-Zeta函數**為

$$\zeta(s) = \sum_{n=1}^{\infty} \frac{1}{n^s},$$

假設僅存在有限多個質數，即 p_1、p_2、p_3、$\cdots$、p_k 共 k 個。當 $s = 1$ 時，$\zeta(1)$也收斂，因

$$
\begin{aligned}
\zeta(1) &= \sum_{n=1}^{\infty} \frac{1}{n} \\
&= \sum_{e_i \geq 0} \frac{1}{p_1^{e_1} p_2^{e_2} \cdots p_k^{e_k}} \quad \text{(自然數的質因數分解有唯一性)} \\
&= \prod_i (1 + \frac{1}{p_1} + \frac{1}{p_1^2} + \cdots)(1 + \frac{1}{p_2} + \frac{1}{p_2^2} + \cdots) \cdots (1 + \frac{1}{p_k} + \frac{1}{p_k^2} + \cdots) \\
&= \prod_i \frac{1}{1 - \frac{1}{p_i}},
\end{aligned}
$$

但 $\zeta(1) = \sum_{n=1}^{\infty} \frac{1}{n}$ 為發散，(使用積分測試 $\int_1^{\infty} \frac{dx}{x} = \infty$)此與假設矛盾，故質數必有無限多個。 □

例 3.9.3:

試求所有小於 200 之質數。

- 先將 2 至 199 規則列表。

- 2 是第一個質數，將表中所有其他 2 之倍數「篩」去，剩下

$$3, 5, 7, 9, 11, 13, 15, 17, 19, 21 \cdots。$$

- 表中下一個未「篩」去之數為質數 3，將表中所有其他 3 之倍數「篩」去，剩下

$$5, 7, 11, 13, 17, 19, 23, 25, 29 \cdots。$$

- 表中下一個未「篩」去之數為質數 5，將表中所有其他 5 之倍數「篩」去。

$$\vdots$$

- 一直「篩」到質數 $13 < [\sqrt{199}] = 14$ 之倍數為止，剩下的即所有小於 200 之 46 個質數：

2,	3,	5,	7,	11,	13,	17,	19,	23,	29,
31,	37,	41,	43,	47,	53,	59,	61,	67,	71,
73,	79,	83,	89,	97,	101,	103,	107,	109,	113,
127,	131,	137,	139,	149,	151,	157,	163,	167,	173,
179,	181,	191,	193,	197,	199。				

上述方法稱之為**Eratosthenes篩法(Sieve of Eratosthenes)**，也是公元前之古希臘一種簡易找質數之演算法。

程式 3.9.4 (Eratosthenes篩法):

Eratosthenes篩法Java程式實作。

```java
import javax.swing.*;
import java.util.Arrays;
public class eratosthenesSieve{
  static boolean []isPrime;
  int N;
  eratosthenesSieve(int N)//Constructor
  {
    this.N=N;
    isPrime=new boolean[N+1];
    Arrays.fill(isPrime,2,N,true);
    //設定 boolean 陣列 isPrime 初值
    int i,j,k;
    int N_sqrt =(int)Math.sqrt(N);

    int thisPrime;
    for (i=2;i<=N_sqrt;i++){
```

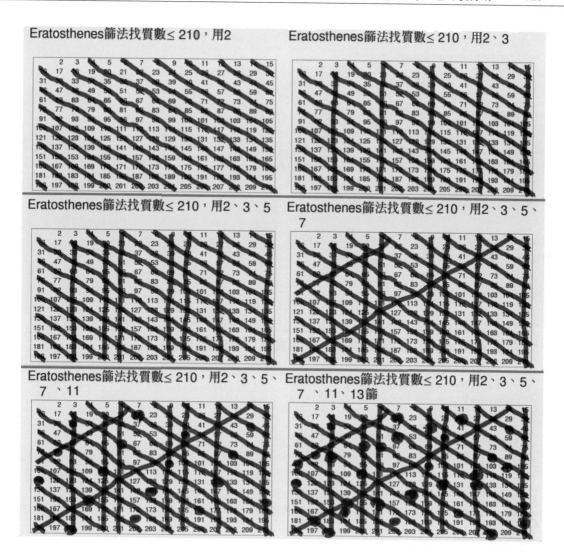

圖 3.6: Eratosthenes 篩法篩的過程

```
    if (isPrime[i]){
      k=N/i;
      thisPrime=i;
      for (j=thisPrime;j<=k;j++)
        isPrime[i*j]=false;
        //篩去 i*j 即 i 之倍數
      }
  }
}

void list()//Method member
{
  String List="Primes <= "+N+"\n2,";
  int count=1;
  for (int j=3;j<=N;j+=2){
    if (isPrime[j]){
```

```
        count++;
        List=List+j+",";
        if(count%20==0)
            List=List+"\n";
    }
}
List=List+"\n"+count+" Primes";
JOptionPane.showMessageDialog(null,List,
"Eratosthenes篩法求質數",
JOptionPane.PLAIN_MESSAGE);
}
public static void main(String[] args)
throws ArithmeticException{
    int N=1;
    do{
        try{
            N=new Integer(JOptionPane.
            showInputDialog("請輸入一個數值：<=2^31")).
            intValue();
            if (N<=2) continue;
            break;
        }
        catch(NumberFormatException e){
            continue;
        }
    } while(true);
    eratosthenesSieve SmallPrimes=
    new eratosthenesSieve(N);
    SmallPrimes.list();
  }
}
```

　　Eratosthenes篩法，另外也以C++加上**openMP**進行平行化程式實作，請參閱「篩法找質數openMP平行化」

https://youtu.be/TfWvqneV7Vw

　數學王子**高斯**對於質數的分佈有更深入之觀察：令

$$\pi(x) := \# \left\{ p為質數 \middle| p \leq x \right\} \text{。}$$

最初他猜測

$$\lim_{n \to \infty} \frac{\pi(n)}{n/\ln(n)} = 1$$

(這對粗略的估算已經足夠)，稍後提出更為接近事實之猜測，後來被證明為真實，即

定理 3.9.5 (質數定理，Prime Number Theorem):

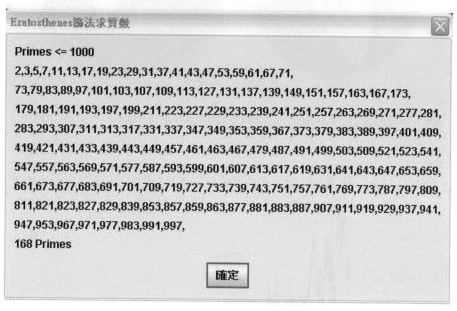

圖 3.7: eratosthenesSieve.java編譯執行結果

$$\pi(n) \approx Li(n) := \int_2^n \frac{dx}{\ln(x)} \text{。}$$

註 3.9.6:

由此事實可見，隨意取一整數 n，其為質數之機率是為 $\frac{1}{\ln(n)}$，特別是在固定位元數大質數的選取，也不怕會有不存在的現象。而熟悉積分技巧的讀者，也可試著利用分部積分(Integration by Parts)證明下式：

$$
\begin{aligned}
Li(n) &= \left. \frac{x}{\ln x} + \frac{x}{(\ln(x))^2} + \frac{2x}{(\ln(x))^3} + \cdots + \frac{k!x}{(\ln(x))^{k+1}} \right|_2^n \\
&\quad + (k+1)! \int_2^n \frac{x}{(\ln(x))^{k+2}} dx \text{。}
\end{aligned}
$$

高斯的弟子Riemann，對於質數的分佈給出更為精確的觀察

$$\pi(x) \approx R(x) := Li(x) - \frac{1}{2}Li(\sqrt{x}) - \frac{1}{3}Li(\sqrt[3]{x}) + \cdots + \frac{\mu(n)}{n}Li(\sqrt[n]{x}) \cdots \text{。}$$

圖 3.8: 數學王子高斯以及他的弟子Riemann都在數論上有卓越的貢獻

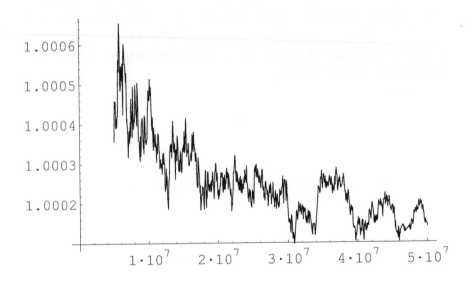

圖 3.9: $Li(n)/\pi(n)$ 之比值

其中$\mu(\cdot)$為**Möbius函數**

$$\mu(n) = \begin{cases} 1, & \text{若}n = 1 \\ (-1)^k, & \text{若}n\text{無平方數因子，}k\text{為}n\text{相異質因子個數} \\ 0, & \text{若}n\text{有平方數因子} \end{cases}$$

假設大部分數學家都相信的**Riemann猜想**是正確的，則

$$|\pi(x) - Li(x)| = O(\sqrt{x}\log x)\text{。}$$

例 **3.9.7**:

圖 3.10: 數論大師 G. H. Hardy

$$x = 10^8 , \quad \pi(x) = 5761455 , \quad R(x) = 5761552$$
$$x = 5 \times 10^8 , \quad \pi(x) = 26355867 , \quad R(x) = 26355517$$
$$x = 10^9 , \quad \pi(x) = 50847534 , \quad R(x) = 50847455$$

另外，在以離散對數問題為基礎之公開鑰密碼系統會考量以下的質數問題：

『 q 與 $2q+1$ 同時為質數之可能性。』

一般稱如此之質數為**Germain質數**，由上世紀數論大師Hardy與Littlewood於1922年提出相當精確的猜想：

猜想 3.9.8 (Hardy-Littlewood猜想):

$$\#\{q \le x \,|\, q 與 2q+1 同時為質數\} \approx \frac{2Cx}{\ln^2(x)}$$

其中 $C = 0.6601618158 \cdots$。

例 3.9.9:

前12對Germain質數為：

$$(2,5), \quad (3,7), \quad (5,11), \quad (11,23),$$
$$(23,47), \quad (29,59), \quad (41,83), \quad (53,107),$$
$$(83,167), \quad (89,179), \quad (113,227), \quad (131,263) 。$$

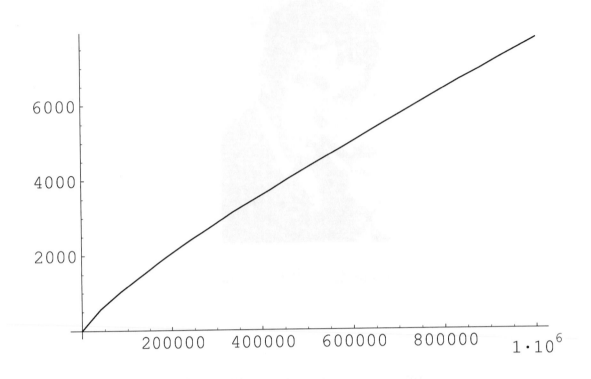

圖 3.11: 函數 $y = f(x) = \#\{q \leq x \mid q$ 與 $2q + 1$ 同時為質數$\}$。

另外對於找質數的演算法，如Rabin-Miller演算法、最近轟動資訊界與數學界的Agrawal-Kayal-Saxena演算法，也將在後面相關章節介紹。

3.10　連分數

連分數(Continued Fraction)是在實數系中，一種表達數字的方式，這在數論上常拿來當作工具。所謂連分數，顧名思義，就是可以「多層」分數來表達之數，一般而言，所有的實數均可表為有限項或無限項之連分數。

定義 3.10.1 (連分數):
任何以下型式之數均稱之為連分數

$$q_1 + \cfrac{1}{q_2 + \cfrac{1}{q_3 + \cfrac{1}{q_4 + \cfrac{1}{q_5 + \ddots}}}},$$

其中 q_0、q_1、$\cdots$ 為整數。

誠然任何有理數 $\frac{p}{q}$ 均可表為有限項之連分數，其實作法就是利用輾轉相除法，將每次除法所得之商，逐次寫下。

例 3.10.2:

將有理數 $\frac{147}{53}$ 化成連分數的型態，利用輾轉相除法得：

k	0	1	2	3	4	5	6	7
r_k	147	53	41	12	5	2	1	0
q_k		2	1	3	2	2	2	

故得

$$\frac{147}{53} = 2 + \cfrac{1}{1 + \cfrac{1}{3 + \cfrac{1}{2 + \cfrac{1}{2 + \cfrac{1}{2}}}}} \text{。}$$

程式 3.10.3 (Java實作連分數):

給定 $x \cdot y \in \mathbb{N}$，計算 x/y 之連分數

$$\frac{x}{y} = q[1] + \cfrac{1}{q[2] + \cfrac{1}{q[3] + \cfrac{1}{q[4] + \cfrac{1}{q[5] + \cdots + \frac{1}{q[k]}}}}} ,$$

其中 $q[0]$ 存 k 值。

```java
import javax.swing.*;
public class continuedFraction{
  int x,y;// x,y>0
  int [] q;
  continuedFraction(int x,int y){
    this.x=x;
    this.y=y;
    int qq=x/y;
    int r=x-y*qq;
    int kmax=(int)(Math.ceil(Math.log(r)/
    Math.log((1+Math.sqrt(5))/2)+2);
    // 最多 k 次除法, k<=log(r)/log((1+sqrt(5))/2))+2
    q=new int[kmax+1];
    q[1]=qq;
    int k=1;
    while(r!=0){
      x=y;
      y=r;
      qq=x/y;
      q[++k]=qq;
      r=x-y*qq;
    }
```

圖 3.12: continuedFraction.java編譯執行結果

```java
    q[0]=k;//儲存 k 值
  }
  void list(){
    String List=x+"/"+y+"=ContinuedFraction[";
    for(int i=1;i<q[0];i++ )
      List=List+q[i]+",";
    List=List+q[q[0]]+"]\n";
    JOptionPane.showMessageDialog(null,List,
    "連分數",JOptionPane.PLAIN_MESSAGE);
  }
}
```

　　另外一個版本，將分數化為連分數，使用Java的LinkedList類別，更為簡潔，可參閱「Java的LinkedList與連分數Continued Fraction」

https://youtu.be/l4gdXK4MfbI

由於任何有限之連分數均是有理數，有時可利用連分數逼近估算，這在計算上也非常有用，以圓周率為例，有時我們會用 $\pi \approx 3.14159$ 估算，但也可利用分數 $\pi \approx \frac{22}{7}$ 估算，甚至用到更精確的有理數估算值 $\pi \approx \frac{333}{106}$，這些都可利用連分數說明。

例 3.10.4:

列出 π 之連分數前若干項，並利用此估算 π，雖然 π 不是有理數，無法寫成分數之型態，但

依然可略將輾轉相除修改，以符合問題的需求；注意當中

$$
\begin{aligned}
r_1 &= \pi \\
q_k &= [r_k] \\
r_{k+1} &= \frac{1}{r_k - q_k}
\end{aligned}
$$

r_k 不為整數，而 q_k 仍是整數，其計算結果為：

k	r_k	q_k	c_k	d_k
0			1	0
1	π	3	3	1
2	$7.062513306\cdots$	7	22	7
3	$15.99659441\cdots$	15	333	106
4	$1.003417231\cdots$	1	355	113
5	$292.6345909\cdots$	292	103993	33102
$\vdots$	$\vdots$	$\vdots$	$\vdots$	$\vdots$

其中遞迴關係為

$$
\begin{cases}
c_{k+1} &= c_k q_{k+1} + c_{k-1} \\
d_{k+1} &= d_k q_{k+1} + d_{k-1},
\end{cases}
$$

而初始條件為

$$
\begin{cases}
c_0 = 1, & c_1 = q_1, \\
d_0 = 0, & d_1 = 1,
\end{cases}
$$

這與廣義輾轉相除法 xeuclidean() 計算係數 x、y，使得 $ax + by = \gcd(a, b)$ 有不同之處，但原則上，仍是輾轉相除法之推廣。其中分數 $\frac{c_k}{d_k}$ 便是連分數中所給出之分數逼近值，即

$$
3, \frac{22}{7}, \frac{333}{106}, \frac{355}{113}, \frac{103993}{33102}, \ldots 。
$$

由上例中，發現其實連分數之逼近速度很快，不下5項，就可達5、6位數之分數逼近。觀察上例，可將各項係數整理在以下性質。

性質 3.10.5:

令 $x \in \mathbb{R}$ 為一實數，其連分數表達式為

$$
x = q_1 + \cfrac{1}{q_2 + \cfrac{1}{q_3 + \ddots}} ,
$$

其中

$$
\begin{aligned}
r_1 &= x \\
q_k &= [r_k] \\
r_{k+1} &= \frac{1}{r_k - q_k} ,
\end{aligned}
$$

而其各項連分數之收斂值

$$\frac{c_k}{d_k} = q_1 + \cfrac{1}{q_2 + \cfrac{1}{q_3 + \cfrac{1}{q_4 \, \cdots \, + \frac{1}{q_k}}}} \, ,$$

當中 c_k，d_k 滿足遞迴關係及初始條件

$$\begin{cases} c_{k+1} & = c_k q_{k+1} + c_{k-1} \\ d_{k+1} & = d_k q_{k+1} + d_{k-1} \end{cases} ,$$

與

$$\begin{cases} c_0 = 1, & c_1 = q_1, \\ d_0 = 0, & d_1 = 1 \, 。 \end{cases}$$

其實第 k 項**連分數收斂值** $\frac{c_k}{d_k}$ 與 x 之誤差可由以下定理給定：

定理 3.10.6:

令 $\frac{c}{d}$ (且 $\gcd(c, d) = 1$)為實數 x 之某項之連分數收斂值，$\Longleftrightarrow$

$$\left| x - \frac{c}{d} \right| \le \frac{1}{2d^2} \, 。$$

註[12]

例 3.10.7:

令 $x = 1 + \cfrac{1}{1 + \cfrac{1}{1 + \cfrac{1}{1 + \cfrac{1}{1 + \cdots}}}}$ 。

x值收斂(數列習題)，且滿足方程式$x = 1 + \frac{1}{x}$，解得 $x = \frac{1+\sqrt{5}}{2}$(負根不合)。計算x連分數各項收斂值，可得:

k	r_k	q_k	c_k	d_k
0			1	0
1	x	1	1	1
2	$\frac{1}{x-1}$	1	2	1
3	$\frac{x-1}{2-x}$	1	3	2
4	$\frac{2-x}{2x-3}$	1	5	3
5	$\frac{2x-3}{5-3x}$	1	8	5
6	$\frac{5-3x}{5x-8}$	1	13	8
⋮	⋮	⋮	⋮	⋮

註[12] 證明可參考兩位數論大師G.H. Hardy與E.M. Wright所著之*"An Introduction to the Theory of Numbers."* Oxford Clarendon Press, 4th edition (1975) 之 Theorem 177。

事實上，$q_k = 1, c_k = f_k, d_{k+1} = f_k, r_{k+2} = (-1)^{k+1} f_{k+1} + (-1)^k f_k$，其中 f_k 為Fibonacci數列，即 $f_0 = f_1 = 1, f_{k+2} = f_{k+1} + f_{k+2}$，另外

$x = \lim_{k \to \infty} \frac{c_k}{d_k} = \lim_{k \to \infty} \frac{f_k}{f_{k-1}} = \frac{1+\sqrt{5}}{2}$ 。

3.11　密碼安全似亂數位元生成器

任何近代的密碼系統都需要好的「**似亂數生成器**」(**Pseudo Random Number Generator, PRNG**)，用以產生隨機亂數般的位元。簡易的似亂數生成器，如C標準程式庫中之 rand()，可產生0至65535之間的似亂數整數，如此之似亂數函數，是需要亂數種子(Seed)當作輸入之初始值。一般而言，許多常用的似亂數生成器，都是以線性同餘生成器(Linear Congruential Generator)的方式產生數列 x_1、x_2、$\cdots$，其中

$$x_n = ax_{n-1} + b \quad (\text{mod } m) \text{,}$$

其中 x_0 即為亂數種子，如此的線性同餘式是可預測的，用以產生DES、 AES、 RSA等近代密碼系統之金鑰之位元，實在有如「蜀中無大將，廖化作先鋒」，非常不合時宜；因為只要似亂散生成器能輕易預測，縱使有再好的密碼演算法，也是徒然；縱使似亂數生成器是根據任何多項式同餘生成器 (Polynomial Congruential Generator)，在密碼上都是不安全的，這在使用於密碼系統時不可不慎。

值得一提的在C++1x(含C++11以上)的C++版本，以及其他許多不同的程式語言、軟體都有支援 **Mersenne Twister** 似亂數生成器，其週期為Mersenne質數$2^{19937} - 1$，一般在使用上，可區別為 32-bit 版本MT19937，以及64-bit 版本 MT19937_64，然而並不符合密碼安全的要求，細節可詳見程式設計教學影片「C++11的sort排序陣列與Random」：
https://youtu.be/BwCpW0Hgvm4?t=7m34s

然而在密碼學中，我們需要**密碼安全的似亂數生成器**，常用的方式有兩類：

- 利用單向函數，如密碼系統 DES之加密函數、 Hash函數 SHA-1等，如 Java的 SecureRandom的預設似亂數生成器，就是以SHA-1為基礎(**SHA1PRNG**)。 註[13] 定義

$$x_i = f(s + i)$$

其中 $i = 1, 2, 3, \cdots$， s 為亂數種子，而 b_i 為 x_i 之最末位元，則位元數列 $b_0, b_1, b_2, \cdots$ 為不可預測的。

- 另外一種方式，就是利用數論的問題(這些與公開鑰密碼演算法較為相關)。

常用的一種似亂數位元生成器，即**Blum-Blum-Shub似亂數位元生成器**可描述如以下之演算法：

演算法 3.11.1 (Blum-Blum-Shub似亂數位元生成器)：
輸出≪一似亂數位元數列$b_1, b_2, \cdots, b_k$。

```
BlumBlumShub()
{
     do{
```

```
        p=RandomPrime();
    }while (p%4!=3);
    do{
        q=RandomPrime();
    }while (q%4!=3);
    //p,q為隨機質數且=3 mod 4
    n=p*q;
    do{
        s=RandomInteger(1,n);
    }while(gcd(s,n)!=1);
    //gcd(s,n)=1且s為亂數種子
    x[0]=s;
    for(i=1;i<=k;i++){
        x[i]=x[i-1]*x[i-1]%n;
        b[i]=x[i]&1;//取最末位元
    };
    return(b[1],b[2],...,b[k]);
}
```

註:

Blum-Blum-Shub似亂數位元生成器與公開鑰密碼系統Rabin之密碼演算法，[14] 有類似之處，但Blum-Blum-Shub似亂數位元生成器之計算緩慢，一種改良的方式，即一次取 $x[i]$ 之末 d 位元，若 $d \le \log_2 \log_2 n$ 且 n 之因數分解難解，則都還是密碼安全的。

若讀者對公開鑰密碼系統RSA有信心，也可考慮**RSA似亂數位元生成器**:

演算法 3.11.2 (RSA似亂數位元生成器):
輸出≪一似亂數位元數列 $b_1, b_2 \cdots, b_k$。

```
RSA_PseudomBitGen()
{
    p=RandomPrime();
    q=RandomPrime();
    n=p*q;
    phi=(p-1)*(q-1);
    do{
        e=RandomInteger(2,phi-1);
    }while(gcd(e,phi)!=1);
    //gcd(e,phi)=1
    x[0]=RandomInteger(1,n-1);
    //x[0]為亂數種子
    for(i=1;i<=k;i++){
        x[i]=PowerMod(x[i-1],e,n);
        //x[i]=x[i-1]^e%n
        b[i]=x[i]&1;
```

---

[14] 請參閱《Rabin密碼》一節。

```
        //取最末位元
    };
    return(b[1],b[2],...,b[k]);
}
```

　　與Blum-Blum-Shub似亂數位元生成器一樣,也有一種改良的方式可加速產生亂數,即一次取 $x[i]$ 之末 d 位元,若 $d \leq \log_2 \log_2 n$ 且 n 之因數分解很困難,如此之似亂數生成器,都算是密碼安全的。

例 3.11.3:

欲以RSA似亂數位元生成器產生一9-bit整數。

1. 隨機取質數 $p = 28996819$ 與 $q = 60094427$,　則

$$n = pq = 1742547222627713 。$$

2. 隨機取似亂數種子 $x_0 = 58869063457997$,　取 $e = 3$,代入遞迴式

$$x_i \equiv x_{i-1}^3 \pmod{n} ,$$

得

$$
\begin{aligned}
x_1 &= 868757651707608 \\
x_2 &= 639725187266830 \\
x_3 &= 209736079624193 \\
x_4 &= 171142074174335 \\
x_5 &= 575410053225581 \\
x_6 &= 645887143191314 \\
x_7 &= 1722869328336461 \\
x_8 &= 112281758229122 \\
x_9 &= 1361742479237966 。
\end{aligned}
$$

3. 由 $b_i = x_i \pmod 2$ 得二元字串

$$b_1 b_2 b_3 b_4 b_5 b_6 b_7 b_8 b_9 = (001110100)_2 = 116 ,$$

即為所得。

第 4 章

訊息理論

訊息理論(**Information Theory**)為資訊學科中非常重要的理論基礎之一，特別是與密碼分析有密切關聯。**訊息理論**的許多重要概念，是Claude Shannon在1940年代末期所提出，[1] 先前所提及之「**無條件安全**」、「**計算上安全**」等概念，也都是源自**Shannon**之論文，可以把**訊息理論**當作工具，從而以量化分析的方式，分析密碼系統之安全性。在Shannon的理論中，他提出所謂「**熵**」，(**Entropy**)的概念，是某個量化的數值用來「測量」訊息；有了「熵」此數值，衍生**自然語言熵**(**Entropy of the Natural Language**)，**重複率**(Redundancy)以及**Unicity距離**等概念，這些概念對於當代密碼分析有重要的意義。在本章中，也將說明為何**單次密碼簿**加密是無條件安全的。而在討論這些之前，先複習一些重要的機率概念，當中**Poisson分佈**會與密碼Hash雜湊函數關聯較大、也跟密碼貨幣安全性的評估有關。也一併討論。

4.1　機率

機率是非常重要的應用數學科目，應用層面很廣，在此僅將必要概念加以討論。

定義 4.1.1:

令 S 為一非空集合之有限集合，稱之為**樣本空間**(**Sample Space**)，其部分集合稱之為**事件**(**Events**)。在樣本空間 S 上之**機率分佈**(**Probability Distribution**)即一函數 p 將事件映至某實數，

$$p : 2^S \mapsto \mathbb{R},$$

(其中 2^S 表 S 之冪集合，即 $\{M | M \subset S\}$)滿足下列各條件：

1. $p(A) \geq 0$ 對所有之事件 $A \subset S$，

2. $p(S) = 1$，

3. $p(A \cup B) = p(A) + p(B)$，當兩事件 A 與 B 互斥(即 $A \cap B = \emptyset$)。

若 A 為事件，則 $p(A)$ 為此事件之機率。

可得簡易性質：

性質 4.1.2:

符號同前，則

1. $p(\emptyset) = 0$。

2. 若 $A \subset B$ 則 $p(A) \leq p(B)$。

---

[1] 可參閱Claude Shannon之兩篇著名論文"A mathematical theory of communication"*Bell Systems Technical Journal*, 27(1948) P. 379-423, 623-656以及"Communication theory of secrecy systems"*Bell Systems Technical Journal*, 28(1949) P. 656-715

3. $0 \le p(A) \le 1$ 當 $A \subset S$。

4. $P(S \setminus A) = 1 - p(A)$。

5. 若 A_1、A_2、$\cdots$、A_n 均兩兩互斥，則

$$p(\bigcup_{i=1}^{n} A_i) = \sum_{i=1}^{n} p(A_i)。$$

6. $p(A) = \sum_{a \in A} p(a)$ (其中 $p(a) = p(\{a\})$)。

定義 4.1.3 (條件機率, **Conditional Probability**):
令 A 與 B 為事件，且 $p(B) > 0$，A 在條件 B 成立下之條件機率定義為

$$p(A|B) = \frac{p(A \cap B)}{p(B)}。$$

定義 4.1.4:
兩事件 A 與 B 稱為**獨立事件**(**Independent Events**)

$$\iff \quad p(A \cap B) = p(A)p(B)。$$

(此等式亦等價於 $p(A|B) = p(A)$)若等式不成立，則稱 A 與 B 為**相依事件**(**Dependent Events**)。

定理 4.1.5 (**Bayes**定理):
若 A 與 B 為事件，且 $p(A) > 0$ 與 $p(B) > 0$，則

$$p(B)p(A|B) = p(A)p(B|A)。$$

證明：藉由條件機率之定義，得

$$p(A|B)p(B) = p(A \cap B)$$

與

$$p(B|A)p(A) = p(A \cap B)。$$

故得

$$p(B)p(A|B) = p(A)p(B|A)。$$

□

▶**Poisson分佈**

　　Poisson分佈適用於描述單位時間內隨機事件發生的次數之機率分佈。如在一定時間內受到的服務請求的次數，汽車站台的候客人數、捷運出現的故障數、颱風地震發生的次數、DNA序列的變異數、放射性原子核的衰變數、政黨當選的席次。密碼學上，也可考慮密碼Hash雜湊函數發生碰撞的次數、甚至基於**工作證明(Proof of Work)**認證之密碼貨幣安全性的評估。

　　定義Poisson分佈函數如下：

$$p(X = k) = \frac{e^{-\lambda}\lambda^k}{k!}$$

其中λ為單位時間（單位空間）內隨機事件的平均值。Poisson分佈函數確實是機率分佈函數需要證明。

證明：只證明$\sum_{k=0}^{\infty} p(X = k) = 1$：

$$
\begin{aligned}
\sum_{k=0}^{\infty} p(X = k) &= e^{-\lambda} \sum_{k=0}^{\infty} \frac{\lambda^k}{k!} \\
&= e^{-\lambda}e^{\lambda} \\
&= 1
\end{aligned}
$$

$\square$

註：

另外二次項分佈，當n很大，成功機率p很小時，此時試n次成功次數的期望值為$\lambda = np$。有興趣讀者可證明

$$p(X = k) = \frac{n!}{(n-k)!k!}p^n(1-p)^{n-k} \approx \frac{e^{-\lambda}\lambda^k}{k!}$$

也可用Poisson分佈估計。

4.2　完美秘密

　　Shannon曾引入**完美秘密(Perfect Secrecy)**的概念，考慮以下場景： Alice使用某密碼系統加密訊息成密文傳給Bob，而Eve可截收任何由Alice傳給Bob的密文，Eve試著從密文中分析，找出可能與明文相關聯的任何訊息。一個擁有完美秘密的密碼系統，就是Eve無法從這些密文讀出任何有關明文的訊息。如何將「完美秘密」此概念量化？一種較為精確的方式，就是引入機率的概念。

　　假設所考慮之密碼系統為有限明文空間 $\mathbb{M}$、有限密文空間 $\mathbb{C}$，以及有限金鑰空間 $\mathbb{K}$，加密函數表為 E_k，$k \in \mathbb{K}$，而解密函數表為 D_k，$k \in \mathbb{K}$。令樣本空間為

$$\mathbb{M} \times \mathbb{K} = \{(m,k)|m \in \mathbb{M}，K \in \mathbb{K}\}，$$

在樣本空間中之事件 $m \in \mathbb{M}$，即 $\{(m,k)|k \in \mathbb{K}\}$，而樣本空間中之事件 $k \in \mathbb{K}$，即 $\{(m,k)|m \in \mathbb{M}\}$，其機率分佈函數當然必須滿足

$$p(m) = p_{\mathbb{M}}(m)，$$
$$p(k) = p_{\mathbb{K}}(k)，$$

其中 $p_{\mathbb{M}}$、$p_{\mathbb{K}}$ 表原先在明文空間以及金鑰空間之機率分佈函數，事件 p 與事件 k 為獨立事件。而在密文空間 $\mathbb{C}$ 中之任一密文 c，為在樣本空間 $\mathbb{M} \times \mathbb{K}$ 之部分集合

$$\{(m,k)|E_k(m) = c\}，$$

即所有加密後會成為密文 c 之所有明文/金鑰之數對 (m,k) 所形成之集合。

　　若Eve已經知道Alice與Bob所使用之明文語言，那麼Eve應該可能知道明文空間上之機率分佈函數 $p_{\mathbb{M}}$，若Eve所截收之密文c其可能明文為m之機率，即條件機率

$$p(m|c)$$

是不等於該明文出現之機率 $p(m) = p_{\mathbb{M}}(m)$ 之時，Eve就可能從密文 c 中得到有助於破譯之訊息；若兩者之機率相同，即

$$p(m|c) = p(m)$$

時，就對於密文分析無益。因此，Shannon之完美秘密之定義為

定義 4.2.1:

一密碼系統定義為**完美秘密(Perfect Secrecy)**

$\Longleftrightarrow$ 所有給定密文出現之事件與所有特定明文出現之事件，皆是為獨立事件。

$\Longleftrightarrow$ $p(m|c) = p(m)$，對所有明文 m 以及所有密文 c 皆成立。

　　以下為Shannon著名的定理：

定理 4.2.2 (Shannon):

令 $\#\mathbb{C} = \#\mathbb{K}$ (所有密文之可能之數等於所有金鑰之可能之數)，且任一明文 m 出現之機率均為正數，即 $p(m) > 0$。此密碼系統為完美秘密 $\Longleftrightarrow$ 下列條件皆成立：

- 在金鑰空間上之機率分佈函數 $p_{\mathbb{K}}$ 為均勻分佈。

- 對任一明文 m 以及任一密文 c 均恰好僅存在一把金鑰 k，使得

$$E_k(m) = c。$$

證明：

($\Longrightarrow$) 假設該密碼系統為完美秘密。

- 對任一明文 m 以及任一密文 c 均恰好僅存在一把金鑰 k，使得 $E_k(m) = c$：
  假設存在某明文 m 以及某密文 c，並無金鑰 k，使得 $E_k(m) = c$，此時

$$p(m) \neq p(m|c) = 0 \quad (\because p(m) > 0) \text{，}$$

與假設矛盾，因此每一對明文/密文 (m, c)，必有金鑰 k，使得 $E_k(m) = c$；但金鑰之總數等於密文總數，所有如此之金鑰 k 只有一把，即恰有一把金鑰滿足 $E_k(m) = c$。

- $p_{\mathbb{K}}$ 是均勻分佈的：
  先固定某密文 c，對某明文 m，令 $k(m)$ 為金鑰，使得 $E_{k(m)}(m) = c$。由Bayes定理可得

$$p(m|c) = \frac{p(c|m)p(m)}{p(c)} = \frac{p(k(m))p(m)}{p(c)}$$

對所有之明文 m 均成立。因密碼系統為完美秘密，得 $p(m|c) = p(m)$，因此 $p(k(m)) = p(c)$，當中 c 是固定，m 變動，$k(m)$ 也隨之變動，所有金鑰 k 均可寫成 $k(m)$，因此所有金鑰事件之機率均相同。

($\Longleftarrow$) 假設金鑰空間上之機率分佈函數為均勻分佈，且任一明文 m 以及任一密文 c，恰有一把金鑰 $k = k(m, c)$，使得 $E_k(m) = c$。則

$$p(m|c) = \frac{p(m)p(c|m)}{p(c)} = \frac{p(m)p(k(m,c))}{\sum_{m \in \mathbb{M}} p(m)p(k(m,c))} \text{，}$$

(又用到 Bayes 定理)此時 $p(k(m,c)) = \frac{1}{\#\mathbb{K}}$，因此分母為

$$\sum_{m \in \mathbb{M}} p(m)p(k(m,c)) = \frac{\sum_{m \in \mathbb{M}} p(m)}{\#\mathbb{K}} = \frac{1}{\#\mathbb{K}}$$

代回上式得 $p(m|c) = p(m)$。

$\square$

例 4.2.3 (單次密碼簿):

單次密碼簿 為完美秘密之加密演算法，Alice 欲加密 n-bit 之明文 m，其中明文空間 $\mathbb{M}$、密文空間 $\mathbb{C}$ 以及金鑰空間 $\mathbb{K}$ 滿足

$$\#\mathbb{M} = \#\mathbb{C} = \#\mathbb{K} = 2^n \text{。}$$

而任一可能金鑰之機率為 $\frac{1}{2^n}$，故金鑰空間上之機率分佈函數為均勻的。且對任一 n-bit之明文 m 以及 n-bit之密文 c，恰有一 n-bit之金鑰 k，使得

$$E_k(m) = m \oplus k = c(\iff k = m \oplus c) \text{。}$$

根據 Shannon 之定理，單次密碼簿為完美秘密。

4.3　熵

誠然單次密碼簿是完美秘密的，但在實際的日常加密方法卻不適用，對於使用者、管理者而言，每次加密都需要不同之金鑰，成本過於沉重，管理亦不便，金鑰之分配管理成了實際的問題。在當代密碼學，並不企求完美秘密之演算法，而是尋找計算上安全的密碼系統，並滿足：

- 一把金鑰可使用許多次。

- 一把短的金鑰可以對長的訊息加密。

如此的密碼系統當然不可能無條件安全，如此Eve截收到Alice傳送給Bob之密文，雖然可能找出一些明文/密文之間的訊息關聯性，但在某種程度上，她亦無法確定密文的意義，即使截收到許多密文，甚至明文，亦有很大的不確定性。 Shannon理論的「熵」就是要「測量」訊息間之不確定性：

定義 4.3.1 (熵, Entropy):
令 A 為樣本空間， X 為定義在樣本空間上之隨機變數，則隨機變數 X 之熵定義為

$$H(X) = -\sum_{x \in A} p(X=x) \log_2 \left(p(X=x) \right) \text{。}$$

單位為bit。

例 4.3.2:
假設一不公平之擲銅板。出現正面之機率為 p，而出現反面之機率為 $1-p$ $(0 < p < 1)$。該事件之熵為

$$H(x) = -p \log_2 p - (1-p) \log_2 (1-p) \text{，}$$

$H(x)$ 為 p 之函數，其中 $H(x)$ 在 $p = \frac{1}{2}$ 達到極大值 1。

定義 4.3.3 (連結熵, Joint Entropy):
令 X 與 Y 為樣本空間 A 與 B 上之隨機變數，則連結熵 $H(X,Y)$ 定義為

$$H(X,Y) = -\sum_{(x,y) \in A \times B} p_{X \times Y}(x,y) \log_2 \left(p_{X \times Y}(x,y) \right) \text{。}$$

在密碼系統中，在已知密文中，欲「測量」金鑰之不確定性，此時就要用到條件熵(Conditional Entropy)：

定義 4.3.4 (條件熵，**Conditional Entropy**)：

令 X 與 Y 為樣本空間 A 與 B 上之隨機變數，則在條件 X 下之 Y 條件熵定義為

$$
\begin{aligned}
H(Y|X) &= \sum_{x \in A} p_X(x) H(Y|X = x) \\
&= -\sum_{x \in A} p_X(x) \left(\sum_{y \in B} p_Y(y|x) \log_2 p_Y(y|x) \right) \\
&= -\sum_{(x,y) \in A \times B} p_{X \times Y}(x,y) \log_2 p_Y(y|x) \text{ 。}
\end{aligned}
$$

上述不同熵之關聯性，可以下列定理描述之：

定理 4.3.5 (鏈鎖律，**Chain Rule**)：

$H(X, Y) = H(X) + H(Y|X)$ 。

證明：

$$
\begin{aligned}
H(X, Y) &= -\sum_{(x,y) \in A \times B} p_{X \times Y}(x,y) \log_2 p_{X \times Y}(x,y) \\
&= -\sum_{(x,y) \in A \times B} p_{X \times Y}(x,y) \log_2 p_X(x) p_Y(y|x) \text{ (條件機率定義)} \\
&= -\sum_{(x,y) \in A \times B} p_{X \times Y}(x,y) \log_2 p_X(x) \\
&\quad -\sum_{(x,y) \in A \times B} p_{X \times Y}(x,y) \log_2 p_Y(y|x) \text{ (指數律)} \\
&= -\left(\sum_{x \in A} \log_2 p_X(x) \sum_{y \in B} p_{X \times Y}(x,y) \right) + H(Y|X) \\
&= -\sum_{x \in A} p_X(x) \log_2 p_X(x) + H(Y|X) \\
&\quad (\because \sum_{y \in B} p_{X \times Y}(x,y) = p_X(x)) \\
&= H(X) + H(Y|X) \text{ 。}
\end{aligned}
$$

$\square$

可利用鏈鎖律以及機率分析得到以下性質：

性質 4.3.6:

1. $H(X) \leq \log_2 |A|$ ， " $=$ " 成立當樣本空間 A 之各元素出現之機率相同。

2. $H(X, Y) \leq H(X) + H(Y)$。

3. $H(Y|X) \leq H(Y)$，" = "成立當 X 與 Y 為獨立事件。

我們亦可利用熵表達何時密碼系統為完美秘密：

定理 4.3.7:

令 M 為明文空間 $\mathbb{M}$ 之隨機變數，C 為密文空間 $\mathbb{C}$ 之隨機變數。密碼系統為完美秘密 $\Longleftrightarrow$ $H(M|C) = H(M)$。

註:

此處略去證明，讀者可自行完成。由此定理以及上述性質可知，一密碼系統為完美秘密 $\Longleftrightarrow$ 任何特定明文出現之事件與任何特定密文出現之事件為獨立事件。誠然大多數之密碼系統是不滿足此項性質。

用熵的理論描述密碼系統，就有以下簡易結果：

- $H(M|K, C) = 0$：
  熵值為 0 之意義就是無不確定性。一密碼系統在密文、金鑰已知之狀況下，當然能知道明文，否則如何解密？

- $H(C|M, K) = 0$：
  一密碼系統在明文、金鑰已知之狀況下，當然加密得密文。

條件熵 $H(K|C)$ 稱之為**金鑰模糊度(Key Equivocation)**，用以測量由密文所洩漏金鑰訊息之程度。

定理 4.3.8:

$$H(K|C) = H(K) + H(M) - H(C)。$$

證明:

$$
\begin{aligned}
H(K, M, C) &= H(M, K) + H(C|M, K) \quad (\because 鏈鎖律，K不動) \\
&= H(M, K) \quad (\because H(C|M, K) = 0) \\
&= H(K) + H(M) \quad (\because K 與 M 為獨立事件)
\end{aligned}
$$

另外

$$\begin{aligned} H(K,M,C) &= H(K,C) + H(M|K,C) \quad (\because \text{鏈鎖律}，C\text{不動}) \\ &= H(K,C) \quad (\because H(M|K,C) = 0) \\ &= H(C) + H(K|C) ，\end{aligned}$$

故由鏈鎖律

$$H(K|C) = H(K,C) - H(C) = H(K) + H(M) - H(C) 。$$

□

4.4　自然語言之熵

　　密碼分析之中的最主要目的，就是要找出金鑰，以**密文攻擊**而言，假設攻擊者Eve擁有無限的計算的資源，並且截收任何由Alice傳給Bob之密文，若Alice之明文是以某種「**自然語言**」呈現，如英文、中文或是符合某種特定語法的語言，　Eve是可藉著對該自然語言之訊息，即自然語言之熵的了解，進而縮小可能金鑰搜尋之範圍，丟棄「**假金鑰**」(Spurious Key)，因此，所謂假金鑰總數之估計就非常重要。

定義 4.4.1 (假金鑰，Spurious Key):
令 $c \in \mathbb{C}^n$ 為含 n 個字元之某密文，k為金鑰，即$E_k(m) = c$。令

$$\mathbb{K}'(c) := \{k'|E_{k'}(m) = c, k' \neq k，\text{其中}m\text{為符合語法、有意義之明文}\}$$

為產生密文c之假金鑰之集合。

例 4.4.2:
假設某凱撒挪移密文為c="CKZ"密鑰k=14，發現

$$\left.\begin{cases} k = 14 & \implies & m = D_k(c) = \text{"owl"} \\ k = 6 & \implies & m = D_k(c) = \text{"wet"} \\ k = 22 & \implies & m = D_k(c) = \text{"god"} \end{cases}\right\} \text{其中k=6,22為假金鑰。}$$

　　以自然語言英文為例，共有明文字母26個，若每字母平均出現，其熵為 $\log_2(26) \approx 4.70$，但實際情形並非如此，(如字母 a 出現頻率機率約為 0.82、 字母 b 出現頻率機率約為 0.15 等) 因此其字母熵值應估計為 [2]

$$-(0.82 \log_2 0.82 + 0.15 \log_2 0.15 + \cdots) \approx 4.18 < 4.70 。$$

---

[2] 語文學家估計，英文字母熵值為4.03，而中文字的熵值約為9.6，但是比較英文的單字熵值與中文的單詞熵值，非常接近，約11.5。參閱
Benjamin K. T'sou，*"Synchronous Corpus: Some Methodological Considerations on Design and Applications"*, 2004 Taiwan Summer Institute of Linguistics, Academia Sinica, 2004.07.

但是英文各字母之出現頻率機率並非獨立事件，必須進一步計算估計長度為 n 之不同字母排列出頻率機率之熵值。

例 4.4.3:

在破譯例2.3.6之密文過程中，假設已確定：

$$
\begin{array}{ll}
\text{密文：} & \texttt{MTN PX YBGG RPCY JPX BTJXVQVXJMJBCT.} \\
\text{明文：} & \texttt{and he -ill sho- the inter-retation.}
\end{array}
$$

即使不再進一步分析，幾乎可確定：

$$
\begin{array}{ll}
\text{密文：} & \texttt{MTN PX YBGG RPCY JPX BTJXVQVXJMJBCT.} \\
\text{明文：} & \texttt{and he will show the interpretation.}
\end{array}
$$

而其不確定性，是微乎其微。

自然語言熵就是「測量」自然語言字母排列的不確定性，其定義如下：

定義 4.4.4 (自然語言熵，Entropy of the Natural Language):

令 $\mathbb{M}$ 為某自然語言之字母集合，$\mathbb{M}^n$ 表長度為 n 之各種不同字母排列。該自然語言 L 之熵值定義為

$$
H_L = \lim_{n \to \infty} \frac{H(\mathbb{M}^n)}{n} \, .
$$

此處熵值 H_L 就是該自然語言之熵值；而由此 $\mathbb{M}$ 中字母所產生的隨機訊息之熵是 $\log_2 |\mathbb{M}|$，該自然語言之「**重複率**」(**Redundancy**)可定義為：

定義 4.4.5:

$$
R = 1 - \frac{H_L}{\log_2 |\mathbb{M}|} \, .
$$

例 4.4.6:

以英文為例，其自然語言之熵一般估計為

$$
1 \le H_L \le 1.5 \, ,
$$

這項訊息，告訴我們：

- 一個英文字母需要 5 bits 的記憶體表示它。

- 一個英文字母只可以給約 1.25 bits 的資訊。

其語言之重複率約為

$$R \approx 1 - \frac{1.25}{\log_2 26} \approx 0.75 \text{。}$$

這表示一純文字的 1MB 英文文件其實可壓縮至 0.25MB。

　　而對於不同之加密方式，我們究竟要收集多少密文，才能有效破譯？更明確地說，需要多長之密文，才能唯一決定其金鑰值？

定義 4.4.7:

所謂的 **Unicity 距離** n_0，就是該密碼系統所產生密文而能唯一決定唯一金鑰值之密文長度。

　　Unicity 距離可由以下算式估計：

定理 4.4.8:

Unicity 距離 n_0 估計為

$$n_0 \approx \frac{\log_2 |\mathbb{K}|}{R \log_2 |\mathbb{M}|} \text{。}$$

其中 $|\mathbb{K}|$ 表所有可能金鑰數，而 $|\mathbb{M}|$ 表所有之字母總數，R 即重複率。

證明：令 $c \in \mathbb{C}^n$ 為含 n 個字元之某密文。令

$$\mathbb{K}(c) := \{k \,|\, E_k(m) = c \text{，其中 } m \text{ 為有意義之明文}\}$$

則 $s_n(c) = \#\mathbb{K}(c) - 1$ 為產生密文 c 之假金鑰總數。而所有 n 個字元之假金鑰總數之期望值為

$$
\begin{aligned}
\overline{s_n} &= \sum_{c \in \mathbb{C}^n} p(C = c) s_n(c) \\
&= \sum_{c \in \mathbb{C}^n} p(C = c)(\#\mathbb{K}(c) - 1) \\
&= \sum_{c \in \mathbb{C}^n} p(C = c)\#\mathbb{K}(c) - \sum_{c \in \mathbb{C}^n} p(C = c) \\
&= \left(\sum_{c \in \mathbb{C}^n} p(C = c)\#\mathbb{K}(c) \right) - 1 \text{。}
\end{aligned}
$$

其中 n 為很大之整數，且明文空間元素總數等於密文空間元素總數，即 $|\mathbb{M}| = |\mathbb{C}|$。計算

$$
\begin{aligned}
\log_2(\overline{s_n} + 1) &= \log_2 \sum_{c \in \mathbb{C}^n} p(C = c) \#\mathbb{K}(c) \\
&\geq \sum_{c \in \mathbb{C}^n} p(C = c) \log_2(\#\mathbb{K}(c)) \quad (\because \log_2(\cdot) \text{為凸函數}) \\
&\geq \sum_{c \in \mathbb{C}^n} p(C = c) H(K|c) \quad (\because \text{性質} 4.3.6(1)) \\
&= H(K|C^n) \\
&= H(K) + H(M^n) - H(C^n) \quad (\because \text{定理} 4.3.8) \\
&\approx H(K) + nH_L - H(C^n) \quad (n \text{ 為很大}) \\
&= H(K) - H(C^n) + n(1 - R) \log_2 |\mathbb{M}| \\
&\geq H(K) - n \log_2 |\mathbb{C}| + n(1 - R) \log_2 |\mathbb{M}| \\
&\qquad (\because H(C^n) \leq n \log_2 |\mathbb{C}|) \\
&= H(K) - nR \log_2 |\mathbb{M}| \quad (\because |\mathbb{C}| = |\mathbb{M}|)
\end{aligned}
$$

所以

$$
\overline{s_n} \geq \frac{|\mathbb{K}|}{|\mathbb{M}^{nR}|} - 1 \,,
$$

令 $\overline{s_n} = 0$，得

$$
n_0 \approx \frac{\log_2 |\mathbb{K}|}{R \log_2 |\mathbb{M}|} \,.
$$

$\square$

以該估計算式來看，若以自然語言為明文，因其重複率頗高，建議是在加密前，先對明文壓縮，如此可降低重複率；若壓縮演算法達到最佳化，即 $R \to 0$，則 $n_0 \to \infty$，如此Eve就無法單從密文攻擊中，破譯任何密文。然而，在當代的密碼技術中，卻是無法完全避免重複率的，甚至以公開金鑰密碼技術而言，任何人都可取得公鑰加密編碼，要防的，乃是選擇性明文攻擊以及選擇性密文攻擊。但無論如何，還是建議在加密前先行壓縮，或以其他的方式提高明文之熵值，從而降低明文之重複率。以下，我們藉著探討古典密碼的例子，了解如何從估計Unicity距離值，觀察其密碼系統的安全度：

例 4.4.9:

假設Alice分別以古典密碼凱撒挪移法、仿射密碼法以及單套字母替換法加密明文，(其中明文為英文，且未經任何前置處理，或刻意避免任何語言習慣)傳訊給Bob，而Eve截收到所有密文。

- (凱撒挪移) 此時可能之金鑰總數 $|\mathbb{K}| = 26$，(含未加密)，故Unicity距離為

$$
n_0 \approx \frac{\log_2 26}{0.75 \log_2 26} \approx 1.33 \,,
$$

所以Eve只消截收到字母長度 ≥ 2 之密文，理論上就應該能破譯。(其實用暴力攻擊即可)

- (仿射密碼) 此時可能金鑰總數(含未加密)為$|\mathbb{K}| = 12 \times 26 = 312$，故

$$n_0 \approx \frac{\log_2 312}{0.75 \log_2 26} \approx 2.35,$$

所以只消截收到字母長度 ≥ 3 之密文，在理想狀態下，是可能破譯的。

- (單套字母替換) 此時可能金鑰總數(含未加密)為 $|\mathbb{K}| = 26!$，故

$$n_0 \approx \frac{\log_2 26!}{0.75 \log_2 26} \approx 25.1,$$

所以截收到字母長度 ≥ 26 之密文，理論上就有可能破譯；實際上利用頻率分析破譯，一般英文密文需要截收到100個以上之密文字母，才比較可能破譯。

這些古典密碼法，都非常薄弱。

例 4.4.10:

若Alice以單次加密簿加密法將長度為 n 的二元字串訊息加密，傳訊給Bob。其中可能金鑰總數(含未加密)為 $|\mathbb{K}| = 2^n$，Eve計算

$$n_0 \approx \frac{\log_2 2^n}{0.75 \log_2 2} \approx 1.33n > n,$$

發現這如何也不可能破譯，因Uncity距離是大於訊息之長度。

例 4.4.11:

若 Alice 以 Vigenère 法加密訊息長度為 n 字母給Bob，而其區塊長度為 $d > 1$，其金鑰總數(含未加密)共 $|K| = 26^d$，此時

$$n_0 \approx \frac{\log_2 26^d}{0.75 \log_2 26} \approx 1.33d,$$

故若只消區塊之長度 d 接近訊息之長 n，其 Vigenère 密文也是無法破譯的。

註 4.4.12:

上述之Unicity距離只是說明至少要多少密文才會唯一決定金鑰值，並未提供任何破譯密碼方法。若拿來對DES套用，發現其Unicity距離比單套字母替換法還短，也不要驚訝！

第 5 章

AES與對稱金鑰密碼系統

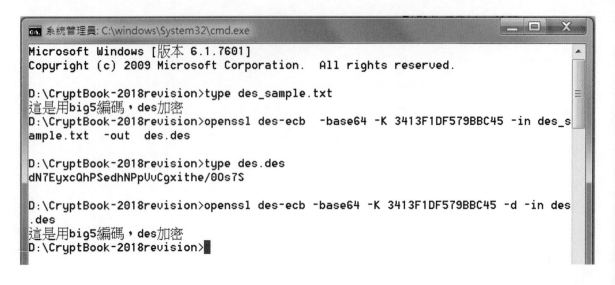

圖 5.1: 在微軟的環境下，執行**openSSL**進行des加解密。**openSSL des-ecb**再給定密鑰值-K 3413F1DF579BBC45加密 sample_des.txt檔案，並以base64編碼的方式存密文至des.des。解密時，請注意使用參數-d。

在本章中，我們將介紹現今仍使用之**對稱金鑰密碼系統 (Symmetric Key Cryptosystems)**，如 DES、AES、RC4及 IDEA，尤其是 AES為現今對稱金鑰密碼的主流，其利用Galois體的代數結構，是與其他對稱金鑰密碼有相當大的差異，AES還是**勒索病毒(Ransomware)**加密的主角之一，因其重要性，有鑽研的價值，與時俱進的密碼學教案，也應該加重其份量。無論是回合子金鑰的生成，以及各回合狀態矩陣的變化，都是AES密碼分析的必要工作，本章節增列其流程之實例。另外，在量子電腦興起之後，許多非對稱金鑰密碼系統，大概都無法抵擋量子演算法的攻擊。雖然量子演算法，也有無序搜尋Grover演算法，能夠縮短攻擊對稱金鑰密碼系統的時間，但並不是那麼嚴重，所謂量子電腦會消滅對稱金鑰密碼之說，是言過其實。 註[1]

過去在DES為對稱金鑰密碼主流的年代，一般而言，對稱金鑰密碼系統保密性不如公開金鑰密碼系統，但由於他們的計算速度快速，在傳送大筆資料的加密上，在沒有好的替代品出現之前，仍有其必要性。曾是標準的DES，雖然其安全性，已經不符現在的要求，然而在密碼學學習過程上，仍有一席之地。如今在密碼技術的實作上，往往是將對稱金鑰密碼與公開金鑰密碼整合在一起；然而現今的AES-256，不但計算快速，其安全強度，相當於15360-bit RSA，有聽過這麼長金鑰的RSA用在哪裡嗎？公開金鑰密碼主要的用途，還是用來加密對稱金鑰密碼之金鑰，用以傳送密鑰，或是進行金鑰交換協定以及處理電子簽章，而主要內文的加密，像是網路上SSL加密、視訊加密，都是用到對稱金鑰密碼。

註[1] 一般攻擊近代對稱金鑰密碼系統，除非密碼本身設計有缺陷，一般而言，安全評估都是以暴力攻擊來算。如果整個金鑰空間的金鑰數是N，那麼攻擊成功的評估是$O(N)$。透過全面以平行運算為機制的量子電腦才能運行的無序搜尋Grover演算法，可將計算時間降低為$O(\sqrt{N})$。

5.1　DES與Feistel密碼

　　強大美國曾為了發展強大的密碼技術，而求助於民間。**美國國家標準局**(National Bureau of Standard，暨National Institute of Standards and Technology之前身)於1973年公開招募密碼演算法，以制定美國國家標準，這在美國前總統尼克森下台的前三天才有人反應，[2] 由IBM研發的一種叫作**Lucifer**的對稱金鑰密碼系統，經美國國家標準局交由**美國國家安全局**(National Security Agency， NSA)修訂，終於在1977年成為資料加密標準 **DES**(Data Encryption Standard)，廣泛使用數十年。近年來雖安全性已受到質疑，卻仍是普遍使用之密碼系統，如台灣一般健保IC卡，其中加密系統所用之對稱金鑰密碼就是**Triple DES**，用來資料加密；(Triple DES 為DES加密3次，因應目前資訊安全需求)DES密碼是符合20世紀70年代早期電腦硬體規格，為當時工業技術之極品，主要是用到簡易運算，如二元計算**XOR**、 **循環移位**(**Cyclic Shift**)及置換代替等，此將在以下定義中詳述之。

定義 5.1.1:

令集合 $\mathbb{F}_2 := \{0, 1\}$，運算XOR定義為

$$a \oplus b := a + b \bmod 2 (\text{ 即 } 0 \oplus 0 = 1 \oplus 1 = 1 \oplus 0 = 0 \oplus 1 = 1)。$$

令 $\mathbb{F}_2^n$ 為所有長度 n 之$\mathbb{F}_2$字串所成之集合，令字串

$$A = a_1 a_2 a_3 \cdots a_k \cdots a_n \in \mathbb{F}_2^n，$$

若 i、j 為非負整數，運算元循環移位**左旋** i 位 $\lll i$ 以及**右旋** j 位 $\ggg j$ 定義為

$$a_k \ggg j := a_{j+k \pmod n}，a_k \lll i := a_{k-i \pmod n}。$$

置換代替函數 $f : \mathbb{F}_2^n \to \mathbb{F}_2^m$ 即將字串 $A = a_1 a_2 a_3 \cdots a_k \cdots a_n$ 送至字串 $B = b_1 b_2 \cdots b_h \cdots b_m$ 之函數，其中

$$b_h = a_{\ell(h)}，而 \ell : \{1, 2, \cdots, m\} \to \{1, 2, \cdots, n\}，$$

習慣上，函數 ℓ 之值 $\ell(1)$、$\ell(2)$、 $\cdots$ 、$\ell(m)$ 均表列之，並以此表表示函數 f。

　　DES在密碼學的發展歷史中，是第一個由其研發者主動公開其演算法的密碼系統，其主要架構是源自一種所謂**Feistel密碼**的想法，在此先就Feistel密碼於以下定義中描述。

定義 5.1.2 (Feistel密碼):

Feistel密碼為長度為 $2t$-bit之 $\mathbb{F}_2$ **區塊密碼**(**Block Cipher**)。令長度為 $2t$-bit之明文為 (L_0, R_0)，其中 L_0 為左半 t-bit，R_0為右半 t-bit。加密過程為 r 回合函數運算，即

$$(L_{i-1}, R_{i-1}) \xrightarrow{K_i} (L_i, R_i)$$

---

[2] 參閱J. Orlin Grabbe *"The DES Algorithm Illustrated"* 的文章，裡面對於DES的運作，有非常詳實的探討。

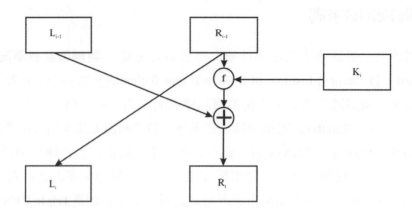

圖 5.2: Feistel密碼加密一回合

其中 $L_i = R_{i-1}$，$R_i = L_{i-1} \oplus f(K_i, R_{i-1})$，$K_i$ 為金鑰 K 所導出的子鑰。加密函數為

$$E_K(L_0, R_0) = (L_r, R_r)。$$

　　DES密碼系統為輸入輸出區塊均為 64-bit 之 Feistel密碼，其金鑰長度為 64-bit，而其中有 8位元(即第8、 16、 24、 $\cdots$、 64 bit) 為**檢查位元(Parity Bit)**，所以金鑰有效長度為 56-bit。 而檢查位元之設定是為偵測傳訊上所產生之錯誤，有效之DES金鑰為：

定義 5.1.3 (DES金鑰):

令字串$K = k_1 k_2 k_3 \cdots k_{64} \in \mathbb{F}_2^{64}$，則$K$為**DES金鑰** $\iff$

$$\bigoplus_{j=1}^{8} k_{8i+j} = \sum_{j=1}^{8} k_{8i+j} \equiv 1 \pmod 2 \qquad (0 \le i \le 7)。$$

而DES金鑰總數為$2^{56} = 72057594037927936$。

例 5.1.4:

一有效DES金鑰之16進位表達式為

$$34\ \ 13\ \ F1\ \ DF\ \ 57\ \ 9B\ \ BC\ \ 45，$$

舉例而言，其中前8位元

$$\texttt{0x34} = (00110100)_2$$

之2進位表達式有奇數個 1，其他如 $\texttt{0x13}$、 $\cdots$、 $\texttt{0x45}$之2進位表達式均有奇數個 1。

　　DES之演算法如下：

演算法 5.1.5 (DES加密):

輸入≫明文 64-bit $M = m_1 m_2 \cdots m_{64}$，金鑰 64-bit $K = k_1 k_2 \cdots k_{64}$(含8個檢查位元)

輸出≪密文 64-bit $C = c_1 c_2 \cdots c_{64}$

58	50	42	34	26	18	10	2	40	8	48	16	56	24	64	32
60	52	44	36	28	20	12	4	39	7	47	15	55	23	63	31
62	54	46	38	30	22	14	6	38	6	46	14	54	22	62	30
64	56	48	40	32	24	16	8	37	5	45	13	53	21	61	29
57	49	41	33	25	17	9	1	36	4	44	12	52	20	60	28
59	51	43	35	27	19	11	3	35	3	43	11	51	19	59	27
61	53	45	37	29	21	13	5	34	2	42	10	50	18	58	26
63	55	47	39	31	23	15	7	33	1	41	9	49	17	57	25
IP								IP^{-1}							

表 5.1: 初始置換 IP 與終結置換 IP^{-1}

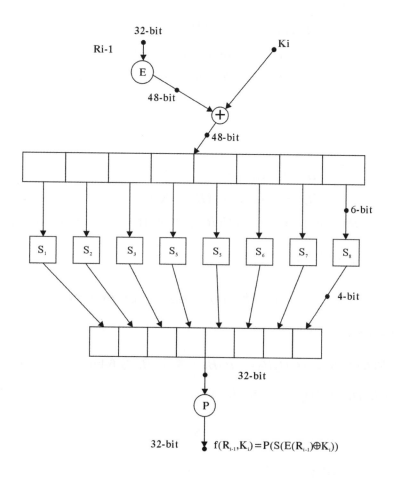

圖 5.3: DES f 函數

1. (子鑰產生) 計算 16 個 48-bit長之子鑰 K_i $(i = 1, \cdots, 16)$，詳見演算法5.1.8。

2. (初始置換，**Initial Permutation**， **IP**)

32	1	2	3	4	5	16	7	20	21
4	5	6	7	8	9	29	12	28	17
8	9	10	11	12	13	1	15	23	26
12	13	14	15	16	17	5	18	31	10
16	17	18	19	20	21	2	8	24	14
20	21	22	23	24	25	32	27	3	9
24	25	26	27	28	29	19	13	30	6
28	29	30	31	32	1	22	11	4	25
E						P			

表 5.2: 函數E與函數P

$$(L_0, P_0) = \text{IP}(M) \text{，}$$
$$L_0 = m_{58}m_{50}\cdots m_8 \text{，}$$
$$R_0 = m_{57}m_{49}\cdots m_7 \text{，詳見表5.1。}$$

3. Feistel加密16回合：

$$L_i = R_{i-1} \text{，}$$
$$R_i = L_{i-1} \oplus f(R_{i-1}, K_i) \text{，}$$
$$f(R_{i-1}, K_i) = P(S(E(R_{i-1}) \oplus K_i)) \text{，} \qquad (i = 1, \cdots, 16) \text{。}$$

(a) 其中函數 $E : \mathbb{F}_2^{32} \to \mathbb{F}_2^{48}$ 定義為

$$T = E(r_1 r_2 \cdots r_{32}) = r_{32} r_1 r_2 \cdots r_{32} r_1$$

詳見表5.2，

(b) $B = E(R) \oplus K = B_1 B_2 B_3 \cdots B_7 B_8$，其中 B_i 為 6-bit 長之 $\mathbb{F}_2$ 字串。

(c) $U = (S_1(B_1), S_2(B_2), \cdots, S_8(B_8))$，其中

$$S_i : \mathbb{F}_2^6 \to \mathbb{F}_2^4$$

即為俗稱之 **S-Box**，詳見演算法5.1.6。

(d) $V = P(U)$ 將 $U = u_1 u_2 \cdots u_{32}$ 送至 $u_{16} u_7 \cdots u_{25}$ 詳見表5.2。

4. 最後一回合對應至 $(R_{16}, L_{16}) = b_1 b_2 \cdots b_{64}$。

5. $C = \text{IP}^{-1}(b_1 b_2 \cdots b_{64})$，其中 IP^{-1} 即為 IP 之反函數。詳見表5.1。

$S[1]=$	14	4	13	1	2	15	11	8	3	10	6	12	5	9	0	7
	0	15	7	4	14	2	13	1	10	6	12	11	9	5	3	8
	4	1	14	8	13	6	2	11	15	12	9	7	3	10	5	0
	15	12	8	2	4	9	1	7	5	11	3	14	10	0	6	13
$S[2]=$	15	1	8	14	6	11	3	4	9	7	2	13	12	0	5	10
	3	13	4	7	15	2	8	14	12	0	1	10	6	9	11	5
	0	14	7	11	10	4	13	1	5	8	12	6	9	3	2	15
	13	8	10	1	3	15	4	2	11	6	7	12	0	5	14	9
$S[3]=$	10	0	9	14	6	3	15	5	1	13	12	7	11	4	2	8
	13	7	0	9	3	4	6	10	2	8	5	14	12	11	15	1
	13	6	4	9	8	15	3	0	11	1	2	12	5	10	14	7
	1	10	13	0	6	9	8	7	4	15	14	3	11	5	2	12
$S[4]=$	7	13	14	3	0	6	9	10	1	2	8	5	11	12	4	15
	13	8	11	5	6	15	0	3	4	7	2	12	1	10	14	9
	10	6	9	0	12	11	7	13	15	1	3	14	5	2	8	4
	3	15	0	6	10	1	13	8	9	4	5	11	12	7	2	14
$S[5]=$	2	12	4	1	7	10	11	6	8	5	3	15	13	0	14	9
	14	11	2	12	4	7	13	1	5	0	15	10	3	9	8	6
	4	2	1	11	10	13	7	8	15	9	12	5	6	3	0	14
	11	8	12	7	1	14	2	13	6	15	0	9	10	4	5	3
$S[6]=$	12	1	10	15	9	2	6	8	0	13	3	4	14	7	5	11
	10	15	4	2	7	12	9	5	6	1	13	14	0	11	3	8
	9	14	15	5	2	8	12	3	7	0	4	10	1	13	11	6
	4	3	2	12	9	5	15	10	11	14	1	7	6	0	8	13
$S[7]=$	4	11	2	14	15	0	8	13	3	12	9	7	5	10	6	1
	13	0	11	7	4	9	1	10	14	3	5	12	2	15	8	6
	1	4	11	13	12	3	7	14	10	15	6	8	0	5	9	2
	6	11	13	8	1	4	10	7	9	5	0	15	14	2	3	12
$S[8]=$	13	2	8	4	6	15	11	1	10	9	3	14	5	0	12	7
	1	15	13	8	10	3	7	4	12	5	6	11	0	14	9	2
	7	11	4	1	9	12	14	2	0	6	10	13	15	3	5	8
	2	1	14	7	4	10	8	13	15	12	9	0	3	5	6	11

表 5.3: DES之S-Box

演算法 5.1.6 (DES之S-Box):

共有 8 個 **S-Box**，皆可視為係數為$\mathbb{Z}/16$之 4×16 矩陣

$$S[1] \cdot S[2] \cdot \cdots \cdot S[8] \in M_{4 \times 16}(\mathbb{Z}/16) \text{ (詳見表5.3)}$$

函數

$$S_i : \mathbb{F}_2^6 \quad \rightarrow \quad \mathbb{F}_2^4 = \mathbb{Z}/16 \qquad (i = 1, 2, \cdots, 8)$$
$$b_1 b_2 b_3 b_4 b_5 b_6 \quad \mapsto \quad a_{rs} \,,$$

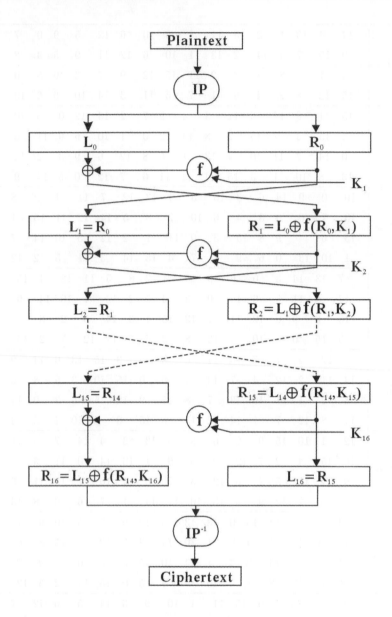

圖 5.4: DES加密流程

其中 $b_1, b_2, \cdots b_6 \in \mathbb{F}_2$，而且

$$r = 2b_1 + b_6 \in \{b00 = 0, b01 = 1, b10 = 2, b11 = 3\}$$
$$s = 8b_2 + 4b_3 + 2b_4 + b_5 \in \{0, 1, 2, 3, \cdots, 14, 15\},$$

a_{rs} 為矩陣 $S[i]$ 中之第 (r, s) 項。

例 5.1.7:

令

$$B = b_1 b_2 b_3 b_4 b_5 b_6 = 100110 \in \mathbb{F}_2^6,$$

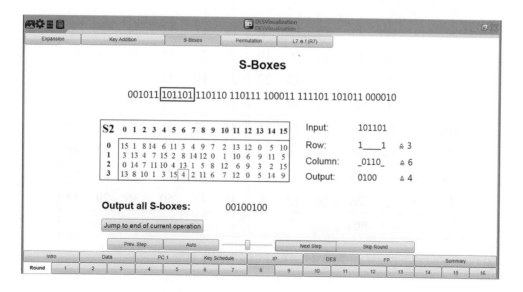

圖 5.5: 使用CrypTool 2觀察DES加密的過程，正進行至第八回合，進行S-Box的查表計算

經由 S-Box $S[2]$ 作用，將值送至 $S[2]$ 之第$(2,3)$項，

$$(\because b_1b_6 = b10 = 2, \quad b_2b_3b_4b_5 = b0011 = 3)$$

即 $11 = (1011)_2$。

S-Box為DES演算法之核心，本身為非線性函數，提供DES密碼安全性之保證，其中：

- S-Box輸入為6-bit，輸出為4-bit，在1970年代已是一個晶片最大之容量，這已是當年技術之極限。

- S-Box所對應之函數為非線性函數，與古典密碼大多採線性函數，有相當之差別，為DES密碼安全性保證之關鍵；早年有人懷疑，在S-Box設計中是否會藏有陷門，這個疑慮也在IBM公佈S-Box之設計內容時消失；另外，在加密使用上，其實也可使用不同的S-Box。

- 原來IBM在設計S-Box之際，就已預先防止某些特定的攻擊法。如在1990年代由以色列人 Biham與 Shamir所發表一種選擇明文攻擊，即**差分攻擊**法 (**Differential Cryptanalysis**)，早就在1970年為IBM與NSA研發人員所熟知，這項Know How，他們隱藏保密了近20年之久，直至Biham與Shamir另外獨立發現，才告真相大白。[3]

演算法 5.1.8 (DES子鑰產生)：
輸入≫ 金鑰64-bit $K = k_1k_2 \cdots k_{64}$ 含8個檢查位元
輸出≪16個48-bit之子鑰 $K_i(1 \le i \le 16)$。

---

[3] 有關差分攻擊法的描述，讀者可參閱Douglas R. Stinson所著之 *"Cryptography Theory and Practice."* 2nd edition Chapman & Hall/CRC (200)一書之 "Differential Cryptanalysis"一節，內有詳盡說明。

57	49	41	33	25	17	9	14	17	11	24	1	5
1	58	50	42	34	26	18	3	28	15	6	21	10
10	2	59	51	43	35	27	23	19	12	4	26	8
19	11	3	60	52	44	36	16	7	27	20	13	2
63	55	47	39	31	23	15	41	52	31	37	47	55
7	62	54	46	38	30	22	30	40	51	45	33	48
14	6	61	53	45	37	29	44	49	39	56	34	53
21	13	5	28	20	12	4	46	42	50	36	29	32
PC1							PC2					

表 5.4: 函數 PC1 與函數 PC2

1. 定義 v[i]　(i = 1, 2, ⋯ , 16) 如下：

$$v[i] = \begin{cases} 1; & i \in \{1, 2, 9, 16\} \\ -1; & i \notin \{1, 2, 9, 16\} \end{cases}$$

2. 作用函數

$$PC1 : \mathbb{F}_2^{64} \to \mathbb{F}_2^{28} \times \mathbb{F}_2^{28}$$

得 $(C[0], D[0]) = PC1(K)$ 其中 $C[0]$ 為左半 28-bit，$D[0]$ 為右半 28-bit，

$$C[0] = k_{57}k_{49} \cdots k_{36}, \quad D[0] = k_{63}k_{55} \cdots k_4,$$

詳見表5.4。

3. 計算 K_i 如下：

```
for(i=1;i<=16;i++)
{
    C[i]=C[i-1]<<<v[i];
    D[i]=D[i-1]<<<v[i];
    K[i]=PC2(C[i],D[i]);
};
```

其中 $PC2(b_1b_2 \cdots b_{56}) = b_{14}b_{17} \cdots b_{32} \in \mathbb{F}_2^{48}$ 詳見表5.4。

　　而DES解密之程序即為加密之反運算，使用與加密時同一把金鑰 K，而子鑰 K_i 使用之順序為倒序，即 K_{16}、K_{15}、⋯ 、K_1。其中**初始置換** IP與**終結置換** IP^{-1}，因互為反函數，故兩作用可互相抵銷，即 $(R_{16}, L_{16}) = IP(IP^{-1}(R_{16}, L_{16})) = IP(C)$，而當中Feistel編碼解密之

過程為

$$
\begin{aligned}
R_{i-1} &= L_i \text{,} \\
L_{i-1} &= (L_{i-1} \oplus f(R_{i-1}, K_i)) \oplus f(R_{i-1}, K_i) \\
&= R_i \oplus f(R_{i-1}, K_i) \text{,} \qquad (i = 16, \cdots, 1)
\end{aligned}
$$

最後再作用

IP^{-1}即可得明文$M = \text{IP}^{-1}(\text{IP}(M)) = \text{IP}^{-1}(L_0, R_0)$。

5.2　Triple DES與DES挑戰

　　DES之前身**Lucifer**原為112-bit金鑰，是美國國家標準局將其修訂為56-bit之金鑰；誠然金鑰之長度減半，使得暴力攻擊成為可能。為了因應必要的密碼安全要求，只好將已「標準化」的DES，串聯使用多次加密，以求應有的密碼安全性，如此一來，加密的效能當然降低，但這在未研發出新的替代密碼系統前，也是不得不然的應急手段。然而，在使用多次加密時，也必須先瞭解所使用之密碼系統是否有特定代數結構特性，特別是相同密碼系統，不同金鑰之加密函數是否滿足合成運算之封閉性，即

　　對任意的DES金鑰 k_1、k_2，是否存在某金鑰 k_3，使得

$$
E_{k_3} = E_{k_1} \circ E_{k_2} \text{。}
$$

若成立，那麼該密碼系統就對合成運算 '∘' 形成群。 [註[4]] 若該密碼系統是群，如古典密碼是凱撒挪移，區塊長度相同之Vigenère密碼，以及單次密碼簿，多次加密是沒有意義的，因為如此之密碼系統多次加密之效果與單次加密之效果是一樣的，而且運算時間加倍。所幸DES並不是群。

定理 5.2.1:

DES不是群。即存在金鑰 k_1、k_2，使得

$$
E_{k_3} \neq E_{k_1} \circ E_{k_2} \text{,}
$$

其中 k_3 為任意DES金鑰。

註 5.2.2:

對於這項Know How，曾在IBM工作的Coppersmith，即指出**DES不是群**的人 [註[5]] 也表示，

[註[4]] 即滿足群之四大公理：封閉性、結合律、存在單位元素以及存在反元素。

[註[5]] 真正完整的證明，還是由Campbell與Wiener提出，可參閱K.W. Campbell and M.T. Wiener, "DES IS Not a Group," *Advances in Cryptology-CRYPTO'92 Proceedings*, Springer-Verlag, P. 512-520。

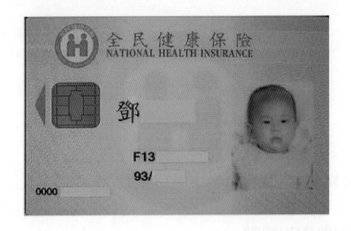

圖 5.6: 目前的健保IC卡是用 Triple DES加密，在公共政策平台，有要採用新一代健保卡之說，其中一個說法為：『目前的健保卡採用128bits Triple DES加密技術，但隨著科技技術日新月異，資安等級有提升的空間；另，因存放資料需求增加，卡體容量漸顯不足』
https://join.gov.tw/policies/detail/dc226809-6651-406e-8841-87fefec51875

IBM之研發人員早已知道。研發密碼技術的、賣密碼系統或密碼設備的，在特定的Know How上，只要沒人提出，本守「職業道德」，他們會守口如瓶，畢竟「沉默是金」，「多言必失」。

　　DES本身並非是群(Group)，即集合 $\{E_K | K$為DES金鑰$\}$ 不滿足對合成運算 'o' 之封閉性。所以似乎多次加密，如$E_{K_1} \circ E_{K_2}$好像提供了更大的安全性。在實用上，人們常使用**Triple DES**即

$$
\begin{aligned}
&\text{Triple DES} - \text{EEE3}: && E_{K_3} \circ E_{K_2} \circ E_{K_1} \\
&\text{Triple DES} - \text{EDE2}: && E_{K_1} \circ D_{K_2} \circ E_{K_1} \\
&\text{Triple DES} - \text{EDE3}: && E_{K_1} \circ D_{K_2} \circ E_{K_3} \\
&&& (K_1 \neq K_2, K_1 \neq K_3, K_2 \neq K_3)
\end{aligned}
$$

不用**Double DES**的原因是在於可藉**中途相遇攻擊**(**Meet-in-the-Middle Attack**) 將原為 112-bit之有效長度降為 57-bit。

例 5.2.3 (中途相遇攻擊, Meet-in-the-Middle Attack):
Alice與Bob使用某不具群結構之對稱性密碼系統，如DES加密解密傳訊。Alice使用雙次加密 $E_{K_1} \circ E_{K_2}$ 傳訊給Bob。假設 K_i 有 n 種可能選取。其中數次，Eve截收到原文 m_ℓ ($\ell = 1, 2 \cdots, k$) 及其密文

$$c_\ell = E_{K_1} \circ E_{K_2}(m_\ell) \quad (\ell = 1, 2 \cdots, k)$$

並欲求其金鑰K_1、K_2。她計算了所有的 $D_K(c_1)$ 及 $E_K(m_1)$ 值(K 為任意金鑰)，花了 $2n$ 次

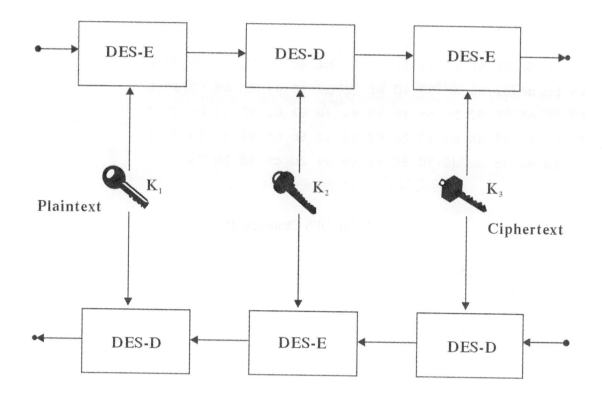

圖 5.7: Triple DES-EDE3(用3把不同密鑰)

計算；比較兩者有相同者，若恰有一對，假設 $D_{K_1}(c_1) = E_{K_2}(m_1)$，則

$$c_1 = E_{K_1} \circ D_{K_1}(c_1) = E_{K_1} \circ E_{K_2}(m_1),$$

即得解，若多對相同(應不至太多對)再以對照文比對計算過濾

$$D_{K_1}(c_\ell) = E_{K_2}(m_\ell) \quad (\ell = 2, \cdots, k),$$

不成立者，直至僅剩一對。(若截收到之原文、密文夠多，能破解金鑰 K_1、K_2 之機率趨近 1。)

　　如此攻擊法，並非原先用暴力攻擊以為需要到 n^2 次計算才能破解，而是 $2n$ 計算再加上比較，這也就是為什麼不採取Double DES之原因。而類似的攻擊法，也可適用於三次加密，如此可將原先暴力破解 n^3 的計算，降至與 n^2 同數量級的計算，應可破解，其安全性長度等同於有效為 112-bit 金鑰。
　　而企圖以網路平行分散計算的方式破解DES成了網路熱門活動，RSA公司(RSA security)
註[6] 在其首頁公佈懸賞美金一萬的 **DES Challenge III**的挑戰，才沒多久，他們所公佈之密文就被名叫Electronic Frontier Foundation的團體採用'Deep Crack'結合distributed.net破解，所花費

註[6] 參閱http://www.rsa.com/rsalabs/node.asp?id=2108

```
Ciphertext:

bd 0d de 91 99 60 b8 8a 47 9c b1 5c 23 7b 81 18 99 05
45 bc de 82 01 ab 53 4d 6f 1c b4 30 63 3c ee cd 96 2e
07 c6 e6 95 99 9c 96 46 5a 95 70 02 02 70 98 bd 41 c2
88 a9 f0 2f 8b e5 48 20 d2 a8 a0 6b bf 93 de 89 f6 e2
52 fd 8a 25 eb d0 7d 96 83 ee a4 2d c8 8d 1b 71
```

表 5.5: DES Challenge III

時間不過才22小時15分，明文為：

　　See you in Rome (second AES Conference, March 22-23, 1999)

新一代的快速加密演算法的研發，在此顯得迫切與必要！

日期	活動	備註
1997年1月	FIPS公佈發展 AES	
1997年9月	公開招募密碼演算法	
1998年8月	第一次AES會議	15個演算法進入第一回合選拔
1999年6月	第二次AES會議	第一回合演算法都已分析
1999年8月	選出五個演算法	第二回合開始
2000年4月	第三次AES會議	決選演算法都已分析
2000年10月2日	公佈AES的當選演算法	

表 5.6: AES記事

5.3　AES

　　美國國家標準技術局(NIST)於1997年公開招募新的密碼系統，用以取代早已受人質疑的DES，在眾多的競爭者中，共15項不同之加密演算。　1998年進入決選的有MARS(IBM研發)、RC6(RSA Lab研發)、Rijndael(Joan Daemen與Vincent Rijmen研發)、 Serpent(Ross Anderson、Eli Biham與Vincent研發)、Twofish(Bruce Schneier、John Kelsey、Doug Whiting、David Wagner、Chris Hall與Niels Ferguson研發)；最後於2000年10月時才決定由來自比利時Joan Daemen與Vincent Rijmen所開發之**Rijndael**取得新一代的密碼加密標準地位，即**AES(Advanced Encryption Standard)**；而Rijndael(應唸作[rain'dal]) 是有別於DES的，並非前述的Feistel密碼演算法，在金鑰長度的選擇可用128-bit、192-bit以及256-bit三種，計算上亦採多次疊代加密，分別為10回合、12回合以及14回合，為**FIPS-197**標準。 註[7]

　　Rijndael之設計原理與DES有很大之不同，在計算的機制上，是以**Galois體** $\mathbb{F}_{2^8}$ 之算術為計算之基礎，藉由強韌乾淨的代數運算建構成難以破譯，卻能快速加密解密的演算法。以AES-128為例，即區塊為128-bit之Rijndael之處理輸入之方式如下：

定義 5.3.1 (AES之基本單位):

AES-128之區塊大小為128-bit，可分為16個byte，而每byte含有8位元，即**狀態矩陣(State Matrix)** $S = (s_{00}, s_{10}, s_{20}, s_{30}, s_{01}, s_{11}, s_{21}, s_{31}, \cdots s_{33})$，配置成係數為 $\mathbb{F}_{2^8}$ 之 4×4 矩陣

$$S = \begin{bmatrix} s_{00} & s_{01} & s_{02} & s_{03} \\ s_{10} & s_{11} & s_{12} & s_{13} \\ s_{20} & s_{21} & s_{22} & s_{23} \\ s_{30} & s_{31} & s_{32} & s_{33} \end{bmatrix} ;$$

註[7] FIPS-197標準可在美國國家標準局之官方網站取得
http://csrc.nist.gov/publications/fips/fips197/fips-197.pdf，
有關AES加密的動畫說明可參閱
http://www.formaestudio.com/rijndaelinspector/archivos/
Rijndael_Animation_v4_eng.swf。

其中每byte s_{ij} 表為 $\mathbb{F}_{2^8}$ 之元素，Rijndael之 $\mathbb{F}_{2^8}$ 採模型

$$\mathbb{F}_{2^8} \cong \mathbb{F}_2[t]/(t^8 + t^4 + t^3 + t + 1),$$

當中 $t^8 + t^4 + t^3 + t + 1$ 為次數 8 不可約之 $\mathbb{F}_2$ 多項式，矩陣中之行向量(Column Vector)，也稱作 word

$$\begin{bmatrix} s_{0i} \\ s_{1i} \\ s_{2i} \\ s_{3i} \end{bmatrix}$$

對應至以 $\mathbb{F}_{2^8}$ 為係數之多項式，

$$s_{0i} + s_{1i}X + s_{2i}X^2 + s_{3i}X^3 \in \mathbb{F}_{2^8}[X],$$

其中之算術要做模運算 $(\bmod\ X^4 + 1)$。$(X^4 + 1$ 在 $\mathbb{F}_{2^8}[X]$ 中是可約多項式)。而每回合之 128-bit子鑰亦可視為係數為 $\mathbb{F}_{2^8}$ 之 4×4 矩陣

$$\begin{bmatrix} k_{00} & k_{01} & k_{02} & k_{03} \\ k_{10} & k_{11} & k_{12} & k_{13} \\ k_{20} & k_{21} & k_{22} & k_{23} \\ k_{30} & k_{31} & k_{32} & k_{33} \end{bmatrix} \circ$$

註[8]

例 5.3.2:

假設有明文m="對稱密碼AES"，其utf-8碼為

E5 B0 8D E7 A8 B1 E5 AF 86 E7 A2 BC 41 45 53

AES-128金鑰 K=48 C3 B4 28 6F F4 21 A4 A3 28 E6 8A D9 E5 42 A4

其 4×4 矩陣的表達式分別為：

$$m = \begin{bmatrix} E5 & A8 & 86 & 41 \\ B0 & B1 & E7 & 45 \\ 8D & E5 & A2 & 53 \\ E7 & AF & BC & 00 \end{bmatrix}, K = \begin{bmatrix} 48 & 6F & A3 & D9 \\ C3 & F4 & 28 & E5 \\ B4 & 21 & E6 & 42 \\ 28 & A4 & 8A & A4 \end{bmatrix},$$

AES-128演算法主要可分四大運算，即

- **SubByte**

註[8] AES狀態矩陣的儲存順序是columnwise，這與主流程式語言C/C++/Java的習慣採rowwise是不同的。筆者曾所使用的某個CrypTool 2版本，在AES視覺化的過程，已經發覺有若干個Bug。但整體的加解密結果，與筆者採不同程式語言比對，都屬正確。

- **ShiftRow**

- **MixColumn**

- **AddRoundKey**

　　而AES-128之加密解密演算法可以此四大運算描寫如下：

演算法 5.3.3 (AES-128):
AES-128加密演算法為：

```
AddRoundKey(S,K[0]);
for(i=1;i<=9;i++)
{
    SubByte(S);
    ShiftRow(S);
    MixColumn(S);
    AddRoundKey(S,K[i]);
};
SubByte(S);
ShiftRow(S);
AddRoundKey(S,K[10]);
```

而 AES-128 解密演算法為：

```
AddRoundKey(S,K[10]);
InverseShiftRow(S);
InverseSubByte(S);
for(i=9;i>=1;i--)
{
    AddRoundKey(S,K[i]);
    InverseMixColumn(S);
    InverseShiftRow(S);
    InverseSubByte(S);
};
AddRoundKey(S,K[0]);
```

演算法 5.3.4 (AddRoundKey):

將狀態矩陣與回合子鑰進行XOR運算，即

$$
\begin{bmatrix}
s_{00} & s_{01} & s_{02} & s_{03} \\
s_{10} & s_{11} & s_{12} & s_{13} \\
s_{20} & s_{21} & s_{22} & s_{23} \\
s_{30} & s_{31} & s_{32} & s_{33}
\end{bmatrix}
\hookleftarrow
\begin{bmatrix}
s_{00} & s_{01} & s_{02} & s_{03} \\
s_{10} & s_{11} & s_{12} & s_{13} \\
s_{20} & s_{21} & s_{22} & s_{23} \\
s_{30} & s_{31} & s_{32} & s_{33}
\end{bmatrix}
\oplus
\begin{bmatrix}
k_{00} & k_{01} & k_{02} & k_{03} \\
k_{10} & k_{11} & k_{12} & k_{13} \\
k_{20} & k_{21} & k_{22} & k_{23} \\
k_{30} & k_{31} & k_{32} & k_{33}
\end{bmatrix}
$$

在AES-128演算法尚須從128-bit金鑰K產生11回合子金鑰 $K[0], K[1], \cdots, K[10]$，當中$K[0] = K$，其他回合子金鑰的產生，請見演算法(5.3.16)。

例 5.3.5:

假設明文、密文同例(5.3.2)。則$S = m, K[0] = K$，得

$$
S = \mathrm{AddRoundKey}(S, K[0]) =
\begin{bmatrix}
E5 & A8 & 86 & 41 \\
B0 & B1 & E7 & 45 \\
8D & E5 & A2 & 53 \\
E7 & AF & BC & 00
\end{bmatrix}
\oplus
\begin{bmatrix}
48 & 6F & A3 & D9 \\
C3 & F4 & 28 & E5 \\
B4 & 21 & E6 & 42 \\
28 & A4 & 8A & A4
\end{bmatrix}
$$

$$
=
\begin{bmatrix}
AD & C7 & 25 & 98 \\
73 & 45 & CF & A0 \\
39 & C4 & 44 & 11 \\
CF & 0B & 36 & A4
\end{bmatrix},
$$

在Rijndael演算法有兩種S-Box使用，一種用在加密，另一用在解密，互為反運算，即**SubByte**以及**InverseSubByte**，均可以代數方式描述：

演算法 5.3.6 (SubByte與InverseSubByte):

SubByte： Rijndael狀態矩陣中任一byte $s = [s_7, s_6, \cdots, s_0]$ 均視為

$$
\mathbb{F}_{2^8} \cong \mathbb{F}_2[t]/(t^8 + t^4 + t^3 + t + 1)
$$

之元素，即

$$
s = s_7 t^7 + s_6 t^6 + \cdots + s_0 ,
$$

計算如下：

1. 若 $s = 0$，則 $x = 0$，否則計算在 $\mathbb{F}_2[t]/(t^8 + t^4 + t^3 + t + 1)$ 計算 s 之乘法反元素，即以廣義輾轉相除法計算得 $x = s^{-1}$，$x = [x_7, x_6, \cdots, x_0]$。

	0	1	2	3	4	5	6	7	8	9	A	B	C	D	E	F
0	63	7C	77	7B	F2	6B	6F	C5	30	01	67	2B	FE	D7	AB	76
1	CA	82	C9	7D	FA	59	47	F0	AD	D4	A2	AF	9C	A4	72	C0
2	B7	FD	93	26	36	3F	F7	CC	34	A5	E5	F1	71	D8	31	15
3	04	C7	23	C3	18	96	05	9A	07	12	80	E2	EB	27	B2	75
4	09	83	2C	1A	1B	6E	5A	A0	52	3B	D6	B3	29	E3	2F	84
5	53	D1	00	ED	20	FC	B1	5B	6A	CB	BE	39	4A	4C	58	CF
6	D0	EF	AA	FB	43	4D	33	85	45	F9	02	7F	50	3C	9F	A8
7	51	A3	40	8F	92	9D	38	F5	BC	B6	DA	21	10	FF	F3	D2
8	CD	0C	13	EC	5F	97	44	17	C4	A7	7E	3D	64	5D	19	73
9	60	81	4F	DC	22	2A	90	88	46	EE	B8	14	DE	5E	0B	DB
A	E0	32	3A	0A	49	06	24	5C	C2	D3	AC	62	91	95	E4	79
B	E7	C8	37	6D	8D	D5	4E	A9	6C	56	F4	EA	65	7A	AE	08
C	BA	78	25	2E	1C	A6	B4	C6	E8	DD	74	1F	4B	BD	8B	8A
D	70	3E	B5	66	48	03	F6	0E	61	35	57	B9	86	C1	1D	9E
E	E1	F8	98	11	69	D9	8E	94	9B	1E	87	E9	CE	55	28	DF
F	8C	A1	89	0D	BF	E6	42	68	41	99	2D	0F	B0	54	BB	16

表 5.7: AES中SubByte所用之S-Box

2. 計算仿射函數(Affine Mapping)

$$
\begin{bmatrix} y_0 \\ y_1 \\ y_2 \\ y_3 \\ y_4 \\ y_5 \\ y_6 \\ y_7 \end{bmatrix}
=
\begin{bmatrix}
1 & 0 & 0 & 0 & 1 & 1 & 1 & 1 \\
1 & 1 & 0 & 0 & 0 & 1 & 1 & 1 \\
1 & 1 & 1 & 0 & 0 & 0 & 1 & 1 \\
1 & 1 & 1 & 1 & 0 & 0 & 0 & 1 \\
1 & 1 & 1 & 1 & 1 & 0 & 0 & 0 \\
0 & 1 & 1 & 1 & 1 & 1 & 0 & 0 \\
0 & 0 & 1 & 1 & 1 & 1 & 1 & 0 \\
0 & 0 & 0 & 1 & 1 & 1 & 1 & 1
\end{bmatrix}
\begin{bmatrix} x_0 \\ x_1 \\ x_2 \\ x_3 \\ x_4 \\ x_5 \\ x_6 \\ x_7 \end{bmatrix}
+
\begin{bmatrix} 1 \\ 1 \\ 0 \\ 0 \\ 0 \\ 1 \\ 1 \\ 0 \end{bmatrix}
$$

$y = [y_7, y_6, \cdots, y_0]$ 為經 SubByte 作用後之值。而 InverseSubByte 為 SubByte 之反函數，即先以矩陣左乘上式 8×8 矩陣之反矩陣，再取乘法反元素。

註:

$y_i = x_i + x_{4+i \ (\mathrm{mod}\ 8)} + x_{5+i \ (\mathrm{mod}\ 8)} + x_{6+i \ (\mathrm{mod}\ 8)} + x_{7+i \ (\mathrm{mod}\ 8)} + \varepsilon_i$，$\varepsilon_i = 1$，當 $i = 0, 1, 5, 6$，其餘 i 值，$\varepsilon_i = 0$。

	0	1	2	3	4	5	6	7	8	9	A	B	C	D	E	F
0	52	09	6A	D5	30	36	A5	38	BF	40	A3	9E	81	F3	D7	FB
1	7C	E3	39	82	9B	2F	FF	87	34	8E	43	44	C4	DE	E9	CB
2	54	7B	94	32	A6	C2	23	3D	EE	4C	95	0B	42	FA	C3	4E
3	08	2E	A1	66	28	D9	24	B2	76	5B	A2	49	6D	8B	D1	25
4	72	F8	F6	64	86	68	98	16	D4	A4	5C	CC	5D	65	B6	92
5	6C	70	48	50	FD	ED	B9	DA	5E	15	46	57	A7	8D	9D	84
6	90	D8	AB	00	8C	BC	D3	0A	F7	E4	58	05	B8	B3	45	06
7	D0	2C	1E	8F	CA	3F	0F	02	C1	AF	BD	03	01	13	8A	6B
8	3A	91	11	41	4F	67	DC	EA	97	F2	CF	CE	F0	B4	E6	73
9	96	AC	74	22	E7	AD	35	85	E2	F9	37	E8	1C	75	DF	6E
A	47	F1	1A	71	1D	29	C5	89	6F	B7	62	0E	AA	18	BE	1B
B	FC	56	3E	4B	C6	D2	79	20	9A	DB	C0	FE	78	CD	5A	F4
C	1F	DD	A8	33	88	07	C7	31	B1	12	10	59	27	80	EC	5F
D	60	51	7F	A9	19	B5	4A	0D	2D	E5	7A	9F	93	C9	9C	EF
E	A0	E0	3B	4D	AE	2A	F5	B0	C8	EB	BB	3C	83	53	99	61
F	17	2B	04	7E	BA	77	D6	26	E1	69	14	63	55	21	0C	7D

表 5.8: AES中InverseSubByte所用之S-Box

註 5.3.7:

雖然SubByte與InverseSubByte都有良好的代數描述，在實用上，還是採用S-Box，除了可加快速度外，又可以相當程度抵擋**時序攻擊**。

例 5.3.8 (AES-Box):

以

$$s = t^7 + t^6 + t^3 + t + 1 \in \mathbb{F}_{2^8} \cong \mathbb{F}_2[t]/(t^8 + t^4 + t^3 + t + 1)$$

為例，就先化為二進位數，再化為16進位，即

$$s = t^7 + t^6 + t^3 + t + 1 \mapsto (11001011)_2 = 0x\text{CB}，$$

由AES S-Box s 會對應到 (C, B) 項，即

$$y = 0x\text{1F} = (00011111)_2 \equiv t^4 + t^3 + t^2 + t + 1。$$

當然也可用代數運算檢查：

- 首先已知

$$t^2(t^7 + t^6 + t^3 + t + 1) = (t+1)(t^8 + t^4 + t^3 + t + 1) + 1 \in \mathbb{F}_2[t]，$$

故 $s = t^7 + t^6 + t^3 + t + 1$ 之乘法反元素為 $x = t^2$(一般須用多項式版廣義輾轉相除法)。
另外一個作法,可觀察《 基礎數論 》一章之例(3.8.4),有

$$s = t^7 + t^6 + t^3 + t + 1 \equiv 31 = 0xcb \equiv (1+t)^{205}$$
$$\implies \quad s^{-1} = (1+t)^{255-205} = (1+t)^{50} = t^2$$

- 矩陣計算:

$$
\begin{bmatrix} y_0 \\ y_1 \\ y_2 \\ y_3 \\ y_4 \\ y_5 \\ y_6 \\ y_7 \end{bmatrix}
=
\begin{bmatrix}
1 & 0 & 0 & 0 & 1 & 1 & 1 & 1 \\
1 & 1 & 0 & 0 & 0 & 1 & 1 & 1 \\
1 & 1 & 1 & 0 & 0 & 0 & 1 & 1 \\
1 & 1 & 1 & 1 & 0 & 0 & 0 & 1 \\
1 & 1 & 1 & 1 & 1 & 0 & 0 & 0 \\
0 & 1 & 1 & 1 & 1 & 1 & 0 & 0 \\
0 & 0 & 1 & 1 & 1 & 1 & 1 & 0 \\
0 & 0 & 0 & 1 & 1 & 1 & 1 & 1
\end{bmatrix}
\begin{bmatrix} 0 \\ 0 \\ 1 \\ 0 \\ 0 \\ 0 \\ 0 \\ 0 \end{bmatrix}
+
\begin{bmatrix} 1 \\ 1 \\ 0 \\ 0 \\ 0 \\ 1 \\ 1 \\ 0 \end{bmatrix}
=
\begin{bmatrix} 1 \\ 1 \\ 1 \\ 1 \\ 1 \\ 0 \\ 0 \\ 0 \end{bmatrix}
$$

故

$$y = t^4 + t^3 + t^2 + t + 1 \equiv (00011111)_2 = 0x1F$$

與AES S-Box吻合。

- 將 y 值代入InverseSubByte的S-Box,得InverseSubByte($0x1F$)=$0xCB$。

例 5.3.9:

續例(5.3.5)。透過AES-Box,查表16次,可得

$$
S = \mathrm{SubByte}(S) = \mathrm{SubByte}\left(
\begin{bmatrix}
AD & C7 & 25 & 98 \\
73 & 45 & CF & A0 \\
39 & C4 & 44 & 11 \\
CF & 0B & 36 & A4
\end{bmatrix}
\right)
$$
$$
=
\begin{bmatrix}
95 & C6 & 3F & 46 \\
8F & 6E & 8A & E0 \\
12 & 1C & 1B & 82 \\
8A & 2B & 05 & 49
\end{bmatrix}.
$$

演算法 5.3.10 (ShiftRow):

ShiftRow運算係

$$
\begin{bmatrix}
s_{00} & s_{01} & s_{02} & s_{03} \\
s_{10} & s_{11} & s_{12} & s_{13} \\
s_{20} & s_{21} & s_{22} & s_{23} \\
s_{30} & s_{31} & s_{32} & s_{33}
\end{bmatrix}
\mapsto
\begin{bmatrix}
s_{00} & s_{01} & s_{02} & s_{03} \\
s_{11} & s_{12} & s_{13} & s_{10} \\
s_{22} & s_{23} & s_{20} & s_{21} \\
s_{33} & s_{30} & s_{31} & s_{32}
\end{bmatrix}.
$$

而 `InverseShiftRow` 為 `ShiftRow` 之反運算。

註 5.3.11:

可採取不同代數的描述，考慮Row向量 $(s_{i0}, s_{i1}, s_{i2}, s_{i3})$，在ShiftRow作用下，轉化成

$$(s_{i\sigma^i(0)}, s_{i\sigma^i(1)}, s_{i\sigma^i(2)}, s_{i\sigma^i(3)}),$$

當中轉置作用$\sigma = (0123), \sigma^2 = (02)(13), \sigma^3 = \sigma^{-1} = (0321), \sigma^4 = \mathrm{id}$；在InverseShiftRow作用下，轉化成

$$(s_{i\sigma^{-i}(0)}, s_{i\sigma^{-i}(1)}, s_{i\sigma^{-i}(2)}, s_{i\sigma^{-i}(3)}),$$

例 5.3.12:

續例(5.3.9)。得

$$S = \mathtt{ShiftRow}(S) = \mathtt{ShiftRow}\left(\begin{bmatrix} 95 & C6 & 3F & 46 \\ 8F & 6E & 8A & E0 \\ 12 & 1C & 1B & 82 \\ 8A & 2B & 05 & 49 \end{bmatrix}\right) = \begin{bmatrix} 95 & C6 & 3F & 46 \\ 6E & 8A & E0 & 8F \\ 1B & 82 & 12 & 1C \\ 49 & 8A & 2B & 05 \end{bmatrix}$$

演算法 5.3.13 (MixColumn):

Rijndael狀態矩陣每一行向量，可視為3次 $\mathbb{F}_{2^8}$ 多項式

$$a(X) = a_0 + a_1 X + a_2 X^2 + a_3 X^3,$$

乘上多項式$c(X) \pmod{X^4 + 1})$：

$$\begin{aligned} c(X) &= t + X + X^2 + (t+1)X^3 \pmod{X^4 + 1} \\ &= 0x02 + 0x01X + 0x01X^2 + 0x03X^3 \pmod{X^4 + 1} 。 \end{aligned}$$

此運算等價於

$$\begin{bmatrix} b_0 \\ b_1 \\ b_2 \\ b_3 \end{bmatrix} = \begin{bmatrix} 0x02 & 0x03 & 0x01 & 0x01 \\ 0x01 & 0x02 & 0x03 & 0x01 \\ 0x01 & 0x01 & 0x02 & 0x03 \\ 0x03 & 0x01 & 0x01 & 0x02 \end{bmatrix} \begin{bmatrix} a_0 \\ a_1 \\ a_2 \\ a_3 \end{bmatrix} 。$$

而 `InverseMixColumn` 為 `MixColumn` 之反運算，係左乘上式 4×4 矩陣之反矩陣，或乘上多項式$d(X) \pmod{X^4 + 1})$：

$$\begin{aligned} d(X) &= (t^3 + t^2 + t) + (t^3 + 1)X + (t^3 + t^2 + 1)X^2 + (t^3 + t + 1)X^3 \\ &\quad \pmod{X^4 + 1} \\ &= 0x0E + 0x09X + 0x0DX^2 + 0x0BX^3 \pmod{X^4 + 1} 。 \end{aligned}$$

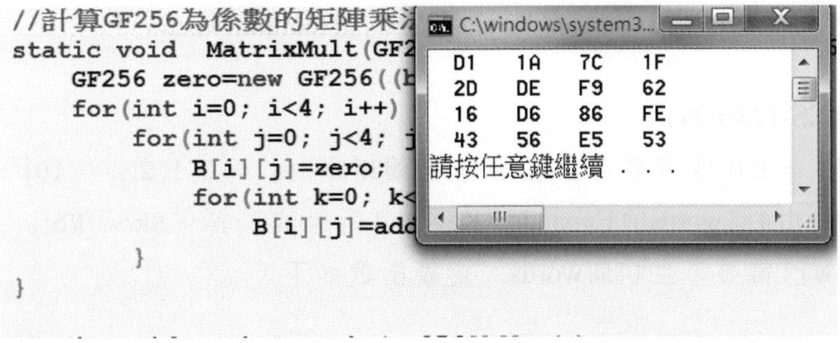

圖 5.8: MixColumn的Java實作，就是進行$GF256(\mathbb{F}_{2^8})$為係數的4×4矩陣乘法。當中畫面為執行第一次MixColumn所產生的狀態矩陣。

註:

$c(X)d(X) \equiv 1 \pmod{X^4 + 1}$。

MixColumn的計算可透過下列靜態方法進行:

程式 5.3.14:
計算GF256為係數的矩陣乘法 B=C*A。當中$GF256(\mathbb{F}_{2^8})$的加法與乘法，請參閱程式(3.8.3)

```
static void  MatrixMult(GF256[][] C, GF256[][] A, GF256[][] B){
  GF256 zero=new GF256((byte)0);
  for(int i=0; i<4; i++)
    for(int j=0; j<4; j++){
      B[i][j]=zero;
      for(int k=0; k<4; k++)
        B[i][j]=add(B[i][j], mult(C[i][k], A[k][j]));
    }
}
```

例 5.3.15:
續例(5.3.12)。計算$\mathbb{F}_{2^8}$上的矩陣乘法，得

$$S = \text{MixColumn(S)} = \begin{bmatrix} 02 & 03 & 01 & 01 \\ 01 & 02 & 03 & 01 \\ 01 & 01 & 02 & 03 \\ 03 & 01 & 01 & 02 \end{bmatrix} \begin{bmatrix} 95 & C6 & 3F & 46 \\ 6E & 8A & E0 & 8F \\ 1B & 82 & 12 & 1C \\ 49 & 8A & 2B & 05 \end{bmatrix}$$

$$= \begin{bmatrix} D1 & 1A & 7C & 1F \\ 2D & DE & F9 & 62 \\ 16 & D6 & 86 & FE \\ 43 & 56 & E5 & 53 \end{bmatrix}$$

在AES中，一個word =4 bytes = 32 bits，以AES-128為例，區塊長度Nb = 4 words，金鑰長度Nk = 4 words，回合數Nr = 10。回合子金鑰由4個words的**Expanded Key**所組成。在

4×4矩陣的表達式，每一個Expanded Key都是行向量(column vector)。

演算法 5.3.16 (AES-128子鑰):

AES-128金鑰 K = K[0]還需要產生回合子金鑰K[i] $(i = 0, 1, 2, \cdots, 10)$，這些均為128-bit，回合子金鑰由4個words的Expanded Key W[]所組成，其中 $Nk = Nb = 4, Nr = 10$，以AES-128為例，W[]需要產生44個words，定義函數如下：

$$\text{SubWord(a,b,c,d)} = (\text{SubByte(a)}, \text{SubByte(b)}, \text{SubByte(c)}, \text{SubByte(d)})$$
$$\text{RotWord(a,b,c,d)} = (b,c,d,a)$$
$$\text{Rcon[i]} = (x^{i-1} \pmod{x^8 + x^4 + x^3 + x + 1}, 0, 0, 0)$$

第0回合的子金鑰取4個words的Expanded Key
K[0]=(W[0],W[1],W[2],W[3])，
第1回合的子金鑰取
K[1]=(W[4],W[5],W[6],W[7])，
...
第i回合的子金鑰取
K[i]=(W[4i],W[4i+1],W[4i+2],W[4i+3])，
...
K[10]=(W[40],W[41],W[42],W[43])

```
KeyExpansion(byte Key[4*Nk], word  W[Nb*(Nr+1)]){
//此迴圈就是表示K[0]=Key=AES-128主金鑰K
  for(i=0; i<Nk; i++)
    W[i]=(Key[4*i],Key[4*i+1],Key[4*i+2],Key[4*i+3]);
//產生其他Expanded Key，以下與回合子金鑰K[1],...,K[10]有關
  for(i=Nk; i<Nb*(Nr+1); i++){
    temp = W[i-1];
    if (i mod Nk==0)
      temp=SubWord(RotWord(temp)) XOR Rcon[i/Nk];
    W[i]=W[i-Nk] XOR temp;
  }
}
```

例 5.3.17:

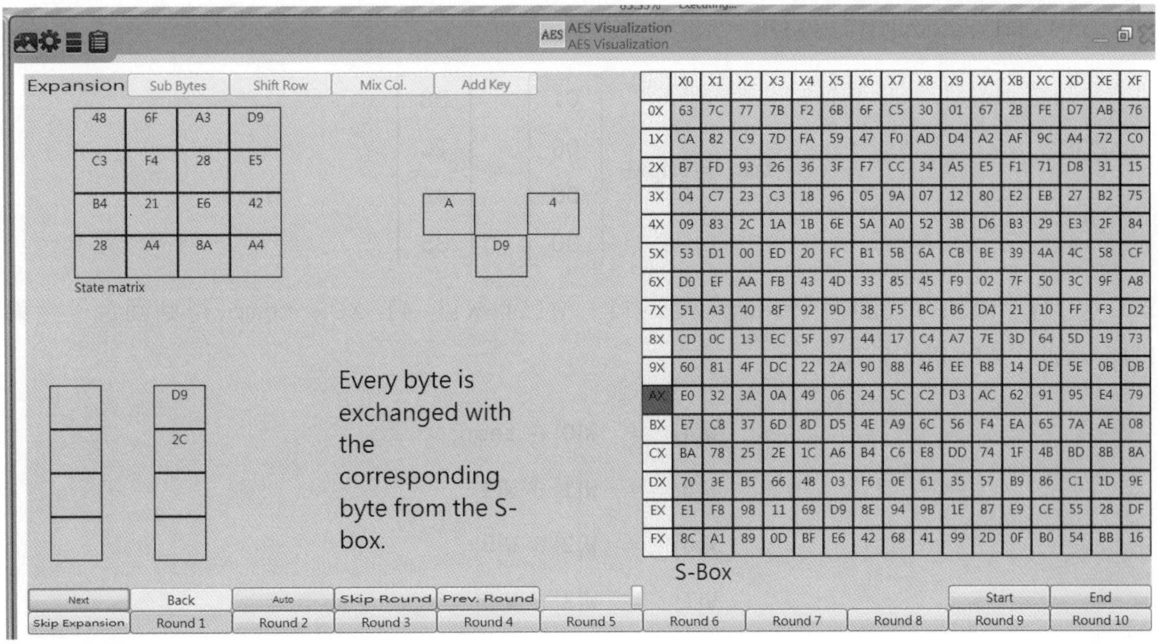

圖 5.9: 使用CrypTool 2中的AES Visualization觀察AES回合子金鑰產生過程，正進行SubWord的步驟

AES-128金鑰如例(5.3.2)，得

$$K[0] = K = (W[0], W[1], W[2], W[3]) = \begin{bmatrix} 48 & 6F & A3 & D9 \\ C3 & F4 & 28 & E5 \\ B4 & 21 & E6 & 42 \\ 28 & A4 & 8A & A4 \end{bmatrix},$$

當$i = Nk = 4$

$$temp = W[3] = \begin{bmatrix} D9 \\ E5 \\ 42 \\ A4 \end{bmatrix},$$

因 $i = 4 \equiv 0 \pmod 4$ 得

$$temp = RotWord(temp) = \begin{bmatrix} E5 \\ 42 \\ A4 \\ D9 \end{bmatrix},$$

每個分量查S-Box得

$$temp = SubWord(tmp) = \begin{bmatrix} D9 \\ 2C \\ 49 \\ 35 \end{bmatrix},$$

與Rcon[i/Nk] = Rcon[1]作用XOR，得

$$\texttt{tmp} = \texttt{tmp} \oplus \begin{bmatrix} 01 \\ 00 \\ 00 \\ 00 \end{bmatrix} = \begin{bmatrix} D8 \\ 2C \\ 49 \\ 35 \end{bmatrix}$$

i=5, 6, 7時，僅執行迴圈指令temp=W[i-1]; W[i]=W[i-4] XOR temp;得到回合子金鑰
K[1] = (W[4],W[5],W[6],W[7])如下：

$$\begin{aligned} \texttt{W[4]} &= \texttt{W[0]} \oplus \texttt{temp}; \\ \texttt{W[5]} &= \texttt{W[1]} \oplus \texttt{W[4]}; \\ \texttt{W[6]} &= \texttt{W[2]} \oplus \texttt{W[5]}; \\ \texttt{W[7]} &= \texttt{W[3]} \oplus \texttt{W[6]}; \end{aligned}$$

所以可得

$$\texttt{K[1]} = (\texttt{W[4]},\texttt{W[5]},\texttt{W[6]},\texttt{W[7]}) = \begin{bmatrix} 90 & FF & 5C & 85 \\ EF & 1B & 33 & D6 \\ FD & DC & 3A & 78 \\ 1D & B9 & 33 & 97 \end{bmatrix},$$

例 5.3.18：

續上例。所產生的回合子金鑰K[2]…,K[10]，如下：

$$K[2] = \begin{bmatrix} 64 & 98 & C7 & 42 \\ 53 & 48 & 7B & AD \\ 75 & A9 & 93 & EB \\ BA & 33 & 00 & 97 \end{bmatrix}, K[3] = \begin{bmatrix} F5 & 6E & A9 & EB \\ BA & F2 & 89 & 24 \\ FD & 54 & C7 & 2C \\ A6 & 95 & 95 & 02 \end{bmatrix}, K[4] = \begin{bmatrix} CB & A5 & DC & E7 \\ CB & 39 & B0 & 94 \\ BA & DE & 19 & 35 \\ 4F & DA & 4F & 4D \end{bmatrix}$$

$$K[5] = \begin{bmatrix} F9 & 5C & 50 & B7 \\ 5D & 64 & D4 & D0 \\ 69 & B7 & AE & 9B \\ DB & 01 & 4E & 03 \end{bmatrix}, K[6] = \begin{bmatrix} D0 & BC & DC & 6B \\ 49 & 2D & F9 & B9 \\ 12 & A5 & 0B & 90 \\ 72 & 73 & 3D & 3E \end{bmatrix}, K[7] = \begin{bmatrix} C6 & 4A & 96 & FD \\ 29 & 04 & FD & 44 \\ A0 & 05 & 0E & 9E \\ 0D & 7E & 43 & 7D \end{bmatrix}$$

$$K[8] = \begin{bmatrix} 5D & 17 & 81 & 7C \\ 22 & 26 & DB & 9F \\ 5F & 5A & 54 & CA \\ 59 & 27 & 64 & 19 \end{bmatrix}, K[9] = \begin{bmatrix} 9D & 8A & 0B & 77 \\ 56 & 70 & AB & 34 \\ 8B & D1 & 85 & 4F \\ 49 & 6E & 0A & 13 \end{bmatrix}, K[10] = \begin{bmatrix} B3 & 39 & 32 & 45 \\ D2 & A2 & 09 & 3D \\ F6 & 27 & A2 & ED \\ BC & D2 & D8 & CB \end{bmatrix}$$

這些回合子金鑰會用在AddRoundKey上。

例 5.3.19:

令S[i]為與回合子金鑰K[i]在AddRoundKey作用之後的狀態矩陣。根據例(5.3.5)，已知

$$S[0] = \begin{bmatrix} AD & C7 & 25 & 98 \\ 73 & 45 & CF & A0 \\ 39 & C4 & 44 & 11 \\ CF & 0B & 36 & A4 \end{bmatrix}$$

其他的狀態矩陣S[1],···S[9]需透過SubByte, SiftRow以及MixColumn，最後再與回合子金鑰作用AddRoundKey，可得：

$$S[1] = \begin{bmatrix} 41 & E5 & 20 & 9A \\ C2 & C5 & CA & B4 \\ EB & 0A & BC & 86 \\ 5E & EF & D6 & C4 \end{bmatrix}, S[2] = \begin{bmatrix} F1 & B2 & 08 & D7 \\ 34 & ED & 32 & 00 \\ BE & 64 & 1A & B9 \\ EF & C3 & 03 & F1 \end{bmatrix}, S[3] = \begin{bmatrix} 50 & EC & EC & E7 \\ ED & A6 & B8 & A4 \\ AE & 96 & A1 & 31 \\ F0 & 1C & 54 & BD \end{bmatrix}$$

$$S[4] = \begin{bmatrix} 49 & DD & 28 & 9B \\ FC & F1 & 47 & 21 \\ 17 & 66 & F2 & AF \\ 58 & 3B & 88 & 6F \end{bmatrix}, S[5] = \begin{bmatrix} 56 & 2D & 36 & A3 \\ 17 & 1F & F8 & BE \\ 19 & 9A & A1 & 0E \\ F5 & 54 & C0 & 2F \end{bmatrix}, S[6] = \begin{bmatrix} D5 & DC & CB & 76 \\ 20 & D8 & FC & 21 \\ 38 & 9A & 73 & D4 \\ 62 & E7 & 08 & 07 \end{bmatrix}$$

$$S[7] = \begin{bmatrix} 29 & 74 & 27 & C7 \\ A7 & 8B & 9E & EA \\ 93 & 46 & 45 & 2A \\ 77 & 58 & AB & 5A \end{bmatrix}, S[8] = \begin{bmatrix} 9B & 25 & 26 & 37 \\ F1 & 63 & 17 & 6D \\ C2 & 16 & 02 & 42 \\ 99 & 95 & A4 & 8A \end{bmatrix}, S[9] = \begin{bmatrix} AA & 3D & B5 & AE \\ 48 & 2E & 61 & 77 \\ 08 & 6F & 7A & 21 \\ 05 & 34 & 45 & D2 \end{bmatrix}$$

第十個回合計算，與前面1至9稍有不同，此回合不作用MixColumn，其步驟如下：

- 將S[9]作用SubByte得

$$S = \text{SubByte}\left(\begin{bmatrix} AA & 3D & B5 & AE \\ 48 & 2E & 61 & 77 \\ 08 & 6F & 7A & 21 \\ 05 & 34 & 45 & D2 \end{bmatrix} \right) = \begin{bmatrix} AC & 27 & D5 & E4 \\ 52 & 31 & EF & F5 \\ 30 & A8 & DA & FD \\ 6B & 18 & 6E & B5 \end{bmatrix}.$$

- 將S作用ShiftRow得

$$S = \text{ShifRow}(S) = \begin{bmatrix} AC & 27 & D5 & E4 \\ 31 & EF & F5 & 52 \\ DA & FD & 30 & A8 \\ B5 & 6B & 18 & 6E \end{bmatrix}.$$

● S最後與K[10]作用AddRoundKey得

$$
S[10] \;=\; \text{AddRoundKey}\left(S = \begin{bmatrix} AC & 27 & D5 & E4 \\ 31 & EF & F5 & 52 \\ DA & FD & 30 & A8 \\ B5 & 6B & 18 & 6E \end{bmatrix}, K[10] = \begin{bmatrix} B3 & 39 & 32 & 45 \\ D2 & A2 & 09 & 3D \\ F6 & 27 & A2 & ED \\ BC & D2 & D8 & CB \end{bmatrix} \right)
$$

$$
= \begin{bmatrix} 1F & 1E & E7 & A1 \\ E3 & 4D & FC & 6F \\ 2C & DA & 92 & 45 \\ 09 & B9 & C0 & A5 \end{bmatrix}.
$$

最後一個狀態矩陣就是所產生的密文$C = S[10] = (1F, E3, 2C, \cdots, A5)$。

Rijndael在設計上，不採取Feistel密碼的機制，在Feistel密碼運算中，每一回合左右兩半對調位置，一半的位元資料只是改換了位置，但其值不變；但在Rijndael演算法中，所有的位元資料都是一般地處理，並未如Feistel密碼；甚至在Rijndael演算法中，只消兩回合即可達到充分擴散(Diffusion)的效果。

其S-Box之設計直接由清楚簡易的代數計算完成，即SubByte，避免任何可能留下陷門的懷疑；Rijndael之S-Box設計是基於函數 $x \mapsto x^{-1}$ (在 $\mathbb{F}_{2^8}$)，和一仿射效應(Affine Mapping)，如此之計算乃高度非線性，對於能有效攻擊DES之**差分分析**(**Differential Cryptanalysis**)或是**線性分析**(**Linear Cryptanalysis**)，都因此而不能奏效。

加上ShiftRow的演算，可抗拒新近發展的**Truncated Differential**以及Square攻擊(**Square Attack**)。[9]

而MixColumn對於Byte之間產生擴散作用。另外，次金鑰 K_0、$K_1 \cdots$ 之產生也用到S-Box(即SubByte)，使得各子鑰之間可能的對稱性關係也告去除。以AES-128為例是採10回合迭代計算而成，但隨著需求，也可輕易增加迭代運算之回合次數。截至2006年8月為止，密碼分析攻擊的最佳記錄為：AES-128 至第7回合，AES-192 至第8回合，AES-256 至第9回合。

由於Rijndael演算法的代數結構非常豐富，足以引人著迷，難免不會從其代數結構下手；這雖非大部分密碼學專家所長，2002年，Courtois與 Pieprzyk宣稱可以透過所謂XL, FXL, XSL等技巧攻擊，這引起密碼學界一時的轟動，後來才陸續有文章反駁，這樣的攻擊目前只是停留在理論層次，是否會有進一步發展，有待觀察。 [10] 而Courtois也表示，即使**Rijndael演算法的代數攻擊**有可能奏效，也是要比DES強上許多。

註[9] 參閱：

Jakimoski et al., "*Related-Key Differential Cryptanalysis of 192-bit Key AES Variants*", SAC 2003, LNCS Vol. 3006, pages 208-221, Springer, 2004

Lucks, "*Attacking seven rounds of Rijndael under 192-bit and 256-bit keys*". Proceedings of AES3, NIST (2000)

註[10] Courtois, N.T. and J. Pieprzy,"*Cryptanalysis of Block Ciphers with Overdefined Systems of Equations.*" Asiacrypt 2002.

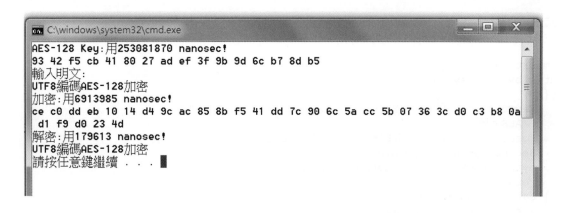

圖 5.10: AES128demo.java編譯執行結果

5.4　AES Java測試

　　AES不僅是NIST的官定標準，也是現行事實(de facto)的加密標準，不論是軟體、硬體都有實作。由於演算法主要用到以$\mathbb{F}_{256}$為係數的矩陣代數結構為主，整個實作考量，可從底層的基礎Galois體算術一併納入，進而進入SubByte、ShiftRow、MixColumn、AddRoundKey、… 等模組的建構。這個工程，雖不是困難，但也不是瞬間能夠完成，而整個工程以及思維，可以專門的課題為之。

　　相對而言，開發Java軟體的昇陽公司（現在已被Oracle公司收購）提供Java密碼學擴充套件**Java Cryptograhy Extension(JCE)**，都附在JDK裡面。只要稍加學習這些套件，要完成一個能夠執行AES演算的程式，亦非難事。早期由於美國聯邦政府對密碼產品的出口，有相當程度的限制，並非在北美地區能夠執行的程式源碼，下載到其他地區就沒問題。幾年前雖然美國政府放寬管制，但諸多密碼演算法，如AES-192以及AES-256，在標準的JCE是不支援的，必須另外下載安裝

Java Cryptography Extension (JCE) Unlimited Strength Jurisdiction Policy Files 才能執行。當然也可以考慮過去在管制時期好用的自由軟體Java密碼學套件，如已經於2005年就已經中止維護的**Cryptix JCE**。 註[11]

　　然而，JCE是有支援AES-128。在此介紹一教學程式源碼AES128demo.java，用到JCE套件javax.crypto以及javax.crypto.spec，主要分成金鑰生成keyGen()、加密 encrypt()、解密 decrypt() 等方法成員。

金鑰生成keyGen()

註[11] Java Cryptography Extension (JCE) Unlimited Strength Jurisdiction Policy Files安裝的步驟可參閱「讓JCE執行AES-256程式與JCE unlimited strength設定」：
https://youtu.be/HR92sU7qxhU
Cryptix JCE官網http://www.cryptix.org。

程式 5.4.1:
產生AES-128密鑰 rawKey，以 byte 陣列的型態傳回。

```
//import javax.crypto.*;
static byte[] keyGen(){
try{
    KeyGenerator kgen = KeyGenerator.getInstance("AES");
    //AES金鑰
    kgen.init(128); // 用128-bit, 192-bit & 256-bit需額外處理
    SecretKey skey = kgen.generateKey();
    byte[] rawKey = skey.getEncoded();
    return rawKey;
  } catch(Exception e){
    System.out.println(e);
    return null;
  }
 }
```

　　由於類別KeyGenerator的方法成員KeyGenerator getInstance(String)方法的字串參數所代表的演算法，可能不受支援或錯誤，須用到例外處理try-catch；方法成員void init(int)進行初始化，方法成員SecretKey generateKey()產生SecretKey介面(為Key介面的子介面)的skey；SecretKey的方法成員byte[] getEncoded()將skey轉化成byte陣列的型態的rawKey，較為方便存取。密鑰16進位表示，可用以下方法:

程式 5.4.2:
將byte陣列data以16進位表示法輸出。

```
public static void printHex(byte[] data)
{
    for(int i=0; i<data.length; i++){
        if ((char)data[i]<0x10)
            System.out.print("0");
        System.out.printf("%x ",data[i]);
    }
    System.out.println();
}
```

加密encrypt()

程式 5.4.3:
取得密鑰rawKey、加密明文plaintext，將結果密文ciphertext以byte陣列型態(UTF-8編碼，而非Big5)傳回。

```
//import javax.crypto.*;
//import javax.crypto.spec.*;
static byte[] encrypt(String plaintext, byte[] rawKey){
try{
      SecretKeySpec skeySpec = new SecretKeySpec(rawKey, "AES");

      Cipher cipher = Cipher.getInstance("AES");//密碼演算法AES
      cipher.init(Cipher.ENCRYPT_MODE, skeySpec);//用加密模式，初始化

      byte[] ciphertext = cipher.doFinal(plaintext.getBytes("UTF-8"));
      //進行函數作用，加密
      return ciphertext;
    } catch(Exception e){
```

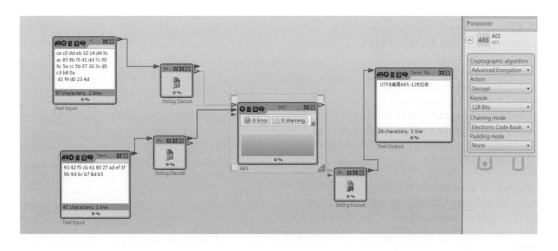

圖 5.11: 利用CrypTool 2解密 AES-128密文正確無誤，請注意，如果當初加密編碼是採 Big5時，解密可能會出問題

```
    System.out.println(e);
    return null;
  }
}
```

用建構方法SecretKeySpec(byte[], String)轉換密鑰成SecretKeySpec類別型態；執行此建構方法，有可能產生例外； Cipher 類別，可用方法成員Cipher getInstance(String)取得演算法，執行此方法，有可能產生例外；用方法成員void init(int, Key)初始化， 方法成員byte[] doFinal(byte[])進行函數作用。

解密decrypt()

程式 5.4.4:
取得密鑰rawKey、解密密文ciphertext，將結果密文decrypted以UTF-8編碼之String型態傳回。

```
//import javax.crypto.*;
//import javax.crypto.spec.*;
static String decrypt(byte[] ciphertext, byte[] rawKey){
try{
    SecretKeySpec skeySpec = new SecretKeySpec(rawKey, "AES");

    Cipher cipher = Cipher.getInstance("AES");
    cipher.init(Cipher.DECRYPT_MODE, skeySpec);//用解密模式，初始化

    byte[] decrypted = cipher.doFinal(ciphertext);
    //進行函數作用，解密
    return new String(decrypted, "UTF-8");
  } catch(Exception e){
    System.out.println(e);
    return null;
  }
}
```

整合以上方法，可實作AES128demo.java測試程式main()方法。

程式 **5.4.5**: //import java.io.*;

```
public static void main(String [] argv){
    long start,end;

    start=System.nanoTime();
    byte[] rawKey=keyGen();
    end=System.nanoTime();
    System.out.print("AES-128 Key:");
    System.out.println("用"+(end-start)+" nanosec!");
    printHex(rawKey);

    String plaintext="這是AES-128的例子";
    System.out.println("輸入明文:");
    BufferedReader buf;
    buf=new BufferedReader(new InputStreamReader(System.in));
    try{
        plaintext=buf.readLine();
    } catch(Exception e){
        System.out.println(e);
        plaintext=e.toString();
    }

    start=System.nanoTime();
    byte[] ciphertext=encrypt(plaintext, rawKey);
    end=System.nanoTime();
    System.out.print("加密:");
    System.out.println("用"+(end-start)+" nanosec!");
    printHex(ciphertext);

    start=System.nanoTime();
    String decrypted=decrypt(ciphertext, rawKey);
    end=System.nanoTime();
    System.out.print("解密:");
    System.out.println("用"+(end-start)+" nanosec!");
    System.out.println(decrypted);
}
```

註 **5.4.6**:

此Java程式，只要將演算法字串"AES"改成"DES"，金鑰長度將128改成值64，就可完成一DES的測試程式。

5.5　RC4

　　RC4是由Ron **Rivest**在1987年設計的**串流密碼(Stream cipher)**，其密鑰長度可變。加密、解密使用相同的密鑰，屬於對稱加密演算法。 RC4是**WEP**中採用的加密演算法，也是SSL採用的演算法之一。 RC4由似亂數生成器和互斥或XOR運算組成。RC4的密鑰長度可變，範圍是[1, 256]。RC4一個位元組一個位元組地加解密。給定一個密鑰，似亂數生成器與密鑰作用產生一個**S-Box**。 S-Box用來加密數據，而且在加密過程中S-Box會變化。由於互斥或XOR運算的特性，RC4加密、解密演算相同；也因為互斥或XOR運算的緣故，相同的密鑰不可重複使用。

演算法 5.5.1:

S陣列值的設定:

```
for(i=0; i<256; i++)
    S[i] = i;
j = 0;
for(i=0; i<256; i++){
    j = (j + S[i] + key[i mod keylength]) mod 256;
    swap(S[i] and S[j]);
}
```

演算法 5.5.2:

輸入為陣列S、data(長度為length);輸出為陣列data。如果輸入data為明文,輸出的data就為密文。反之,如果輸入data為密文,輸出的data就為明文:

```
i = 0;
j = 0;
for (i=0; i<length; i++){
    i = (i + 1) mod 256;
    j = (j + S[i]) mod 256;
    swap (S[i] and S[j]);
    data[i] = data[i] XOR (S[(S[i] + S[j]) mod 256]);
}
```

5.6　IDEA

IDEA即 **International Data Encryption Algorithm**(國際資料加密演算法)為一種對稱鑰加密方法,於1990年由Lai與Massey所設計提出。 IDEA是以128-bit之密鑰對區塊為64-bit之明文,經連續8次加密所產生64-bit密文的一種加密演算法。

IDEA的設計核心是建立在三種非常簡易的代數運算上:

- 以位元為單位之XOR運算,用⊕表之。

- 在加法群 $\mathbb{Z}/2^{16}$ 上之加法,即 $(\bmod\ 2^{16} = 65536)$ 之模加法以16位元為單位,用 ⊞ 表之。

- 在乘法群 $\left(\mathbb{Z}/(2^{16}+1)\right)^{\times}$ 上之乘法,即 $(\bmod\ 2^{16}+1 = 65537)$ 之模乘法,須知

$$F_4 = 2^{16} + 1$$

費馬數(Fermat Number)為質數,故乘法群之元素個數為

$$\left| \left(\mathbb{Z}/(2^{16}+1) \right)^{\times} \right| = 2^{16}+1-1 = 2^{16},$$

以16位元為計算單位,其中以"0"代表

$$\text{``} -1 \equiv 2^{16} \pmod{2^{16}+1} \text{''},$$

用符號 $\odot$ 代表模乘法。(其中此運算也可視為**IDEA的S-Box**。)

基本上,此三種運算彼此之間並無分配律(以 $\mathbb{F}_{2^{16}}$ 代表此16位元計算單位):如

$$\exists \, a, b, c \ \in \ \mathbb{F}_{2^{16}} 使得$$
$$a \boxplus (b \odot c) \ \neq \ (a \boxplus b) \odot (a \boxplus c)$$
$$a \boxplus (b \oplus c) \ \neq \ (a \boxplus b) \oplus (a \boxplus c)$$

註 5.6.1:

費馬數 $\mathbb{F}_4 = 2^{2^4}+1$ 為質數,使得IDEA代數運算在16位元上計算非常簡易,但費馬數 $\mathbb{F}_5 = 2^{2^5}+1$ 不為質數,如此就無法將IDEA之代數運算直接推廣至32位元。

例 5.6.2:

令 $a = 0$、$b = 1$、$c = 2$,則

$$
\begin{aligned}
a \odot (b \boxplus c) &= 0 \odot (1 \boxplus 2) \\
&= 0 \odot (1 + 2 \pmod{2^{26}}) \\
&= -1 \times 3 \pmod{2^{26}+1} \\
&= 65537 - 3 = 65534。
\end{aligned}
$$

而

$$
\begin{aligned}
(a \odot b) \boxplus (a \odot c) &= (0 \odot 1) \boxplus (0 \odot 2) \\
&= (-1 \times 1 \pmod{2^{26}+1}) \\
&\quad \boxplus (-1 \times 2 \pmod{2^{26}+1}) \\
&= (2^{26}+1-1) \boxplus (2^{26}+1-2) \\
&= 2^{26} + 2^{26} - 1 \pmod{2^{26}} \\
&= 65535。
\end{aligned}
$$

所以可得

$$a \odot (b \boxplus c) \neq (a \odot b) \boxplus (a \odot c)。$$

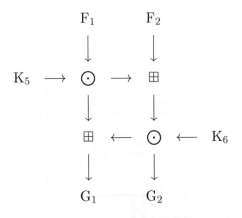

$$\text{圖 5.12: IDEA 之 MA-Box}$$

IDEA之計算核心是在**MA-Box**，這提供了擴散的效果，其運算結構為4個16-bit之輸入，以及2個16-bit之輸出，可描述如下：

演算法 5.6.3 (MA-Box):

輸入 ≫ 4個16-bit單位 F_1、F_2、K_5、K_6。

輸出 ≪ 2個16-bit單位 G_1、G_2。

$$
\begin{aligned}
\texttt{temp} \ &= F_1 \odot K_5; \\
G_2 \ &= \texttt{temp} \boxplus F_2; \\
G_2 \ &= G_2 \odot K_6; \\
G_1 \ &= \texttt{temp} \boxplus G_2;
\end{aligned}
$$

可參閱圖5.12。

IDEA之演算法主要分為8個回合運算，區塊單位為64-bit，而金鑰為128-bit，其演算法如下：

演算法 5.6.4:

輸入 ≫ 64-bit明文 $M = m_1 m_2 \cdots m_{64}$，128-bit金鑰 $K = k_1 k_2 \cdots k_{128}$。

輸出 ≪ 64-bit密文 $C = Y_1 || Y_2 || Y_3 || Y_4$ 其中 Y_i $(i = 1, \cdots, 4)$ 為16-bit單位區塊。

1. (子鑰產生) 產生 52 把子鑰，$K_1^{(r)}$、$\cdots$、$K_6^{(r)}$，(其中 $r = 1, \cdots, 8$ 為第 r 回合之子鑰) 以及 $K_1^{(9)}$、$\cdots$、$K_4^{(9)}$。

2. 將明文 M 分割成4個16-bit區塊

$$M = X_1 || X_2 || X_3 || X_4,$$

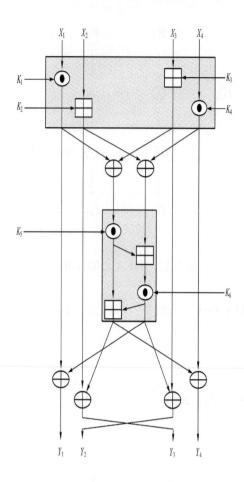

圖 5.13: IDEA之一回合作用

其中

$$X_1 = m_1 m_2 \cdots m_{16}$$
$$X_2 = m_{17} m_{18} \cdots m_{32}$$
$$X_3 = m_{33} m_{34} \cdots m_{48}$$
$$X_4 = m_{49} m_{50} \cdots m_{64} \text{。}$$

3. $\text{for}(r = 1; r < 9; r++)$

$\{$

MixKey:

$$X_1 = X_1 \odot K_1^{(r)};$$
$$X_4 = X_4 \odot K_4^{(r)};$$
$$X_2 = X_2 \boxplus K_2^{(r)};$$
$$X_3 = X_3 \boxplus K_3^{(r)};$$

```
MA-Box:
```
$$\text{temp} = K_5^{(r)} \odot (X_1 \oplus X_3);$$
$$G_2 = \text{temp};$$
$$\text{temp} = K_5^{(r)} \odot (X_1 \oplus X_3);$$
$$G_1 = G_2 \odot K_6^{(r)};$$
```
Renew:
```
$$X_1 = X_1 \oplus G_1;$$
$$X_4 = X_4 \oplus G_2;$$
$$\text{temp} = X_2 \oplus G_2;$$
$$X_2 = X_3 \oplus G_1;$$
$$X_3 = \text{temp};$$
```
}
```
可參閱圖5.13。

4. (輸出)
$$Y_1 = X_1 \odot K_1^{(9)};$$
$$Y_4 = X_4 \odot K_4^{(9)};$$
$$Y_2 = X_3 \boxplus K_2^{(9)};$$
$$Y_3 = X_2 \boxplus K_3^{(9)};$$

演算法 5.6.5 (IDEA子鑰產生):

輸入 ≫ 128-bit金鑰 $K = k_1 k_2 \cdots k_{128}$。

輸出 ≪ 52把16-bit之子鑰$K_i^{(r)}$　$(i = 1, \cdots, 6, r = 1, \cdots, 8)$以及 $K_j^{(9)}(j = 1, \cdots, 4)$。

1. 52把16-bit之子鑰之順序為

$$K_1^{(1)}, \cdots, K_6^{(1)}, K_1^{(2)}, \cdots, K_6^{(2)}, \cdots, K_1^{(8)}, \cdots, K_6^{(8)}, K_1^{(9)}, \cdots, K_4^{(9)} \circ$$

2. 將 K 分割成8個16-bit區塊,即前8把子鑰。

3. 將 K 左旋25-bit,分割成8個16-bit區塊,即另8把子鑰;重複此項步驟直至52把子鑰都生成。

值得一提的是,IDEA的安全性評價頗高,由Phil **Zimmerman**獨一人之力所發展之eMail加密軟體**PGP**(Pretty Good Privacy)從第2版起,就加入IDEA演算法的加密訊息的選擇可能。

5.7　區塊密碼加密模式

　　以上所提之密碼如 DES、IDEA、AES都是區塊密碼，以及之後將介紹各種公開金鑰密碼都是區塊密碼，區塊密碼即以一定大小之區塊為單位加密，最後一區塊也要額外補上填補成一區塊單位的資料予以加密。以任一特定的加密演算法，都可以不同的模式加密運作，一般而言，可以區分四種加密模式，即**ECB**(Electronic Code Book，**電子編碼簿**)、**CBC**(Cipher Block Chaining，**密碼區塊串聯**)、**CFB**(Ciphertext Feedback，**密文回饋**)以及**OFB**(Output Feedback，**輸出回饋**)。

▶**電子編碼簿模式ECB**

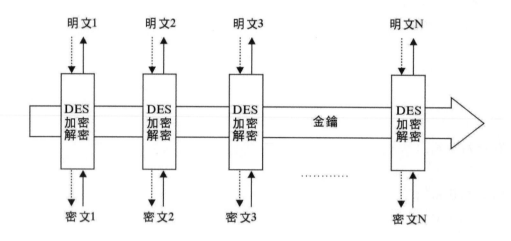

圖 5.14: ECB模式DES演算

　　最自然的、最簡易的區塊密碼加密模式，就是將訊息 m 分割成等大小的區塊明文，即

$$m = m_1 || m_2 || \cdots || m_N \text{，}$$

當中最後一區塊要補上填補成一區塊單位的資料，然後分別以固定加密鑰下之加密函數 $E_{K_e}(\cdot)$ 加密，即

$$c_i = E_{K_e}(m_i) \quad (i = 1, 2, \cdots, N) \text{，}$$

得密文

$$c = c_1 || c_2 || \cdots || c_N \text{。}$$

此種加密的模式，即**ECB**。而解密的方式，即將每區塊直接解密

$$m_i = D_{K_d}(c_i) \qquad (i = 1, 2, \cdots, N) \text{，}$$

得明文。ECB之優點，因各區塊之運算可獨立運作，即使在部分區塊傳輸運算上發生錯誤，也不會影響到其他區塊，加密解密都可平行處理運算。其缺點為，若文件中多次重複之明文，若又符合區塊之大小，可能會產生相同密文，這對於統計式的攻擊相當不利，不適合長文件之加密處理，ECB模式所產生之密文即使遭剪貼、替換，也不易被發現。

▶**密碼區塊串聯模式CBC**

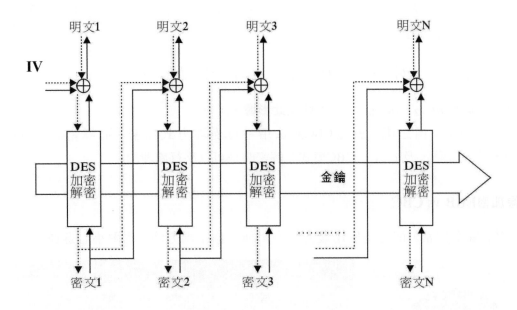

圖 5.15: CBC模式DES演算

　　要避免在ECB模式中所可能產生之缺點可以用串聯的方法。串聯本身就是一種回饋 (Feedback)的機制，與前一區塊的加密有關。實際的作法如下：

- 先選取雙方同意之一區塊大小之資料 IV，即**初始向量(Intial Vector)**，該向量可公開 之。

- (加密)將訊息 m 分割成等大小之區塊之明文，即

$$m = m_1 || m_2 || \cdots || m_N \text{，}$$

當中最後一區塊 m_N 要補足一區塊單位之資料，然後分別以固定之加密鑰 K_e 下之加密 函數 $E_{K_e}(\cdot)$ 加密：

$$c_0 = IV \text{，} \quad c_i = E_{K_e}(c_{i-1} \oplus m_i) \qquad (i = 1, 2, \cdots, N) \text{，}$$

得密文

$$c = c_1 || c_2 || c_3 || \cdots || c_N \text{。}$$

- (解密)用解密鑰 K_d 下之解密函數解密 D_{K_d}，其中 $D_{K_d}(E_{K_e}(m_i)) = m_i$，計算

$$c_0 = IV \text{，} \quad m_i = c_{i-1} \oplus D_{K_d}(c_i) \qquad (i = 1, 2, \cdots, N) \text{。}$$

　　一般而言，使用不同之初始向量 IV，對相同之明文，用**CBC**模式加密應會得到不同密 文。但由於加密之計算與前次區塊之明文有關，所以如果明文區塊之順序改變或整塊密文區

塊被替換，解密變成不可能，如此可防止他人蓄意之攻擊。

　　而某區塊傳輸錯誤，會影響後面的區塊傳輸資料，而且會影響後一區塊的計算；假設傳輸錯誤密文區塊c_i'得錯誤明文區塊

$$m_i' = c_{i-1} \oplus D_{K_d}(c_i'), \quad m_{i+1}' = c_i' \oplus D_{K_d}(c_{i+1}),$$

但再以下之區塊 m_{i+2}、m_{i+3}、$\cdots$ 不會受此影響。

　　另外與ECB不同之處，就是CBC無法用平行處理方式加密，而解密時，由於在做XOR前，就已知道 c_i 及 c_{i-1}，CBC模式在解密時是可以平行處理的。

▶圖像加密ECB vs CBC

　　對於圖像加密，即使是使用最先進的對稱金鑰密碼方法，也要小心選擇所採用的模

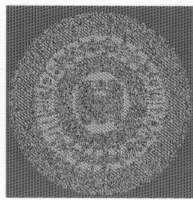

圖 5.16: 將NSA的舊Logo圖以AES-256 ECB、CBC的方式加密

式，ECB並不是理想的選擇，對於低熵值的圖像、影像或是音訊等，更是要小心。對於圖檔加密，不要連表頭一起加密，如此加密後的檔案，圖檔的標頭都被加密破壞了，怎麼開檔？尤其不同格式的圖檔，有的有壓縮，即使是無壓縮的BMP圖檔，有的在表頭之外，還因檔案大小、為了資訊存取還必須對齊，還在適當的位置有Padding。重點是，只針對圖像的像素值加密。分別將NSA的舊Logo圖以AES-256 ECB的方式加密，還有以AES CBC的方式加密，所得到結果如圖(5.7)。可以觀察到，即使是AES-256，以ECB的模式加密，加密圖還是會顯示原圖的特徵，還是能看到圓盤的造型，甚至中間的老鷹形狀還是能夠辨識，加密所要得到的資訊混淆、擴散，並沒有達到。反而以CBC的模式加密，效果良好，加密圖全是雜訊，每一個像素附近，數值變異的程度也很大，不但肉眼無法辨識，基本上也無發現任何與原圖的關聯性。

　　說明如何在不寫程式的方式，使用以**openSSL**及Linux指令完成AES-256 CBC加密的步驟：註[12]

註[12] 網路上有先將全圖檔加密、再用正常圖標頭蓋過圖標頭位置的方法，其實值得商榷的。由於CBC是區塊密碼，以BMP圖檔為例，圖標頭占54 bytes，就算以較小區塊的密碼DES加密，還是無法避免同一區塊有圖表頭與

- 先把原圖的圖標頭與圖內容分割，使用Linux的dd指令：

```
$dd if=nsa.bmp of=header.bin bs=54  count=1 conv=notrunc
$dd if=nsa.bmp of=content.bin skip=54 bs=1 count=189756
conv=notrunc
```

當中if表示input file，of表output file，bs代表一次抓取的bytes的個數，count表抓取的次數，skip=54代表在輸入檔從第$54 \times bs = 54 \times 1 = 54$ byte開始讀取。 header.bin檔大小為54 bytes，content.bin檔的大小為$189756 = 189810 - 54$ bytes，事先要算好。

- 針對圖檔內容加密，openSSL預設就是CBC模式：

```
$openssl aes128 -in content.bin -out cbc.bin
```

- 接下來，把圖內容的加密內容，與圖標頭整合成真正的BMP圖檔 cbc.bmp。請注意加密檔 cbc.bin 因Padding的緣故，要比原檔 content.bin 還大。使用Linux的dd指令：

```
$dd if=header.bin of=cbc.bmp bs=54 count=1 conv=notrunc
$dd if=cbc.bin of=cbc.bmp seek=54 bs=1 count=189756 conv
=notrunc
```

當中seek=54代表在輸出檔從第$54 \times bs = 54 \times 1 = 54$ byte開始寫入。

解密部份也類似，假設 cbc1.bin 為從 cbc.bmp 分離出來的加密圖內容(不含圖標頭)，作法類似將 content.bin 分離的作法。解密記得要用-d參數，解密完後，還原圖也要與原圖比較：

```
$dd if=header.bin of=recover.bmp bs=54 count=1 conv=notrunc
$openssl  aes128 -d -in cbc1.bin -out recover.bin
$dd if=recover.bin of=recover.bmp seek=54 bs=1 count=189756
conv=notrunc
$diff nsa.bmp recover.bmp
```

發現解密所得之recover.bmp與原圖 nsa.bmp 並無二致。採法僅適用於特定未壓縮且圖檔寬度為4倍數之BMP類型的圖檔，其他的圖檔，由於檔格式複雜，就需要借諸於程式處理。

▶密文回饋模式CFB

上述之CBC模式非常適用於大量訊息之加密，然而在即時Real-Time通訊上之應用，如Bob在收到Alice傳送之密文，想立即解密，就不甚合用，此時效率就變成非常重要之問題，

圖像素內容。雖然如此解回的圖與原圖很接近，肉眼難辨，但使用Linux指令diff就可發覺還原圖是與原圖不同的。

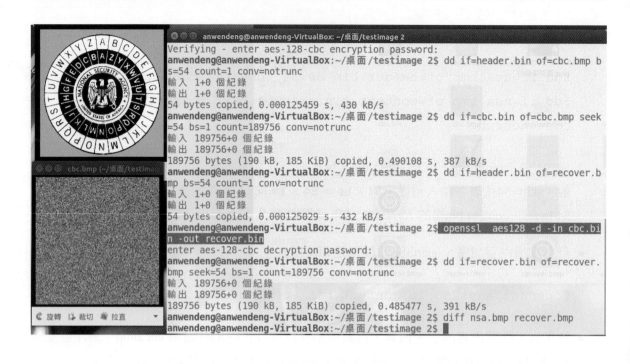

圖 5.17: 在Linux環境下，將NSA的舊Logo圖以AES-256 CBC的方式加密、解密

此時CFB模式加密就可派上用場。與ECB、 CBC不同， **CFB**模式加密以8-bit為單位(或更小之單位)，無須等待整個區塊的訊息到達才進行，這在互動式的電腦通訊有實用的價值，但是要注意CFB模式加密、解密只用到加密函數 $E_k(\cdot)$，未用到解密函數，因此是無法適用於公開金鑰密碼系統，只能適用對稱金鑰密碼系統。 CFB之運作方式如下：

- 與CBC模式一樣固定一區塊大小之初始向量 X_1。將明文分割成 s-bit之小單位

$$m = m_1 || m_2 || \cdots ,$$

  其中每區塊之大小為 n-bit且 $s|n$。

- (加密)當 $j = 1, 2, 3, \cdots$ 時，計算

$$
\begin{aligned}
c_j &= m_j \oplus L_s(E_k(X_j)) \\
X_{j+1} &= R_{n-s}(X_j) || c_j ,
\end{aligned}
$$

  其中 $L_s(X)$ 代表 X 之左 s-bit， $R_{n-s}(X)$ 代表 X 之右 $(n-s)$-bit。

- (解密)當 $j = 1, 2, 3, \cdots$ 時，計算

$$
\begin{aligned}
m_j &= c_j \oplus L_s(E_k(X_j)) \\
X_{j+1} &= R_{n-s}(X_j) || c_j
\end{aligned}
$$

以DES為例，64-bit為一區塊單位，8-bit為小單位，以CFB模式加密，64-bit暫存器之初始值為 X_1。則

$$
\begin{aligned}
c_1 &= m_1 \oplus L_8(E_K(X_1)) \\
X_2 &= R_{56}(X_1)||c_1 \\
X_3 &= L_{56}(X_2)||c_2 = L_{48}(X_1)||c_1||c_2 \\
X_4 &= L_{56}(X_3)||c_3 = \cdots = L_{40}(X_2)||c_1||c_2||c_3 \\
&\quad \vdots \\
X_9 &= \cdots = c_1||c_2||c_3||\cdots||c_8
\end{aligned}
$$

經過8次之運算，初始之 X_1 才完全消失被 c_j 取代，之後暫存器之值為

$$
\begin{aligned}
X_{10} &= c_2||c_3||\cdots||c_9 \\
X_{11} &= c_3||c_4||\cdots||c_{10} \\
X_{12} &= c_4||c_5||\cdots||c_{11} \\
&\quad \vdots
\end{aligned}
$$

在實用上，傳訊中之錯誤對CFB模式之影響，會隨著暫存器值變化的情況，影響後面連續8個小單位密文的解密。假設密文

$$
c = c_1||c_2||c_3||\cdots,
$$

當中 c_1 在傳訊中發生錯誤。變成 $\hat{c_1}$，暫存器值之變化如下

$$
\begin{aligned}
\hat{X_2} &= *******||\hat{c_1} \\
\hat{X_3} &= ******||\hat{c_1}||c_2 \\
&\quad \vdots \\
\hat{X_9} &= \hat{c_1}||c_2||c_3||c_4||\cdots||c_8 \\
X_{10} &= c_2||c_3||\cdots||c_9
\end{aligned}
$$

暫存器值在 X_{10} 之後又回復正確，因此，明文小區塊 m_{10}、m_{11}、$\cdots$ 又回復正確值。

▶輸出回饋模式OFB

OFB模式與CFB非常類似，與CFB模式加密一樣，不適用於公開金鑰密碼系統，只能用於對稱金鑰密碼系統，其演算過程如下：

- 與CFB模式一樣，先固定一區塊大小之初始向量 X_1。將明文分割成 s-bit 之小單位

$$
m = m_1||m_2||\cdots
$$

其中每區塊之大小為 n-bit，且 $s|n$。

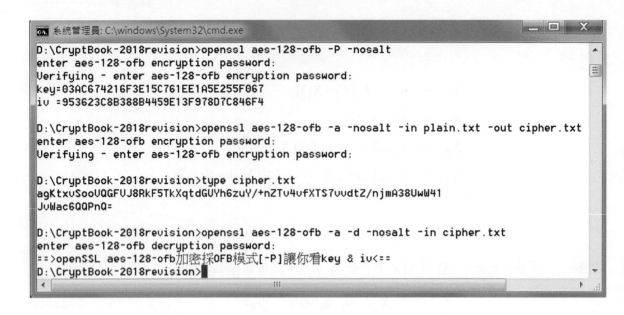

圖 5.18: 使用openSSL採AES-128 OFB針對文字檔加密解密

- (加密) 當 $j = 1, 2, 3, \cdots$ 時，計算

$$
\begin{aligned}
o_j &= L_s(E_K(X_j)) \\
X_{j+1} &= R_{n-s}(X_j) \oplus o_j \\
c_j &= m_j \oplus o_j
\end{aligned}
$$

- (解密) 當 $j = 1, 2, 3, \cdots$ 時，計算

$$
\begin{aligned}
o_j &= L_s(E_K(X_j)) \\
X_{j+1} &= R_{n-s}(X_j) \oplus o_j \\
m_j &= c_j \oplus o_j
\end{aligned}
$$

在CFB模式中，若有一區塊之密文在傳輸上產生錯誤，則解密時，只有該區塊會解密錯誤，其他的區塊並不會受到影響，其缺點為較CFB易遭受攻擊，在實用上，比其他模式更適合用於不甚穩定的通路上加密，如人造衛星傳訊上的加密。

第 6 章

RSA 密碼

公 開金鑰密碼RSA成為駭客加密受害人檔案的主要工具之一,早年是無法想像的。在1976年Whitefield **Diffie**與Martin **Hellman**提出所謂**公開金鑰**(Public Key)密碼的一種加密解密新想法。[1] 稍後,於1977年"Scientific American"報導由當時在MIT之Ronald **Rivest**、Adi **Shamir**與Leonard **Adleman**所開創的一種「數百萬年才得以破解」 **公開金鑰密碼系統 (Public Key Cryptosystem)**, [2] 即 **RSA密碼**系統,並提出賞金 100 美元之所謂RSA-129挑戰。如今RSA密碼系統已經成為現今使用最廣、安全性高之公開金鑰密碼系統,無論是RSA密碼、RSA演算法與RSA數位簽章等,早已為學界、業界廣泛研究與使用。

但是,在1997年英國情報官方資料顯示,前身為位於 **Bletchley Park**之政府代碼暨密碼學校(Government Code and Cipher School),政府通訊總部(Government Communication Headquarters)才是最早發明公開金鑰密碼系統的機構。其間,James **Ellis**早在1970年已有公開金鑰密碼之想法,而被網羅方才3星期的劍橋大學畢業生主攻數論的Clifford **Cocks**於1973年就早已發明我們現所稱之RSA演算法,而Diffie-Hellman金鑰交換也在1974年被Malcom **Williamson**發現,公開金鑰密碼之主要技術都早在1974年為英國情報單位掌握,足足早了學界數年之久,英國情報單位在密碼學的研究實力實在不容小覷! [3] 在本章中,我們討論如下:

- 公開金鑰密碼系統

- RSA演算法

- RSA之數論背景

- RSA Java測試程式與openSSL測試

- RSA數位簽章

- 同時RSA加密和RSA數位簽章

- RSA-129 挑戰與因數分解

- 二次篩法與Pollard之 $p-1$ 法

- 利用RSA私鑰因數分解

- RSA密碼系統使用之注意事項

- Wiener低冪次 d 攻擊

---

[1] 可參閱Diffie and Hellman, New directions in cryptography. *IEEE Trans. Inform. Theory IT-22* p.644-654, 1976

[2] 可參閱 Rivest, Shamir and Adleman, A Method for Obtaining Digital Signature and Public-Key Cryptosystems. *Communication of the A.C.M.*, 21. No.2 p.120-126, 1978

[3] 這些英國情報單位在密碼學的研究成果的相關報導,可參閱:
https://royalsociety.org/people/clifford-cocks-11242/
https://www.zdnet.com/article/ieee-honours-gchq-public-key-crypto-inventors/

- 時序攻擊

- Rabin密碼

6.1   公開金鑰密碼系統

在一**公開金鑰密碼系統**中，任何使用者可以取得其他使用者的加密鑰(即公開金鑰)，假設Alice欲透過此公開金鑰密碼系統加密傳訊給Bob，她可以先取得Bob的加密鑰，透過加密函數 $E_{\text{Bob}}(\cdot)$ 將訊息加密成密文傳訊給Bob，Bob在收到Alice傳來之密文，便可透過自己的解密鑰(私鑰)，用解密函數 $D_{\text{Bob}}(\cdot)$ 解密。在這些步驟中有以下性質：

1. 將一已加密之訊息m解密，即可還原 m，即

$$D_{\text{Bob}}(E_{\text{Bob}}(m)) = m$$

2. 加密以及解密函數 $E_{\text{Bob}}(\cdot)$、$D_{\text{Bob}}(\cdot)$必須是容易計算的。

3. 公開加密函數 $E_{\text{Bob}}(\cdot)$，並不會提供任何簡易計算解密函數 $D_{\text{Bob}}(\cdot)$ 的方法，在實用上，這意味著Bob才能將任何經加密函數 $E_{\text{Bob}}(\cdot)$ 之訊息有效地解密，也只有Bob知道「**陷門**」(**Trapdoor**)才能有效計算 $D_{\text{Bob}}(\cdot)$。

4. 若將任何訊息 m 先用解密函數 $D_{\text{Bob}}(\cdot)$作用，再作用加密函數 $E_{\text{Bob}}(\cdot)$，亦可還原訊息 m，即

$$E_{\text{Bob}}(D_{\text{Bob}}(m)) = m \text{。}$$

一加密法(解密法)一般而言是包括了演算法以及金鑰，洩漏了加密演算法就意味著公開其加密鑰。

定義 6.1.1 (**單向陷門函數, Trapdoor One-Way Function**)：
函數 E_{Bob}若滿足性質1、2、3，就稱之為單向陷門函數，若性質1、2、3、4皆滿足，就稱之為**單向陷門置換**(**Trapdoor One-Way Permutation**)。

公開金鑰密碼系統的實踐需要單向陷門函數，雖然Diffie及Hellman已提到此概念，但卻未能提出任何單向陷門函數的實例。單向陷門函數之所以稱為「單向」，就是如此之函數可以輕易地計算一個方向；但另一方向卻是非常困難計算。而滿足性質4之單向陷門置換，卻也提供了一種數位簽章的方式，在此情形下加密函數與解密函數互為反函數。而「陷門」意味著，只有加上特定之額外訊息，才能將任何經加密函數 $E_{\text{Bob}}(\cdot)$ 之訊息有效地解密；以RSA公開金鑰密碼系統而言，陷門訊息就是對模數 n 因數分解的知識。

一般而言，公開金鑰密碼系統的計算遠較傳統的對稱鑰密碼系統緩慢，公開金鑰密碼系統也可嵌入對稱鑰密碼系統，即用公開金鑰密碼系統將雙方之對稱鑰密碼之密鑰加密傳送，

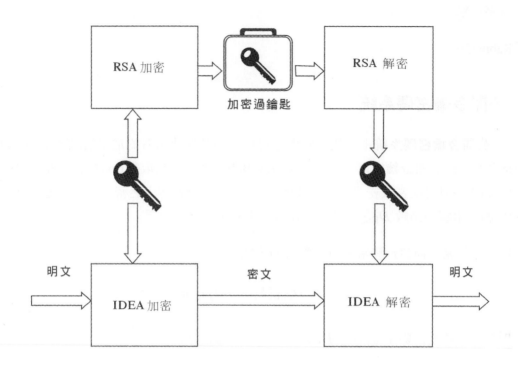

圖 6.1: 數位彌封除了運用在PGP之類的軟體之外，也是網路加密常用的方法。大部分的資料是用隨機產生的IDEA密鑰(session key)加密，當中發訊者取得收訊者的RSA公鑰，對這把IDEA session key加密，連同其他密文一起傳送。收訊者，當然有自己的RSA私鑰，用來解開用RSA公鑰加密的IDEA session key，得到IDEA密鑰，就能解開完整的密文。

收訊者再用公開金鑰密碼系統之解密函數解開所傳之密鑰，之後用此密鑰解開密文，如此公開金鑰密碼系統提供了解決傳統對稱鑰密碼密鑰分送的問題，通訊安全與加密解密速度得以兼顧，這種方式加密稱之為「**數位彌封**」(**Digital Envelope**)。試想，在一個加密的場景裏：Alice與Bob用兩套系統來傳遞訊息，假設一套公開金鑰密碼系統為RSA；另一套為對稱鑰密碼系統IDEA。在這個場景中，主要是用到三把金鑰：

- IDEA密鑰，其所相應之函數作用即IDEA加密以及IDEA解密；

- RSA加密鑰，其函數作用即RSA加密；

- RSA解密鑰，其函數作用即RSA解密。

主要加密、解密的過程是用到IDEA，但IDEA之密鑰只有Alice知道，Bob若無IDEA密鑰，也無法破解。如何傳送IDEA密鑰，而又不怕被邪惡的Eve奪取？其作法就是將IDEA密鑰「鎖在箱子裡」，而這箱子，只有用Bob的RSA解密鑰才能打開。譬如eMail加密軟體**PGP**(**Pretty Good Privacy**)就是用數位彌封加密解密，自第二版起，公開金鑰密碼系統可用RSA，對稱鑰密碼系統可用IDEA，如圖6.1。

6.2　RSA演算法

　　RSA演算法究竟為何？假設Alice欲將訊息用RSA演算法加密傳至Bob，而Bob如何將其解密解讀？而懷有敵意的Eve能否破解它？這要如何操作？我們先就加密解密過程整理如下：

演算法 6.2.1 (RSA演算法):
令Alice欲將明文 m 加密成密文 c 傳至Bob，而Bob將密文 c 解密還原成明文 m。

1. (金鑰產生) Bob取相異質數 p、q (保密)，計算**RSA模數(RSA Modulus)** $n = pq$ 將其公開，取 e 為加密鑰將其公開，其中 e 必須與 $\phi(n)$ 互質，在此情況

$$\phi(n) = (p-1)(q-1) \text{(保密)},$$

Bob之公開金鑰為 (n, e)；Bob計算 d 為解密鑰(保密)，(n, d) 為Bob之**私鑰(Private Key)**，其中

$$ed \equiv 1 \pmod{\phi(n)}。$$

2. (加密) Alice取得Bob之公開金鑰 (n, e)，用加密函數計算

$$c = E(m) \equiv m^e \pmod{n},$$

將密文 c 傳至Bob。

3. (解密) Bob用解密函數計算

$$m = D(c) \equiv c^d \pmod{n}$$

解密還原成明文。

註 6.2.2:
依據上述的演算步驟，就足以用CrypTool 2模擬RSA的金鑰生成、加密以及解密。這些部份可詳見教學影片：

- 使用 CrypTool 2產生1024-bit RSA金鑰（p, q, n 的部份）：`https://youtu.be/reAVW90-uhs`

- 使用 CrypTool 2產生1024-bit RSA金鑰（$\phi(n)$, e, d 的部份）：`https://youtu.be/w9slQdHft4c`

- 使用 CrypTool 2模擬1024-bit RSA的加密以及解密：`https://youtu.be/Ge8o1tNcLi8`

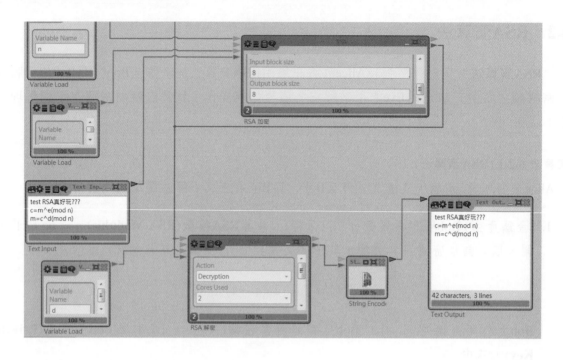

圖 6.2: 用CrypTool 2實作模擬RSA的金鑰生成、加密以及解密，包括質數的產生，所有大整數的加、減、乘、除、模運算，都可透過拖拉曳的方式完成。

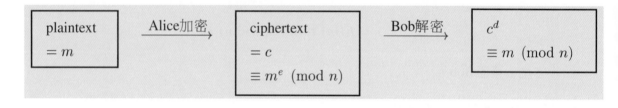

圖 6.3: RSA演算法主要的計算就是模指數運算(Modular exponentiation)，無論加密、解密，甚至簽章與驗證，也是這種計算。為什麼這樣加密、再解密，資料就會還原？

註 6.2.3:

RSA演算法為公開金鑰密碼演算法，不同於對稱密碼演算法如Enigma、DES、AES、IDEA，公開金鑰 (n, e) 必須讓欲傳訊者知道，而私鑰 (n, d) 與參數$\phi(n)$之保密至為關鍵。其中：

1. RSA演算法可成立之關鍵在於，加密鑰 e 與解密鑰 d 滿足

$$ed \equiv 1 \pmod{\phi(n)}$$

由此可用**Euler定理**推導出加密函數 $E(\cdot)$ 與解密函數 $D(\cdot)$ 互為反函數，將在下節定理 (6.3.2)中證明之。

2. **Euler-Phi函數**之定義為

$$\phi(n) := \#\{a \in \mathbb{N} | a < n, \gcd(a, n) = 1\} \text{ 。}$$

若 $\phi(n) = (p-1)(q-1)$ 已知，解密鑰 d 可由**廣義輾轉相除法**(Extended Euclidean Algorithm)計算得之，值 $\phi(n)$、p 與 q 要千萬保密；若 $\phi(n)$ 已知，則 $p+q = n+1-\phi(n)$ 可用一元二次公式解 $x^2 - (n+1-\phi(n))x + n = 0$ 得

$$p \cdot q = \frac{n+1-\phi(n) \pm \sqrt{(n+1-\phi(n))^2 - 4n}}{2} \text{ 。}$$

3. RSA加密函數 $E(\cdot)$ 為**單向陷門函數**，一般相信RSA演算法之安全性是在於大整數 n 之質因數分解的困難度，n 值一般建議為2048-bit，對於中長期使用建議為4096-bit，隨著數論學家在質因數分解的發展及電腦資訊科技的進步，n 值的大小要求還會提升。

我們先看RSA演算法簡易例子。

例 6.2.4:

Alice欲將明文'rsa'加密成密文傳至 Bob。

- (金鑰產生) Bob取質數 $p = 241, q = 311$，計算 $n = pq = 74951$，取 $e = 1033$ 為加密鑰，在此情況 $\phi(n) = (p-1)(q-1) = 240 \times 310 = 74400$，Bob之公開金鑰為 $(n, e) = (74951, 1033)$ Bob用廣義輾轉相除法計算解密鑰 $d \equiv e^{-1} = 1033^{-1} \equiv 3097 \pmod{74400}$。

- (加密) Alice之明文 $m = $ 'rsa' $= (17, 18, 0)_{26} = 17 \times 26^2 + 18 \times 26 = 11960$　($\because$ 令 a $= 0$、b $= 1$、$\cdots$、z $= 25$)，取得Bob之公開金鑰為$(n, e) = (74951, 1033)$，加密得密文 註[4]

$$
\begin{aligned}
c &= m^e = 11960^{1033} \\
&\equiv 11960^{2^{10}+2^3+1} \\
&\equiv \overbrace{\left(\cdots\left(\left(11960^2\right)^2\right)^2\cdots\right)^2}^{\text{10次平方}} \times \left(\left(\left(11960^2\right)^2\right)^2 \times 11960\right) \\
&\equiv 63302 \times (47290 \times 11960) \\
&\equiv 63302 \times 8154 \\
&\equiv 51922 \pmod{74951} \text{ 。}
\end{aligned}
$$

i	0	1	2	3	4	5
$11960^{2^i} \pmod{74951}$	11960	35092	3534	47290	31113	26604

i	6	7	8	9	10	
$11960^{2^i} \pmod{74951}$	10523	30902	57864	31424	63302	

註[4] 千萬不要用計數for迴圈從i=1至i=1033，這樣連乘11960，然後再除以74951計算。這麼小的數字沒乘到幾次，就要用到大整數BigInteger Class，而且計算太過緩慢，加密、解密都要指數時間，根本無法實用。

- (解密) Bob解密

$$
\begin{aligned}
m &= c^d = 51922^{3097} \\
&\equiv 51922^{2^{11}+2^{10}+2^4+2^3+1}
\end{aligned}
$$

$$
\equiv \overbrace{\left(\cdots\left((51922^2)^2\right)^2\cdots\right)^2}^{11次平方} \times \overbrace{\left(\cdots\left((51922^2)^2\right)^2\cdots\right)}^{10次平方}{}^2
$$
$$
\times \left(\left((51922^2)^2\right)^2\right)^2 \times \left((51922^2)^2\right)^2 \times 51922
$$
$$
\equiv 58071 \times 45732 \times 49264 \times 73977 \times 51922
$$
$$
\equiv 11960 \pmod{74951},
$$

$$
\therefore m = 11960 = (17,18,0)_{26} = \text{'rsa'}
$$

- $d \equiv e^{-1} \equiv 3097 \pmod{74951}$之計算：

  `xeuclidean(1033,74951):`

k	0	1	2	3	4	
r_k	1033	74400	1033	24	1	0
q_k		0	72	43	24	
x_k	1	0	1	72	3097	
y_k	0	1	0	1	43	

其中 $\begin{cases} x_{k+1} = q_k x_k + x_{k-1}, & x = (-1)^n x_n, & x_0 = 1, & x_1 = 0 \\ y_{k+1} = q_k y_k + y_{k-1}, & y = (-1)^{n+1} y_n, & y_0 = 0, & y_1 = 1 \end{cases}$
$\therefore d = x = (-1)^4 3097 \equiv 3097 \pmod{74951}$

由上例可見RSA加密解密之計算為**模指數(Modular Exponentiation)**運算，計算速度遠較對稱密碼如DES、AES、IDEA慢許多。

指數模運算演算法的好壞，直接影響RSA加密解密之速度，如果太慢，RSA根本無法實用。在此，我們採取簡易的**Least-Signifant-Bit-First**(LSB)**二元演算法(Binary Algorithm)**，顧名思義是利用其指數之二進位展開，由小位元開始至高位元，逐次模平方、模乘法計算。

演算法 6.2.5:
遞迴版本LSB二元演算法計算 $y = x^d \pmod{n}$：

```
modPower(x,d,n){
    y=0;
    if (x==0) return 0;
    else if (d==0) return 1;
    else if (d==1) return x%n;
    else{
```

```
        y=modPower(x*x%n, d>>1, n);
        if (is_even(d))
            return y;
        else
            return  y*x%n;
    }
}
```

註 6.2.6:

假設 x, d 與 n 皆為 ℓ-bit整數，整數

$$d = \sum_{i=0}^{\ell-1} d_i 2^i$$

之**Hamming加權(Hamming Weight)**為

$$b = \#\{d_i : d_i = 1\}，期望值為 E(b) = \ell/2；$$

則二元演算法PowerMod需要 $b-1$ 次模乘法與 $\ell-1$ 次模平方，總計 $b + \ell - 2 = O(\ell)$ 次計算；模平方有比一般模乘法還快的演算法，而每次模乘法與模平方計算複雜度為 $O(\ell^2)$，故二元演算法PowerMod之計算複雜度為 $O(\ell^3)$。

　　另外也可以考慮，由最高位元開始至低位元的**Most-Significant-Bit-First**(MSB)二元演算法。

演算法 6.2.7:

計算 $y = x^d \pmod{n}$ $(d = \sum_{i=0}^{L-1} d[i]2^i)$:

```
MSBF_modPower(x,d,n){
    if (x==0) return 0;
    else{
        y=1;
        for (i=L-1; i>=0; i--){
            y=y*y%n;
            if (d[i]==1)
                y=y*x%n;
        }
        return y;
    }
}
```

註:

計算上的時間評估如MSB二元演算法，計算上模乘法

$$y = (y * x)\%n$$

的 x 是固定的，這在計算上較為便利。模指數演算在速度上，可以更進一步改善，這將在《質數與大整數算術》一章中討論。

6.3   RSA之數論背景

數論被數學王子**高斯**(Carl Friedrich **Gauß**)譽為「數學女王」，20 世紀前半葉，解析數論 (Analytic Number Theory)大師 G.H. **Hardy**在1940年寫了一本書"A Mathematician's Apology"(數學家的告白)，很自豪地說：「真正的數學跟戰爭沒有任何關係。還沒有人發現數論有任何戰爭用途。」他所謂真正的數學指的是純數學，如**數論**。然而，無人能否認密碼學對戰爭之重要性，但自從公開金鑰密碼系統發展以來，數學女王數論卻成為研究密碼學的核心，Hardy大師所言差矣，數論的戰爭用途也隨著公開金鑰密碼系統發展不言自明。打從RSA成為駭客打造勒索病毒的工具後，RSA這種非對稱金鑰密碼，對於未來的不對稱性的戰爭，會沒有任何角色？

讓我們複習另一大師**Euler**的一個定理：

定理 6.3.1 (Euler):

令整數a、n，其中a與n互質。則

$$a^{\phi(n)} \equiv 1 \pmod{n} \text{。}$$

證明：令 $\mathbb{Z}/n^{\times} := \{x \in \mathbb{Z} | 0 \leq x \leq n-1, \gcd(x,n) = 1\}$，考慮函數

$$f_a : \mathbb{Z}/n^{\times} \quad \rightarrow \quad \mathbb{Z}/n^{\times} \text{,}$$
$$f_a(x) \quad = \quad ax \pmod{b} \text{ 其中 } \gcd(a,n) = 1 \text{。}$$

- f_a 是完好定義(Well-defined)：
  可用廣義輾轉相除法證得，若 $\gcd(a,n) = 1$、$\gcd(x,n) = 1$ 則 $\gcd(ax,n) = 1$。

- f_a 是 $1-1$ 函數：
  假設不是，存在相異 x、$y \in \mathbb{Z}/n^{\times}$，使得

  $$f_a(x) = ax \equiv ay = f_a(y) \pmod{n} \text{。}$$

  但$\gcd(a,n) = 1$，存在 $a^{-1} \in \mathbb{Z}/n^{\times}$，使得 $a^{-1}a \equiv 1 \pmod{n}$。

  $$\therefore x \equiv a^{-1}ax \equiv a^{-1}ay \equiv y \pmod{n} \text{,}$$

  得 $x = y \in \mathbb{Z}/n^{\times}$，矛盾。

函數 f_a 將 $\mathbb{Z}/n^{\times}$ 元素置換，將 $\mathbb{Z}/n^{\times}$ 所有元素相乘，得

$$\prod_{x \in \mathbb{Z}/n^{\times}} x \equiv \prod_{x \in \mathbb{Z}/n^{\times}} f_a(x)$$
$$\equiv \prod_{x \in \mathbb{Z}/n^{\times}} ax \equiv a^{\phi(n)} \prod_{x \in \mathbb{Z}/n^{\times}} x \ (\because \#\mathbb{Z}/n^{\times} = \phi(n))$$

所有 $x \in \mathbb{Z}/n^{\times}$ 皆有乘法反元素，$\therefore a^{\phi(n)} \equiv 1 \pmod{n}$。 □

註：

此亦可採用群論中的**Lagrange定理**證明。

Euler定理推廣了**費馬小定理**：

定理：

令整數a與質數p，其中a與p互質。則

$$a^{p-1} \equiv 1 \pmod{p} \text{。}$$

定理 6.3.2 (RSA加密解密函數)：

令p、q為相異質數，令$n = pq$，令e為與$(p-1)(q-1)$互質之整數，令d滿足

$$ed \equiv 1 \pmod{(p-1)(q-1)} \text{，}$$

令加密函數$E(m) \equiv m^e \pmod{n}$，解密函數$D(c) \equiv c^d \pmod{n}$。 則對所有整數m皆滿足

$$D(E(m)) \equiv m \pmod{n} \text{ 且 } E(D(m)) \equiv m \pmod{n} \text{。}$$

證明：由**Euler-Phi函數**性質可知

$$\phi(n) = \phi(p)\phi(q) = (p-1)(q-1) \text{，}$$

又e與d滿足$ed \equiv 1 \pmod{(p-1)(q-1)}$，故存在某整數$k$，使得$ed = k\phi(n)+1$。 考慮

$$D(E(m)) \equiv (E(m))^d \equiv (m^e)^d = m^{ed} = m^{k\phi(n)+1} \pmod{n}$$
$$E(D(m)) \equiv (D(m))^e \equiv (m^d)^e = m^{ed} = m^{k\phi(n)+1} \pmod{n}$$

考慮值$\gcd(m, n)$：

1. 若$\gcd(m, n) = 1$：
   由 Euler 定理，得$m^{k\phi(n)+1} = (m^{\phi(n)})^k m \equiv m \pmod{n}$；

2. 若$\gcd(m, n) = n$：
   $m^{k\phi(n)+1} \equiv 0 \equiv m \pmod{n}$；

3. 若$\gcd(m, n) = p$ 或 $\gcd(m, n) = q$：
   假設$\gcd(m, n) = p$，此時$\gcd(m, q) = 1$，由費馬小定理得$m^{q-1} \equiv 1 \pmod{q}$，故

   $$m^{k\phi(n)+1} = m^{k(q-1)(p-1)+1} \equiv m \pmod{q} \text{，}$$

   另一方面， $m^{k\phi(n)+1} \equiv 0 \pmod{p}$，所以，可由中國餘式定理得

   $$m^{k\phi(n)+1} \equiv m \pmod{n} \text{。}$$

註 6.3.3:

一般相信RSA演算法是安全的，不過，若 n 因數分解已知，則該RSA模數 n 就已無效。在以上定理之證明中可見，雖然對所有的整數 m 都可以加碼及解碼，但 m 與 n 不互質，且 n 不整除 m 的機率為

$$\text{Prob} = \frac{n-1-\phi(n)}{n} = 1 - \frac{1}{n} - (1-\frac{1}{p})(1-\frac{1}{q}) = \frac{1}{p} + \frac{1}{q} - \frac{2}{n},$$

此時只需計算 $\gcd(m,n)$，就可因數分解 n。若 p、q 為512-bit質數，n 因數分解的機率為約 $\text{Prob} \approx \frac{1}{2^{511}} < 10^{-153}$，這在使用上應是安全的。

　　其實RSA的解碼過程以及演算法本身都可進一步改善，數論上常用的**中國餘式定理**在此又扮演關鍵角色：

演算法 6.3.4 (RSA修訂版)：

令 Alice欲將明文 m 加密成密文 c 傳至 Bob，而 Bob將密文 c 解密還原成明文 m。

1. (金鑰產生) Bob取相異質數 p,q (保密)，計算RSA模數 $n = pq$ 將其公開，取 e 為加密鑰將其公開，其中 e 必須與 $\lambda(n) = \text{lcm}(p-1,q-1)$ 互質，Bob之公開金鑰為 (n,e)；計算

$$\begin{aligned} d &\equiv e^{-1} \pmod{\lambda(n)} \text{、} \\ d_p &\equiv d \pmod{p-1} \text{、} \\ d_q &\equiv d \pmod{q-1} \text{ 及} \\ x_q &\equiv q^{-1} \pmod{p} \end{aligned}$$

Bob之私鑰為 (n,d,d_p,d_q,x_q)。

2. (加密) Alice取得Bob之公開金鑰 (n,e)，用加密函數計算

$$c = E(m) \equiv m^e \pmod{n},$$

將密文 c 傳至 Bob。

3. (解密) Bob有2種解密計算方式：一是

$$m = D_1(c) \equiv c^d \pmod{n}$$

以及用中國餘式定理加速解密

$$\begin{aligned} m &= D_{CRT}(c) \\ &\equiv x_q q(c^{d_p} \bmod p) + (1-x_q q)(c^{d_q} \bmod q) \pmod{n}。 \end{aligned}$$

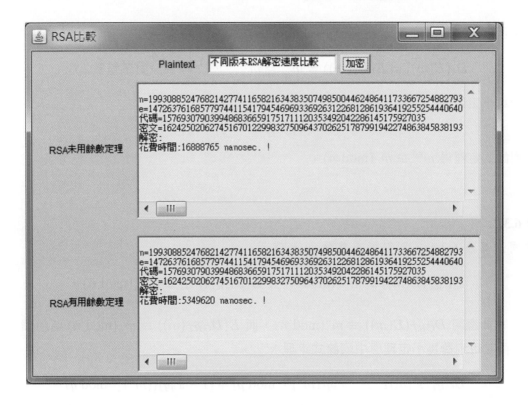

圖 6.4: Java程式比較1024-bit RSA不同版本解密的執行時間, Java GUI程式為修課同學所撰寫,使用餘數定理版的RSA,要比原始版RSA,速度上要快3倍以上。詳見「韓信點兵與RSA」:

https://anwendeng.blogspot.com/2015/09/rsa.html

註 6.3.5:

此處用中國餘式定理可將RSA原始版本中 $ed \equiv 1 \pmod{(p-1)(q-1)}$ 修改為 $ed \equiv 1 \pmod{\lambda(n) = \text{lcm}(p-1)(q-1)}$,另外用中國餘式定理加速解密,即解密函數 $D_{CRT}(\cdot)$,可大約節省 $\frac{3}{4}$ 之時間,大幅節省計算成本。

密碼業界先趨美國資訊安全RSA公司最早提出了**公開金鑰密碼標準(PKCS, Public Key Cryptography Standards)**。此修定版RSA演算法即為他們所提出的標準**PKCS#1**中的核心演算。[5]

定理 6.3.6:

符號同演算法(6.3.4),則對所有整數m皆滿足

$$D_1(E(m)) \equiv m \pmod{n} \text{ 且 } E(D_1(m)) \equiv m \pmod{n} \text{。}$$

---

[5] 白皮書請參閱:
www.emc.com/collateral/white-papers/h11300-pkcs-1v2-2-rsa-cryptography-standard-wp.pdf

證明：因 $ed \equiv 1 \pmod{\lambda(n) = \mathrm{lcm}(p-1)(q-1)}$，故

$$D_1(E(m)) = E(D_1(m)) = m^{ed} = m^{k \cdot \mathrm{lcm}(p-1,q-1)+1} \text{ (對某整數 } k)。$$

使用費馬小定理得

$$m^{ed} \equiv m \pmod{p} \text{ 且 } m^{ed} \equiv m \pmod{q}，$$

由中國餘式定理得 $m^{ed} \equiv m \pmod{n}$。 □

定理 6.3.7:

符號同演算法(6.3.4)，則對所有整數 m 皆滿足

$$D_{CRT}(E(m)) \equiv m \pmod{n} \text{ 且 } E(D_{CRT}(m)) \equiv m \pmod{n}。$$

證明：在此證明 $D_{CRT}(E(m)) \equiv m \pmod{n}$，而 $E(D_{CRT}(m)) \equiv m \pmod{n}$ 留給讀者當作習題。再次用到費馬小定理與中國餘式定理：

$$
\begin{aligned}
D_{CRT}(E(m)) &\equiv x_q q((m^e)^{d_p} \bmod p) + (1 - x_q q)((m^e)^{d_q} \bmod q) \\
&\quad \pmod{n} \\
&\equiv m^{ed_p} \pmod{q} \\
&\equiv m^{e(d+k_1(q-1))} \pmod{q} \quad (\text{某整數 } k_1) \\
&= m^{1+k \cdot \mathrm{lcm}(p-1,q-1)} m^{ek_1(q-1)} \equiv m \pmod{q}，
\end{aligned}
$$

$$
\begin{aligned}
D_{CRT}(E(m)) &\equiv x_q q((m^e)^{d_p} \bmod p) + (1 - x_q q)((m^e)^{d_q} \bmod q) \\
&\quad \pmod{n} \\
&\equiv (1 - x_p p)m^{ed_p} + x_p p m^{ed_p} \\
&\quad (\because \gcd(p,q) = 1, x_p p + x_q q = 1) \\
&\equiv m^{ed_p} \pmod{p} \\
&\equiv m^{e(d+k_2(p-1))} \pmod{p} \quad (\text{某整數 } k_2) \\
&= m^{1+k \cdot \mathrm{lcm}(p-1,q-1)} m^{ek_2(p-1)} \equiv m \pmod{p}，
\end{aligned}
$$

得 $D_{CRT}(E(m)) \equiv m \pmod{n}$，得證。 □

註 6.3.8:

三種不同解密函數 $D(\cdot)$、$D_1(\cdot)$、$D_{CRT}(\cdot)$ 只是計算方式不同，皆為加密函數 $E(\cdot)$ 之反函數，根據反函數之唯一性，計算結果都相同，其實為同一函數：

$$D(\cdot) = D_1(\cdot) = D_{CRT}(\cdot)。$$

例 6.3.9:

Alice欲將明文 'rsa cipher'加密成密文傳至Bob。

- (金鑰產生) Bob取質數 $p = 39863$、$q = 39509$，計算RSA模數 $n = pq = 1574947267$，加密鑰取一般所建議之**費馬數(Fermat Number)**

$$e = F_4 = 2^{2^4} + 1 = 2^{16} + 1 = 65537，$$

計算

$$\lambda(n) = \text{lcm}(p-1, q-1) = \frac{(p-1)(q-1)}{\gcd(p-1, q-1)}$$
$$= \frac{39862 \times 39508}{2} = 787433948，$$

Bob之公開金鑰為 $(n, e) = (1574947267, 65537)$，用 xeuclidean()計算解密鑰

$$d \equiv e^{-1} = 65537^{-1} \equiv 279651573 \pmod{\lambda(n)}。$$

- (加密) Alice之明文為'rsa cipher'。協定代碼為：空白$= 0$、$a = 1$、$b = 2$、$\cdots$、$z = 26$，因 $[\log_{27} n] = 6$，密文每6字母一組，將 'rsa cipher'補為(Padding)'rsa cipherxx'。$m = (m_1, m_2) = $ 'rsa cipherxx'，

$$\therefore m_1 = \text{'rsa ci'} = (18, 19, 1, 0, 3, 9)_{27} = 268397478，$$
$$m_2 = \text{'pherxx'} = (16, 8, 5, 18, 24, 24)_{27} = 233946249。$$

取得Bob之公開金鑰為 $(n, e) = (1574947267, 65537)$，加密得密文

$$c = (c_1, c_2) = (268397478^{65537}, 233946249^{65537})$$
$$\pmod{1574947267}$$
$$= (1358124833, 1280812083)。$$

- (解密) Bob用解密鑰 $d = 279651573$ 解密

$$m = (m_1, m_2) = (1358124833^{279651573}, 1280812083^{279651573})$$
$$\pmod{1574947267}$$
$$= (268397478, 233946249)$$
$$= ((18, 19, 1, 0, 3, 9)_{27}, (16, 8, 5, 18, 24, 24)_{27})$$
$$= \text{'rsa cipherxx'}。$$

例 **6.3.10**(續上例):

Bob事先計算

$$d_p \equiv d \pmod{p-1} = 279651573 \pmod{39862} \equiv 19643 \text{、}$$
$$d_q \equiv d \pmod{q-1} = 279651573 \pmod{39508} \equiv 13949 \text{ 及}$$
$$x_q \equiv q^{-1} \pmod{p} = 39509^{-1} \pmod{39863} \equiv 21508 \text{。}$$

收到Alice傳遞之密文 $c = (c_1, c_2)$，用中國餘式定理版解密函數 $D_{CRT}(c) = (x_q q(c^{d_p} \bmod p) + (1 - x_q q)(c^{d_q} \bmod q) \pmod n)$ 解密:

$$
\begin{aligned}
m_1 &= x_q q(c_1^{d_p} \bmod p) + (1 - x_q q)(c_1^{d_q} \bmod q) \pmod{n}) \\
&= 21508 \times 39509 \times (1358124833^{19643} \bmod 39863) \\
&\quad + (1 - 21508 \times 39509) \times (1358124833^{13949} \bmod 39509) \\
&\quad \pmod{1574947267} \\
&\equiv 21508 \times 39762 \times 2687 + (1 - 21508 \times 39509) \times 12841 \\
&\quad \pmod{1574947267} \\
&= 268397478 \pmod{1574947267} \\
&= (18, 19, 1, 0, 3, 9)_{27} \\
&= \text{`rsa ci'。}
\end{aligned}
$$

同理可得

$$m_2 = D_{CRT}(1280812083) = 233946249 = (16, 8, 5, 18, 24, 24)_{27}$$
$$= \text{`pherxx'。}$$

字串聯結$m_1 \| m_2$ =`rsa cipherxx`，去除補綴得明文`rsa cipher`。

6.4　RSA Java測試程式與openSSL測試

在本章節中，先以先前討論的RSA演算法為基礎，實作Java，而不是直接使用密碼學套件。第二部分，將介紹openSSL軟體，如何進行產生金鑰，並操作加密、解密。

RSA密碼演算法，基本的理論基礎是數論，而基本的計算是找尋大整數質數、乘法反元素以及模指數計算;這些計算在Java的BigInteger類別，都有相對應的方法。

- 找尋大整數似質數，可以利用建構方法:

```
BigInteger(int bitLength, int certainty, Random rnd)
```

圖 6.5: RSAkey.java編譯執行結果

利用 Miller-Rabin質數測試法找出位元數為bitLength、出錯為合成數的機率 $\leq$ $(\frac{1}{2})^{\text{certainty}}$之隨機似質數，當中參數certainty$\geq$ 80；在密碼實用上，應採用安全質數類別SecureRandom，取代其父類別Random。

- RSA的加密解密計算，就是模指數計算；計算 $y = x^d \pmod{n}$，也不用操心演算法，可用BigInteger方法成員modPow() 如下：

```
y=x.modPow(d,n);
```

- 私鑰d為公鑰e的乘法反元素 $\pmod{\phi(n)}$，這也可以BigInteger方法成員modInverse()計算：

```
d=e.modInverse(phin);
```

在不使用任何 **JCE**的情況下，要產生RSA金鑰可以參考下列Java程式。

程式 6.4.1:
陽春版的2048-bit RSA金鑰產生程式，並算出計算時間。

```
//RSAkey.java
import java.math.BigInteger;
import java.security.SecureRandom;
public class RSAkey{
   static BigInteger p,q,phin,d;// keep secret
   static BigInteger n,e; // public parameters
   static void keyGen(int keyBit){
      SecureRandom rnd= new SecureRandom();
      int certainty=128;
      final BigInteger ONE=BigInteger.ONE;

      p=new BigInteger(keyBit/2,certainty ,rnd);
      q=new BigInteger(keyBit/2,certainty ,rnd);
      n=p.multiply(q);

      phin=p.subtract(ONE).multiply(q.subtract(ONE));

      do {// 隨機演算法找 e, d
          e=new BigInteger(keyBit/2,rnd);
      } while(!(e.gcd(phin).equals(ONE)));
      d=e.modInverse(phin);
   }

   static void printKey(){
      System.out.println("產生似質數(出錯機率prob<=2^(-128))");
      System.out.println(p.bitLength()+"-bit 似質數 p="+p+"\n");
      System.out.println(q.bitLength()+"-bit 似質數 q="+q+"\n");
      System.out.println(n.bitLength()+"-bit n=pq="+n+"\n");
      System.out.println("phin="+phin+"\n");
      System.out.println("加密鑰 e="+e+"\n");
      System.out.println("解密鑰 d="+d+"\n");
   }

   public static void main(String[] args){
       long start, end;
       start=System.nanoTime();
       keyGen(2048);
       end=System.nanoTime();
       printKey();
       System.out.println("金鑰產生時間: "+
       (end-start)+"  nanosec. !");
   }
}
```

註:

在以Intel Pentium 1.73 GHz為核心、1 Gigabyte的RAM的筆記型電腦，執行陽春版的2048-bit RSA Java程式產生金鑰的時間，也不過4秒；參數e, d隨機演算法也可改成固定式的計算。

以RSA加密解密涉及字串處理、文字編碼，這些可以在String、byte陣列與BigInteger之間轉換進行。(要注意Java文字編碼是採**萬國碼(Unicode)**，這與一般台灣中文慣用的Big5編碼不同。)利用BigInteger、String的建構方法、方法成員，配合Class RSAkey的方法成員keyGen(int)，可以進行RSA的加密解密測試。

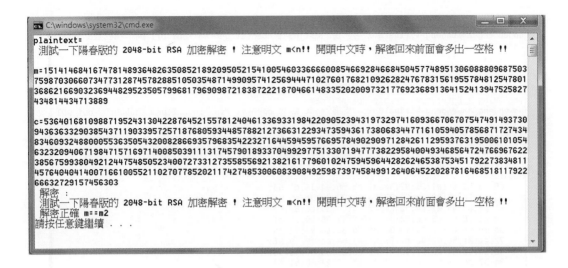

圖 6.6: testRSA.java編譯執行結果

程式 6.4.2:
陽春版的2048-bit RSA測試程式,測試字串plaintext加密再解密回來,文字採UTF-8編碼。

```java
//testRSA.java
import java.math.BigInteger;
class testRSA{
   public static void main(String[] args) throws Exception
   {
      RSAkey.keyGen(2048);

      BigInteger  m,c,m2;
      String plaintext="測試一下陽春版的2048-bit RSA加密解密!"+
      "注意明文m<n!!開頭中文時,解密回來前面會多出一空格!!";
      System.out.println("plaintext=\n"+plaintext+"\n");
      m=new BigInteger(1, plaintext.getBytes("UTF-8"));
      System.out.println("m="+m+"\n");
      c=m.modPow(RSAkey.e,RSAkey.n);
      System.out.println("c="+c);
      m2=c.modPow(RSAkey.d,RSAkey.n);
      System.out.println("解密:\n"+new String(m2.toByteArray(),"UTF-8"));
      if (m.compareTo(m2)==0)
         System.out.println("解密正確 m==m2");
      else
         System.out.println("解密錯誤 m!=m2");
   }
}
```

註 6.4.3:

本節的 RSA測試程式,純粹是著眼於演算法的實作以及密碼計算,並未涉及資料傳輸中的保密性。所有的 RSA的參數,也都採取陽春的方式產生。要使用 JCE,特別是 java.security.spec套件,產生 RSA金鑰,就要考慮 RSAKeyGenParameterSpec、

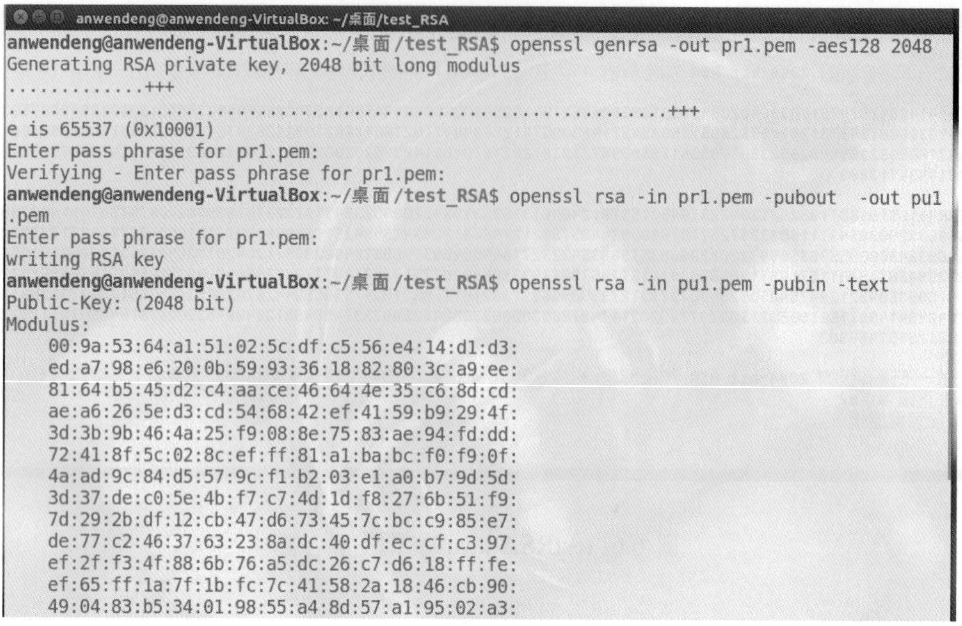

圖 6.7: 用openSSL產生RSA金鑰對

RSAMultiPrimePrivateCrtKeySpec、

RSAOtherPrimeInfo、 RSAPrivateCrtKeySpec、 RSAPrivateKeySpec、

RSAPublicKeySpec等類別；另外也要考慮java.security套件中的 KeyFactory 、 KeyPair、 KeyPairGenerator等類別。

　　要使用JCE，特別是javax.crypto套件，實現RSA加密解密，就要考慮 Cipher 、 CipherInputStream、 CipherOutputStream等類別。

▶openSSL使用RSA初探

　　許多伺服器，其資安相關的程式，就是採用開放原始碼的軟體函式庫套件openSSL。 [6] 雖然在2014年之際，首次向公眾披露「**心臟出血漏洞**」(**Heartbleed bug**)，其實早在2012年就有openSSL嚴重出包， [7] openSSL由於其使用太廣泛，還是有了解的必要。第一步就是要產生金鑰對，先產生RSA私鑰，所產生的私鑰存至pr1.pem，當然不能毫無加密，加密RSA私鑰的方法，就採安全強度等同於3072-bit RSA的AES-128，而AES-128的密鑰值與輸入的pass phrase決定：

```
$openssl genrsa -out pr1.pem -aes128 2048
```

[6] openSSL官網:https://www.openssl.org/
[7] 錯誤當然不在所用的任何密碼演算法，而是在實作TLS的心跳擴充功能時沒有對輸入進行適當驗證。經由心臟出血漏洞發動攻擊，可能取得TLS雙方將交換、但未加密的內容，洩漏的資料還可能含有身分驗證的password，如對談cookie及密碼，可使攻擊者向該服務冒充此用戶。請參考 "Why Heartbleed is dangerous? Exploiting CVE-2014-0160"
https://ipsec.pl/ssl-tls/2014/why-heartbleed-dangerous-exploiting-cve-2014-0160.html

openSSL儲存金鑰格式，一般而言是採DER(Distinguished Encoding Rules)，是ASN.1的一類，或是如本例採PEM，其實就是將DER的內容以base64編碼，並補充標頭和標尾。 RSA的私鑰的格式，其實是如此這般的:註[8]

```
RSAPrivateKey ::= SEQUENCE {
      version             Version,
      modulus             INTEGER,   -- n
      publicExponent      INTEGER,   -- e
      privateExponent     INTEGER,   -- d
      prime1              INTEGER,   -- p
      prime2              INTEGER,   -- q
      exponent1           INTEGER,   -- d mod (p-1)
      exponent2           INTEGER,   -- d mod (q-1)
      coefficient         INTEGER,   -- (inverse of q) mod p
      otherPrimeInfos     OtherPrimeInfos OPTIONAL
  }
```

有了私鑰，當然也要公鑰，就存至pu1.pem，否則怎麼加密？指令為

```
$openssl rsa -in pr1.pem -pubout -out pu1.pem
```

有用到私鑰，還要輸入與AES-128密鑰關聯的pass phrase。要觀察公鑰值，請下指令

```
$openssl rsa -in pu1.pem -pubin -text
```

有了公鑰、私鑰就可以操作加密、解密:(當中第二項Linux指令od是觀察密文檔案cipher.bin的16進位數值)

```
$openssl rsautl -encrypt -pubin -inkey pu1.pem -in plain.txt -out cipher.bin
$od -t x cipher.bin
$openssl rsautl -decrypt -inkey pr1.pem -in cipher.bin
```

值得一提的，RSA是區塊密碼，長度小於一個區塊的資料，當然就是ECB模式，理論上，資料量大的當然也可用CBC模式。然而openSSL實作的RSA，並不考慮超過一個區塊長度的資料，資料太大，就無法加密。以本例2024-bit的RSA，區塊的長度為2048 bits=256 bytes，再去掉Padding等用掉的長度，資料能用的當然是小於256 bytes，拿openSSL的RSA對圖檔加密，似乎是不太可能的。openSSL對RSA提供Padding的方式如下:

```
-ssl           use SSL v2 padding
-raw           use no padding
-pkcs          use PKCS#1 v1.5 padding (default)
-oaep          use PKCS#1 OAEP
```

在使用-raw時，資料的長度就必須調整至跟區塊的長度一樣長，否則也是錯。

註[8] 參閱RFC 3447文件(https://tools.ietf.org/html/rfc3447#appendix-A.1)。很明顯，這是用到前述有用的餘數定理版本的RSA，第一個欄位version，如果是0，就是一般的RSA，如果是1，就是多質數版廣義的RSA。私鑰的資訊也包含公鑰的資訊。

```
anwendeng@anwendeng-VirtualBox:~/桌面/test_RSA
anwendeng@anwendeng-VirtualBox:~/桌面/test_RSA$ openssl rsautl -encrypt -pubin -inkey pul.pem -in plain.txt -out cipher.bin
anwendeng@anwendeng-VirtualBox:~/桌面/test_RSA$ od -t x cipher.bin
0000000 88aca38a 096f81ce 9dc424a1 cfbd7163
0000020 5d41c2ad ee3a2dfe 4d868a00 a853099e
0000040 ee070eff 91ff93f1 ab687d88 62ab1889
0000060 9b405702 a16307f0 9f0046cd 1b40e890
0000100 b2f4e743 d4749808 1cda7300 20fb5806
0000120 095f0a8a 09a145e7 299788d5 66573dea
0000140 7a7688e9 1f5f6474 77e908f2 cb3d2331
0000160 a29d09bd 2ac4de1c b8f59f6f 98bab487
0000200 d0b719b1 5a3c0677 02352e9c 330edcd6
0000220 6791d42c be101e4f 6f77f9b3 96afc83a
0000240 9404ad20 8b2e42c6 ce4a1d82 0d590ce7
0000260 13bf9fc9 9fbbb02e 7ca56941 1c11fe9c
0000300 7fbe5b30 1410f798 4860880a 0b8caf75
0000320 8056b49a 274d0eee d2f984ad d106b890
0000340 e3e94f04 82aa5027 3f3b6039 f38d95f9
0000360 ba68c753 4b1b0424 e1b17149 db7d0460
0000400
anwendeng@anwendeng-VirtualBox:~/桌面/test_RSA$ openssl rsautl -decrypt -inkey pr1.pem -in cipher.bin
Enter pass phrase for pr1.pem:
這整段文字用2048-bit的RSA加密，公鑰加密。私鑰解密之時需要pass phrase。明文不可太長。
anwendeng@anwendeng-VirtualBox:~/桌面/test_RSA$
```

圖 6.8: 用openSSL採2048-bit RSA對文字檔加密、解密

圖 6.9: RSA數位簽章是可回復的數位簽章法

6.5 RSA數位簽章

RSA密碼系統之**數位簽章**之實踐，就是利用其加密函數與解密互為反函數之性質，Bob將訊息 m 經由解密函數加以「簽章」即

$$s = D_{\text{Bob}}(m)$$

傳送給Alice，Alice收到Bob之數位簽章 s，並取得Bob之加密鑰(公開金鑰) d，用加密函數 $E_{\text{Bob}}(\cdot)$ 將數位簽章 s 解讀，即

$$E_{\text{Bob}}(s) = E_{\text{Bob}}(D_{\text{Bob}}(m)) = m \text{。}$$

RSA數位簽章是一種**可回復式數位簽章法**(**Recovery Scheme**)，與另外的附錄式數位簽章法(Appendix Scheme)在其運作之方法上有顯著的不同。

例 6.5.1:
Bob利用RSA密碼系統，欲數位簽章一簡短的文件

$$m = \text{`bob cracked rsa'},$$

並傳訊給他所有認識之人。

- (金鑰產生)Bob之RSA金鑰為

$$(n, e, d) = (24206811682801236799169, 31,$$
$$19521622324306440686971)；$$

其中RSA模數

$$n = p \times q \quad (p = 622354832383 \cdot q = 38895514943)，$$

加密鑰為$e = 31$，解密鑰為

$$\begin{aligned} d &= e^{-1} \pmod{\phi(n) = (p-1) \times (q-1)} \\ &= 31^{-1} \pmod{24206811682139986451844} \\ &= 19521622324306440686971。 \end{aligned}$$

- (數位簽章) 假設代碼空白$= 0 \cdot a = 1 \cdot b = 2 \cdot \cdots \cdot z = 26$，又

$$[\log_{27} n] + 1 = [\log_{27} 24206811682801236799169] + 1 = 15，$$

故以全文為一組編碼，得代碼

$$\begin{aligned} &\text{'bob cracked rsa'} \\ =\ & (2, 15, 2, 0, 3, 18, 1, 3, 11, 5, 4, 0, 18, 19, 1)_{27} \\ =\ & 2 \times 27^{14} + 15 \times 27^{13} + 2 \times 27^{12} + 3 \times 27^{10} \\ & + 18 \times 27^9 + 1 \times 27^8 + 3 \times 27^7 + 11 \times 27^6 \\ & + 5 \times 27^5 + 4 \times 27^4 + 18 \times 27^2 + 19 \times 27 + 1 \\ =\ & 2799272500812004 79782 = m, \end{aligned}$$

再以解密函數 $D_{\text{Bob}}(\cdot)$ 分別對此代碼「數位簽章」

$$\begin{aligned} s &= m^d \pmod{n} \\ &= 279927250081200479782^{19521622324306440686971} \\ &\qquad \pmod{24206811682801236799169} \\ &= 17083178691394655337512 \end{aligned}$$

並將「數位簽章」$s = 17083178691394655337512$ 傳給所有他欲傳送之人。

- (簽章還原) Alice收到了Bob之「數位簽章」，經過計算

$$
\begin{aligned}
m &= s^e \pmod{n} \\
&= 1708317869139465533751 2^{31} \\
&\quad \pmod{24206811682801236799169} \\
&= 279927250081200479782 \\
&= (2, 15, 2, 0, 3, 18, 1, 3, 11, 5, 4, 0, 18, 19, 1)_{27} \\
&= \text{`bob cracked rsa'}，
\end{aligned}
$$

她知道此「數位簽章」是真正來自 Bob， Bob之後就算想抵賴，也由不得他，因為「**不可否認性**」正是數位簽章的特性。

圖 6.10: 用openSSL採2048-bit RSA對文字檔採用Recover Scheme的數位簽章、驗證。一樣是用rsautl，就是將-encrypt, -decrypt換成-verify, -sign，在此簽章、驗證的過程中，並沒有用到雜湊Hash。

然而RSA數位簽章滿足**乘法代數性質**(其他許多公開金鑰密碼系統都有此性質)：

$$
\begin{aligned}
D(m_1 m_2) &= (m_1 m_2)^d \bmod n \\
&\equiv (m_1^d \bmod n)(m_2^d \bmod n) \bmod n \\
&\equiv D(m_1)D(m_2) 。
\end{aligned}
$$

這在有心之人Eve的設計下，欲偽造Bob之數位簽章，其法如下：

例 6.5.2:

Eve欲設計偽造Bob之數位簽章 $s = D(m)$，期間她花了好大功夫發現 $m \equiv m_1 m_2 \bmod n$ 其中 m_1 與 m_2 都居然是有意義的文字之代碼 (雖然這在RSA密碼系統的可能性微乎其微)，然而

Bob居然不察地將訊息 m_1 及 m_2 予以「數位簽章」，如此

$$s = D(m) = D(m_1)D(m_2) \text{，}$$

Eve便取得Bob對文件 m 之數位簽章，加以偽造。

　　若要防止如此的攻擊法，一種方式就是先用**Hash函數**或**重複函數**(Redundancy Function) f 作用，再予數位簽章，即

$$s = D(f(m))$$

因Hash函數或重複函數並無如此之乘法代數性質，即

$$f(m_1 m_2) \neq f(m_1)f(m_2)$$

可有效防止此類攻擊，但由於Hash函數之值多為128-bit或160-bit以內之固定長度，雖然防止了如此之攻擊，另外卻也可能降低了長金鑰RSA密碼密鑰所能提供之計算安全性之保證，Hash函數之使用，還是謹慎為妙；若Eve又懂得**生日攻擊**(**Birthday Attack**)，[9] 甚至可將Hash函數之有效計算安全長度降低一半，如此的保密程度大概只剩下64-bit或80-bit之有效安全長度抵抗生日攻擊法。因此密碼的使用，還是得全盤考量為佳，並非加的密碼元件越多，就越安全。

6.6　同時RSA加密和RSA數位簽章

　　在本節中，要討論如何利用RSA密碼技術同時進行加密以及數位簽章，如此可同時做到**機密性、可認證性、不可否認性**，畢其功於一役。假設Alice欲加密明文 m 並予以數位簽章，傳訊給Bob，其中Alice之公鑰為 (n_A, e_A) 而Bob之公鑰為 (n_B, e_B)，其「標準」作法如圖6.11，就是Alice先數位簽章再加密，即

$$\begin{aligned} s &= m^{d_A} \pmod{n_A} \\ c &= s^{e_B} \pmod{n_B} \text{，} \end{aligned}$$

而Bob則是先解密，再驗證，即

$$\begin{aligned} \hat{s} &= c^{d_B} \pmod{n_B} \\ \hat{m} &= \hat{s}^{e_A} \pmod{n_A} \text{，} \end{aligned}$$

然而只要 $n_A > n_B$，這只能保證 $m \equiv \hat{m} \pmod{n_B}$，卻不能保證 $m = \hat{m}$，此時就會出現無法回復明文 m 之窘況，此稱為**Reblocking問題**。

---

[9] 參閱本書《生日攻擊》一節。

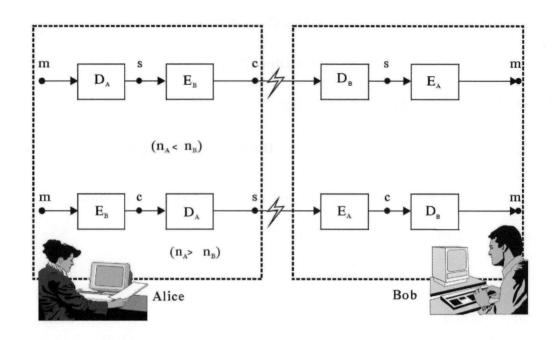

圖 6.11: 同時RSA加密和RSA數位簽章

例 **6.6.1** (Reblocking問題):

令 $m = 4519729818307689413$。而Alice與Bob之公鑰分別為

$$(n_A, e_A) = (3727906129 \times 3742080863, 7) = (13950126184391309327, 7),$$
$$(n_B, e_B) = (1986525857 \times 3045502973, 5) = (6049970403434872861, 5);$$

私鑰分別為

$$d_A = 7^{-1} \pmod{(3727906129 - 1) \times (3742080863 - 1)}$$
$$= 7^{-1} \pmod{13950126176921322336} = 9964375840658087383,$$
$$d_B = 5^{-1} \pmod{(1986525857 - 1) \times (3045502973 - 1)}$$
$$= 5^{-1} \pmod{6049970398402844032} = 2419988159361137613 \text{。}$$

Alice計算

$$s = m^{d_A} \pmod{n_A}$$
$$= 4519729818307689413^{9964375840658087383}$$
$$\pmod{13950126184391309327}$$
$$= 6049970403434872867,$$
$$c = s^{e_B} \pmod{n_B}$$
$$= 6049970403434872867^5 \pmod{6049970403434872861}$$
$$= 7776;$$

Bob計算

$$
\begin{aligned}
\hat{s} &= c^{d_B} \quad (\mathrm{mod}\ n_B) \\
&= 7776^{2419988159361137613} \\
&\qquad (\mathrm{mod}\ 60499704034348 72861) \\
&= 6 \text{,} \\
\hat{m} &= \hat{s}^{e_A} \quad (\mathrm{mod}\ n_A) \\
&= 6^7 \quad (\mathrm{mod}\ 9964375840658087383) \\
&= 279936 \text{。}
\end{aligned}
$$

當中 $m \neq \hat{m}$，其因就是 $s > n_B$，其發生此問題之機率為 $\frac{n_A - n_B}{n_A}$。

註 6.6.2:

要解決Reblocking問題的方法，其中一最直接簡單的方式，就是將數位簽章與加密的順序顛倒，即若 $n_A > n_B$ 時， Alice就以先加密、再數位簽章的方式處理，

$$
m \to c = m^{e_B} \quad (\mathrm{mod}\ n_B) \to s = c^{d_A} \quad (\mathrm{mod}\ n_A)\ \text{；}
$$

而Bob則是計算

$$
s \to c = s^{e_A} \quad (\mathrm{mod}\ n_A) \to m = c^{d_B} \quad (\mathrm{mod}\ n_B) \text{。}
$$

其他的解決方案，則是每個使用者必須有兩組金鑰

$$
(n_{A_1}, e_{A_1}, d_{A_1}) \text{、} (n_{A_2}, e_{A_2}, d_{A_2}) \text{，}
$$

其中 $n_1 < n_c < n_2$，而 n_c 為一組臨界值，欲傳訊加密者，取本人模數較小之私鑰 (n_{A_1}, e_{A_1}) 先數位簽章，再用對方較大模數之公鑰 (n_{B_2}, e_{B_2}) 加密，如此亦可避開Reblocking問題，但如此一來，便倍增了所需的金鑰數目，一為加密解密用、另一為數位簽章用，目前大多的協定就是採此法。

例 6.6.3 (續上例):

由於 $n_A > n_B$，Alice就以先加密、再數位簽章的方式處理：

$$
\begin{aligned}
c &= m^{e_B} \quad (\mathrm{mod}\ n_B) \\
&= 4519729818307689413^5 \quad (\mathrm{mod}\ 60499704034348 72861) \\
&= 3160066570610330395 \text{，} \\
s &= c^{d_A} \quad (\mathrm{mod}\ n_A) \\
&= 3160066570610330395^{9964375840658087383} \\
&\qquad (\mathrm{mod}\ 13950126184391309327) \\
&= 271404873500542062 \text{，}
\end{aligned}
$$

Bob先驗證，再解密：

$$
\begin{aligned}
c &= s^{e_A} \pmod{n_A} \\
&= 2714048735005420062^7 \pmod{13950126184391309327} \\
&= 3160066570610330395 ， \\
m &= c^{d_B} \pmod{n_B} \\
&= 3160066570610330395^{24199881593611137613} \\
&\quad \pmod{6049970403434872861} \\
&= 4519729818307689413 。
\end{aligned}
$$

Reblocking問題如此獲得解決。

6.7　RSA-129挑戰與因數分解

　　RSA密碼系統在本質上為**雙質數密碼(Bi-prime Cipher)**，實作上，必須考量以下兩個質數問題：

1. RSA之模數 $n = pq$，其中 p、q 為相異質數，如何找到質數 p、q？又如何判斷所找到的數是質數？

2. 在RSA密碼系統中，**RSA模數** n 是公開的，如果有人能因數分解 $n = pq$，任何以此模數n之RSA密碼，都可破解，因此模數 n 不能輕易被因數分解成了RSA密碼實用上，最最要考量的；數論學家在**因數分解**的進展程度，成了RSA密碼是否能繼續使用的關鍵。

　　在此，我們將試圖考量第二個質數問題，即因數分解問題。在解釋RSA密碼與因數分解的關聯性，可由以下簡例中一窺端倪。

例 6.7.1：

Bob之RSA公開金鑰為

$$(n, e) = (782741, 7) 。$$

攻擊者Eve截收到Alice傳訊給Bob之密文 144310，並知道Alice與Bob之通訊代碼為：

$$a = 0 、 b = 1 、 c = 2 、 \cdots 、 z = 25 。$$

計算 $[\log_{26} n] = [\log_{26} 782741] = 4$，知道每 4 個字母一組編碼。如果Eve知道 n 之質因數分解，即知道是何質數 p、q 使得 $pq = 782741$，就可計算 $\phi(n) = (p-1)(q-1)$，再以廣義的輾轉相除法或 xeuclidean() 程式計算得解密鑰

$$d \equiv 7^{-1} \bmod \phi(n) ，$$

便可還原明文之代碼

$$m \equiv 144310^d \pmod{782741}。$$

如何找到質因數 p、q，使得 $pq = 782741$？ Eve試著從2到小於等於 $[\sqrt{782741}] = 884$ 之質數試除，(共計有 153 個質數)在第 150 個質數時發現

$$782741/863 = 907 = q，$$

因此 $\phi(n) = (p-1)(q-1) = 862 \times 906 = 780972$。以廣義輾轉相除法得

$$d = 7^{-1} \equiv 223135 (\mathrm{mod}\phi(n) = 780972)，$$

所以明文代碼為

$$144310^{223135} \equiv 126037(\mathrm{mod}782741) = 126037，$$

而

$$\begin{aligned} 126037 &= 4847 \times 26 + 15 \\ &= (186 \times 26 + 11) \times 26 + 15 \\ &= ((7 \times 26 + 4) \times 26 + 11) \times 26 + 15 \\ &= (7, 4, 11, 15)_{26}。 \end{aligned}$$

因此明文為 'help'。

從上例中，我們發現，在已經有質數表的情況下，Eve還需要計算 120 次除法，方可分解 6 位數 $n = 782741$，即使是如此小的 6 位數，質因數分解尚且需要如此之多的計算，質因數分解一般相信是困難的。而RSA密碼的安全性一般相信是奠基於質因數分解，能夠將RSA模數 n 質因數分解，就能破解任何以此模數 n 為公開金鑰之RSA密碼；然而能破解RSA密碼，卻是不一定就能質因數分解RSA模數n。(質因數分解RSA模數 n 是破解RSA密碼之充分條件，而不是必要條件)

在計算ℓ-bit 整數n的因數分解，以目前之演算法來看，是困難的，所有的演算法，都無法在多項式時間內完成，以**二次篩法(Quadratic Sieve Method)**為例，其計算複雜度為

$$L_n(1/2, 1) = e^{(1+o(1))\sqrt{\ln n \ln \ln n}} = e^{O(\sqrt{\ell \ln \ell})}，$$

而一般的**代數數體篩法(Algebraic Number Field Sieve Method)**也須

$$L_n(1/3, 1.923) = e^{(1.923+o(1))(\ln n)^{1/3}(\ln \ln n)^{2/3}} = e^{O(\ell^{1/3}(\ln \ell)^{2/3})}。$$

試去破解RSA密碼，就意味著，嘗試去質因數分解RSA密碼公開金鑰之RSA模數 n，表 6.1為歷史上人類質因數分解之部分紀錄。

值得一提的則是**RSA-129挑戰**破解的經過，在Rivest、Shamir、Adleman之RSA演算法初次

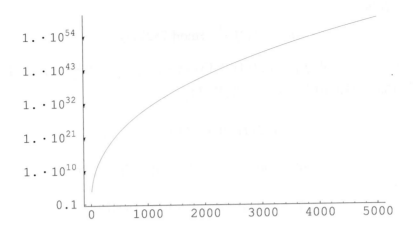

圖 6.12: 用代數體篩法因數分解不同位元金鑰之RSA模數所需之計算次數

年份	十進位數之位數	備註
1964	20	
1974	45	
1983	69	$2^{251} - 1$ 用二次篩法
1989	106	用二次篩法
1994	129	RSA-129 用二次篩法
1996	130	RSA-130 用代數數體篩法
1999	155	RSA-155 用代數數體篩法
2003	174	破譯RSA-576挑戰(576-bit)
2005	200	破譯RSA-200
2009	232	破譯768-bit RSA

表 6.1: 質因數分解之紀錄

發表之際,就在"Scientific American"提出模數為129十進位之數

$$n = 1143816257578888676692357799761466120102$$
$$1829672124236256256184293570693524573389$$
$$7830597123563958705058989075147599290026$$
$$879543541,$$

加密鑰 $e = 9007$ 之密文

$$
\begin{aligned}
c = \quad & 968696137546220614771409222543558829057599911245743198746951209308162982251457083569314766228839896280133919905518299451 \\
& 57815154 \text{，}
\end{aligned}
$$

並懸賞美金 100 元，給任何能在西元1982年4月1日愚人節前破解之人，以當時的因數分解技術，他們推算應費 4×10^{16} 年方可破解成功。 過了 1982 年愚人節，這項RSA-129挑戰尚未能破，但在 1994 年之際，多位數論學家Atkins、Graff、Lenstra以及Leyland改良了因式分解的技巧，提出改良版的二次篩法演算法，在結合全球600多人的團隊於 1600 部電腦執行了8個月，當中嘗試以**高斯消去法(Gauß Elimination)**找出上數十萬項變數之關聯，終於成功地將 n 質因數分解成 $n = p \times q$，而

$$
\begin{aligned}
p = \quad & 3490529510847650949147849619903898133417 \\
& 76463849338784399082057 \text{7，}
\end{aligned}
$$

$$
\begin{aligned}
q = \quad & 32769132993266709549961988190834461413177 \\
& 64296799294253979828853 \text{3，}
\end{aligned}
$$

如此以廣義輾轉相除法計算解密鑰

$$
\begin{aligned}
d = \quad & e^{-1} \quad (\mathrm{mod}\ \phi(n) = (p-1)(q-1)) \\
& 1066986143685780244428687713289201547807099066339378628012262244966310631259117744 \\
& 70873340168597462306553968544513277109053 \\
& 606095
\end{aligned}
$$

明文數字代碼為

$$
\begin{aligned}
m = \quad & c^d \quad (\mathrm{mod}\ n) \\
= \quad & 200805001301070903002315180419000118050019172105011309190800151919090618010705 \text{，}
\end{aligned}
$$

以代碼 $a = 01$、$b = 02$、$\cdots$、空白鍵 $= 00$ 解讀為

`'the magic words are squeamish ossifrage'`

即密語為一種神經質鷹之義，(squeamish ossifrage 為生長在北美的一種易受驚嚇的鷹)，總共計算次數約 5000 MIPS-年。另外公佈在RSA資訊安全公司首頁之RSA-155挑戰也在1999年破

解，其計算次數約 8400 MIPS-年，用的則是代數數體篩法；而在Singh所著之碼書(The Code Book)附錄中所錄之第十個懸賞密文，也是 155 十進位之RSA密文，這也被瑞典一個研究團隊於2000年首次破解。而RSA-200的質因數分解也被發現：

```
RSA-200=
  2799783391 1221327870 8294676387 2260162107 0446786955
  4285375600 0992932612 8400107609 3456710529 5536085606
  1822351910 9513657886 3710595448 2006576775 0985805576
  1357909873 4950144178 8631789462 9518723786 9221823983
=3532461934 4027701212 7260497819 8464368671 1974001976
  2502364930 3468776121 2536794232 0005854795 6528088349
  x
  7925869954 4783330333 4708584148 0059687737 9758573642
  1996073433 0341455767 8728181521 3538140930 4740185467
```

雖然RSA challenge的懸賞獎金於2007年中止，然而嘗試挑戰質因數分解RSA模數的活動，卻還是繼續進行中。

6.8 二次篩法與 Pollard 之 p − 1 法

破解RSA-129是採用某種版本的**二次篩法**，用以因數分解RSA模數 n，二次篩法在**解析數論**中是一種標準常用的方法，他的基本開頭的想法，如同許多其他的因數分解法一樣，是要找出正整數 x、y，使得

$$x^2 \equiv y^2 \bmod n$$

並且滿足

$$x \not\equiv \pm y \bmod n,$$

如此 n 是數 $x^2 - y^2 = (x+y)(x-y)$ 之因數，卻非 $x-y$ 或 $x+y$ 之因數，故其 $\gcd(x-y, n)$ 或 $\gcd(x+y, n)$ 均為 n 之因數；如此便可將 n 因數分解。

例 6.8.1 (Fermat因數分解):
與二次篩法一樣，**Fermat因數分解**就是利用式子

$$n^2 = x^2 - y^2 = (x+y)(x-y)。$$

令 $n = 295927$。直接計算 $n^2 + 1^2$、$n^2 + 2^2$、$\cdots$、$n^2 + k^2$ 直至 $n^2 + k^2$ 為完全平方數為止。在本例中，

$$295927 + 3^2 = 295936 = 544^2,$$

因此可得因數分解

$$295927 = 544^2 - 3^2 = (544+3)(544-3) = 547 \times 541。$$

　　因有Fermat因數分解之故，在RSA密碼系統中之質數 p 與 q 之選取，一般建議 $|p - q|$ 不宜太小，故 p 與 q 長度宜有數位元之差。

▶二次篩法

　　反觀二次篩法是較針對一般的整數，但若拿來對付僅十餘位以下之整數 n，就顯得非常不合時宜，(因為此時，就算是用試除法(Trial Divison)，即用所有小於等於 $[\sqrt{n}]$ 之質數逐次試除，也不算慢。以下的例子，其最佳化的因數分解方法，當然不是用二次篩法，在此只是用來說明二次篩法的實作概要。

例 6.8.2:

令 $n = 9671$ 為正整數，又知 $x = 672606$、$y = 31850$，且 $n = x^2 - y^2$ 得 $x - y = 640756$、$x + y = 704456$，得 $\gcd(x - y, n) = \gcd(x + y, n) = 509$，故 509 為 9671 之因數。

　　如何找出 x 與 y？其中一法就是如同Fermat因數分解，以RSA模數 $n = pq$ 為例，若 $|p-q|$ 為長達數十位之整數，亦難以執行。另外一種方法，便是考慮聯立平方同餘等式，再求其解。

例 6.8.3 (續上例):

令 $n = 9671$、$m = [\sqrt{9671}] = 98$，令函數

$$f(x) = (x + m)^2 - n = (x + 98)^2 - 9671 \text{。}$$

「很幸運地」有以下聯立方程組：

$$
\begin{aligned}
f(1) &= 130 = 2 \times 5 \times \times 13 \\
f(-12) &= -2275 = -1 \times 5^2 \times 7 \times 13 \\
f(-19) &= -3430 = -1 \times 2 \times 5 \times 7^3
\end{aligned}
$$

可得聯立同餘方程組：

$$
\begin{aligned}
99^2 &\equiv 2 \times 5 \times 13 \bmod 9671 \\
86^2 &\equiv -1 \times 5^2 \times 7 \times 13 \bmod 9671 \\
79^2 &\equiv -1 \times 2 \times 5 \times 7^3
\end{aligned}
$$

將以上聯立同餘方程組各式相乘，可得

$$(99 \times 86 \times 78)^2 = (672606)^2 \equiv (2 \times 5^2 \times 7^2 \times 13)^2 = 31850^2 \bmod 9671 \text{，}$$

此即 $x = 672606$、$y = 31850$。

在上例中可見，我們其實是利用同餘式

$$f(x) \equiv (x+m)^2 \bmod n$$

「導出」所欲之平方同餘式，另外一方面，並找出特殊的 x，使得 $f(x)$ 僅有「小」質因數。然而實作上，則是利用二元篩法「篩選」出適當的同餘線性聯立方程組，再以線性代數的標準方法高斯消去法求得答案。在繼續進一步討論二元篩法，先介紹在計算數論上常用的概念：

定義 6.8.4 (B-smooth):
令 B 為某若干質數與 -1 所形生之集合。令 x 為一整數：稱 x 為 B-**smooth** $\iff$ x 之質因子均在集合 B 中。

為方便起見，以質數基底

$$B_n := \{p | p \le n, p \text{ 為質數或 } p = -1\}$$

表示所有小於等於 $p \le n$ 之質數或 $p = -1$ 之集合，二元篩法就是利用適當之篩區間(Sieving Interval)

$$S = \{-C, -C+1, -C+2, \cdots, 0, 1, 2, \cdots, C-1, C\}$$

找出所有的整數 $s \in S$，使得 $f(s)$ 為 B_n-smooth。

註 6.8.5:
分別以長度為 50、100 之十進位數而言，其所應選取之質數基底應為 B_{3000}、B_{51000}，而篩區間之 $C = 2 \times 10^5$、1.4×10^7。

例 6.8.6 (續上例):
令 $n = 9671$，選質數基底

$$B = \{-1, 2, 5, 7, 13\}$$

即可(因 $x^2 \equiv 9671 \pmod{11}$ 在 $\mathbb{Z}/11$ 中無解，其 **Legendre符號** $\left(\frac{9671}{11}\right) = -1$，可不列)，而篩區間取

$$S = \{-20, -19, \cdots, -1, 0, 1, 2, \cdots, 19, 20\}。$$

此時，需要逐一檢查 $f(x)$ ($x \in S$)是否為 B-smooth，此時用 $p \in B$ 逐一試除可知，非 B 之項皆可「篩除」之，可得結果

x	$f(x)$	質因數分解
1	130	$2 \times 5 \times 13$
2	-455	$-1 \times 5 \times 7 \times 13$
-9	-1750	$-1 \times 2 \times 5^3 \times 7$
-12	-2275	$-1 \times 5^2 \times 7 \times 13$
-19	-3430	$-1 \times 2 \times 5 \times 7^3$

表例可得

x	1	-2	-9	-12	-19
$f(x)$	130	-455	-1750	-2275	-3430
-1 之冪次	0	1	1	1	1
2 之冪次	1	0	1	0	1
5 之冪次	1	1	3	2	1
7 之冪次	0	1	1	1	3
13 之冪次	1	1	0	1	0

可得矩陣等式

$$\begin{bmatrix} 0 & 1 & 1 & 1 & 1 \\ 1 & 0 & 1 & 0 & 1 \\ 1 & 1 & 3 & 2 & 1 \\ 0 & 1 & 1 & 1 & 3 \\ 1 & 1 & 0 & 1 & 0 \end{bmatrix} \begin{bmatrix} \lambda_1 \\ \lambda_2 \\ \lambda_3 \\ \lambda_4 \\ \lambda_5 \end{bmatrix} = \begin{bmatrix} 0 \\ 0 \\ 0 \\ 0 \\ 0 \end{bmatrix},$$

因平方同餘式之取得是在於其各項因數之冪次必為偶數,所以只需考慮模2矩陣運算(即在 $\mathbb{F}_2$ 上之XOR計算),運用高斯消去法解:

$$\begin{bmatrix} 0 & 1 & 1 & 1 & 1 & 0 \\ 1 & 0 & 1 & 0 & 1 & 0 \\ 1 & 1 & 1 & 0 & 1 & 0 \\ 0 & 1 & 1 & 1 & 1 & 0 \\ 1 & 1 & 0 & 1 & 0 & 0 \end{bmatrix} \xrightarrow{P_{15}} \begin{bmatrix} 1 & 1 & 0 & 1 & 0 & 0 \\ 1 & 0 & 1 & 0 & 1 & 0 \\ 1 & 1 & 1 & 0 & 1 & 0 \\ 0 & 1 & 1 & 1 & 1 & 0 \\ 0 & 1 & 1 & 1 & 1 & 0 \end{bmatrix}$$

$$\xrightarrow{E_{31} \circ E_{21} \circ E_{45}} \begin{bmatrix} 1 & 1 & 0 & 1 & 0 & 0 \\ 0 & 1 & 1 & 1 & 1 & 0 \\ 0 & 0 & 1 & 1 & 1 & 0 \\ 0 & 1 & 1 & 1 & 1 & 0 \\ 0 & 0 & 0 & 0 & 0 & 0 \end{bmatrix} \xrightarrow{E_{42} \circ E_{23}} \begin{bmatrix} 1 & 1 & 0 & 1 & 0 & 0 \\ 0 & 1 & 0 & 0 & 0 & 0 \\ 0 & 0 & 1 & 1 & 1 & 0 \\ 0 & 0 & 0 & 0 & 0 & 0 \\ 0 & 0 & 0 & 0 & 0 & 0 \end{bmatrix},$$

(其中 P_{ij} 表交換第 i、j 列(Row), E_{ij} 表將第 j 列加上至第 i 列) 不消若干次列運算(Row

Operation)，可得解

$$
\begin{cases}
\lambda_1 & = s \\
\lambda_2 & = 0 \\
\lambda_3 & = s + t \qquad (其中\ s \cdot t \in \mathbb{F}_2)， \\
\lambda_4 & = s \\
\lambda_5 & = t
\end{cases}
$$

代入其中一組特殊解 $(\lambda_1, \lambda_2, \lambda_3, \lambda_4, \lambda_5) = (1, 0, 0, 1, 1)$，得

$$
\begin{aligned}
& (98 + 1)^2 (98 - 12)^2 (98 - 19)^2 \\
\equiv\ & 130 \times (-2275) \times (-3430) \bmod 9671 \\
=\ & (2 \times 5 \times 13) \times (-1 \times 5^2 \times 7 \times 13) \times (-1 \times 2 \times 5 \times 7^3) \\
=\ & (2 \times 5^2 \times 7^2 \times 13)^2，
\end{aligned}
$$

於是乎，x 與 y 皆可得解。

數論上用來因數分解的方法很多，如先前所提到的Fermat因數分解、二次篩法。另外，同樣是篩法的還有代數數體篩法以及**函數體篩法**(Funtion Field Sieve Method)，最大的差別就是在於 $f(x)$ 的選取不同。

例 6.8.7:
已知RSA的公鑰參數

$$
n = 4676039571693156130854637268817335747080577812622886091932025973458779 4877929
$$
$$
e = 11
$$

求 $p =? q =? d =?$ 要解這個問題，第一步驟當然是要能成功地將n質因數分解，用拭除法當然不行，由於n的長度僅256 bits，可試用CrypTool 2當中的Quadratic Sieve(二次篩法)。即使是用筆電，也不用幾分鐘就能解出：

$$
\begin{aligned}
n =\ & 4676039571693156130854637268817335747080577812622886091932025973458779 4877929 \\
=\ & 178464237661338094165732533587254934818 \\
& \times 262015495819763220466488784373273122690
\end{aligned}
$$

代入公式$\phi(n) = (p - 1)(q - 1)$得

$$
\phi(n) = 4676039571693156130854637268817335747036529839274775960468803841662726 6820420
$$

私鑰$d \equiv e^1 \pmod{\phi(n)}$也可透過CrypTool 2算出：

$$
d = 8501890130351192965190249579667883176430054253226865382670552439386775 785531
$$

完整的操作過程，可參閱教學影片「破解256-bit RSA」： https://youtu.be/ XzF2SXWfaHw

▶Pollard的 p − 1 法

　　另外在RSA提出之際，就曾建議質數 p 與 q 的選取，應該為「**強質數**」 [10]，然而在稍後的年代，RSA原創者之一的R與他人合作一篇文章， [11] 文中卻又反駁 p、q 為「強質數」是不必要的。兩篇文章最主要的依據都是在於當代的因數分解技術，要用「強質數」是因為Pollard的 p − 1 法 [12] 及其類似之Williams的 p + 1 法； [13] 而不用「強質數」，卻是因為**橢圓曲線因數分解**(Elliptic Curve Factorization)， [14] 因橢圓曲線因數分解之特性是在於可平行處理計算，然而在於其演算法本質而言，都可算是**Pollard之 p − 1 法**在橢圓曲線之推廣。而以Pollard之 p − 1 法，若考慮在RSA模數 $n = pq$ 上因數分解，倘若某較大之自然數 k 可被$p − 1$整除，此時必存在某自然數 m，使得 $k = m(p − 1)$，依據**費馬小定理**可得

$$a^k \equiv (a^{p-1})^m \equiv 1^m \equiv 1 \bmod p$$

當$\gcd(a, p) = 1$。因此可得

$$p | a^k − 1。$$

若 $n \mid a^k − 1$，則$\gcd(a^k − 1, n)$為n之因數。其演算法可整理如下：

演算法 6.8.8 (Pollard 之 p − 1 法)：
輸入≫非質數之正整數n
輸出≪n之某因數

```
Pollard_P-1(n){
initial:
    input>>B;
    a=2;//選取正整數 a>1，通常是取 a=2
//計算 a=(a^k-1) mod n
//其中 k=B!
    for (i=2;i<=B;i++)
        a=PowerMod(a,i,n);//PowerMod(a,i,n)=a^i mod n
    a--;
    factor=gcd(a,n);//計算 factor=gcd(a^k-1,n)
    if (factor>1 && factor<n)
        return factor;
    else{
```

[10] 參閱本書《公開金鑰密碼之質數》一節。
[11] R. Rivest與Robert D. Silverman之 "Are 'Strong' Primes Needed for RSA?" *IACR Cryptology*, (2001)。
[12] J.M. Pollard之 "Theorems on factorization and primality testing." *Proccedings Cambridge Philosphical Society,* 76, P. 521-528 (1974)。
[13] H.C. Williams之 "A $p + 1$ method for factoring." *Mathematics of Computation,* 39(159) P. 225-234, 1982。
[14] 參閱本書《橢圓曲線因數分解》一節。

```
        output<<"B值太小！";
        goto initial;
    }
}
```

註:

對所給定 B，並可更經濟地選取數值 k 計算

$$k = k(B) := \prod_{g:\text{prime},\, g^e \leq B} g^e \text{。}$$

如此 k 之選取可行，是因為所有最高質因數冪次方 $q^e \leq B$ 且整除 $p-1$ 時，則 $p-1$ 為 k 之因數。

例 6.8.9:

令 $n = 1241143$，取 $B = 13$ 則

$$k = \prod_{g:\text{prime},\, q^e \leq B} q^e = 2^3 \times 3^2 \times 5 \times 7 \times 11 \times 13 = 360360 \text{，}$$

計算

$$
\begin{aligned}
\gcd(2^{360360} - 1, n) &= \gcd((2^{360360} - 1) \bmod n, n) \\
&= \gcd(32273, 1241143) \\
&= 547 = p \quad (\because \texttt{xeuclidean()})
\end{aligned}
$$

因此 $n/p = 1241143/547 = 2269$，n 之質因數分解為 $1241143 = 547 \times 2269$。

6.9　利用RSA私鑰因數分解

任何RSA密碼的使用者，若知道自己的RSA公鑰 (n, e) 及**RSA私鑰** (n, d)，其實不難因數分解模數 $n = pq$，在此我們假設所使用之RSA密碼是原始版本，即 e 與 d 要滿足

$$ed \equiv 1 \pmod{\phi(n) = (p-1)(q-1)} \text{。}$$

其主要的想法如下：由於 $ed \equiv 1 \pmod{(p-1)(q-1)}$，故存在某整數 $m \in \mathbb{Z}$，使得

$$ed - 1 = m(p-1)(q-1) \text{。}$$

隨機選取一正整數 x，$(2 \leq x < n)$，若 $\gcd(x, n) > 1$ 那就太幸運了，由於Euler定理，必然

$$x^{ed-1} \equiv 1 \pmod{n}$$

計算 $x^{ed-1} \pmod{n}$ 之一平方根，

$$y_1 = \sqrt{x^{ed-1}} = x^{\frac{ed-1}{2}} \pmod{n},$$

(當中 $ed-1$ 必為偶數)，可得同餘式

$$y_1^2 - 1 \equiv 0 \pmod{n},$$

若很幸運地 $y_1 \not\equiv \pm 1 \pmod{n}$，那麼可藉由計算

$$\gcd(y_1 - 1, n)$$

得到 n 之一因數。

　　若 $y_1 \equiv -1 \pmod{n}$，那麼就要重換 x；若 $y_1 \equiv 1 \pmod{n}$，那可能還有機會，要看 $\frac{ed-1}{2}$ 是否為偶數，若否也是要重換 x；若是，計算

$$y_2 = \sqrt{y_1} \equiv x^{\frac{ed-1}{4}} \pmod{n},$$

可得同餘式

$$y_2^2 - 1 = y_1 - 1 = 0 \pmod{n};$$

若 $y_2 \not\equiv \pm 1 \pmod{n}$，計算

$$\gcd(y_2 - 1, n),$$

可得 n 之一因子，若否，看 $y_2 \equiv -1 \pmod{n}$ 或是 $y_2 \equiv 1 \pmod{n}$，依情況重換 x 或繼續計算 y_3。如此程序一直進行至 $\frac{ed-1}{2^t}$ 不再被 2 整除，若都還不行，就要換 x。 如此計算的過程，在任意隨機一次選取 x 成功的機率是至少 $\frac{1}{2}$，因此在 k 次選取不同 x，能成功的機率是至少

$$1 - \left(\frac{1}{2}\right)^k,$$

這類演算法，是機率式的可能會進行無窮次迴圈計算，但找到的答案一定正確，有這種性質的演算法也稱作**Las Vegas演算法**。我們將此演算法整理如下：

演算法 6.9.1:

輸入≫RSA參數 e, d, n 其中 $ed \equiv 1 \pmod{\phi(n)}$
輸出≫n之一質因數

```
factor(n,e,d){
initial:     x=Ramdem_Integer(2,n-1);
             if(gcd=gcd(x,n)>1)
                 return  gcd;
             else
                 for(s=(ed-1)/2; is_odd(s); s/=2){
                     y=(x^s)%n;
                     if(y==1)
```

```
                    continue;
              else
                  if(y==n-1)
                      break;
                  else
                      return  gcd(y-1,n);
         }
      goto  initial;
}
```

例 6.9.2:

假設 Alice之RSA金鑰為

$$
\begin{aligned}
(n, e, d) \;=\; &(291999619490932896138040207735768920167, \\
&27335382451787132794462673391180552715 7, \\
&601025127631775393350687643364036413333)。
\end{aligned}
$$

Alice自行因數分解 n 如下：

1. 隨機找一整數

$$x = 605415200370918372301399609448365114 30,$$

很正常地 $\gcd(x,n)=1$。

2. 計算

$$
\begin{aligned}
s_1 \;&=\; \frac{ed-1}{2} \\
&=\; 8214625863474377432813546698865260701799025 8 \\
&\quad\; 36995560747647339280085209590140,
\end{aligned}
$$

計算

$$y_1 = x^{s_1} \pmod n = 1,$$

3. 計算

$$
\begin{aligned}
s_2 \;&=\; \frac{ed-1}{4} \\
&=\; 4107312931737188716406773349432630350899512 \\
&\quad\; 91849778037382366964004260479507 0,
\end{aligned}
$$

計算

$$y_2 = x^{s_2} \pmod n$$
$$= 162916502317468198293896370228560679357,$$

4. 因此其一因數為

$$p = \gcd(y_2 - 1, n) = 17623662805242429011 ,$$

而另一因數為

$$q = n/p = 16568611344746855197 。$$

6.10　RSA密碼系統使用之注意事項

　　RSA密碼系統是目前所廣泛使用的密碼中，計算安全性最高的密碼系統之一，但這不表示RSA密碼可隨意使用。在實用上，也應注意若干事項，其中參數以及鑰匙 (p, q, e, d) 之選取也有若干須注意的事項，在本節中，我們將對使用上所可能引發的問題，在以下範例以及註解中討論。

註 6.10.1 (相同模數協定錯誤，**Common Modulus Protocol Failure**):
令 m 為明文，假設Alice欲將此明文分別利用RSA加密傳訊給 Bob以及 Carl，她取得的公開金鑰分別是 (n, e_B) 以及 (n, e_C)，當中兩組RSA模數，n是相同的。而攻擊者Eve分別截收到Alice所寄給Bob之密文 $c_B = m^{e_B} \bmod n$，以及給Carl之密文 $c_C = m^{e_C} \bmod n$，此時Eve只消計算一番，便可破解密文，何也？首先兩把加密鑰 e_B 與 e_C 以極高的機率是互質的，即 $\gcd(e_B, e_C) = 1$，不互質的機率微乎其微。此時只消使用廣義輾轉相除法或程式 xeuclidean()，便可求出整數 s、t，使得

$$e_B s + e_C t = 1$$

如此

$$c_B^s c_C^t = (m^{e_B})^s (m^{e_C})^t = m^{e_B s + e_C t} \equiv m \pmod{n} 。$$

例 6.10.2:
Eve欲破譯一份Alice加密的訊息，已知以下資訊：

```
n=789288534385256082032011268662161225276353814804629
  544805843265844382962395729831389924203633265507432
  158907177787837515355940885918789796726480412107501 7,
eB=1025,
eC=65537,
cB=568666775833267352927734739913803055477780099040638 0
  335922252754159967908653683309721357745730594561532 6
  592020039810594096436360047021230305087316994393 4,
cC=931338533431855562390844035959435815097863421968425 8
  956924926961607603528726392690521420351821998039047 7
  116082623799335808345284990605465366379195258549 2,
```

解 $eBs + eCt = 1$，得 $s = 38491, t = -602$。計算 $\mathrm{m} = cB^s * cC^t$

m=40543894493534532583796324494675697304280022143063833
   6764638439817245199608075824864627332339584468108392 43
   64158,

其實，這就是字串"Common Modulus Protocol Failure相同模數協定錯誤"的代碼(萬國碼編碼)。

例 6.10.3 (低冪次e攻擊):

有人為加快RSA加密速度，喜歡使用很小的加密鑰 e，甚至使用 $e = 3$，以此為例，假設Eve已截到相同明文之不同三份密文如下

$$\begin{cases} (n_1, e) = (443929, 3), & C_1 = 217560 \\ (n_2, e) = (346781, 3), & C_2 = 51086 \\ (n_3, e) = (779917, 3), & C_3 = 363662 \end{cases}$$

由中國餘式定理，只消計算 x_1、x_2、x_3 滿足

$$\begin{cases} x_1 n_2 n_3 & \equiv & 1 \bmod n_1 \\ x_2 n_1 n_3 & \equiv & 1 \bmod n_2 \\ x_3 n_1 n_2 & \equiv & 1 \bmod n_3, \end{cases}$$

解得

$$(x_1, x_2, x_3) = (133696, 26926, 484476),$$

因此可令

$$c = c_1 x_1 n_2 n_3 + c_2 x_2 n_1 n_3 + c_3 x_3 n_1 n_2 \pmod{n_1 n_2 n_3} \equiv 2002138753532653,$$

但三次開根號非難事，又知通訊代碼為： $a = 0$、$b = 1$、$c = 2$、$\cdots$、$z = 25$，故

$$\begin{aligned} m & = \sqrt[3]{2002138753532653} = 126037 \\ & = (7, 4, 11, 15)_{26} \\ & = \text{`help'}。 \end{aligned}$$

由上例可知，很小的加密鑰 e 要避免使用，一般而言，相同加密鑰 e 對 k 個不同的明文 m_i 但有線性關係 $a_i m + b_i$ (a_i, b_i 已知) 在不同之公鑰上加密不同公鑰，若 $k \geq \frac{e(e+1)}{2}$，就有方法攻擊，而加密在不同公鑰相同明文 m 以上，就可如同上例方法攻擊。

註 6.10.4 (循環攻擊，Cycling Attack):

循環攻擊就是將密文 c 多次用加密函數作用，直至

$$c^{e^k} = \overbrace{\left(\left(\cdots(c^e)^e \cdots\right)^e\right)^e}^{k \, 次} = c,$$

此時,

$$m = c^{e^{k-1}},$$

循環攻擊特別奏效,是當 $\gcd(p-1, q-1)$ 大時。而廣義循環攻擊,則是將密文 c 多次用加密函數作用,直至

$$\gcd(n, c^{e^u} - c) > 1。$$

廣義循環攻擊特別奏效,是當 $p-1$ 與 $q-1$ 都只有小質因數; p、q 為「強質數」亦可防止此等攻擊。

例 6.10.5 (短明文(Short Plaintext)):

假設Eve截收到512-bit RSA密文,其中

```
e=65535
n=9339924921912156914423629751202809910087455716299721424212938396247278429857504555264993066153021456990548644775255902439579466331983814370170477366823469,
c=5739060178212935290790425607568300876620063624730301047575075348956170880448947998668946204735719547551979828103284411142059382786182809171280271880592104。
```

Eve計算 $s = x^e \pmod{n}, t = (y^{-1})^e c \pmod{n}$, $(x = 1, 2, 3, \cdots, y = 1, 2, 3, \cdots)$ 並比對何時 $s = t$,發現 $x = 399281345, y = 58035493$ 時 $s = t$ 會成立。

此時, $(xy)^e \equiv c \pmod{n} \implies m = xy \pmod{n}$,得

```
m=23172489702778085,
```

使用Java指令

```
String plaintext=new String(m.toByteArray());
```

得plaintext="RSA密文"。

註:

RSA常用來傳遞DES、AES密鑰,以DES為例,密鑰長度也不過64-bit,如果密鑰可分解$k = xy, (x, y < 2^{35})$,計算次數也不過2×10^{10},此法就會奏效,這甚至可在PC上完成。而可如此分解的密鑰k,也不佔少數。在使用RSA時,特別是對短訊息m, k加密或簽章時,要使用適當的補綴(Padding)。

綜合以上各項以及以上各節所述,在使用RSA密碼系統時,應注意以下事項:

1. 絕對不可洩漏RSA密碼系統之參數 p、q、$\phi(n)$ 任何之一,這與公開自己的私鑰無異。

2. 使用RSA數位簽章，建議先使用 Hash 函數，為了防止利用其乘法代數性質偽造數位簽章。

3. 絕對不要使用相同的RSA模數犯下相同模數協定錯誤。

4. 要使用適當的補綴(Padding)。

5. 解密鑰 d 之長度不得少於RSA模數 n 長度之 $\frac{1}{4}$。[15]

6. 另外因數論家在因數分解上的進展，為防止 n 被質因數分解，也應考慮以下建議：

   (a) p, q 之大小，長度應有數位元之差。

   (b) p, q 建議採用「強質數」(不少專家仍有異見)。

   (c) n 之長度至少應為 1024-bit 以上，(上世紀曾建議 512-bit 之長度，如RSA-155 也於世紀交替前被破解)。

   (d) $\gcd(p-1, q-1)$ 之值越小越好。

   是否只要遵循了上例應注意事項，使用RSA就萬無一失？由於RSA已發展將近30年，還有許多相關密碼分析技術，我們不打算全部都提，[16] 然而幾個方向的發展值得我們注意：

- 由Kocher所提出的**時序攻擊(Timing Attack)**，以及後續密碼學家所推出的各種**側面管道攻擊(Side Channel Attack)**，透過偵測技術，利用此類攻擊法，對RSA密碼系統構成實質威脅。

- 一是計算數論的發展，可能也將會提出更有效的因數分解的演算法，目前就筆者所知，印度人Agrawal、Kayal以及Saxena師徒三人在2002年證明了，他們能在多項式時間內判斷任何整數是否為質數，這雖與因數分解有一些距離，但其結果是往前充滿著期待的，雖同是數論上的重大結果，他們所採用證明方法，出人意表的竟是一般數學家皆擅長的基礎數論，這與Wiles證明Fermat's Last Theorem大量使用代數幾何(Algebraic Geometry)、交換代數(Commutative Algebra)之方法有極大的差別。

- 而另一方面值得注意的，則是**量子電腦(Quantum Computer)**的開展，可能足以顛覆現有的資訊科技，目前已有諸多實驗室正在研發，待技巧成熟後，挾著量子電腦平台的**量子計算(Quantum Computation)**，將可在多項式時間內因數分解，如此的可能性應不是緣木求魚。

---

[15] 參閱下節《Wiener 低冪次 d 攻擊》。
[16] 有興趣的讀者建議閱讀Dan Boneh之 "Twenty years of Attacks on the RSA Cryptosystem." *Notices of AMS,* 46, P.203-213 (1999)。

6.11　Wiener低冪次 d 攻擊

由於**Wiener低冪次 d 攻擊**，不得不非常小心，在RSA金鑰之選取，私鑰值 d 之長度必須大於RSA模數 n 值長度之四分之一，這對企圖以大幅降低 d 值來增加速度計算，無異於是一項壞消息，因為只要私鑰值 d 太短、或不夠長，就會暴露在RSA模數 n 隨時被因數分解的危機。 Wiener的攻擊法，主要是用到連分數，而有關**連分數**的基本概念，可參閱本書《基礎數論》一章，[17] 當中實數 x 與其連分數之各項收斂值 $\frac{c_k}{d_k}$ 之關係式為：

定理：
令 $\frac{c}{d}$ (且$\gcd(c,d)=1$)為實數 x 之某項之連分數收斂值，$\Longleftrightarrow$

$$\left|x-\frac{c}{d}\right|\le\frac{1}{2d^2}\,。$$

Wiener攻擊法主要是基於下列事實： [18]

定理 6.11.1 (Wiener攻擊)：
令RSA密碼系統各參數滿足下列條件：

$$\begin{aligned}n&=pq，其中\ q<p<2q\\ed&\equiv1\pmod{\phi(n)=(p-1)(q-1)}\\d&<\frac{1}{3}\sqrt[4]{n}\,。\end{aligned}$$

則存在多項式時間演算法可因數分解RSA模數 n。

證明：假設 $e<\phi(n)$，(這是合理假設，在大部分RSA密碼系統皆如此)，存在某整數 k，使得

$$ed-k\phi(n)=1，$$

得

$$\left|\frac{e}{\phi(n)}-\frac{k}{d}\right|=\frac{1}{d\phi(n)}\,。$$

因 $\phi(n)\approx n$，故

$$\left|n-\phi(n)\right|=\left|p+q-1\right|<3\sqrt{n}，$$

[17] 參閱《連分數》
[18] M. Wiener之 "Cryptanalysis of short RSA secret exponents." *IEEE Trans. Inform. Theory,* 36 P.553-558 (1990)。

注意值 $\frac{k}{d}$ 未知,但值 $\frac{e}{n}$ 已知,且應該非常逼近 $\frac{k}{d}$。 此時

$$\left|\frac{e}{n} - \frac{k}{d}\right| = \left|\frac{ed - nk}{dn}\right|$$

$$= \left|\frac{ed - k\phi(n) - nk + k\phi(n)}{dn}\right|$$

$$= \left|\frac{1 - k(n - \phi(n))}{dn}\right|$$

$$\leq \left|\frac{3k\sqrt{n}}{dn}\right| = \frac{3k}{d\sqrt{n}}。$$

由假設 $d < \frac{1}{3}\sqrt[4]{n}$ 可得

$$\left|\frac{e}{n} - \frac{k}{d}\right| < \frac{1}{2d^2},$$

因 $\gcd(k,d) = 1$,故 $\frac{k}{d}$ 必為 $\frac{e}{n}$ 之連分數之某項收斂值,而 $\frac{e}{n}$ 化為連分數,只需 $O(n)$ 次乘法除法計算;要求得正確之 d 值,只消檢查連分數之收斂值 $\frac{c_j}{d_j}$ 是否滿足

$$d_j e - 1 \equiv 0 \pmod{c_j},$$

因為若 $d = d_j$ 則 $c_j = k$,此時

$$ed - 1 \equiv 0 \pmod{k}$$

$$\Longleftarrow \quad ed = 1 + k\phi(n)。$$

而值 $\frac{d_j e - 1}{c_j}$ 即 $\phi(n)$,此時 n 之質因數即以下一元二次方程式之解

$$x^2 - (n - \phi(n) + 1)x + n = 0$$

$\square$

以下為Wiener攻擊法之演算法:

演算法 6.11.2 (Wiener攻擊演算法):
輸入≫RSA密碼之參數 n, e, d
輸出≪ 解密鑰值 d 以及 n 之質因子 p, q

```
Wiener(n,e,d){
//利用修訂版之輾轉相除法求 e/n 之連分數型態
(q[1],q[2],q[3],...,q[m])=ContinuedFraction(e,n);
//連分數收斂值之初始條件
c[0]=1;
c[1]=q[1];
d[0]=0;
```

```
d[1]=1;
for(j=1;j<=m;j++)
    if((d[j]*e-1)%c[j]==0) {
            phi=(d[j]*e-1)/c[j];
            d=d[j];
            b=n-phi+1;
            p=(b-sqrt(b^2-4*n))/2;
            q=n/p;
            return   (d,p,q);
    }else{
            c[j]=q[j]*c[j-1]+c[j-2];
            d[j]=q[j]*d[j-1]+d[j-2];
    }
    return("Failure");
}
```

例 6.11.3:

Eve截收到一筆Alice傳訊給Bob用RSA加密的密文

$$c = 669801725341794668,$$

並且知道 Bob之公開金鑰為

$$(n,e) = (8025564884382364573, 4021224022722915139),$$

Eve試著用Wiener連分數攻擊法攻擊，她首先計算 $\frac{e}{n}$ 之連分數表達式之各收斂值 $\frac{c_j}{d_j}$，得

$$0, 1, \frac{1}{2}, \frac{238}{475}, \frac{1191}{2377}, \frac{1429}{2852}, \frac{2620}{5229}, \frac{9289}{18539}, \frac{67643}{135002}, \dots$$

她逐項計算 $(d_j e-1)/c_j$，到第 8 項時發現，該值為整數，因此她斷定Bob之私鑰值為 18539，而且

$$\phi(n) = (d_j e - 1)/c_j = 8025564878594049280,$$

解一元二次多項式

$$x^2 + (n - \phi(n) + 1)x + n$$

之根，得解

$$q = 2302056641$$
$$p = 3486258653,$$

既然已破解得密鑰值，她欲觀看到底明文為何，計算

$$
\begin{aligned}
m &= c^d \pmod{n} \\
&= 6698017253417946668^{18539} \pmod{8025564884382364573} \\
&= 3503345971441917457 \\
&= (23, 9, 5, 14, 5, 18, 0, 3, 18, 13, 11, 19)_{27} \\
&= \text{`wiener cracks'} \text{。}
\end{aligned}
$$

在上例中，其實 d 是略大於 $\frac{1}{3}\sqrt[4]{n}$，但Wiener連分數攻擊，依然能奏效，即使是有些私鑰值之長度略長於模數 n 之四分之一，也能成功，這其實說明了Wiener連分數攻擊，在定理6.11.1中所給之條件，並不是最佳化的，但在筆者試著 $\log_n d > 0.3$ 時，Wiener攻擊法就無法奏效，另外質數 p、q 之條件改變，所達到之結果，也會有所改變。

6.12　時序攻擊

一種全新思維的攻擊方式，即**時序攻擊(Timing Attack)**，是由Paul Kocher在1995年所提出的，當時他還是史丹佛大學的學生。而這個新的攻擊方式，開創了**側面管道攻擊(Side Channel Attack)**的先河，開創密碼分析的新視野。

時序攻擊原則上是可以針對所有的密碼系統。相同的密碼系統、相同金鑰，在不同的輸入資料，經常會有不同的密碼計算時間量。如果，入侵者Eve能偵測蒐集這些密碼計算時間量樣本，這些資料是足以洩漏所使用金鑰的特徵，如金鑰的Hamming加權，甚至金鑰的若干位元，乃至於所有的位元。 Kocher的側面管道攻擊是假設Eve能夠掌握Bob的硬體訊息，這項假設在後續的研究中，發現其實並不是必要的。 註[19]

Paul Kocher的原創作品，需要大量計算估計各種時間量變異數(Variance)；此處考量計算量較為經濟且較易設定攻擊的Dhem等人版本。 註[20]

公開金鑰密碼，如RSA、Rabin以及Diffie-Hellman等，其解密計算就是模指數計算 $y = x^d \pmod{p}$，而指數 d 就是Bob的私鑰，假設其位元長度為 L，則

$$d = \sum_{i=0}^{L-1} d[i]2^i, \quad d[L-1] = 1$$

註[19] 參閱下列兩篇文章：

Jean-Francois Dhem, Francois Koeune, Philippe- Alexandre Leroux, Patrick Mestré, Jean-Jacques Quisquater, and Jean-Louis Willems. " *A practical implementation of the timing attack.* "In CARDIS, pages 167-182, 1998.

David Brumley and Dan Boneh, "*Remote timing attacks are practical,*" USENIX Security Symposium, August 2003

註[20] 有關Kocher的原創作品

"*Timing attacks on implementations of Diffie-Hellman, RSA, DSS, and other systems*", CRYPTO '96, Springer-Verlag, LNCS 1109, 104-113, 1996

主要是提供一個新思維，文中第一個極端例子的討論，許多書籍中也有出現，然而這在現實世界幾乎不會發生；對時間量變異數的討論，是有列印錯誤之處。另外在密碼學教科書

Trappe, Wade and Washington, Lawrence C. , "*Introduction to Cryptography with Coding Theory*", Prentice Hall, 2002

對時間量變異數的討論，似乎過度簡化，不同時間量的獨立性假設有待商榷。

其二進位表示$d = d[L-1]d[L-2]\cdots d[2]d[1]d[0]$, 其中 $d[L-1]=1$，考慮之前所介紹的MSB二元法，

```
MSB_modPower(x,d,n){
    y=x;
    for (i=L-2; i>=0; i--){
        y=y*y%n;
        if (d[i]==1) y=y*x%n;
    }
    return y;
}
```

以下簡介如何**攻擊平方**(**Attacking the Square**)。特別是對$y^2 \pmod n$中主要計算模乘法與模平方可再細分為「無需額外運算」與「需要額外運算」。 [21] 假設Bob就是採取如此的演算法，進行模指數計算解密，Eve蒐集了大量密文，即密文樣本空間C，假設已經知道$d[L-1]=1, d[L-2], \cdots, d[k+1]$，欲破譯$d[k]$，Eve執行for迴圈計算從$i=L$至$i=k-1$得$y$值，繼續計算到$i=k$:

- ($d[k]==0$) 此時迴圈只需計算平方$y^2 \pmod n$，將密文樣本空間C劃分為子集$C = C_1 \bigcup C_2$，C_1為無需額外運算的樣本所成之集合，C_2為平方要額外運算的樣本所成之集合。

- ($d[k]==1$) 此時迴圈要計算平方$y^2 \pmod n$、乘法$yx \pmod n$，將密文樣本空間C劃分為子集$C = C_3 \bigcup C_4$，C_3為乘法$yx \pmod n$無需額外運算的樣本所成之集合，C_4為乘法要額外運算的樣本所成之集合。

計算這些子樣本空間當$i=k$的計算時間量t樣本平均μ，可以推斷:

$$d[k]==1 \iff \mu(t(C_3)) < \mu(t(C_4)), \mu(t(C_1)) \approx \mu(t(C_2))$$
$$d[k]==0 \iff \mu(t(C_1)) < \mu(t(C_2)), \mu(t(C_3)) \approx \mu(t(C_4))$$

這樣的考慮可以繼續進行至$i=1$。至於時序攻擊能有多嚴重，讀者可以參閱行政院研究發展考核委員會的相關說明。 [22]

　　為了防止時序攻擊，可以直接從模指數運算下手動「內科手術」，有必要考慮下列手段:

- 修正模乘法、模平方的計算，最好每次計算時間皆相同。

---

[21] Dhem等人的估計，是採一般實作模運算常用的Montgomery演算法，可參閱《Montgomery算術》一節，特別是註(9.3.3)。而所謂的額外運算，如果是用Montgomery演算法，是指在Montgomery Reduction中的最後的減法。
[22] 《「時序攻擊法」(Timing Attack)與安全防護說明》，行政院研究發展考核委員會，2005年8月 (http://www2.nsysu.edu.tw/cc/20050829.pdf)

- 修正模指數運算，在迴圈中加入隨機的延遲，使Eve無法判斷迴圈每次迭代的情況。

也可用Kocher所建議的**Blinding**手法。隨機產生數對(v_i, v_f)，其中

$$v_f^{-1} \equiv v_i^e \pmod{n},$$

e為公鑰。將模指數運算的計算改為

$$\left((v_i x)^d \pmod{n} \right) v_f \pmod{n} = y。$$

相同的數對(v_i, v_f)不能重複使用，這樣的方法可以抵擋上述版本的時序攻擊。

6.13　Rabin密碼

在此，我們介紹一種類似RSA密碼的公開金鑰密碼系統，即**Rabin密碼**，其加密解密如下：

演算法 6.13.1 (Rabin密碼)：
Alice欲加密傳訊明文m至 Bob。

- (金鑰產生) 令p、q為大質數且$p \equiv q \equiv 3 \pmod 4$。$p$、$q$為私鑰，Bob計算Rabin模數$n = pq$公開之，為公鑰。

- (Alice加密) 密文$= c \equiv m^2 \pmod{n}$ ($m=$明文)

- (Bob解密)由費馬小定理知$m^p \equiv m \pmod p, m^q \equiv m \pmod q$。

$$\Longrightarrow \begin{cases} m^{p+1} \equiv m^2 \equiv c \pmod p \\ m^{q+1} \equiv m^2 \equiv c \pmod q \end{cases}$$

$$\Longrightarrow \begin{cases} m \equiv \pm m^{\frac{p+1}{2}} \equiv \pm c^{\frac{p+1}{4}} \pmod p \\ m \equiv \pm m^{\frac{q+1}{2}} \equiv \pm c^{\frac{q+1}{4}} \pmod q \end{cases}$$

由中國餘式定理得

$$m \equiv ap\left(\pm c^{\frac{p+1}{4}}\right) + bq\left(\pm c^{\frac{q+1}{4}}\right) \pmod n$$

其中 $ap + bq = 1$ ($\because$ xeuclidean())。

註 6.13.2:

- 取質數

$$p \equiv q \equiv 3 \pmod 4$$

的好處，是此時解平方根

$$x^2 \equiv c \pmod{p}$$

只消計算

$$x \equiv \pm c^{\frac{p+1}{4}} \pmod{p} \text{。}$$

而當 $p \equiv 1 \pmod 4$ 時，就得用一種Las Vegas演算法計算，碰碰運氣。

- 加密函數在 m 與 n 互質時為 $4 \to 1$ 函數。解密時，相同密文，有4種明文可能。這在解密時，有諸多不便。因此使用Rabin密碼時，往往再加上若干長度之額外訊息，或其他方法改進。在加密的效率上，只需一次模平方計算，比RSA密碼加密快上許多；而解密時，是用中國餘式定理計算，大約等同中國餘式定理修訂版RSA解密程序之效率。

例 6.13.3:

Alice欲使用Rabin密碼加密明文 'rabincipher' 傳訊給Bob，事先約定數字代碼：$a = 0$、$b = 1$、$\cdots$、$z = 25$，並在訊息末尾補上 $z = 25$。

- (金鑰產生) Bob取質數

$$p = 468104551 \text{、} q = 338523167 \text{，}$$

計算Rabin模數

$$n = pq = 158464235091633017$$

公開之。

- (加密) Alice取得Rabin模數 $n = 158464235091633017$，欲加密明文 'rabincipher'，首先在訊息末尾補上 $z = 25$，並化為數字代碼：

$$
\begin{aligned}
m &= \text{'rabincipherz'} \\
&= (17, 0, 1, 8, 13, 2, 8, 15, 7, 4, 17, 25)_{26} \\
&= 62403061532383467 \text{，}
\end{aligned}
$$

計算

$$
\begin{aligned}
c &\equiv m^2 \equiv 62403061532383467^2 \pmod{n} \\
&\equiv 110663140006679971 \pmod{158464235091633017}
\end{aligned}
$$

傳訊給Bob。

- (解密) Bob收到 $c = 110663140006679971$，計算

$$\pm c^{\frac{p+1}{4}} \pmod{p} \equiv \pm 163254327$$

及

$$\pm c^{\frac{q+1}{4}} \pmod{q} \equiv \pm 156440072 \text{。}$$

由 xeuclidean() 得

$$-27490272p + 38013119q = 1 \text{，}$$

用中國餘式定理得

$$\begin{aligned}
m &= \pm(-27490272)(p)(163254327) \pm (38013119)(q)(156440072) \\
&= 96061173559249550 \text{，} 129434679706613080 \text{，} \\
&\quad 62403061532383467 \text{，} 29029555385019937 \text{。}
\end{aligned}$$

其中只有 $62403061532383467 \equiv 25 \pmod{26}$，計算

$$\begin{aligned}
m &= 62403061532383467 \\
&= (17, 0, 1, 8, 13, 2, 8, 15, 7, 4, 17, 25)_{26} \\
&= \text{`rabincipherz'} \text{，}
\end{aligned}$$

去除末尾 'z' 得明文 'rabincipher'。

一般相信RSA破解是與RSA模數之質因數分解相關，即

『 能因式分解RSA模數 $\Longrightarrow$ 能破RSA密碼。 』

而破解Rabin密碼與分解Rabin模數，卻有以下的邏輯關係：

定理 6.13.4:
能破解Rabin密碼 $\Longleftrightarrow$ 能質因數分解Rabin模數。

我們將在以下簡例描述之。

例 6.13.5:
而Eve截收到密文 c 欲攻擊之。我們在此說明：
『 能破解Rabin密碼 $\Longleftrightarrow$ 能質因數分解Rabin模數 n。 』

($\Longleftarrow$) Eve會分解

$$n = 158464235091633017 = 468104551 \times 338523167 \text{，}$$

她便可如Bob般解密。

($\Longrightarrow$) Eve能夠破解此模數之任何之一密文，即她會解

$$x^2 \equiv c \pmod{158464235091633017} \text{，}$$

譬如上例之密文 $c = 110663140006679971$，解

$$x^2 \equiv 110663140006679971 \quad (\text{mod } 158464235091633017)$$

得

$$x = 96061173559249550，129434679706613080，$$
$$62403061532383467，29029555385019937。$$

x的各解其實已經洩漏了n質因數分解的訊息，計算各解差與模數 n 之 gcd：

$$\gcd(129434679706613080 - 96061173559249550, n) = 338523167、$$
$$\gcd(129434679706613080 - 62403061532383467, n) = 468104551，$$

即分解了模數 $n = 158464235091633017 = 468104551 \times 338523167$。

　　基於上例，Rabin密碼是不敵**選擇密文攻擊**的，因為若Eve能解密任一密文，則她也能質因數分解Rabin模數，如此她就能如Bob般解密；　RSA密碼與Rabin密碼之安全性雖然同樣是建立在因數分解的難題上，由於上述原因，正說明了為何RSA密碼優於Rabin密碼。　Rabin密碼演算法也可以用來數位簽章，與RSA相同，也有**乘法代數性質**，在使用上建議配合Hash函數使用。另外，多數針對RSA密碼的攻擊法，略加修改也可適用於Rabin密碼。

第 7 章

非對稱鑰密碼系統與離散對數

為何使用公開金鑰密碼？在AES開始使用以來，對稱鑰密碼所能提供的安全度，甚至比一般長度的RSA還要強；另一方面，對稱鑰密碼運算速度快速，適用於大批資料加密，然而卻在金鑰分配與金鑰管理上，衍生了相當麻煩的問題。譬如：當Alice與Bob欲使用任何對稱鑰密碼加密解密，必事先利用安全管道協定所用之密鑰；當人數龐大時，假設有 n 個人，任二人均可利用安全管道協定所用之密鑰，此時就要 $C_2^n = \frac{n(n-1)}{2}$ 串不同密鑰，在一個中型機構，假設有 5000 人，此時就要有 $C_2^{5000} = 12497500$ 不同密鑰，而每人就要保存 4999 串不同密鑰，這在管理、成本考量有諸多不便。

反觀，公開金鑰密碼系統，每人各有一對金鑰，即一把公鑰以及一把私鑰，其中公鑰公開而私鑰保密，任何使用者，均可在所公佈之公鑰目錄上，查到所要通訊者之公鑰；譬如Alice欲加密一段重要訊息與Bob通訊，她在目錄上找到Bob之公鑰，然後用Bob之公鑰加密訊息，將密文傳至Bob，Bob收到Alice傳來之密文，再用Bob自己的私鑰，就可解密解讀明文，如RSA演算法。這在金鑰的數目上，便可將原先對稱鑰密碼的 $\frac{n(n-1)}{2}$ 降至 $2n$，而使用者只需保管好自己的金鑰。

公開金鑰密碼的加密、解密函數，一般而言，大都是互為反函數的，是採用計算複雜度較高之單向函數如模指數運算，其安全性是高於短金鑰之對稱鑰密碼，但加密解密速度也因此緩慢於對稱鑰密碼。另外一方面，一般公開金鑰密碼可用私鑰作用，用來數位簽章(Digital Signature)，而任何人都可取得其公鑰，用以數位簽章，通訊安全多了一層保障，如此也符合了不可否認性，這是對稱鑰密碼所不能的。

因此，在計算機以近乎摩爾定律每18月計算速度加一倍成長加速的今日，過去早期硬體所不能負荷的公開金鑰密碼演算加密系統，現在也已有廣泛的應用，期間與對稱密碼以及其他密碼原件，針對不同目的整合成各種加密系統，也成了實際加密演算的典範。

公開金鑰密碼系統除了RSA密碼、Rabin密碼外，尚有其他諸多不同**公開金鑰密碼**系統，這些公開金鑰密碼紛紛建構在不同的**NP複雜性**(Nondeterministic Polynomial Completeness)數學難題之上，如質因數分解、離散對數問題(Discrete Logarithm Problem)、迷袋問題(Knapsack Problem)、編碼理論(Coding Theory)以及有限自動機(Finite Automation)等問題；然而有些問題所建立之公開金鑰密碼系統，安全性實在堪慮，有的也只是純學術的興趣，我們在此，實在並不打算對這些所有的問題作一完整的介紹，因為如此一來，本書將陷於眾多龐雜不同分岐問題討論的迷宮中，這不是本書的目的；另一方面，公開金鑰密碼的發展，逐漸與**計算數論(Computational Number Theory)**、 **演算數論(Algorithmic Number Theory)**的發展日益相關。因此，在本章中，我們還是將焦點放在那些較易程式化、以模指數運算為主之非對稱密碼系統上，諸如Pohlig-Hellman密碼、 Diffie-Hellman金鑰交換以及ElGamal密碼等； 至於將來可能取代RSA密碼系統的橢圓曲線密碼系統，因所需數學背景遠較其他上述密碼系統為多，將在第10章，專文描述之。然而這些非對稱鑰密碼系統，都是與離散對數(Discrete Logarithm Problem)有密切的關聯。

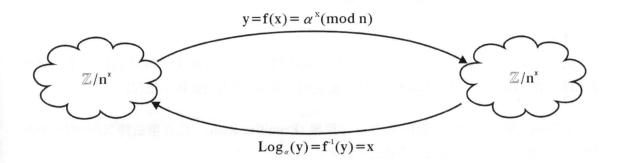

圖 7.1: 離散對數函數為模指數函數之反函數，模指數函數計算容易，而離散對數函數計算複雜

7.1 Pohlig-Hellman密碼與離散對數

在集合的包含概念中，我們知道公開金鑰密碼系統一定是非對稱鑰密碼系統，即

$$\{公開金鑰密碼系統\} \subset \{非對稱鑰密碼系統\}。$$

然而卻有一種密碼系統，它雖是非對稱密碼系統，但並不是公開金鑰密碼系統，這就是所謂的**Pohlig-Hellman密碼**，此為私鑰密碼系統，與RSA密碼類似，也是以模指數運算為主進行加密、解密。

演算法 7.1.1 (Pohlig-Hellman密碼)：
Alice與Bob協定取一大質數p。令m為明文、c為密文。則

- (加密) $c \equiv m^e \pmod{p}$
- (解密) $m \equiv c^d \pmod{p}$

其中$ed \equiv 1 \pmod{p-1}$，e 與 d 兩值必須保密，否則可用 xeuclidean() 簡易推得 $e \equiv d^{-1} \pmod{p-1}$。

假設已知一對明文及密文，藉由對照文攻擊，欲求加密鑰

$$e = \log_m c$$

此即**離散對數問題(Discrete Logarithm Problem, DLP)**：

定義 7.1.2 (離散對數，Discrete Logarithm, Index)：
令 n、α、β為非零整數，滿足

$$\beta \equiv \alpha^x \pmod{n}, \quad (其中 n 不一定是質數)$$

尋找解 $x = \log_\alpha \beta$ 之問題即離散對數問題。

例 7.1.3:

令 $p = 13$、$\alpha = 2$ 而 $2^7 \equiv -2 \equiv 11 \pmod{13}$，所以 $\log_2 11 \pmod{13} = 7$，另外 7、19、31、43、$\cdots$、$7 + 12n$、$\cdots$ 任一值也均為其解 (又用到費馬小定理)。

　　在離散對數問題中，一般取 α 為 n 之**原根 (Primitive Root)**，即在**乘法群** $\mathbb{Z}/n^\times$ 中，所有的 β 均可表為 α 之若干次方，詳述之，即：

定理 7.1.4 (原根):

令 α、n 為非零整數，且 $\gcd(\alpha, n) = 1$，α 為 n 之原根，若且唯若以下任一等價關係成立：

1. α 生成 $\mathbb{Z}/n^\times$，即
$$< \alpha >:= \{\alpha^i \bmod n \,|\, i \in \mathbb{N}\} = \mathbb{Z}/n^\times,$$

2. α 之秩 (**Order**) 為
$$\mathrm{ord}(\alpha) = \phi(n) = \#\mathbb{Z}/n^\times,$$

3. 加法群 $(\mathbb{Z}/\phi(n), +)$ 同構 (**Isomorphic**) 於乘法群 $(\mathbb{Z}/n^\times, \cdot)$，即
$$f : \mathbb{Z}/\phi(n) \to \mathbb{Z}/n^\times \quad (x \mapsto f(x) = \alpha^x)$$

滿足 $f(x + y) = f(x)f(y)$ 且 f 為 $1 - 1$。

註:

本定理為原根之代數描述、群論術語，對不熟悉群論之讀者莫要驚怪，可參閱本書之《原根》一節。並非所有的 n 都有原根，事實上 n 有原根只在以下條件：

- $n = p^m$，其中 $m \in \mathbb{N}$、p 為奇質數，

- $n = 2p^m$，其中 $m \in \mathbb{N}$、p 為奇質數或

- $n = 2$、4。

　　離散對數其實與一般對數有相類似之性質：

定理 7.1.5:

令 r、s、n 為非零整數，而 r、s 為 n 之原根，令 x、y 為與 n 互質之整數，則

1. $\log_r 1 \equiv 0 \pmod{\phi(n)}$，

2. $\log_r(xy) \equiv \log_r x + \log_r y \pmod{\phi(n)}$，

3. $\log_r x^k \equiv k \log_r x \quad (k \in \mathbb{N})$，

4. $\log_s x \equiv \log_r x (\log_r s)^{-1} \pmod{\phi(n)}$。

證明：我們只證明性質1，其餘亦可由**Euler定理**推出。由Euler定理知

$$r^{\phi(n)} \equiv 1 \pmod{n}，$$

而r為n之原根，所以任何整數$1 \le m < \phi(n)$ 均

$$r^m \not\equiv 1 \pmod{n}，$$

故得$\log_r 1 \equiv 0 \pmod{\phi(n)}$。　　　　　　　　　　　　　　□

例 7.1.6:

解

$$7^x \equiv 3 \pmod{13}。$$

已知

i	1	2	3	4	5	6	7	8	9	10	11	12
$2^i \bmod 13$	2	4	8	3	6	12	11	9	5	10	7	1

利用`xeuclidean()`計算得 $11^{-1} \equiv 11 \pmod{12}$，故

$$
\begin{aligned}
x &= \log_7 3 \\
&\equiv \log_2 3 (\log_2 7)^{-1} \pmod{12} \\
&\equiv 4 \times 11^{-1} \pmod{12} \\
&\equiv 4 \times 11 \pmod{12} \\
&\equiv 8 \pmod{12}。
\end{aligned}
$$

　以離散對數問題為基礎之公開金鑰密碼系統，往往需要原根。以乘法群 $\mathbb{Z}/p^\times$ (p 為質數)為例，由於它與加法群 $\mathbb{Z}/(p-1)$ 群同構 ($\because \phi(p) = p-1$)，且 $\mathbb{Z}/(p-1)$ 之生成元，即在 $\{1, \cdots, p-1\}$ 中與 $p-1$ 互質之數，共 $\phi(p-1)$ 個，所以乘法群 $\mathbb{Z}/p^\times$ 之原根共有 $\phi(p-1)$ 個，在實用上，奇質數 p 之選取，盡量是 $p-1$ 應含有「大」質數因子，一般而言在 $\{2, \cdots, p-2\}$ 中，亂數選取一值且是原根之機率，(因 $\pm 1 \pmod{p}$ 均不可能為原根)為

$$\frac{\phi(p-1)}{p-3}。$$

原根之尋找，可以「機率」式方式尋找，並配合以下判別式。

定理 7.1.7:

令 r 為整數，p 為奇質數，r 為乘法群 $\mathbb{Z}_p^\times$ 之原根 $\Longleftrightarrow$

$$r^{\frac{p-1}{q}} \not\equiv 1 \pmod{p}$$

其中對 q 為 $p-1$ 之所有質因子均成立。

證明：

($\Longrightarrow$) 令 r 為乘法群 $\mathbb{Z}/p^\times$ 之原根，故

$$r, r^2, r^3, \cdots, r^{p-2}, r^{p-1} \equiv 1 \pmod{p}$$

為 $\mathbb{Z}/p^\times$ 中所有之元素，故

$$r^{\frac{p-1}{q}} \not\equiv 1 \pmod{p},$$

當 q 為 $p-1$ 之質因子均成立。

($\Longleftarrow$) 假設 r 不為 $\mathbb{Z}/p^\times$ 之原根，欲證明存在某 $p-1$ 之質因子，使得

$$r^{\frac{p-1}{q}} \equiv 1 \pmod{p}。$$

$r \pmod{p}$ 為 $\mathbb{Z}/p^\times$ 之一元素，故其所生成之子群 $<r> = \{r^i | i \in \mathbb{Z}\}$ 滿足

$$\# <r> = \mathrm{ord}(r) | \#\mathbb{Z}/p^\times = p-1$$

(根據Lagarange定理)，但因 r 不為原根，所以 $\mathrm{ord}(r) \neq p-1$，故存在某 $p-1$ 之質因子 q 使得

$$\mathrm{ord}(r) \Big| \frac{p-1}{q},$$

因此 $r^{\frac{p-1}{q}} \equiv 1 \pmod{p}$。

$\square$

例 7.1.8:

以乘法群 $\mathbb{Z}/29^\times$ 而言，為秩 $\#\mathbb{Z}/29^\times = \phi(29) = 28$ 之循環群，共有

$$\phi(28) = \phi(4)\phi(7) = 2 \times 6 = 12$$

個原根，要判斷 $r \in \mathbb{Z}/29^\times$ 是否為原根，只需檢查

$$r^{14} \not\equiv 1 \pmod{29} \text{及} r^4 \not\equiv 1 \pmod{29}$$

即可。其計算結果如下：

r	2	3	5	7	11	13	17	19	23
r^4　(mod 29)	16	23	16	23	25	25	1	24	20
r^{14}　(mod 29)	-1	-1	1	1	-1	1	-1	-1	1

其餘元素可由表計算，故得原根為

$$2, 3, 8, 10, 11, 14, 15, 18, 19, 21, 24, 26 \text{。}$$

7.2　尋找安全質數與原根

離散對數問題，一般相信是困難的問題；計算函數 $f(x) = \alpha^x$ (mod p) 是容易的，而求反函數 $\log_\alpha \beta$ 並非易事，因為 $f(x)$ 為一**單向陷門函數**。而值得一提的是，RSA質因數分解挑戰，在2009年的紀錄是已能分解768-bit RSA模數；而離散對數問題的紀錄，則是在2007年已經達到530-bit(160十進位)的質數； [1] 兩者所用之方法技巧，其實是有相當的類似性。許多以離散對數問題為基礎之公開金鑰密碼系統，需要「**安全質數**」p，其實「安全質數」就是 **Germain質數**：

『q、$2q+1$ 同時為質數（$p = 2q + 1$）』。

故找尋安全質數與原根 (p, g) 之機率式演算法可為：

演算法 7.2.1:
輸出 n-bit安全質數 p 與原根 g：

```
do{
    q=RandomPrime(2^(n-1),2^n-1);//2^(n-1)<=q<2^n
    p=2q+1;
}while(!isPrime(p));
g=1;
do{
    g++;
}while((g^q)%p==1 || (g^2)%p==1);
```

安全質數的分佈要比質數更要稀少，這可參考Hardy-Littlewood猜想(3.9.8)，以下為測試程式：

程式 7.2.2:
找尋128-bit、256-bit、384-bit、512-bit、768-bit和1024-bit安全似質數與一原根。

[1] 參閱Thorsten Kleinjung, "Discrete logarithms in GF(p) - 160 digits," February 5, 2007

圖 7.2: SafePrime.java編譯執行結果

```java
import java.math.BigInteger;
import java.security.SecureRandom;

class SafePrime{
    final BigInteger ein=BigInteger.ONE;
    final BigInteger zwei=new BigInteger("2");
    BigInteger p,q,g;
    SafePrime(int bitNum){
        SecureRandom rnd=new SecureRandom();
        int certainty=160;
        int i=0;
        do{
            p=new BigInteger(bitNum,certainty,rnd);
            q=p.subtract(ein).divide(zwei);
            i++;
        } while(!q.isProbablePrime(certainty));
        System.out.print("安全似質數 "+p.bitLength()+"-bit p=\n"+p);
        System.out.println("\n試了 "+i+" 次隨機似質數");
    }
```

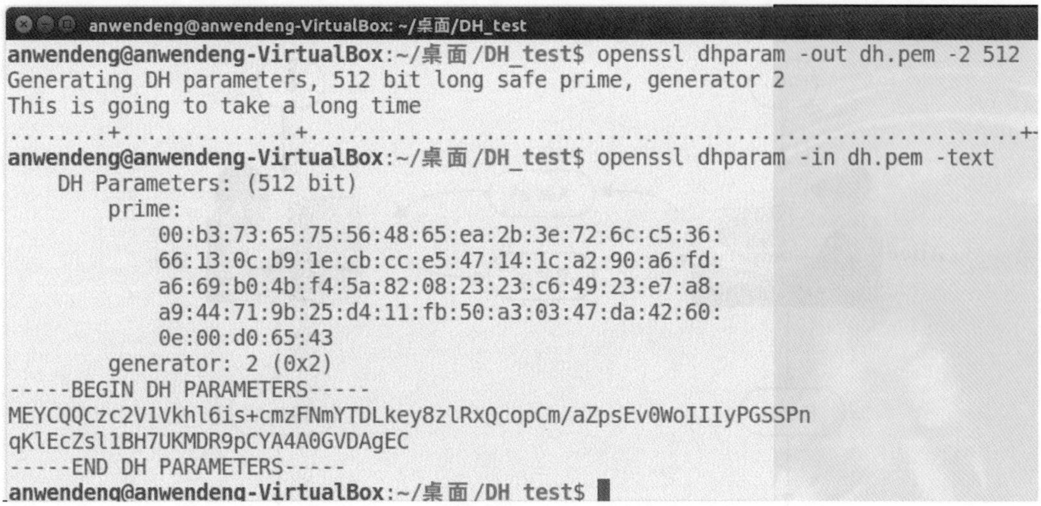

```
anwendeng@anwendeng-VirtualBox: ~/桌面/DH_test
anwendeng@anwendeng-VirtualBox:~/桌面/DH_test$ openssl dhparam -out dh.pem -2 512
Generating DH parameters, 512 bit long safe prime, generator 2
This is going to take a long time
........+.............+.......................................................+-
anwendeng@anwendeng-VirtualBox:~/桌面/DH_test$ openssl dhparam -in dh.pem -text
    DH Parameters: (512 bit)
        prime:
            00:b3:73:65:75:56:48:65:ea:2b:3e:72:6c:c5:36:
            66:13:0c:b9:1e:cb:cc:e5:47:14:1c:a2:90:a6:fd:
            a6:69:b0:4b:f4:5a:82:08:23:23:c6:49:23:e7:a8:
            a9:44:71:9b:25:d4:11:fb:50:a3:03:47:da:42:60:
            0e:00:d0:65:43
        generator: 2 (0x2)
-----BEGIN DH PARAMETERS-----
MEYCQQCzc2V1Vkhl6is+cmzFNmYTDLkey8zlRxQcopCm/aZpsEv0WoIIIyPGSSPn
qKlEcZsl1BH7UKMDR9pCYA4A0GVDAgEC
-----END DH PARAMETERS-----
anwendeng@anwendeng-VirtualBox:~/桌面/DH_test$
```

圖 7.3: 以openSSL產生Diffie-Hellmann的參數

```
    void primitiveRoot(){
       g=ein;
       do{
           g=g.add(ein);
       } while(g.modPow(q,p).equals(ein));
       System.out.println("原根 g="+g);
    }
    public static void main(String[] args){
      int [] bitSize={128,256,384,512,768,1024};
      long start, end;
      SafePrime X;
      for(int i=0;i<bitSize.length;i++){
          start = System.currentTimeMillis();
          X=new SafePrime(bitSize[i]);
          X.primitiveRoot();
          end = System.currentTimeMillis();
          System.out.print("執行的時間為 ");
          System.out.println(end - start+"毫秒!\n");
      }
   }
}
```

例 7.2.3:

透過openSSL，也可產生Diffie-Hellmann的參數環境，如

```
$openssl dhparam -out dh.pem -2 512
```

當中所產生的參數-2代表生成員為2，512代表是產生安全512-bit質數，存至dh.pem。甚至還可以進一步產生C code如下：

```
$openssl dhparam -in dh.pem -noout -C>dh.c
```

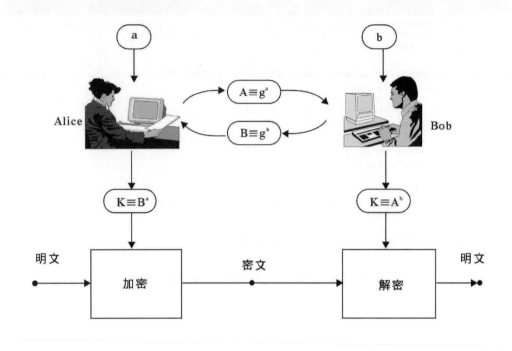

圖 7.4: 用Diffie-Hellman金鑰交換協定對稱鑰密碼密鑰

將dh.pem的參數，以C code的方式輸出到dh.c檔案。 註[2]

7.3　Diffie-Hellman金鑰交換

　　第一個公開金鑰演算法，應屬**Diffie-Hellman金鑰交換**(Key Exchange)，這可回溯到1976年。 Diffie-Hellman金鑰交換主要是用在私鑰的產生，而不是用來加密或解密。所碰上的場景為： Alice與Bob在不安全的連線上，共同使用一種對稱鑰密碼如RSA加密解密，而他們想直接在這連線上，協定出共同使用之密鑰。

演算法 7.3.1 (Diffie-Hellman金鑰交換):
Alice與Bob欲協定一共同密鑰。

1. 共同取大質數 p 以及底數 g 原根 $(\bmod\ p)$　$(2 \leq g \leq p-2)$。

2. Alice 取 $a \in \{0,1,2,\cdots,p-2\}$ 計算 $A \equiv g^a \pmod{p}$ 將值 A 傳訊給Bob。

3. Bob 取 $b \in \{0,1,2,\cdots,p-2\}$ 計算 $B \equiv g^b \pmod{p}$ 將值 B 傳訊給Alice。

4. Alice 收到 B，計算 $K \equiv B^a \equiv (g^b)^a \pmod{p}$，$K$ 即共同協定之密鑰。

5. Bob 收到 A，計算 $K \equiv A^b \equiv (g^a)^b \pmod{p}$，$K$ 即共同協定之密鑰。

註[2] 參閱： John Viega, Matt Messier, Pravir Chandra *"Network Security with OpenSSL Cryptography for Secure Communications"*: O'Reilly Media 2009

註 7.3.2:

即使是不安全的通路傳遞訊息，Eve只知道值 p、g、A、B，此時要推算出密鑰 $K \equiv g^{ab}$ (mod p) 並非易事，因 $f(x) = g^x$ (mod p) 為單向陷門函數。若值 p、g、A、B 已知，欲求密鑰 K，如此的問題稱之為**Diffie-Hellman問題**。

此處相關離散對數問題，即解 $\log_g A$ 或 $\log_g B$，只要她能解出任一離散對數問題，她就知道值 a 或 b，可立即計算出私鑰值 $K \equiv A^b \equiv B^a$ (mod p)。由此可知**離散對數問題**與Diffie-Hellman問題之邏輯關係，即

定理 7.3.3:

能解離散對數問題 $\Longrightarrow$ 能解Diffie-Hellman問題。

例 7.3.4:

考慮簡例如下：取 $(p, g) = (17, 3)$，其中 3 是原根 (mod 17)。 Alice取 $a = 7$ 計算

$$A \equiv g^a = 3^7 \quad (\text{mod } 17) \equiv 11,$$

並將 $A = 11$ 傳給Bob。 Bob取 $b = 4$，計算

$$B \equiv g^b \equiv 3^4 \quad (\text{mod } 17) \equiv 13,$$

並將 $B = 13$ 傳給Alice。所以共同協定之密鑰

$$K = g^{ab} \equiv 3^{7 \times 4} \equiv 3^{28} \equiv 4 \quad (\text{mod } 17)。$$

Bob計算

$$K \equiv A^b = 11^4 \equiv 4 \quad (\text{mod } 17)；$$

而Alice計算

$$B^a = 13^7 \equiv 4 \quad (\text{mod } 17)。$$

此金鑰交換演算法在業界廣為使用，在許多安全協定中，如SSL、**PKCS#3**等，也都有採用。如此的演算法之安全性，是建構在離散對數問題，困難度頗高。但在使用，仍要注意以下的攻擊方法。

例 7.3.5 (居中攻擊，中間人攻擊，Man in the Middle Attack):

Alice與 Bob在極度不安全的通路共同協定密鑰，當中第三者 Eve發動 **ARP攻擊** (**ARP Spoofing**)，分別假扮成Alice與Bob協定密鑰，假扮成Bob與Alice協定密鑰，而Alice與Bob渾然不知。 Eve藉由以下之步驟與Alice、Bob協定密鑰：

- Eve選一數 $c \in \{0, 1, 2, \cdots, p-2\}$，計算值 $C \equiv g^c$ (mod p)

- 與Alice協定出密鑰 $K_{\text{Alice}} \equiv g^{ac} \equiv C^a \equiv A^c$ (mod p)

- 與Bob協定出密鑰 $K_{\text{Bob}} \equiv g^{bc} \equiv C^b \equiv B^c \pmod{p}$。

如此Eve便可用密鑰 K_{Alice} 與Alice加密解密訊息，而與Bob，便可用密鑰 K_{Bob} 加密解密訊息。

　　由此例可知，當收訊者不能確定送訊息給他的人是誰時，其實就存在網路安全上的大漏洞，而**數位簽章**(Digital Signature)即可彌補以上的漏洞。而Diffie-Hellman金鑰交換略為修改，也可適用於多人共用協定密鑰，在下例中，我們說明如何修改Diffie-Hellman金鑰交換，用於3人共用協定私鑰。

例 7.3.6:

Alice、Bob與Carl欲共同協定私鑰，事先協定使用模數 p 為質數，底數 g 為原根 $\pmod{p}$。

1. Alice取值 a，計算 $A \equiv g^a \pmod{p}$，將 A 傳至Bob。

2. Bob取值 b，計算 $B \equiv g^b \pmod{p}$，將 B 傳至Carl。

3. Carl取值 C，計算 $C \equiv g^c \pmod{p}$，將 C 傳至Alice。

4. Alice計算 $\overline{C} \equiv C^a \pmod{p}$，傳值至Bob。

5. Bob計算 $\overline{A} \equiv A^b \pmod{p}$，傳值至Carl。

6. Carl計算 $\overline{B} \equiv B^c \pmod{p}$，傳值至Alice。

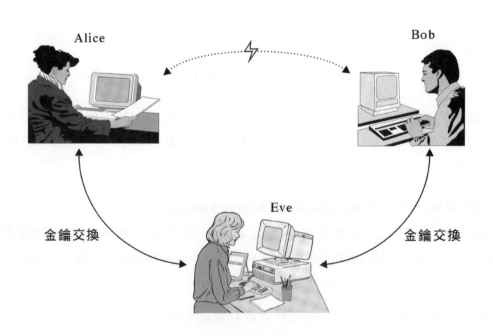

圖 7.5: 居中攻擊

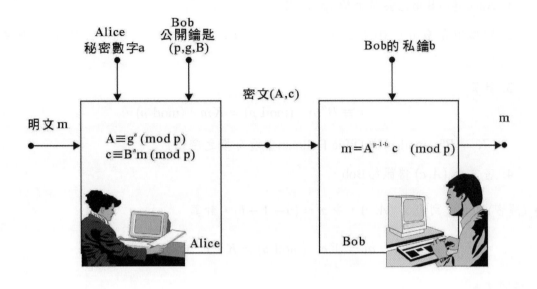

圖 7.6: ElGamal密碼系統

7. 共同協定之私鑰為 $K = g^{abc} \pmod{p}$，而最後計算為：Alice計算 $K \equiv \overline{B}^a \pmod{p}$，Bob計算 $K \equiv \overline{C}^b \pmod{p}$，而Carl計算 $K \equiv \overline{A}^c \pmod{p}$。

　　此處Diffie-Hellman演算法是在乘法群 $\mathbb{Z}/p^{\times}$ 上運作，理論上，可將 $\mathbb{Z}/p^{\times}$ 代換成任何有限交換群，就可考慮其相對Diffie-Hellman演算法之推廣，其可行與否就要看其間的Diffie-Hellman問題或離數對數是否夠複雜，如橢圓曲線上就可有Diffie-Hellman演算法之推廣。而Diffie-Hellman演算法適度修改，如ElGamal密碼，其實也可用來加密解密。

7.4 ElGamal密碼

　　其實只要將Diffie-Hellman演算法略為修改，即可用來加密解密，即**ElGamal密碼**。

演算法 7.4.1 (ElGamal密碼):
Alice 欲加密明文 m 傳訊給Bob。

- (金鑰產生)

    1. Bob選取一大質數 p 以及底數 g 原根 $\pmod{p}$，

    2. 並取一整數亂數 $b \in \{2, \cdots, p-2\}$，且 b 與 $p-1$ 互質，即 $\gcd(b, p-1) = 1$，計算 $B \equiv g^b \pmod{p}$ (同Diffie-Hellman演算法)。

    3. 公開金鑰為 (p, g, B)，私鑰為值 b。

- (加密) 明文 $m \in \{2, \cdots, p-1\}$。

1. Alice選得Bob之公開金鑰 (p, g, B)，

2. 隨機取整數 $a \in \{0, 1, 2, \cdots p-2\}$ 計算 $A \equiv g^a \pmod{p}$ (同Diffie-Hellman演算法)。

3. 計算

$$c \equiv B^a m \pmod{p} = Km \pmod{p}，$$

($K = B^a \pmod{p}$ 為Diffie-Hellman金鑰交換之密鑰)

4. 密文為 (A, c) 傳訊給Bob。

- (解密) Bob 收到密文 (A, c)，令 $x = (p-1-b)$。計算

$$m = A^x c \pmod{p} = K^{-1} c \pmod{p}$$

得明文。

證明： $m \equiv A^x c \pmod{p}$：

$$\begin{aligned}
\because A^x c &\equiv (g^a)^{p-1-b}(B^a m) \\
&\equiv (g^{p-1})^a ((g^a)^{-b} g^{ab}) m \\
&\equiv 1 \cdot g^{-ab+ab} m \equiv m \pmod{p} \quad (\because \textbf{費馬小定理})
\end{aligned}$$

$\square$

ElGamal密碼所用之質數 p 多為安全質數，即

$$p \cdot \frac{p-1}{2}$$

均為質數。

　　若明文 m 為 ℓ-bit，則密文 (A, c) 為 2ℓ-bit，加密函數將明文轉換成 2 倍長之密文有**訊息擴張(Message Expansion)**之現象為其缺點，這與RSA演算法有相當的差異。而Alice之數 a 為隨機亂數選取，值 A 為 a 之函數，每則訊息，均可採取不同之 a'，即每則訊息有不同之 Diffie-Hellman金鑰交換之密鑰 $K' = B^{a'}$，這可使破譯密碼之難度更加提高。

例 7.4.2:
Alice用ElGamal加密2則訊息 m_1、m_2 傳送給Bob，而Bob之公開金鑰為

$$(p, g, B) = (2574233303, 746872111, 135024232)。$$

Eve 截收到此 2 則訊息之密文

$$\begin{aligned}
(A, c_1) &= (1971021400, 2205685549)， \\
(A, c_2) &= (1971021400, 1905838249)，
\end{aligned}$$

知道 Alice 是用相同 a 值加密；並知協定代碼為：空白 $= 0$、$a = 1$、$b = 2$、$\cdots$、$z = 26$，且 $[\log_{27} 2574233303] = 6$，密文每 6 字母一組編碼。但聰明的 Eve 猜到第二則訊息應為 'cipher'，故得明文代碼

$$
\begin{aligned}
m_2 = \text{'cipher'} &= (3, 9, 16, 8, 5, 18)_{27} \\
&= 48150603 \, ;
\end{aligned}
$$

而 $c_2 \equiv B^a m_2 \pmod{p}$，計算 Diffie-Hellman 金鑰交換之密鑰 $K = B^a$：

$$
\begin{aligned}
K = B^a &\equiv c_2 m_2^{-1} \pmod{p} \\
&\equiv c_2 m_2^{p-2} \pmod{p} \\
&\equiv 1905838249 \times 48150603^{2574233301} \pmod{2574233303} \\
&= 1295673437 \, 。
\end{aligned}
$$

第一則訊息為

$$
\begin{aligned}
m_1 &= B^a c_1 \pmod{p} \\
&\equiv 1295673437 \times 2205685549 \pmod{2574233303} \\
&= 52634826 \\
&= (3, 18, 1, 3, 11, 0)_{27} = \text{'crack '} \, 。
\end{aligned}
$$

原來完整訊息為 'crack cipher'。

Eve在未解出乘法群 $(\mathbb{Z}/2574233303)^{\times}$ 之離散對數問題之情況下破譯密文。由此可見，ElGamal 密碼若用固定 a 值編碼，是不敵**明文攻擊**，要防止此類攻擊，就要利用 ElGamal 密碼可為**機率式密碼(Probabilistic Cipher)**之特性，每則訊息，均採取不同之 a 編碼。

7.5　Pohlig-Hellman演算法

計算離散對數的演算法中，當循環群 G 之秩，僅含有小質因子時，即

$$
\#G = \prod_i q_i^{e_i} \quad (q_i \text{為「小」質數}) \, ,
$$

可利用**中國餘式定理**，暨**Pohlig-Hellman演算法**計算。以乘法群 $\mathbb{Z}/p^{\times}$ 為例，其秩為 $p - 1$，令 α 為該乘法群之一原根，欲計算 $\alpha^x \equiv \beta \pmod{p}$，令 q^e 為 $p - 1$ 之某質數冪次因子，藉由中國餘式定理，可先計算 $x \pmod{q^e}$。先將 x 寫成 q 進位數(q-adic)

$$
x = x_0 + x_1 q + x_2 q^2 + x_3 q^3 + \cdots + x_i q^i + \cdots \quad (0 \le x_i \le q - 1) \, 。
$$

如何決定係數 x_0、x_1、x_2、$\cdots$？從同餘式

$$
\beta \equiv \alpha^x = \alpha^{x_0 + x_1 q + x_2 q^2 + \cdots}
$$

出發，將式子兩邊乘上冪次 $\frac{p-1}{q}$，可得

$$
\begin{aligned}
\beta^{\frac{p-1}{q}} &\equiv \alpha^{x(p-1)/q} \\
&\equiv \alpha^{(x_0+x_1q+x_2q^2+\cdots)(p-1)/q} \\
&\equiv \alpha^{x_0(p-1)/q}\alpha^{(p-1)(x_1+x_2q+x_3q^2+\cdots)} \\
&\equiv \alpha^{x_0(p-1)/q} \quad (\bmod\ p) \quad (\because 費馬小定理)
\end{aligned}
$$

要求得 x_0，只消逐次計算

$$
\alpha^{k(p-1)/q} \quad (\bmod\ p) \quad (k=0,1,2,\cdots,q-1)
$$

直至某 k 滿足 $\alpha^{k(p-1)/q} = \beta^{(p-1)/q}$。即得 $x_0=k$。若 $q^2|p-1$，可利用類似此法繼續求 x_1。令

$$
\beta_1 \equiv \beta\alpha^{-x_0} \equiv \alpha^{q(x_1+x_2q+x_3q^2+\cdots)} \quad (\bmod\ p)。
$$

將同餘式兩邊乘上 $\frac{(p-1)}{q^2}$ 冪次，可得

$$
\begin{aligned}
\beta_1^{\frac{p-1}{q^2}} &\equiv \alpha^{(p-1)(x_1+x_2q+\cdots)/q} \\
&\equiv \alpha^{x_1(p-1)/q}(\alpha^{p-1})^{x_2+x_3q+\cdots} \\
&\equiv \alpha^{x_1(p-1)/q} \quad (\bmod\ p) \quad (\because 費馬小定理)。
\end{aligned}
$$

要求得 x_1，只消逐次計算

$$
\alpha^{k(p-1)/q} \quad (\bmod\ p) \quad (k=0,1,2,\cdots,q-1)
$$

直至 $\alpha^{k(p-1)/q} = \beta_1^{(p-1)/q^2}$ 時，得 $x_1=k$。此法可逐次進行而解出 $x_2, x_3, \cdots, x_{e_1}$。

例 7.5.1:

解離散對數問題

$$
7^x \equiv 12 \quad (\bmod\ 41)。
$$

乘法群 $\mathbb{Z}/41^\times$ 之秩為

$$
41-1 = 2^3 \times 5
$$

- $(q=2)$ $x \equiv x_0 + 2x_1 + 4x_2 \pmod{8}$。由於

$$
\beta^{(p-1)/2} \equiv 12^{20} \equiv 40 \equiv -1 \equiv \alpha^{x_0(p-1)/2}
$$

且

$$
\alpha^{(p-1)/2} \equiv 7^{20} \equiv -1 \quad (\bmod\ 41)，
$$

故 $x_0 = 1$。而

$$
\beta_1 \equiv \beta\alpha^{-x_0} \equiv 12 \times 7^{-1} \equiv 31 \quad (\bmod\ 41)，
$$

又

$$\beta_1^{(p-1)/2^2} \equiv 31^{10} \equiv 1 \equiv (\alpha^{(p-1)/2})^{x_1} \equiv (-1)^{x_1} \pmod{41},$$

故 $x_1 = 0$。再者，

$$\beta_2 \equiv \beta_1 \alpha^{-2x_1} \equiv 31 \times 7^0 \equiv 31 \pmod{41},$$

且

$$\beta_2^{(p-1)/q^3} \equiv 31^5 \equiv -1 \equiv (\alpha^{(p-1)/2})^{x_2} \equiv (-1)^{x_2} \pmod{41},$$

所以 $x_2 = 1$，故得

$$x \equiv x_0 + 2x_1 + 4x_2 = 1 + 4 = 5 \pmod 8 。$$

- $(q = 5)$ 求 $x \pmod 5$ 如下：計算

$$\beta^{(p-1)/5} \equiv 12^8 \equiv 18 \pmod{41}$$

及

$$\alpha^{(p-1)/q} \equiv 7^8 \equiv 37 \pmod{41},$$

再計算 $\alpha^{k(p-1)/q}(k = 0,1,2,3,4)$：

$$37^2 \equiv 16, 37^3 \equiv 18, 37^4 \equiv 10,$$

因此

$$x \equiv 3 \pmod 5 。$$

- 由中國餘式定理解聯立同餘式

$$\begin{cases} x \equiv 5 \pmod 8 \\ x \equiv 3 \pmod 5 。 \end{cases}$$

得

$$x \equiv 5(5 \times 5) + 3(2 \times 8) \pmod{40} = 13,$$

(其中 $5 \times 5 \equiv 1 \pmod 8$，$2 \times 8 \equiv 1 \pmod 5$)，故得解 $x = 13$。

7.6 Index Calculus

一般計算離散對數的演算法，最為迅速的應為**Index Calculus**，在實作上通常是結合篩法，如**二次篩法**或**代數數體篩法**使用，故其計算複雜度之估計等同於使用相同篩法因數分解。Index Calculus適用於乘法群 $\mathbb{Z}/p^\times$，但對於橢圓曲線有理點 $E(\mathbb{F}_q)$(其中 $\mathbb{F}_q$ 為Galois體)，所成之代數群，就幾無用武之地。解**離散對數問題** $\beta \equiv \alpha^x \pmod p$，其中 p 為大質數而 α 為一原根。

演算法 7.6.1 (Index Calculus):

求離散對數問題 $\beta \equiv \alpha^x \pmod{p}$，其中 p 為大質數而 α 為一原根。

- (選取因數基底 S)如同篩法般選取「小」質因數基底

$$S = \{p_1, p_2, \cdots, p_m\}。$$

- (建構同餘方程組)對若干隨機整數 k，$(0 \le k \le p_1)$ 計算值 α^k。嘗試將 α^k 寫成 S 中元素冪次之乘積，即

$$\alpha^k \equiv \prod_i p_i^{e_i} \pmod{p}$$

式子兩邊取離散對數，得

$$k \equiv \sum_i e_i \log_\alpha(p_i) \pmod{p-1}，$$

解 $\log_\alpha(p_i)(\, p_i \in S)$。

- (計算 x)隨機取整數 r，計算值 $\beta\alpha^r \pmod{p}$，使得其值可表為 S 中元素冪次之乘積，即

$$\beta\alpha^r \equiv \prod_i p_i^{d_i} \pmod{p}，$$

取離散對數可得

$$\log_\alpha(\beta) \equiv -r + \sum_i d_i \log_\alpha(p_i) \pmod{p-1}。$$

例 7.6.2:

求 $2^x \equiv 108 \pmod{269}$ 之解。(其中 269 為質數)

1. 取質因數基底 $S = \{2, 3, 5, 7, 11\}$。

2. 有效地計算 $2^k \pmod{269}$：

$$
\begin{aligned}
2^{246} \pmod{269} &= 245 = 5 \times 7^2 \\
2^{113} \pmod{269} &= 48 = 2^4 \times 3 \\
2^{71} \pmod{269} &= 33 = 3 \times 11 \\
2^{40} \pmod{269} &= 196 = 2^2 \times 7^2 \\
2^{109} \pmod{269} &= 3 \\
2^{130} \pmod{269} &= 84 = 2^2 \times 3 \times 7
\end{aligned}
$$

取離散對數 $\log_2(\cdot)$ 得

$$
\begin{aligned}
246 &\equiv \log_2 5 + 2\log_2 11 \quad (\bmod\ 268) \\
113 &\equiv 4 + \log_2 3 \quad (\bmod\ 268) \\
71 &\equiv \log_2 3 + \log_2 11 \quad (\bmod\ 268) \\
40 &\equiv 2 + 2\log_2 7 \quad (\bmod\ 268) \\
109 &\equiv \log_2 3 \quad (\bmod\ 268) \\
130 &\equiv 2 + \log_2 3 + \log_2 7 \quad (\bmod\ 268) \text{。}
\end{aligned}
$$

$$
\implies
\begin{bmatrix}
0 & 0 & 1 & 0 & 2 \\
4 & 1 & 0 & 0 & 0 \\
0 & 1 & 0 & 0 & 0 \\
2 & 0 & 0 & 2 & 0 \\
2 & 1 & 0 & 1 & 0
\end{bmatrix}
\begin{bmatrix}
\log_2 2 \\
\log_2 3 \\
\log_2 5 \\
\log_2 7 \\
\log_2 11
\end{bmatrix}
\equiv
\begin{bmatrix}
246 \\
113 \\
71 \\
40 \\
130
\end{bmatrix}
\quad (\bmod\ 268) \text{。}
$$

3. 解聯立同餘方程組 $\log_2 3 \equiv 109 \ (\bmod\ 268)$，$\log_2 5 \equiv 322 \ (\bmod\ 268)$，$\log_2 7 \equiv 19$ $(\bmod\ 268)$，$\log_2 11 \equiv -38 \ (\bmod\ 268)$。

4. 隨機選取整數 $k = 188$　代入，因

$$
\beta 2^k = 108 \times 2^{188} \quad (\bmod\ 269) = 77 = 7 \times 11 \text{，}
$$

取離散對數 $\log_2(\cdot)$ 可得

$$
\begin{aligned}
&\log_2 \beta + 108 \equiv \log_2 7 + \log_2 11 \quad (\bmod\ 268) \\
\implies\ &x = \log_2 \beta \equiv (\log_2 7 + 2\log_2 11 - 188) \quad (\bmod\ 268) = 61 \text{。}
\end{aligned}
$$

Index Calculus 中質因數基底之選取，可用二次篩法或代數數體篩法，當中代數數體篩法在質數大時，最有效率，其計算複雜度為

$$
\exp((1.923 + o(1))(\log p)^{1/3}(\log\log p)^{2/3}) \text{。}
$$

第 8 章

數位簽章

傳統的手寫簽名或圖章蓋印，往往代表簽署者責任，是具有法律效力的；在電子文件充斥的今日，一種用以辨識簽署人身分的「**電子簽章**」(Electronic Signature)的方法，就顯得其更為重要；而能體現電子簽章的方法有許多，如利用DNA辨識、指紋電子檔辨識等各種不同的方式；其中利用非對稱金鑰密碼暨公開鑰密碼技術所達成的電子簽章，即稱為**數位簽章**(Digital Signature)。

數位簽章的應用面很廣，因為它有「**不可否認性**」的特性，可以達成對稱金鑰密碼所不能達到的功能，它的適用範圍，已經不僅只是密碼學最初考慮的加密問題而已。在實用上，公開鑰的數位簽章技術，可用來發展**公開鑰基礎建設(PKI)**以及**數位憑證**(目前最熱門的，大概就是内政部最近所推動的「**自然人憑證**」)。在選舉頻繁的台灣，將來，甚至可以考慮「**電子投票**」，（這時就要考慮所謂的**盲簽章**）；當然其他的應用也包括電子商務、電子公文交換等。常用的數位簽章方法很多，多半只要有公開鑰加密的演算法，在略為修改後，就能得到一數位簽章演算法，例如與因數分解問題相關的公開鑰密碼系統RSA及Rabin，都有RSA數位簽章及Rabin簽章，也都是**可回復式的數位簽章**。而以**離散對數**問題為主的數位簽章演算法，就有ElGamal數位簽章、DSA、Schnorr數位簽章、Nyberg-Rueppel數位簽章等，這類數位簽章演算與ElGamal加密演算法相近，算是數位簽章演算法的大宗，除了Nyberg-Rueppel數位簽章之外，其他都是附錄式的。然而在許多的應用上，是需求「可回復式」的數位簽章，如數位憑證、盲簽章。

密碼學還有一重要元件，即**Hash函數**為一固定長度輸出的單向函數。在許多情況中，Hash函數往往是與其他公開鑰數位簽章演算法配合使用，甚至以此為似亂數產生器。值得一提的是，常使用的Hash函數，如MD4、MD5、RIPEMD都已經找到碰撞，SHA-1的密碼分析，也在2017年找到，目前建構於此之資訊安全體系，已面臨嚴重考驗。找到碰撞，代表該雜湊函數的安全性，已經亮起黃燈，然而更具威脅性的，卻是Rainbow Table攻擊法。大部分以password為主的系統，大都是將password以雜湊值的方式儲存。如果所用的password在字典檔中能找到，有人預先把這樣的password與其雜湊值算好存在所謂的Rainbow Table，只要是password在這 Rainbow Table中，再好的Hash函數，也是沒用。目前Hash函數的主流依然是**SHA系列**以及歐洲所研發之**RIPEMD系列**，這些都是與較早的**MD系列**類似，乃採**壓縮函數**多次迭代作用設計，然而因都是固定輸出長度，都可藉「**生日攻擊**」，將有效安全位元長度減半；而甚至「生日攻擊」也可適用於解**離散對數問題**。然而最常被用的雜湊函數大概就是**SHA-256**，特別是**比特幣**的礦池、礦工們無時不刻地計算這個函數，其目的不外乎找到適當地**Nonce**，解出能增加比特幣**區塊鏈**區塊的不等式。

另外，我們將台灣現行電子簽章法規及其緣由列入本章內容，值得一提的是，台灣現行電子簽章法規所定義之數位簽章，是指『以簽署人之私密金鑰對其加密，形成電子簽章，並得以公開金鑰加以驗證者將電子文件以數學演算法或其他方式運算為**一定長度之數位資料**，以簽署人之私密金鑰對其加密，形成電子簽章，並得以公開金鑰加以驗證者。』其條文雖不明言用到Hash函數，但「一定長度之數位資料」，應該就是指固定長度輸出Hash函數，而「以簽署人之私密金鑰對其加密，形成電子簽章，並得以公開金鑰加以驗證者」，其實就是指採**非對稱金鑰密碼**技術，有用到Hash之附錄式的數位簽章；對於非數位簽章之電子簽章，法規並無太多著墨，而是在立法原則上強調「技術中立」。我們希望讀者能以「理性」的角度，去看看這套遊戲規則。

8.1　數位簽章方案

一般而言，數位簽章的體現，是以公開鑰密碼系統的技術為主，並配合其他密碼元件Hash函數，整合而成。在體現的方法上有可**回復式方案**(**Recovery Scheme**)以及**附錄式方案**(**Appendix Scheme**)兩大不同之方案，而在輸出的模式上有固定式 (Deterministic)與隨機式(Randomized)之別。以之前所提之RSA數位簽章法而言，就是一種固定式的、可回復式數位簽章方案。

定義 8.1.1:
一數位簽章方案 (不論是可回復式，亦或附錄式) 是為隨機式的，若固定輸入之文件 m 之數位簽章 s，會隨輸入的次數而改變；反之，若固定輸入之文件 m 之數位簽章 s 不隨輸入的次數改變，每次均是相同的，則稱之為固定式的。

在區別可回復式與附錄式的數位簽章方案，可直接從他們簽章過程以及驗認過程之演算法看出：

演算法 8.1.2 (附錄式數位簽章方案):
Alice欲簽署文件 m 成 s 給Bob，Bob驗證數位簽章 s。

- (數位簽章)

  1. Alice用數位簽章函數 $S_A(\cdot)$ 作用文件 m，得

  $$s^* = S_A(m)$$

  2. 將數位簽章

  $$s = (m, s^*)$$

  傳訊給 Bob

- (驗證)

  1. Bob取得Alice之公鑰，即取得一組不同驗證函數，如 $V_{A_1}(\cdot)$、$V_{A_2}(\cdot)$。
  2. 計算 $V_{A_1}(s)$、$V_{A_2}(s)$。
  3. 比較值 $V_{A_1}(s)$、$V_{A_2}(s)$，若皆相等，就驗收無誤，否則拒收。

註：

在此類數位簽章方案，若使用Hash函數 $h(\cdot)$，數位簽章函數為

$$m \mapsto s^* = S_A(m) = \bar{S}_A(h(m)),$$

其中函數$\bar{S}_A(\cdot)$代表Alice之私鑰。

演算法 8.1.3 (可回復式數位簽章方案)：

Alice欲簽署文件 m 成 s 傳訊給Bob，Bob驗證數位簽章 s。

- (數位簽章)

    1. Alice用數位簽章函數 $S_A(\cdot)$(私鑰)作用文件 m，得

    $$s = S_A(m)$$

    2. 將數位簽章 s 傳訊給Bob。

- (驗證)

    1. Bob取得Alice之公鑰，即取得驗證函數 $V_A(\cdot)$,
    2. Bob 計算 $V_A(s)$，
    3. 若該數位簽章正確無誤，則 $V_A(s) = m$ 必可回復原文件。

以RSA數位簽章為例，數位簽章函數就是解密函數 $S_A(\cdot) = D_A(\cdot)$，即

$$S_A(m) = m^d \pmod{n} ;$$

而驗證函數就是加密函數 $V_A(\cdot) = E_A(\cdot)$，即

$$V_A(s) = s^e \pmod{n} 。$$

例 8.1.4：

我們亦可利用RSA密碼系統以及某Hash函數如SHA256整合成附錄式數位簽章方案。令RSA模數 n、加密鑰 e、解密鑰 d 以及Hash函數為 $h(\cdot)$。 Alice欲數位簽署文件 m 成 s 傳訊給Bob，而Bob驗證數位簽章 s。

- (數位簽章) Alice 計算

$$s^* = (h(m))^d \pmod{n} ,$$

將數位簽章

$$s = (m, s^*)$$

傳訊給Bob。若以openSSL實現，可為：

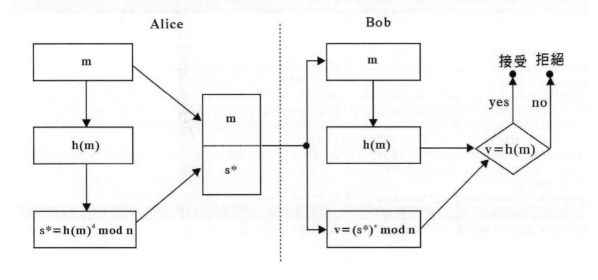

圖 8.1: 用Hash函數之RSA數位簽章

```
$openssl sha256 -sign pr1.pem -out sign.bin message.txt
```

- (驗證) Bob取得Alice之公鑰 e，計算

$$(s^*)^e = ((h(m))^d)^e \pmod n$$

以及

$$h(m)，$$

比較兩值，若相同就驗收，否則拒收。以openSSL為例：

```
$openssl sha256 -verify pu1.pem -signature sign.bin message.txt
```

此時數位簽章函數 $S_A(\cdot) = (h(\cdot))^d \pmod n$，而驗證函數

$$V_{A_1}(\cdot) = h(\cdot) \, \cdot \, V_{A_2}(\cdot) = (h(\cdot))^e \pmod n \, 。$$

8.2　RSA盲簽章

單純的RSA數位簽章，就是將文件 m 予以解密函數作用，得數位簽章 $s = m^d \pmod n$，驗收時，只消以加密函數作用，就可回復原文件

$$s^e = (m^d)^e = m^{ed} = m \, 。$$

```
anwendeng@anwendeng-VirtualBox: ~/桌面/test_RSA
anwendeng@anwendeng-VirtualBox:~/桌面/test_RSA$ openssl sha256 -sign pr1.pem -ou
t sign.bin message.txt
Enter pass phrase for pr1.pem:
anwendeng@anwendeng-VirtualBox:~/桌面/test_RSA$ base64 sign.bin
BjDzOpuDmikZlIfIhgTm7dKNzJ/c7XVz3UPYyrJSm3SMwYMmFfh+/15qmPVIkgLARXEWuqG2nhb4
sSz2jkl9p8wcXiEvt/w+FawVGJSNIdtKcJl4pFZ86zGXvhlix7ZdXLQjN0qURPqnOtDRLeIW/eWY
p0jSv4ribKJ9cZ0fCRWvq9y01ppae5HztTa8OiZYg+mqKUty6iy9kzRCXNmxaUJTkr0ceg1JtYG7
eCeKBqlxZCOQkPqGeuae/w/aBXrkV/NGKabCZLzUQbPD9bT2vaO24rQWFyjPD76tdJAZPHfLSN1m
+LGlZNEjF2Hby5TIQx4O2uCGHSVs3Fl5cUd34Q==
anwendeng@anwendeng-VirtualBox:~/桌面/test_RSA$ openssl sha256 -verify pu1.pem -
signature sign.bin message.txt
Verified OK
anwendeng@anwendeng-VirtualBox:~/桌面/test_RSA$ cat message.txt
簽章不是加密，這是個appendix scheme數位簽章，用hash sha256的數位簽章測試。
anwendeng@anwendeng-VirtualBox:~/桌面/test_RSA$
```

圖 8.2: 用RSA SHA-256測試openSSL數位簽章

然而在實用上，有時卻要求簽收者，在不知文件內容之情況下，就要取得簽收者的數位簽章，這特別在**電子投票(Electronic Vote)**時，有其必要性；此時，可回復式的數位簽章方案，如 RSA 數位簽章，便可輕易完成如此的需求，即所謂的盲簽章 (Blind Signature)，其中必須滿足兩條件：

1. 簽署人對所簽署的文件，必須是「盲目」的，
2. 日後公佈文件以及數位簽章時，簽署人也無從找出文件與其盲簽章之相關性。

David **Chaum**所提之「**盲簽章**」就是利用RSA演算法：

演算法 8.2.1 (RSA盲簽章):
Bob之RSA公鑰為e、私鑰為d、RSA模數 n，Alice欲讓Bob對文件m「盲簽章」。

- (作用盲因子) Alice隨機取一整數 $k \pmod n$，即為盲因子(**Blind Factor**)，其中 $\gcd(k,n)=1$，計算
$$t \equiv k^e m \pmod n,$$
將 t 傳訊給Alice。
- (數位簽章) Bob將 t 數位簽署成
$$\tilde{s} \equiv t^d \pmod n,$$
將 $\tilde{s}$ 傳回Bob。
- (去除盲因子) Alice計算
$$s = \tilde{s}k^{-1} \pmod n$$
即得Bob對 m 之數位簽章 $s \equiv m^d \pmod n$。

證明：$\widetilde{s}/k \equiv m^d \pmod{n}$:

$$
\begin{aligned}
\widetilde{s}/k \pmod{n} &\equiv t^d/k \pmod{n} \\
&\equiv \frac{(k^e m)^d}{k} \pmod{n} \\
&\equiv \frac{k^{ed} m^d}{k} \pmod{n} \\
&\equiv m^d \pmod{n}
\end{aligned}
$$

$\square$

當然在電子投票中，Bob就代表選委會，而Alice就代表個別的投票人，Alice當然不希望選委會在投票後，馬上得知文件 m，以及到底投誰；而開票後，即便公佈了 m 以及 s 之後，選委會Bob也無法推算這票是誰投的，同時盲簽章的機制也防止選委會Bob作票的可能性，這些至少在理論上是可行的。一般而言，凡可回復式之數位簽章之方案，均可用來盲簽章，而這是附錄式之數位簽章之方案所不能辦到的。

8.3　Hash函數簡介

密碼學中尚有一重要密碼重要元件，即**Hash函數**(中文有翻譯成**雜湊函數**或**赫序函數**)，這在數位簽章中，特別是與公開鑰密碼技術結合，而整合成附錄式的數位簽章方案。 Hash函數為一函數，在此，我們以以下定義描述之。

定義 8.3.1 (Hash函數)：

Hash函數 $h(\cdot)$ 為一函數

$$h : \{任意長度之訊息\} \rightarrow \{固定長度之\textbf{摘要(Digest)}\}$$

且滿足以下條件：

1. 給定訊息m，計算摘要 $h(m)$ 非常迅速。

2. 給定y，很難找到 m 使得

$$h(m) = y$$

(此稱 $h(\cdot)$ 為**單向函數(One-Way Function)**)。

3. 很難同時找到不同之 m_1 及 m_2 使得

$$h(m_1) = h(m_2)$$

(此稱為**強抗碰撞(Strongly Collision Resistance)**)。

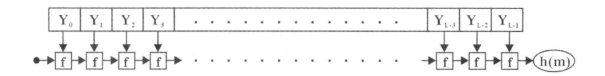

圖 8.3: Hash函數

在數位簽章中若使用Hash函數，其作法即

$$S \circ h(m)$$

其中 $S(\cdot)$ 為數位簽章函數，$h(\cdot)$ 為Hash函數，因為摘要 $h(m)$ 為固定長度，如此可大幅加快數位簽章之速度。又Hash函數不滿足**乘法代數性質**，即

$$h(m_1 m_2) \neq h(m_1) h(m_2)，$$

如此可防止利用乘法代數性質的偽造簽章攻擊；而傳送之數位簽章為

$$(m, S \circ h(m))。$$

在實務上，常使用的Hash函數為**Rivest**所研發之MD系列之Hash函數、所謂安全Hash演算法(即SHA)，以及歐洲所研發之RIPEMD-160，其中MD系列多為128-bit，而SHA、RIPEMD-160為160-bit；但128-bit之Hash函數都已經找到碰撞，128-bit之所有Hash函數，已不安全。

即使是稱之為安全Hash演算法的SHA-1，也面臨考驗。來自中國山東大學的王小云與她的團隊，針對SHA-1等各Hash函數研究，原先估計要2^{80}次計算才會找到碰撞的，根據她們的研究，已經降至2^{63}。[1] 然而史上第一次，SHA-1的碰撞終於在2017年透過Google強大的計算能力被找到，破解者聲稱**shattered**了。[2]

一般Hash函數包括一重複使用之**壓縮函數(Compression Function)** f，該壓縮函數 f 應有二輸入即二變數，一是前次輸出，稱之為**串聯變數(Chaining Variable)**；另一為文件 m 之一區塊，壓縮函數迭代作用，最後之輸出即訊息摘要 n-bit $h(m)$。其作法為：
將 m 填補成 m'，即 L 塊 b-bit 區塊，

$$m' = Y_0 || Y_1 || Y_2 || \cdots || Y_{L-1}。$$

[1] Xiaoyun Wang, Yiqun Yin, Hongbo Yu, "*Finding Collisions in the Full SHA-1*", Crypto 2005.
[2] 可參閱「shattered」的聲明：https://shattered.io/

然後以壓縮函數 f 迭代作用：

$$c_0 = IV = n\text{-bit 初始值}$$
$$c_i = f(c_{i-1}, Y_{i-1}) \quad (1 \le i \le L)$$
$$h(m) = c_L \circ$$

壓縮函數 f 當然就成為Hash函數設計之關鍵，以抗碰撞的壓縮函數 f 所設計之Hash函數，就一定是抗碰撞的。但是依據鴿籠原理(Pigeonhole Principle)，只要 $b > 2^n$，就一定會有碰撞，壓縮函數 f 就要考量在計算上很難找到產生碰撞的函數。

▶簡易Hash程式

以程式語言Java撰寫Hash測試程式是非常容易的，主要用到的是套件java.security中的MessageDigest類別，方法成員MessageDigest getInstance(String)選取Hash演算法， MessageDigest update(byte[])進行計算，byte[] digest()以Byte陣列的型態傳回摘要值。

程式 8.3.2 (簡易Hash程式)：
顯示字串"Hash函數的測試如下"在不同Hash的摘要值。 註[3]

```
//Hash.java
import java.security.*;

class tryHash
{
  static void MD(String hashAlg, String Message)
  {
  try{
      MessageDigest Fingerprint// Hash摘要型態變數
      =MessageDigest.getInstance(hashAlg);

      Fingerprint.update(Message.getBytes("UTF-8"));
      byte[] hash=Fingerprint.digest();
      //hash為摘要，以byte型態陣列存之
      System.out.printf("%-8s>>",hashAlg);

      for(int i=0; i<hash.length; i++){
      System.out.printf("%02x", hash[i]);
      }
      System.out.println();
      //hash以16進位印出
```

註[3] CrypTool 2能操作的Hash函數更多，Java 10加上SHA3的支援。可詳見教學影片「 SHA-256, SHA3-256, RIPEMD-160」：
https://anwendeng.blogspot.com/2018/05/ex-sha-256-sha3-256-ripemd-160.html

```
      } catch (NoSuchAlgorithmException e)
      {System.out.println(e);}
  }
  public static void main(String[] args)
        throws Exception
  {
    String Message="Hash函數的測試如下";
    System.out.println(Message);
    MD("MD2",Message);//Java 1.4不支援
    MD("MD5",Message);
    MD("SHA-1",Message);
    MD("SHA-256",Message);
    MD("SHA-384",Message);
    MD("SHA-512",Message);
  }
}
```

例 8.3.3:

Hash.java執行結果。

Hash 函數的測試如下

MD2   >>e73d9453e1f076defa07878c4c150527

MD5   >>467525cb74532f94120d8f39ab6332e5

SHA-1   >>cb1560c21abcd9730a5f8d98c9171edfb0e1121b

SHA-224 >>0993fa72eed3945c540074ad6e5f23565fc78424652555c906d01866

SHA-256 >>a06af43b7dd36a99fee4dbae518f9c9c904bea498ff8648e24ae67d43da67d8b

SHA-384 >>d6ee0d60bc9afe4939afc1719821358efe8ecda7b04a4707fbdf939dee8dec896c5a296c0636db4312d48a2634cb8746

SHA-512 >>add10c229280deae7e16a2e338762249e39c69517cc360c44ab2a4325612408b4c6bee867e33cd6a7b6a56a92c64edf4706ce6963d9fdf16d47f45c27a2f23db

8.4 生日攻擊

Hash函數的攻擊方式，最常用的就是所謂的**生日攻擊(Birthday Attack)**，而實質上就是利用機率性質進行隨機攻擊。

例 8.4.1 (生日攻擊):

同一房間內有23人，有相同生日之機率為> 50%，若有30人，則相同生日之機率為> 70%。

何以？純粹是機率問題。假設有 r 個不同訊息 $m_1, m_2, \cdots m_r$，而在Hash函數 $h(\cdot)$ 作用

下，有固定長度 ℓ-bit，故所有摘要的可能性共有 $n = 2^\ell$ 個。

r 個訊息經Hash函數 $h(\cdot)$ 對應到 n 個不同摘要的可能性，共有 n^r個。而每個摘要最多只有一個訊息 m_i 對應到之可能性，共有

$$n(n-1)\cdots(n-r+1)$$

個；所以，所有會出現相同摘要之對應方式共有

$$n^r - n(n-1)\cdots(n-r+1)$$

個，故其機率為

$$
\begin{aligned}
p &= \frac{n^r - n(n-1)\cdots(n-r+1)}{n^r} \\
&= 1 - \frac{n(n-1)\cdots(n-r+1)}{n^r}
\end{aligned}
$$

$$
\begin{aligned}
\Longrightarrow 1 - p &= \frac{n(n-1)\cdots(n-r+1)}{n^r} \\
&= (1-\frac{1}{n})(1-\frac{2}{n})\cdots(1-\frac{r-1}{n}) \\
&= \prod_{i=1}^{r-1}(1-\frac{i}{n})
\end{aligned}
$$

將等式取自然對數$\ln(\cdot)$，得

$$\ln(1-p) = \sum_{i=1}^{r-1}\ln(1-\frac{i}{n}) \ ;$$

而

$$\ln(1-x) = -x - \frac{x^2}{2} - \frac{x^3}{3} - \cdots - \frac{x^k}{k} - \cdots ,$$

其中$|x| < 1$，故當$x \to 0, \ln(1-x) \to x$，(其中$\ln(1-x) < -x$)故可得

$$\ln(1-p) \approx (<) - \sum_{i=1}^{r-1}\frac{i}{n} = -\frac{r(r-1)}{2n}$$

$$\Longrightarrow 1 - p = e^{\ln(1-p)} \approx (<)e^{-\frac{r(r-1)}{2n}}$$

令$\lambda = \frac{r^2}{2n}$，所以當 $r \approx \sqrt{2\lambda n}$，其有相同摘要之機率

$$p \approx 1 - e^{-\lambda} \text{。}$$

註 8.4.2:

以上的討論是採不重複選取的，然而當n很大，r小，重複選取與不重複選取的差異不大。$p > 1/2$ 時 $e^\lambda \gtrsim 2 \iff \frac{r^2}{2n} \gtrsim \ln 2$，若且唯若

$$r \gtrsim \sqrt{2\ln 2}\sqrt{n} \approx 1.177410023\sqrt{n} \text{。}$$

事實上，也可透過《訊息理論》這章所介紹的「Poisson分佈」來估算。當中

$$\lambda = \frac{n(n-1)}{2}$$

因此 $p \approx 1 - e^{-\lambda}$。

例 8.4.3：

令某Hash函數 $h(\cdot)$ 之摘要為60-bit，故其所有摘要之總數為 $n = 2^{60} \approx 10^{18}$，Eve欲攻擊之，並事先找出 35 處之可能些微改變，並將其共 2^{35} 之摘要計算儲存，此時，他只要比較其摘要，就大約可能攻擊成功。 $r = 2^{35}, n = 2^{60}$ 代入得 $\lambda = \frac{r^2}{2n} = 512$，故其攻擊成功之機率為 $p \approx 1 - e^{-512} \approx 1$。

　　由於生日攻擊，在使用Hash函數時，千萬要注意，Hash函數之摘要之有效安全長度，其實可藉此攻擊，將其降低為原有摘要長度之一半，如MD5之摘要為128-bit，SHA-1之摘要為160-bit，其有效安全長度，藉由生日攻擊，只剩下64-bit以及80-bit，以64-bit而言，這在有效時間的暴力攻擊成功，已屬可能，因此，Hash函數的使用，反而降低了公開鑰密碼原應可提供之計算安全度，因此在使用有用到Hash函數之數位簽章之方案時，除了一方面要加長其公開鑰密碼系統之金鑰長度，另一方面，還要找到摘要「夠長」之Hash函數，否則，用過短之Hash函數，即使所用之公開鑰密碼系統或對稱金鑰密碼系統再強，也只是徒然，Hash函數之使用，不可不慎。

▶生日攻擊離散對數

　　生日攻擊也可用於離散對數。欲解離散對數

$$\alpha^x \equiv \beta \pmod{p},$$

其中 p 為質數。列出兩列計算，均略比 $\sqrt{p}$ 長：

1. 第一列計算為 $\alpha^i \pmod{p}$，其中 i 為隨機取之約 $1.2\sqrt{p}$ 個值。

2. 第二列計算為 $\beta\alpha^j \pmod{p}$，其中 j 為隨機取之約 $1.2\sqrt{p}$ 個值。

很有機會兩列計算中有相同者，即

$$\alpha^i \equiv \beta\alpha^j \pmod{p} \implies \alpha^{i-j} \equiv \beta \pmod{p},$$

故 $i - j \pmod{p-1}$ 為其解。

8.5　ElGamal數位簽章

　　ElGamal數位簽章為一附錄式的數位簽章方案，亦應依需要採取隨機式數位簽章，其演算法與ElGamal加密法類似，我們將其整理於以下演算法。

演算法 8.5.1 (ElGamal**數位簽章**):
Alice 欲數位簽署一文件 m 成數位簽章 s 傳訊給Bob。

- (金鑰產生) Alice選擇質數 p 以及其一原根 g,並選擇一整數 a 介於 2、$p-2$,計算

$$A = g^a \pmod{p},$$

將 (p, g, A) 公開之,而 a 必須保密。

- (數位簽章)

  1. Alice 隨機取一整數 k 滿足 $\gcd(k, p-1) = 1$。
  2. 計算 $r \equiv g^k \pmod{p}$。
  3. 計算 $s^* \equiv k^{-1}(m - ar) \pmod{p-1}$;將數位簽章

$$s = (m, r, s^*)$$

傳訊給 Bob。

- (驗證)

  1. Bob 取得 Alice 之公開鑰 (p, g, A)。
  2. 計算

$$v_1 \equiv A^r r^{s^*} \pmod{p}$$
$$v_2 \equiv g^m \pmod{p}。$$

  3. 檢驗 $v_1 \equiv v_2 \pmod{p}$ 是否成立;若成立則驗收,否則拒絕。

證明:驗證 $v_1 \equiv v_2 \pmod{p}$ 是否成立,若成立則驗收,否則拒絕。其因為:

$$s^* \equiv k^{-1}(m - ar) \pmod{p-1}$$
$$\iff s^* k \equiv m - ar \pmod{p-1}$$
$$\iff m \equiv s^* k + ar \pmod{p-1}$$
$$\iff v_2 \equiv g^m \equiv g^{s^* k + ar} \equiv v_1 \pmod{p}。$$

$\square$

註 8.5.2:
與ElGamal密碼一樣,所用之質數 p 多為**安全質數**。若使用Hash函數 $h(\cdot)$ 結合ElGamal數位簽章,所整合之數位簽章方案,則以上演算法可略為修改為下:

- (數位簽章)

  1. Alice 隨機取整數 k 滿足 $\gcd(k, p-1) = 1$。
  2. 計算 $r \equiv g^k \pmod{p}$。
  3. 計算
  $$s^* \equiv k^{-1}(h(m) - ar) \pmod{p-1}$$
  將數位簽章
  $$s = (m, r, s^*)$$
  傳訊給Bob。

- (驗證)

  1. Bob取得Alice之公開鑰 (p, g, A)。
  2. 計算
  $$v_1 \equiv A^r r^{s^*} \pmod{p}$$
  $$v_2 \equiv g^{h(m)} \pmod{p}。$$

  3. 檢驗 $v_1 \equiv v_2 \pmod{p}$ 是否成立；若成立則驗收，否則拒絕。

注意在此情況Hash函數 $h(\cdot)$ 是雙方事先所協定的，由於ElGamal數位簽章是附錄式的，往往就是使用Hash函數配合使用。

例 8.5.3:

Alice用ElGamal數位簽章數則訊息傳送給Bob，而Alice之公開鑰為

$$(p, g, A) = (143988026487479, 11, 92403045857968)。$$

Eve截收到此訊息之數位簽章，其中兩則

$$
\begin{aligned}
s_1 &= (m_1, r, s_1^*) \\
&= (\text{`hack bad '}, 89307273047373, 86973759877688), \\
s_2 &= (m_2, r, s_2^*) \\
&= (\text{`signature'}, 89307273047373, 55673729196594),
\end{aligned}
$$

知道Alice是用相同 r 值數位簽章(即相同 k 值)；並知協定代碼為：空白$=0$、$a=1$、$b=2$、$\cdots$、$z=26$，故明文代碼為

$$
\begin{aligned}
m_1 &= (8,1,3,11,0,2,1,4,0)_{27} = 2271216784698, \\
m_2 &= (19,9,7,14,1,20,21,18,5)_{27} = 5463218140988。
\end{aligned}
$$

聰明的Eve計算

$$m_1 - m_2 = -3192001356290$$
$$\equiv (s_1 - s_2)k = 31300030681094k \pmod{p-1},$$

由於

$$\gcd(-3192001356290, p-1)$$
$$= \gcd(-3192001356290, 143988026487479 - 1) = 2,$$

將同餘式除以 2，得

$$-1596000678145 \equiv 15650015340547k \pmod{\frac{p-1}{2} = 71994013243739},$$

得 $k \equiv 70166074338643 \pmod{\frac{p-1}{2}}$，故

$$k = 70166074338643 \text{ 或 } 70166074338643 + \frac{p-1}{2} = 142160087582382,$$

但

$$11^{70166074338643} = 89307273047373 \pmod{p} = r,$$
$$11^{142160087582382} = 76479075265669 \pmod{p} \neq r,$$

所以可以決定值

$$k = 70166074338643。$$

將已知值代入

$$s_1^* \equiv k \equiv m_1 - ar \pmod{p-1},$$

即

$$70166074338643a \equiv 2271216784698$$
$$-86973759877688 \times 86973759877688$$
$$\pmod{143988026487478},$$

解得

$$a = 98515169462148,$$

從此Eve已經知道 Alice 之密鑰 a，可任意偽造Alice之ElGamal數位簽章。

　　ElGamal與RSA數位簽章一樣，也有**代數乘法性質**(因兩者之基本運算皆為指數模運算)，使用Hash函數，正可防止利用代數乘法性質的偽造攻擊。

例 8.5.4:

Eve欲設計偽造Alice之ElGamal數位簽章 (m, r, s^*)。她取整數 u 以及 v，其中 $\gcd(v, p-1)$，偽造

$$r \equiv A^v g^u \pmod{p}$$
$$s^* \equiv -rv^{-1} \pmod{p-1}$$
$$m \equiv s^* u \pmod{p-1}$$

其中 $m \equiv s^* u \pmod{p-1}$ 居然是有意義的文字之代碼 (雖然這在ElGamal數位簽章系統的可能性微乎其微)。

證明：根據 s^* 之原始定義，即檢查

$$s^* k + ar \equiv m \pmod{p-1}$$

是否代入偽造值亦成立；此時

$$s^* k + ar \equiv r(-v^{-1} k + a) \pmod{p-1}$$
$$m \equiv s^* u \equiv -rv^{-1} u \pmod{p-1} \text{、}$$

但是

$$r \equiv g^k \equiv A^v g^u \equiv g^{av} g^u \equiv g^{av+u} \pmod{p}$$
$$\Longleftrightarrow \quad k \equiv u + av \pmod{p-1}$$
$$\Longleftrightarrow \quad k - av \equiv u \pmod{p-1}$$
$$\Longleftrightarrow \quad v^{-1} k - a \equiv -v^{-1} u \pmod{p-1}$$
$$\Longleftrightarrow \quad r(-v^{-1} k + a) \equiv -rv^{-1} u \pmod{p-1} \text{，}$$

故 $s^* k + ar \equiv m \pmod{p-1}$ 成立。 $\qquad\square$

8.6 DSA數位簽章

美國國家標準技術局(**National Institute of Standard and Technology**, **NIST**)於1991年提議一種數位簽章演算法(**Digital Signature Algorithm**, DSA) 並於1994年制定為數位簽章之標準(**Digital Signature Standard**, **DSS**)，**DSA**其實是ElGamal數位簽章之變形，其演算法與之大體類似，其中不同點，只是將 g 原根改為另一非原根之值，其演算法如下：

演算法 8.6.1 (DSA演算法)：

Alice欲將 m 數位簽署成數位簽章 s 傳訊給Bob，Bob驗證Alice之數位簽章。

- (金鑰產生)

    1. Alice 選擇160-bit大小之質數 q，並選擇另一質數 p 使得 $q|p-1$。(如此的選取，可保證 (mod p) 離散對數夠難，p 最初建議為512-bit，後為 1024-bit)

    2. 選取 g 為 (mod p) 之原根，並計算 $\alpha \equiv g^{\frac{p-1}{q}} \pmod{q}$。(當中 $\alpha^q \equiv 1 \pmod{p}$)

    3. Alice選擇一整數 a 使得 $1 \le a < q-1$，並計算 $\beta \equiv \alpha^a \pmod{p}$。

    4. Alice將 (p,q,α,β) 公開之，而 a 必須保密。

- (數位簽章)

    1. Alice隨機選取一整數 k，其中 $0 < k < q-1$。

    2. 計算 $r = (\alpha^k \pmod{p}) \pmod{q}$。

    3. 若不用Hash函數 $h(\cdot)$ 時，計算

    $$s^* \equiv k^{-1}(m+ar) \pmod{q}，$$

    若使用 Hash 函數 $h(\cdot)$ 時，計算

    $$s^* \equiv k^{-1}(h(m)+ar) \pmod{q}。$$

    4. 將數位簽章

    $$s = (m,r,s^*)$$

    傳訊給Bob。

- (驗證)

    1. Bob取得Alice之公開鑰 (p,q,α,β)。

    2. 計算

    $$
    \begin{aligned}
    u_1 &\equiv s^{*-1}m \pmod{q} \quad (\text{或 } u_1 \equiv s^{*-1}h(m) \pmod{q}) \\
    u_2 &\equiv s^{*-1}r \pmod{q}
    \end{aligned}
    $$

    3. 計算 $v = (\alpha^{u_1}\beta^{u_2} \bmod p) \pmod{q}$。

    4. 若 $v = r$ 則驗收，否則拒絕。

證明：在此我們證明為何如此驗證成立。以不用Hash函數 $h(\cdot)$ 為例，從 s^* 之定義得

$$
\begin{aligned}
m &\equiv -ar + ks^* \pmod{q} \\
\Longleftrightarrow \quad s^{*-1}m &\equiv -ars^{*-1} + k \pmod{q} \\
\Longrightarrow \quad k &\equiv s^{*-1}m + ars^{*-1} \pmod{q} \\
&\equiv u_1 + au_2 \pmod{q}。
\end{aligned}
$$

所以，

$$\alpha^k = \alpha^{u_1 + au_2} = (\alpha^{u_1} \beta^{u_2} \bmod p) \pmod q ,$$

因此 $v = r$。 □

註 8.6.2 (機率上之錯誤):

在金鑰產生時，s^* 有可能會 $s^* \equiv 0 \pmod q$，此時當然不存在 $s^{*-1} \pmod q$，就必須重新選取 k，但出現如此的機率為 2^{-160}，是微乎其微。一般而言，當簽署者發現 $s^* = 0$ 或者 $r = 0$ 就要重新選取 k。

例 8.6.3 (DSA簡例):

Alice欲將 $m=$ 'dsa sign' 數位簽署成數位簽章 s 傳訊給Bob，Bob驗證Alice之數位簽章。

- (金鑰產生)

    1. Alice選擇質數

    $$q = 388093586203 ,$$

    並測試 $kq + 1 \, (k = 2, 3, \cdots)$ 是否為質數，當 $k = 10$，得

    $$p = 10q + 1 = 3880935862031$$

    為質數。

    2. 取 $\pmod p$ 之原根 $g = 7$。

    3. 計算

    $$\alpha = g^{\frac{p-1}{q}} \pmod p = 282475249 。$$

    4. 選擇一整數 $a = 234621371271$，並計算

    $$\beta = \alpha^a \pmod p = 392622649766 。$$

    5. Alice之公鑰為

    $$(p, q, \alpha, \beta)$$
    $$=(3880935862031, 388093586203, 282475249,$$
    $$392622649766)$$

    而值 $a = 234621371271$ 保密。

- (數位簽章)

    1. Alice隨機選取一整數 $k = 253098774209$，計算

    $$r = \alpha^k \bmod p \pmod q = 186612001224 。$$

2. 協定代碼為：空白 $= 0$、$a = 1$、$b = 2$、$\cdots$、$z = 26$，故明文代碼為

$$
\begin{aligned}
m &= \text{`dsa sign'} \\
&= (4, 19, 1, 0, 19, 9, 7, 14)_{27} \\
&= 49217131751 \text{。}
\end{aligned}
$$

3. 計算

$$
s^* = k^{-1}(m + ar) \pmod{q} = 196549201306 \text{。}
$$

4. 將數位簽章

$$
\begin{aligned}
s &= (m, r, s^*) \\
&= (\text{`dsa sign'}, 186612001224, 196549201306)
\end{aligned}
$$

傳訊給Bob。

- (驗證)

  1. Bob取得Alice之公鑰 (p, q, α, β) 以及數位簽章 $s = (m, r, s^*)$。
  2. 代入 $m = 49217131751$，計算

$$
\begin{aligned}
u_1 &= (s^*)^{-1} m \pmod{q} = 625514134, \\
u_2 &= (s^*)^{-1} r \pmod{q} = 168201244864, \\
v &= (\alpha^{u_1} \beta^{u_2} \bmod p) \pmod{q} \\
&= 186612001224 \text{。}
\end{aligned}
$$

  3. 因 $r = v$，驗收。

例 8.6.4:

以openSSL先產生512-bit DSA的基本參數p, q, g如下指令：

```
$openssl dsaparam -out dsaP.pem 512
```

想要觀察其值，可輸入：

```
$openssl dsaparam -in dsaP.pem -text
```

例 8.6.5:

續上例。本例產生DSA的金鑰對。以openSSL先產生512-bit DSA的私鑰如下指令：

```
$openssl gendsa -out dsa_pri.pem dsaP.pem -des
```

產生的私鑰，就用des加密保固。想要觀察其值，記得輸入與產生私鑰時的passphrase：

```
SHA1(message.txt)= caf608adf4a7148657cea076fec7a3af5b811e03
anwendeng@anwendeng-VirtualBox:~/桌面/DH_DSA_test$ openssl sha1 -sign dsa_pri.pem -out sig.bin mess
age.txt
Enter pass phrase for dsa_pri.pem:
anwendeng@anwendeng-VirtualBox:~/桌面/DH_DSA_test$ base64 sig.bin
MC4CFQDyVsi7M6gkdjCZqnkxO4Av78o63gIVAM4JLqUptbP+XWPCoxyduuH0JSb4
anwendeng@anwendeng-VirtualBox:~/桌面/DH_DSA_test$ openssl sha1 -verify pub.pem -signature sig.bin
message.txt
Verified OK
anwendeng@anwendeng-VirtualBox:~/桌面/DH_DSA_test$ cat message.txt
簽章不是加密，這是個appendix scheme數位簽章，用dss數位簽章測試。
anwendeng@anwendeng-VirtualBox:~/桌面/DH_DSA_test$
```

圖 8.4: 透過openSSL針對文字檔行DSA數位簽章與驗證

```
$openssl dsa -in  dsa_pri.pem -text
```

要取得公鑰：

```
$openssl dsa -in  dsa_pri.pem -pubout -out pub.pem
```

例 8.6.6:

續上例。 本例操作DSA簽章與驗證。透過雜湊函數SHA-1與DSA的私鑰數位簽章文字檔 message.txt如下：

```
openssl sha1 -sign dsa_pri.pem -out sig.bin message.txt
```

透過雜湊函數SHA-1與DSA的公鑰，驗證附錄式的數位簽章是否有效：

```
openssl sha1 -verify pub.pem -signature sig.bin message.txt
```

DSA或DSS的數位簽章特色為：

1. 與ElGamal數位簽章一樣，k 值可每次選取不同，成為隨機式之數位簽章方案。

2. DSA之質數 p、q 選取與ElGamal密碼或數位簽章取安全質數 p 雖有不同，但都可使得乘法群 $\mathbb{F}_p^\times$ 上之**離散對數問題**足夠困難。

3. 使用 $\alpha(\alpha^q \equiv 1 \pmod{p})$ 而不用原根 g，是與ElGamal數位簽章最大之差異；也因此，不似ElGamal數位簽章，若有兩則以上數位簽章是相同 r 值，便可讓攻擊者Eve推算出 k 值、密鑰值 a，便可任意偽造ElGamal數位簽章；在DSA上，兩相同之 r 值，只能保證 $k_1 \equiv k_2 \pmod{q}$，而不同值 $k \pmod{p}$ 有相同 $\pmod{q}$ 之值共約有

$$2^{512-160} = 2^{342}(\text{ 或 } 2^{1024-160} = 2^{864})$$

種可能性，如此攻擊ElGamal數位簽章的這類方法便對DSA無效。

4. 另外在驗證時，最費時之模指數運算只消3次，要比ElGamal數位簽章快上許多。

DSA雖是所謂的數位簽章標準DSS，但在90年代無論學界、業界均有不同意見，不少廠商如IBM、Apple、Novell、Microsoft、DEC、Sun 均已投注不少金錢於 RSA 演算法上，誰也不願因DSA而有損失，反對聲浪高漲，對DSA之批評，我們整理如下：

1. DSA僅能用來做數位簽章，不能用來加密，也不能做金鑰交換。

2. DSA是由美國國家安全局**NSA**獨自發展出來，研發過程不透明，難保會暗藏陷門。

3. DSA驗證過程要比RSA數位簽章驗證過程慢上10至40倍。

4. RSA是事實上(de facto)的標準，何必另訂一數位簽章標準。

5. 選擇DSA之過程不公開，且未有足夠的時間分析其演算法。

6. DSA可能涉及專利問題，如Schnorr數位簽章法。

7. DSA之金鑰實在太短；最早的標準是512-bit，這實在太危險，後來加長至1024-bit，也是不夠，隨著資訊安全的要求，現在也有2048-bit, 3072-bit的版本。要注意的是，DSA的安全性是奠基於離散對數問題，與RSA奠基於因數分解雖有不同，但只要利用Index Calculus攻擊，不論是二次篩法或是代數數體篩法，都會造成威脅。

然而DSA由於其所產生之數位簽章之附錄 (r, s^*) 也不過才320-bit，這在IC卡的運用，有很大的實用價值，另外金鑰的產生速度很快。在後來DSS之制定中，Hash函數也以**SHA-1**為標準，而DSA之廣為使用，也逐漸成為一事實。

8.7　Schnorr數位簽章

與ElGmal數位簽章、DSA相同，**Schnorr數位簽章**也是建立在離散對數問題之數位簽章，也屬於附錄式數位簽章方案，此三類數位簽章之類似性很高，尤其是Schnorr數位簽章與DSA相同頗高，其中Schnorr數位簽章之演算法如下：

演算法 8.7.1 (Schnorr**數位簽章**)：
Alice 欲數位簽署一文件 m 成數位簽章 s 傳訊給 Bob，而Bob 則驗證其數位簽章。

- (金鑰產生)與DSA完全相同。

    1. Alice選擇質數 q 並選擇另一質數 p，使得 $q|p-1$。
    2. 選取 g 為 $(\bmod p)$ 之原根，並計算 $\alpha \equiv g^{\frac{p-1}{q}} \pmod{q}$。（當中 $\alpha^q \equiv 1 \pmod{p}$）
    3. Alice選擇一整數 a 使得 $1 \le a < q-1$，並計算 $\beta \equiv \alpha^a \pmod{p}$。
    4. Alice將(p, q, α, β)公開之，而 a 必須保密。

- (數位簽章)

1. Alice隨機選擇一整數 k，其中 $1 \leq k \leq q-1$。

2. 計算 $r = \alpha^k \bmod p$ 以及 $e = h(m\|r)$ 其中 $h(\cdot)$ 為Hash函數，而 $m\|r$ 表示 m 與 r 之字串聯結，並計算

$$s^* = ae + k \bmod q \text{。}$$

3. 將數位簽章

$$s = (m, s^*, e)$$

傳訊給Bob。

- (驗證)

1. Bob取得Alice之公開鑰 (p, q, α, β)。

2. 計算

$$
\begin{aligned}
v &= \alpha^{s^*}\beta^{-e} \bmod p, \\
e' &= h(m\|v) \text{。}
\end{aligned}
$$

3. 若 $e' = e$ 則驗收，否則拒絕。

由此演算法，可觀察得知Schnorr數位簽章與DSA之不同處，僅僅在於Hash函數 $h(\cdot)$ 之使用方式稍有不同，DSA是直接使用文件之訊息摘要 $h(m)$，而Schnorr數位簽章則是使用 $h(m\|v)$，其雷同性頗高。而Schnorr數位簽章之推出日期是早於DSA，其專利期是到2008年結束，而且在多國註冊專利，為國際性的。

8.8　Nyberg-Rueppel數位簽章

建立在離散對數問題之數位簽章如ElGmal數位簽章、DSA、Schnorr數位簽章都屬於附錄式數位簽章方案，而**Nyberg-Rueppel數位簽章**雖也是建立在離散對數問題之數位簽章，但卻是可回復式的，如此一來略加修改，也可用來盲簽章。其他建立在離散對數問題之數位簽章，大都與Hash函數配合使用，在此卻需要與Hash函數性質不同之函數，即**重複函數** (**Redundancy Function**)：

定義 8.8.1 (重複函數, Redundancy Function)：
令函數 $\tilde{m} = R(m)$ 為 $1-1$，若很容易從 $\tilde{m}$ 回復至 $m = R^{-1}(\tilde{m})$，則稱 R 為重複函數 (Redundancy Function)。

例 8.8.2：
函數

$$
\begin{aligned}
R_1 : (\mathbb{Z}/k)^\ell &\rightarrow (\mathbb{Z}/k)^{2\ell} \\
m &\mapsto m\|m = mk^\ell + m
\end{aligned}
$$

以及

$$R_2 : (\mathbb{Z}/k)^\ell \quad \to \quad (\mathbb{Z}/k)^{\ell+2}$$
$$m \quad \mapsto \quad m||k-1||k-1 = mk^2 + (k-1)k + k - 1$$

均是Redundancy函數

演算法 8.8.3 (Nyberg-Rueppel**數位簽章**):

Alice 欲數位簽署一文件 m 成數位簽章 s 傳訊給 Bob，而 Bob 則驗證其數位簽章。

- (金鑰產生)與DSA完全相同。

  1. Alice選擇質數 q 並選擇另一質數 p，使得 $q|p-1$。
  2. 選取 g 為 $(\bmod\ p)$ 之原根，並計算 $\alpha \equiv g^{\frac{p-1}{q}} \pmod{p}$。(當中 $\alpha^q \equiv 1 \pmod{p}$)
  3. Alice選擇一整數 a 使得 $1 \leq a < q - 1$，並計算 $\beta \equiv \alpha^a \pmod{p}$。
  4. Alice將 (p, q, α, β) 公開之，而 a 必須保密。

- (數位簽章)

  1. Alice 計算 $\widetilde{m} = R(m)$，其中 $\widetilde{m} < p$。
  2. Alice 隨機選擇一整數 k，其中 $1 \leq k \leq q - 1$。
  3. 計算

  $$r = \alpha^{-k} \pmod{p},$$
  $$e = \widetilde{m}r \pmod{p},$$
  $$s^* = ae + k \bmod q。$$

  4. 將數位簽章

  $$s = (s^*, e)$$

  傳訊給 Bob。

- (驗證)

  1. Bob取得Alice之公開鑰 (p, q, α, β)。
  2. 計算

  $$v \equiv \alpha^{s^*}\beta^{-e} \bmod p,$$
  $$m' \equiv ve \pmod{p}。$$

  3. 若 m' 落入 R 之值域則驗收，即 $m' = \widetilde{m} = R(m)$，否則拒絕。

4. 回復 $m = R^{-1}(\widetilde{m})$。

證明：欲證 $m' \equiv \widetilde{m} \pmod{p}$:

$$
\begin{aligned}
\because v &\equiv \alpha^{s^*}\beta^{-e} \bmod p \\
&\equiv \alpha^{s^*-ae} \equiv \alpha^k \pmod{p} \\
\therefore m' &\equiv ve \pmod{p} \\
&\equiv \alpha^k \widetilde{m} \alpha^{-k} \\
&\equiv \widetilde{m} \pmod{p}
\end{aligned}
$$

$\square$

例 8.8.4 (簡易Nyberg-Rueppel數位簽章):

Alice欲數位簽署一文件 $m=$ 'rueppel' 成數位簽章 s 傳訊給Bob，而Bob則驗證其數位簽章。

- (金鑰產生)

  1. Alice選擇質數

  $$q = 111629827218373453109，$$

  並測試 $kq + 1$ $(k = 2, 3, \cdots)$是否為質數，當 $k = 19$，得

  $$p = 19q + 1 = 2009336889930722155963$$

  為質數。

  2. 選取 $g = 2$ 為 $(\bmod\ p)$ 之原根，並計算

  $$\alpha \equiv g^{\frac{p-1}{q}} \pmod{p} = 262144。$$

  3. Alice選擇一整數

  $$a = 72411679331808024518，$$

  並計算

  $$\beta \equiv \alpha^a \pmod{p} = 1154066146191019681786。$$

  4. Alice將 (p, q, α, β) 公開之，而 a 必須保密。

- (數位簽章)

  1. 協定代碼為：空白 $= 0$、$a = 1$、$b = 2$、$\cdots$、$z = 26$，故明文代碼為

  $$
  \begin{aligned}
  m &= \text{'rueppel'} \\
  &= (18, 21, 5, 16, 16, 5, 12)_{27} \\
  &= 7277879793。
  \end{aligned}
  $$

2. 計算

$$
\begin{aligned}
\widetilde{m} &= R(m) = m\|m \\
&= 27^7 m + m \\
&= 76129193211034406772 \, .
\end{aligned}
$$

3. 隨機選擇一整數

$$k = 81214804646579136515 \, .$$

4. 計算

$$
\begin{aligned}
r &= \alpha^{-k} \pmod{p}, \\
&= 47980628056773535347 \\
e &= \widetilde{m}r \pmod{p}, \\
&= 45830945693167020754 \\
s^* &= ae + k \pmod{q} \\
&= 77271331869012361350 \, .
\end{aligned}
$$

5. 將數位簽章

$$
\begin{aligned}
s &= (s^*, e) \\
&= (77271331869012361350, \\
&\quad 45830945693167020754)
\end{aligned}
$$

傳訊給Bob。

- (驗證)

1. Bob取得Alice之公開鑰 (p, q, α, β) 以及數位簽章 $s = (s^*, e)$。

2. 計算

$$
\begin{aligned}
v &\equiv \alpha^{s^*} \beta^{-e} \bmod p \\
&= 98025820821417237576, \\
m' &\equiv ve \pmod{p} \\
&= 76129193211034406772 \\
&= (18, 21, 5, 16, 16, 5, 12, 18, 21, 5, 16, 16, 5, 12)_{27} \\
&= \text{`rueppelrueppel'} \, .
\end{aligned}
$$

3. 回復

$$m = R^{-1}(\widetilde{m}) = \text{`rueppel'} \, .$$

8.9 MD系列Hash函數與微軟password

MD5 Hash函數為RSA原創者之R(即Rivest)所研發的，另外MD2、MD4也都是由Rivest所設計，均為輸出為128-bit訊息摘要之Hash函數，這些Hash函數之演算法均有類似之處，僅在部份細節有所出入，在此介紹MD5。 MD5一開始是將輸入之文件，以每512位元為一區塊(Block)，而每一區塊再分為16個32位元之子區塊(Subblock)，將其運算，最後輸出為4個32位元之子區塊，而得128-bit之訊息摘要，其演算法如下：

演算法 8.9.1 (MD5演算法)：

MD5 Hash函數 $h(\cdot)$ 將 ℓ-bit之文件 m 對應至128-bit之訊息摘要 A||B||C||D，其中 A、B、C、D 為32-bit串聯變數(Chaining Variable)。

- (文件初始處理) 添加位元，使文件之長度為 $448 \bmod 512$，(若文件之長度已為 $448 \pmod{512}$，則再添加512位元)，添加位元，首位為 1，其餘皆為 0。再將文件 m 之長度附加在後，佔 64 位元(若 m 之長度很長，$\ell > 2^{64}$，則取 $\ell \pmod{2^{64}}$)。因此得字串

$$m' = \mathtt{m}||1000\cdots 0000||\ell \bmod 2^{64} \ 。$$

將 m' 以每512位元為一區塊，故

$$m' = \mathtt{Y[0]Y[1]Y[2]}\cdots \mathtt{Y[L-1]} \ ，$$

其中 $\mathtt{Y[i]}(\le i \le \ell - 1)$ 為512-bit $\mathbb{F}_2$字串。而每一區塊 $\mathtt{Y[i]}$ 再細分為16個32位元之子區塊，即

$$\mathtt{M[0], M[1], \cdots M[15]} \ ，$$

其中 $\mathtt{M[k]}(0 \le \mathtt{k} \le 15)$ 為32-bit之 $\mathbb{F}_2$字串。

- (函數暨常數之定義)使用4個非線性函數

$$
\begin{aligned}
\mathtt{F(X,Y,Z)} &:= (\mathtt{X} \wedge \mathtt{Y}) \vee ((\neg \mathtt{X}) \wedge \mathtt{Z}) \\
\mathtt{G(X,Y,Z)} &:= (\mathtt{X} \wedge \mathtt{Z}) \vee (\mathtt{Y} \wedge (\neg \mathtt{Z})) \\
\mathtt{H(X,Y,Z)} &:= \mathtt{X} \oplus \mathtt{Y} \oplus \mathtt{Z} \\
\mathtt{I(X,Y,Z)} &:= Y \oplus (X \vee (\neg Z))
\end{aligned}
$$

其中 $\oplus$ 表XOR、 $\wedge$ 表AND、 $\vee$ 表OR、 $\neg$ 表NOT邏輯運算。 4個32-bit串聯變數之初始值為：

$$
\begin{aligned}
\mathtt{A} &= \mathtt{0x01234567} \\
\mathtt{B} &= \mathtt{0x89abcdef} \\
\mathtt{C} &= \mathtt{0xfedcba98} \\
\mathtt{D} &= \mathtt{0x76543210}
\end{aligned}
$$

定義常數 $y[j]$ 為

$$y[j] := [2^{32}|\sin(j+1)|] \quad (j = 0, 1, \cdots 63) \text{ ,}$$

詳見表8.1定義子區塊讀取之順序(每一列含0至15)

$$
\begin{aligned}
z[0, \cdots, 15] &= [0, 1, 2, 3, 4, 5, 6, 7, 8, 9, 10, 11, 12, 13, 14, 15] \\
z[16, \cdots, 31] &= [1, 6, 11, 0, 5, 10, 15, 4, 9, 14, 3, 8, 13, 2, 7, 12] \\
z[32, \cdots, 47] &= [5, 8, 11, 14, 1, 4, 7, 10, 13, 0, 3, 6, 9, 12, 15, 2] \\
z[48, \cdots, 63] &= [0, 7, 14, 5, 12, 3, 10, 1, 8, 15, 6, 13, 4, 11, 2, 9] \text{ ,}
\end{aligned}
$$

定義向左循環位移位元之數:

$$
\begin{aligned}
s[0, \cdots, 15] &= [7, 12, 17, 22, 7, 12, 17, 22, 7, 12, 17, 22, 7, 12, 17, 22] \\
s[16, \cdots, 31] &= [5, 9, 14, 20, 5, 9, 14, 20, 5, 9, 14, 20, 5, 9, 14, 20] \\
s[32, \cdots, 47] &= [4, 11, 16, 23, 4, 11, 16, 23, 4, 11, 16, 23, 4, 11, 16, 23] \\
s[48, \cdots, 64] &= [6, 10, 15, 21, 6, 10, 15, 21, 6, 10, 15, 21, 6, 10, 15, 21]
\end{aligned}
$$

- (運算過程) 主要運算分為四回合,其中+表 $(\bmod\ 2^{32})$ 之加法,而 $\lll s$ 表左旋 s 位元。

```
//將串聯變數初始化
A=0x01234567;
B=0x89abcdef;
C=0xfedcba98;
D=0x76543210;
for(i=0;i<=L-1;i++)
{
    Y[i]=M[0]||M[1]||...||M[j]||...||M[14]||M[15];
    (a,b,c,d)=(A,B,C,D);
//回合1:
    for(j=0;j<=15;j++)
    {
        t=(a+F(b, c, d)+M[z[j]]+y[j]);
        (a, b, c, d)=(d, b+(t<<<s[j]), b, c);
    }
//回合2:
    for(j=16;j<=31;j++)
    {
```

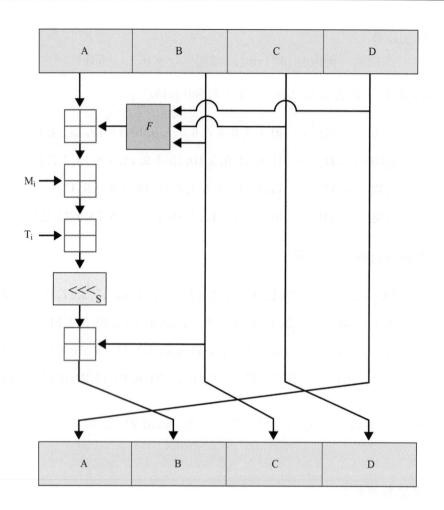

圖 8.5: MD5一回合作用示意圖

```
        t=(a+G(b, c, d)+M[z[j]]+y[j]);
        (a, b, c, d)=(d, b+(t<<<s[j]), b, c);
    }
//回合3:
    for(j=32;j<=47;j++)
    {
        t=(a+H(b, c, d)+M[z[j]]+y[j]);
        (a, b, c, d)=(d,b+(t<<<s[j]), b, c);
    }
//回合4:
    for(j=48; j<=63;j++)
    {
        t=(a+I(b, c, d), M[z[j]], y[j]);
        (a, b, c, d)=(d, b+(t<<<s[j]), b, c);
```

$y[0] = $ 0xd76aa478	$y[1] = $ 0xe8c7b756	$y[2] = $ 0x242070db	$y[3] = $ 0xc1bdceee
$y[4] = $ 0xf57c0faf	$y[5] = $ 0x4787c62a	$y[6] = $ 0xa8304613	$y[7] = $ 0xfd469501
$y[8] = $ 0x698098d5	$y[9] = $ 0x8b44f7af	$y[10] = $ 0xffff5bb1	$y[11] = $ 0x895cd78e
$y[12] = $ 0x6b901122	$y[13] = $ 0xfd987193	$y[14] = $ 0xa679438e	$y[15] = $ 0x49b40821
$y[16] = $ 0xf61e2562	$y[17] = $ 0xc040b340	$y[18] = $ 0x265e5a51	$y[19] = $ 0xe9b6c7aa
$y[20] = $ 0xd62f105d	$y[21] = $ 0x02441453	$y[22] = $ 0xd8a1e681	$y[23] = $ 0xe7d3fbc8
$y[24] = $ 0x21e1cde6	$y[25] = $ 0xc33707d6	$y[26] = $ 0xf4d50d87	$y[27] = $ 0x455a14ed
$y[28] = $ 0xa9e3e905	$y[29] = $ 0xfcefa3f8	$y[30] = $ 0x676f02d9	$y[31] = $ 0x8d2a4c8a
$y[32] = $ 0xfffa3942	$y[33] = $ 0x8771f681	$y[34] = $ 0x699d6122	$y[35] = $ 0xfde5380c
$y[36] = $ 0xa4beea44	$y[37] = $ 0x4bdecfa9	$y[38] = $ 0xf6bb4b60	$y[39] = $ 0xbebfbc70
$y[40] = $ 0x289b7ec6	$y[41] = $ 0xeaa127fa	$y[42] = $ 0xd4ef3085	$y[43] = $ 0x04881d05
$y[44] = $ 0xd9d4d039	$y[45] = $ 0xe6db99e5	$y[46] = $ 0x1fa27cf8	$y[47] = $ 0xc4ac5665
$y[48] = $ 0xf4292244	$y[49] = $ 0x432aff97	$y[50] = $ 0xab9423a7	$y[51] = $ 0xfc93a039
$y[52] = $ 0x655b59c3	$y[53] = $ 0x8f0ccc92	$y[54] = $ 0xffeff47d	$y[55] = $ 0x85845dd1
$y[56] = $ 0x6fa87e4f	$y[57] = $ 0xfe2ce6e0	$y[58] = $ 0xa3014314	$y[59] = $ 0x4e0811a1
$y[60] = $ 0xf7537e82	$y[61] = $ 0xbd3af235	$y[62] = $ 0x2ad7d2bb	$y[63] = $ 0xeb86d391

表 8.1: $y[j] = [2^{32}|\sin(j+1)|]$

```
    }
//串聯變數更新:
    (A, B, C, D)=(A+a, B+b, C+c, D+d);
}
```

- (輸出) 將最後所得 A||B||C||D 輸出。

▶MD4與微軟 password

　　MD4也是由RSA的R先生，MIT麻省理工學院教授Ronald Rivest所設計的，這是在1990年所設計的一種雜湊演算法。其摘要長度為128-bit。這個演算法影響了後來的算法如MD5、SHA家族和RIPEMD等。雖然連SHA-1都被找到碰撞了，MD4還是廣泛使用於在Microsoft Windows NT、XP、Vista、Win7、Win8和Win10上計算NTLM密碼衍生的password摘要。NTLM的作法，就是先將輸入直轉為utf-8編碼，再進行MD4雜湊計算。與現代版本的Linux版本不同，微軟的 password可能是為了與舊版相容，所產生的摘要並沒有**加鹽(Salt)**。所謂的加鹽，就是在雜湊之前將雜湊內容的任意固定位置插入特定的字串。少了加鹽這個簡易的計算，使得採用Rainbow Table攻擊成了可能。

　　彩虹表(Rainbow Table)是一個用於雜湊函數逆運算的預先計算好的表，常用於雜湊函

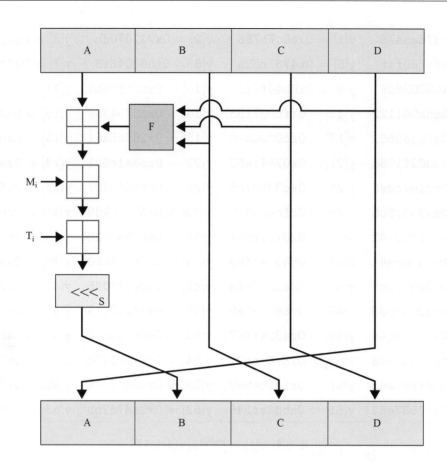

圖 8.6: MD4一回合作用與MD5一回合的作用非常類似

數作用過的Password。如果Password為英文單字加上數字組合，就可能列在已算好的彩虹表內。 MD4的演算法與前述的MD5非常類似，不知是何原因，MD4即使在Java 10的核心依然沒有被實作。 註[4]

例 8.9.2：

在某微軟作業系統中，透過dump軟體取得某帳號的MD4雜湊

```
MD4(m)=8846f7eaee8fb117ad06bdd830b7586c
```

雖然MD4是單向函數，但是透過網路上的線上彩虹表查詢，可得：

```
m="password"
```

相關細節操作，可參閱教學影片「MD4 Hash & Windows Password」：
https://youtu.be/TioRyAl6jco

圖 8.7: 圖檔取自shattered.io，這說明著不同顏色的pdf檔，一藍一紅，居然擁有相同的SHA-1雜湊值。第一個SHA-1的碰撞還是被Google找到。

8.10　SHA系列Hash函數

　　美國國家標準局，在制定DSA之後，於1993年也制定使用DSS之Hash函數的標準，即安全Hash演算法(**Secure Hash Algorithm, SHA**)，其主要架構承襲了MD系列的Hash函數，所不同的是，MD系列之Hash摘要大都是128-bit，而SHA之Hash摘要為160-bit，就計算安全性而言，當然是以較長摘要之SHA較為良好。稍後，於1995年推出了修訂版，即SHA-1，以下即為**SHA-1** Hash函數之演算法。

演算法 8.10.1 (SHA-1 Hash函數):
令SHA-1函數

$$h:\{任意長度之訊息\} \to \{長度為160\text{-bit}之訊息摘要\},$$

其中 m 為輸入之訊息，而輸出之摘要

$$h(m) = A||B||C||D||E$$

A、B、C、D、E均為32-bit之 $\mathbb{F}_2$ 字串，輸出之摘要為160-bit，即 A、B、C、D、E之字串聯結。

註[4] MD4演算，細節請參閱RFC 1320文件：`https://tools.ietf.org/html/rfc1320`
附錄的部份，也附有以C程式語言實作的源碼。

- (常數以及函數之定義) SHA-1在回合中所用之四個非線性函數分別為 $\mathtt{f[i]}$　($i = 0, \cdots, 79$)定義為

$$\mathtt{f[i]}(\mathtt{X}, \mathtt{Y}, \mathtt{Z}) = \begin{cases} (\mathtt{X} \wedge \mathtt{Y}) \vee ((\neg\mathtt{X}) \wedge \mathtt{Z}) & \text{若 } 0 \leq i \leq 19 \\ \mathtt{X} \oplus \mathtt{Y} \oplus \mathtt{Z} & \text{若 } 20 \leq i \leq 39 \\ (\mathtt{X} \wedge \mathtt{Y}) \vee (\mathtt{X} \wedge \mathtt{Z}) \vee (\mathtt{Y} \wedge \mathtt{Z}) & \text{若 } 40 \leq i \leq 59 \\ \mathtt{X} \oplus \mathtt{Y} \oplus \mathtt{Z} & \text{若 } 60 \leq i \leq 79 \text{。} \end{cases}$$

在演算法中所採用之4個常數為

$$\mathtt{K_i} = \begin{cases} \mathtt{0x5a827999}, & 0 \leq i \leq 19 \\ \mathtt{0x6edgeba1}, & 20 \leq i \leq 39 \\ \mathtt{0x8f1bbcdc}, & 40 \leq i \leq 59 \\ \mathtt{0xca62c1d6}, & 60 \leq i \leq 79, \end{cases}$$

其實這些常數是分別來自

$$2^{30} \times \sqrt{2}, 2^{30} \times \sqrt{3}, 2^{30} \times \sqrt{5}, 2^{30} \times \sqrt{10}$$

之整數部分。另外5個串聯變數之初始值(MD5用4個)分別為：

$$\begin{aligned} \mathtt{A} &= \mathtt{0x67452301} \\ \mathtt{B} &= \mathtt{0xefcdab89} \\ \mathtt{C} &= \mathtt{0x98badcfe} \\ \mathtt{D} &= \mathtt{0x10325476} \\ \mathtt{E} &= \mathtt{0xc3d2e1f0} \text{。} \end{aligned}$$

- (文件初始添加)與MD5一樣，先將原始文件 ℓ-bit之 $\mathtt{m}$ 添加成512倍數長之文件 $\mathtt{m'}$，即

$$\mathtt{m'} = \mathtt{m}||1000\cdots0||m\text{原始長度} \quad (\bmod\ 2^{64}) \text{。}$$

此時

$$\mathtt{m'} = \mathtt{M[0]}||\mathtt{M[1]}||\cdots||\mathtt{M[L-1]},$$

其中每一區塊 $\mathtt{M[i]}$ 均為512-bit，而每一區塊 $M[i]$可再細分為16塊32-bit之word，即

$$\mathtt{M[i]} = \mathtt{W[0]}||\mathtt{W[1]}||\cdots||\mathtt{W[15]} \text{。}$$

- (運算過程)其中 $+$ 表 $(\bmod\ 2^{32})$ 之模加法，而 $\lll s$表左旋 s 位元，主要運算分為80回合。

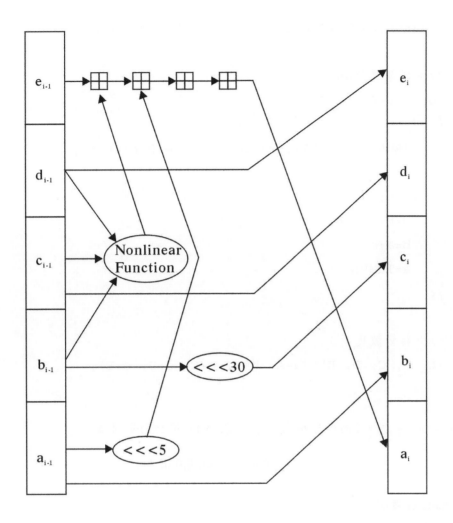

圖 8.8: SHA-1 一回合作用

```
//先將暫存器初始化
A=0x67452301;
B=0xefcdab89;
C=0x98badcfe;
D=0x10325476;
E=0xc3d2e1f0;
for  (i=0; i<=L-1; i++)
{
    M[i]=W[0]||W[1]||....||W[15];

    //定義子區塊 W[16],..,W[79]:
    for  (t=16;t<=79;t++)
        W[t]=(W[t-3] XOR  W[t-8] XOR W[t-16])<<< 1);
```

```
a=A;b=B;c=C;d=D;e=E;


//主要運算分80回合:
for  (t=0; t<=79; t++)
{
    TEMP=(a<<< 5)+f[t](b, c, d)+e+W[t]+K[t];
    e=d;
    d=c;
    c=b<<< 30;
    b=a;
    a=TEMP;
};


//串聯變數更新:
(A, B, C, D, E)=(a+A, b+B, c+C, d+D, e+E);
};
```

- (輸出訊息)最後輸出

$$h(m) = A||B||C||D||E。$$

例 8.10.2 (shattered實例):

透過openSSL重現shattered的結果，先下載此兩個pdf檔:

https://shattered.io/static/shattered-1.pdf

https://shattered.io/static/shattered-2.pdf

然後在存有此兩檔案的，分別下指令，並觀察其雜湊值:

```
$openssl sha1 shattered-1.pdf
SHA1(shattered-1.pdf)= 38762cf7f55934b34d179ae6a4c80cadccbb7f0a
$openssl sha1 shattered-2.pdf
SHA1(shattered-2.pdf)= 38762cf7f55934b34d179ae6a4c80cadccbb7f0a
```

兩不同pdf檔卻擁有相同的雜湊值。

　　比較MD5與SHA-1兩者之區別，可以發現:

1. SHA-1之訊息摘要為160-bit，要比MD5之128-bit安全。藉由生日攻擊，有效成功攻擊之
   計算複雜度分別為

$$O(2^{80}) \text{ 與 } O(2^{64})。$$

2. SHA-1之基本運算為80次，而MD5四回合運算為64次，因此SHA-1之運算速度較MD5為慢。

3. 兩者所採用之非線性函數，均為4個。

4. SHA-1演算中採用了4個常數，而MD5則用了64個，即

$$[2^{32}|\sin(i)|] \quad (i = 1, \cdots 64))。$$

5. 兩者都很簡易，不須大量記憶體，也不須大量計算時間，都可直接將其演算法程式化。

　　另外值得一提的則是，在本世紀初，於2001年之際，美國國家標準局公告了另外3種新的Hash函數，即SHA-256、SHA-384以及SHA-512，其中之代號就表示其摘要之位元數大小，其演算法也與MD系列和SHA-1類似，採用多次迭代方式運算，所用之常數也是來自簡易算術之結果，非線性函數也是採用布林代數運算而成。Hash函數的發展，也伴隨著數位簽章演算法之金鑰長度的增加，而增加其輸出摘要之長度。

　　2004年2月，美國國家標準局還頒布了SHA-224，這主要是配合雙金鑰的3DES使用。SHA-224、SHA-256、SHA-384以及SHA-512統稱為**SHA-2**，SHA-2目前並未發現弱點。然而在2012年10月，**Keccak**（唸作ketchak）被NIST選為**SHA-3**雜湊函數，SHA-3並非取代SHA-2，它的設計原理也跟SHA-1、SHA-2極為不同，主要是奠基於所謂**海綿函數 (Sponge Functions)**，對其演算法有興趣的讀者可參閱：(https://keccak.team/keccak_specs_summary.html)
值得一提的，人稱V神Vitalik Buterin所創的乙太坊或乙太幣(Ethereum)所使用的工作量證明函數，則是Ethash，有用到雜湊函數Keccak，但不是標準化的SHA-3。

▶SHA-256演算法

　　雜湊函數SHA-256在虛擬貨幣大幅使用，大概是所有密碼元件中，最常被計算的。SHA-2系列的演算與SHA-1類似，SHA-1需要進行80回合計算，而SHA-256則進行64回合： 註[5]

演算法 8.10.3 (SHA-256 Hash函數):
令SHA-256函數

$$h : \{任意長度之訊息\} \rightarrow \{長度為256\text{-bit}之訊息摘要\}，$$

其中 m 為輸入之訊息，而輸出之摘要

$$h(m) = A||B||C||D||E||F||G||H$$

註[5] 雜湊函數SHA-256演算步驟根據文件"FIPS 180-2 with Change Notice 1"
https://csrc.nist.gov/csrc/media/publications/fips/180/2/archive/2002-08-01/documents/fips180-2withchangenotice.pdf

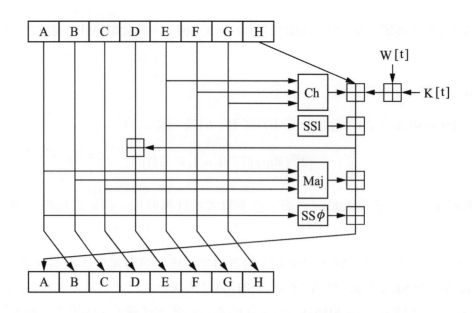

圖 8.9: SHA-256雜湊函數一回合作用

K[0..7]	428a2f98	71374491	b5c0fbcf	e9b5dba5	3956c25b	59f111f1	923f82a4	ab1c5ed5
K[8..15]	d807aa98	12835b01	243185be	550c7dc3	72be5d74	80deb1fe	9bdc06a7	c19bf174
K[16..23]	e49b69c1	efbe4786	0fc19dc6	240ca1cc	2de92c6f	4a7484aa	5cb0a9dc	76f988da
K[24..31]	983e5152	a831c66d	b00327c8	bf597fc7	c6e00bf3	d5a79147	06ca6351	14292967
K[32..39]	27b70a85	2e1b2138	4d2c6dfc	53380d13	650a7354	766a0abb	81c2c92e	92722c85
K[40..47]	a2bfe8a1	a81a664b	c24b8b70	c76c51a3	d192e819	d6990624	f40e3585	106aa070
K[48..55]	19a4c116	1e376c08	2748774c	34b0bcb5	391c0cb3	4ed8aa4a	5b9cca4f	682e6ff3
K[56..63]	748f82ee	78a5636f	84c87814	8cc70208	90befffa	a4506ceb	bef9a3f7	c67178f2

表 8.2: SHA-256所用的常數K[0..63]

A、B、C、D、E、F、G、H均為32-bit之word，輸出之摘要為256-bit，即為這些word之字串聯結。

- (常數以及函數之定義) SHA-256在回合中所用之非線性函數分別為：

$$Ch(X, Y, Z) = (X \wedge Y) \vee ((\neg X) \wedge Z)$$
$$Maj(X, Y, Z) = (X \wedge Y) \vee (X \wedge Z) \vee (Y \wedge Z)$$
$$SS0(x) = (x \ggg 2) \oplus (x \ggg 13) \oplus (x \ggg 22)$$
$$SS1(x) = (x \ggg 6) \oplus (x \ggg 11) \oplus (x \ggg 25)$$
$$s0(x) = (x \ggg 7) \oplus (x \ggg 18) \oplus (x \gg 3)$$
$$s1(x) = (x \ggg 17) \oplus (x \ggg 19) \oplus (x \gg 10)$$

其中 $\ggg s$ 表右旋 s 位元， $\gg s$ 表右移 s 位元。定義常數K[0..63]為前64個質數開三次根號所得之數小數前32位元，如表(8.2)。

- (文件初始添加)與MD5完全一樣，先將原始文件 ℓ-bit之 m 添加成512倍數長之文件

m′，即

$$m' = m||1000\cdots0||m\text{原始長度} \quad (\bmod\ 2^{64})。$$

此時

$$m' = M[0]||M[1]||\cdots||M[L-1]，$$

其中每一區塊 M[i] 均為512-bit，而每一區塊 $M[i]$ 可再細分為16塊32-bit之word，即

$$M[i] = W[0]||W[1]||\cdots||W[15]。$$

- (運算過程)其中 $+$ 表 $(\bmod\ 2^{32})$ 之模加法，而 $\ggg s$ 表右旋 s 位元，主要運算分為 64回合。

```
//先將暫存器初始化，前8個質數，即2,3,5,7,11,13,17,19，
//開根號所得小數部份之前32個bits
A = 0x6a09e667;
B = 0xbb67ae85;
C = 0x3c6ef372;
D = 0xa54ff53a;
E = 0x510e527f;
F = 0x9b05688c;
G = 0x1f83d9ab;
H = 0x5be0cd19;
for  (i=0; i<=L-1; i++)
{
    M[i]=W[0]||W[1]||....||W[15];

    //定義子區塊 W[16],..,W[64]:
    for (t=16; t<=64; t++)
       W[i]=s1(W[i-2])+W[i-7]+s1(W[i-2])+W[i-16];

    a=A;b=B;c=C;d=D;e=E;

    //主要運算分64回合:
    for  (t=0; t<64; t++)
    {
        T1=h+SS1(e)+Ch(e,f,g)+K[t]+W[t];
        T2=SS0(a)+Maj(a,b,c);
        h=g;
```

```
            g=f;
            f=e;
            e=d+T1;
            d=c;
            c=b;
            b=a;
            a=T1+T2;
        };

        //串聯變數更新:
        (A, B, C, D, E, F, G, H)
        =(a+A, b+B, c+C, d+D, e+E, f+F, g+G, h+H);
    };
```

- (輸出訊息)最後輸出

$$h(m) = A||B||C||D||E||F||G||H \circ$$

8.11　雜湊函數與比特幣

　　要說**比特幣(Bitcoin)**主要計算是為雜湊，一點也不為過，在長長的區塊鏈中的每個區塊，都有**區塊雜湊(Blockhash)**。區塊中每一筆交易，也要數位簽章，也有交易的雜湊。　**比特幣(Bitcoin)**用到的公開金鑰演算法是**ECDSA**，這在《橢圓曲線密碼》一章中有所探討。ECDSA可以算是DSA的一種推廣，也是一種附錄式的數位簽章方法。而每個用戶都有這條secp256k1曲線隨機所產生的金鑰對：　註[6]　公鑰K_{Public}與私鑰$K_{Private}$，其比特幣地址為25 Bytes的資料，第0個Byte為網路ID Byte：主要網路為 0x00，測試網路為 0x6f等，第1至第20個Bytes的資料為SHA-256、RIPEMD160計算出的雜湊值

$$h = \text{RIPEMD160} \circ \text{SHA-256}(K_{Public})$$

後面的4個Bytes(第21至第24)的資料為檢驗碼，則是前面的第0至第20個Bytes的資料h'作用SHA-256兩次，得：

$$m = \text{SHA-256}(\text{SHA-256}(h'))$$

再取其前四個Bytes得m'。而比特幣地址就是把 $h'||m'$ 轉成base58的編碼。另外，在區塊中是以Merkle雜湊樹(Merkle Hash Tree)的方式，將其樹根的雜湊值存在區塊的表頭中。

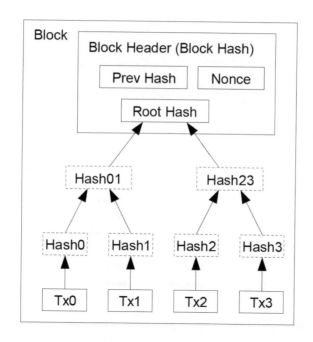

圖 8.10: 比特幣區塊中的Merkle雜湊樹，其葉節點都是交易的Hash摘要值，以二元樹的結構，每個節點內容都是其子節點內容相連結後的雜湊值，區塊的表頭就存根節點的雜湊值，足以檢驗Merkle樹中任何節點內容不被竄改。圖取自化名為**Satoshi Nakamoto(中本聰**，或是日文獻採用的：**中本哲史**)的文章 "Bitcoin: A Peer-to-Peer Electronic Cash System"《比特幣白皮書》

►Merkle雜湊樹

　　Merkle雜湊樹(Merkle Hash Tree)本身就是一種樹狀的資料結構。以二元樹的Merkle雜湊樹為例，其作法就是從最底層的葉節點那層開始，將文件全部Hash作用一次，葉節點存放這些雜湊摘要值，如果這層節點個數是奇數，把最後的節點再複製一份，以確保節點個數是偶數。然後上一層的節點數為下一層的一半，這裡要存放接著計算的Hash摘要值，這層的節點都有兩個子節點，將子節點已計算好的雜湊摘要值連結再做一次Hash計算，存放於此節點。依照這樣的步驟一直往上做，最後最上層只會剩下一個節點，裡面也有Hash摘要值，那是根節點。在此區塊就根節點的Hash摘要值，就是整個Merkle樹的雜湊值。

　　Hash為單向函數，如果稍微竄改變某個節點的內容，其父節點的內容跟著改變(不排除極小的機率相同，那就是碰撞，實務上當然採用還沒找到碰撞的Hash函數)，在該節點之上的父節點、祖父節點，乃至於根節點，當中所有的Hash摘要值，都會改變。因此在此Merkle雜湊樹中的交易，其資料完整性都獲得保障。在比特幣的區塊鏈中任何一區塊的表頭，就只存一棵Merkle樹之根節點的雜湊值，不需用多少記憶體，就足以檢驗Merkle樹中任何節點內容不被竄改。想要竄改這種使用Merkle雜湊樹所建立的區塊，而不被檢驗出來，其成功的機率，幾乎是零。

註[6] 諸多密碼貨幣，如Bitcoin、 Ethereum、 Litecoin、 Dogecoin，採用這條橢圓曲線secp256k1，相關介紹請參閱《橢圓曲線密碼》一章中的『secp256k1橢圓曲線』。

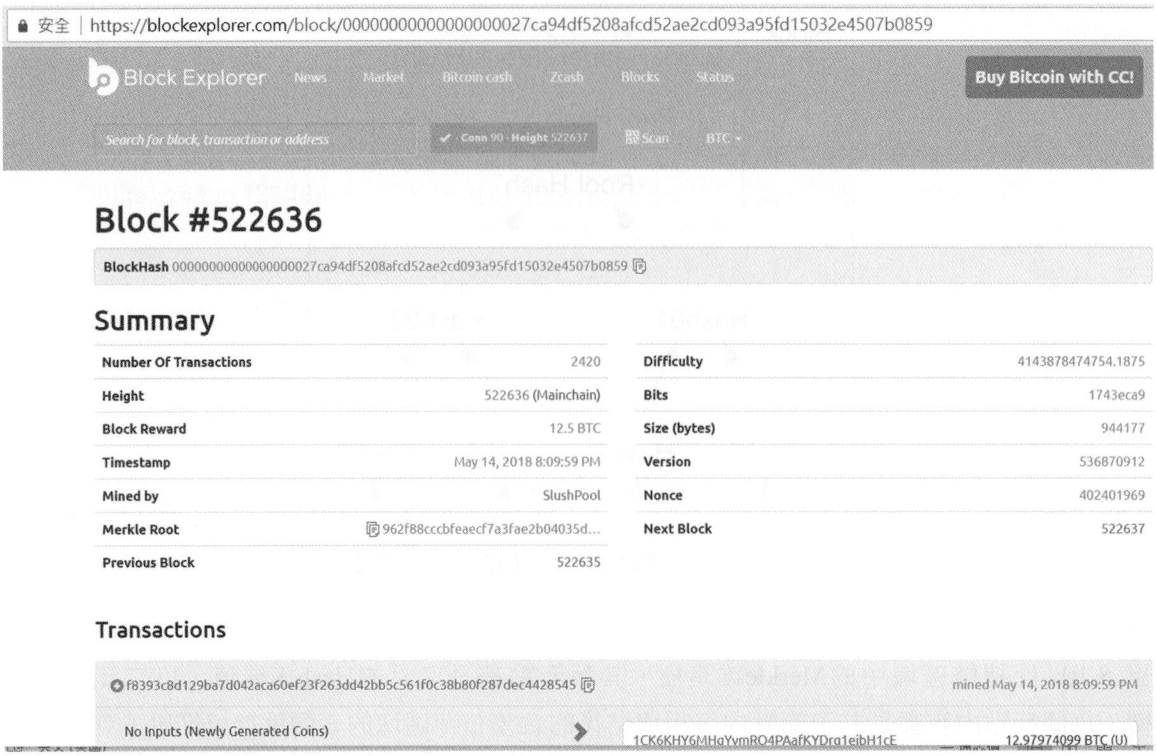

圖 8.11: 比特幣某個區塊的資訊，當中有解出的NONCE值，還有解出的區塊雜湊值 Blockhash，以及挖到礦的礦工或是礦池，難度是越來越難，產生此區塊所得到獎賞是12.5 BTC比特幣。

比特幣所使用的Hash，是SHA-256d，即SHA-256作用兩次：

$$\text{SHA-256d}(m) = \text{SHA-256}(\text{SHA-256}(m))。$$

相同雜湊函數的合成函數依然是雜湊函數。

▶雜湊現金與比特幣

　　受到比特幣的影響，使用SHA-256d的**密碼貨幣(Cryptocurrency)**並不少，如 Namecoin、 Peercoin、 Nxt、 MazaCoin、 Titcoin、 Bitcoin Cash 等，而比特幣就是最大宗。與一般PKI上 的認證機制不同，一般而言是收訊者是取得發訊者被CA認證過的公鑰數位憑證，直接進行 驗證計算檢查其數位簽章真偽即可，不可否任性、資訊完整性可以達成。而一般的虛擬貨 幣，使用區塊鏈技術，是去中心化的，沒有發行機構，也沒有類似CA的機構，還必須要有 其他的機制檢查交易的虛擬貨幣是否有雙重支付的問題，比特幣是採**工作量證明(Proof-of-Work)**，採用一種稱為**雜湊現金(Hashcash)** 的演算。 註[7] 交易的訊息是以廣播的方式公佈在

___
註[7] 雜湊現金演算早期用在限制email spam(垃圾電郵)、抵禦網路阻絕服務(Denial-of-Service ,DoS)攻擊，不少虛 擬貨幣也使用他來實作工作量證明（或是挖礦演算）。

網路上，透過礦工們競爭解題來達成共識的機制。[8] 假設$h(\cdot)$為某虛擬貨幣所採用的雜湊函數，哪一個礦工最先解出下列不等式，就能成功地取得記帳權增加區塊鏈新區塊，得到密碼貨幣的獎賞：

$$\text{Blockhash} = \text{h}(\text{前一個區塊hash值}, \text{Merkle root}, \text{時間戳記}, \text{NONCE}) \leq \text{target}$$

其中Merkle root就是所有交易雜湊樹的樹根，NONCE是隨機的，而target則為32 bytes的資料(256 bits=32 bytes)，以16進位的數字表示，則有64位，如果要解出的Blockhash值前面B位是0，則

$$\text{target} = 2^{256-4B}$$

計算次數找出一解的期望值為16^B，0越多難度越高，要得解的計算量也就越龐大，隨著挖礦者的增多，網路會自動提高難度來確保產生一個新區塊的時間約10分鐘。這也難怪比特幣挖礦需要採用平行化技術計算，不只CPU算，GPU也要計算，難怪一度GPU賣到缺貨，特殊為挖礦的晶片也被設計出來，量身打造的挖礦機更是珍寶，然而挖礦是很吃電的，電費便宜的地區，礦場林立，甚至還有電腦病毒是把受害者的電腦變成挖礦機，幫駭客挖礦，讓計算雜湊函數成為無本生意。[9] 然而只要有利可圖，當然還是會挖礦下去。挖礦電腦不停地計算SHA-256，或是更精確地說SHA-256d，找出適當的NONCE，使得此不等式成立，比特幣不等式的解答也會公佈。

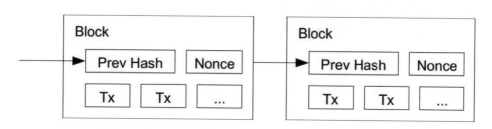

圖 8.12: 比特幣的區塊示意圖，取自《比特幣白皮書》

例 **8.11.1** (模擬Proof-of-Work):

考慮UTF-8字串：

m="試試_SHA256d"+NONCE

找出$h(m)$前四值為0000的m， target=2^{240}。 SHA256算SHA-256雜湊函數可參考程式(8.3.2)。透過Java程式：

---

[8] 區塊鏈上的共識機制(Consensus Mechanism)，除了工作量證明外，還有權益證明(Proof of Stake)、實用拜占庭容錯(Practical Byzantine fault-tolerant, PBFT)等。

[9] 參閱報導「【災情持續擴大，全球每天新增300個挖礦網站】黑色產業覬覦瀏覽器挖礦，5億訪客不知電腦變礦工」：(https://www.ithome.com.tw/news/117995)

『海盜灣偷藏挖礦程式曝光後，反而掀起了全球挖礦綁架的跟風，才3周，就有220個網站暗藏挖礦程式碼，5億名訪客的電腦成了挖礦肉雞，趨勢科技估計，全球每天會新增300個挖礦網站，挖礦綁架成了資安威脅清單一定要列上的新名詞』(2017-11-06發表)

```
public static String SHA256d(String data){
  return SHA256(SHA256(data));
}
public static void main(String[] args)
throws UnsupportedEncodingException
{
  String m0="試試_SHA256d", m=m0;
  byte[] mm;
  String digest="";
  int NONCE=0;
  do {
    mm = m.getBytes("UTF-8");
    m = new String(m.getBytes("UTF-8"), "UTF-8");
    digest=SHA256(m);
    m=m0+NONCE;
    NONCE++;
  } while ( !digest.startsWith("0000"));
  System.out.println("NONCE="+NONCE);
  System.out.println("SHA256d=" + digest);
}
```

所得到的解

```
NONCE=86199
SHA256d=000083a898d3bd51f3209d20e364591ab97784beefcc1981b8d1ad72c9bceb04
```

類似的練習，可詳見「Proof-of-Work練習」：

https://anwendeng.blogspot.com/2018/05/ex-proof-of-work.html

　　本例題僅為簡化版的「Proof-of-Work」，當中並無任何交易，也無前個區塊的雜湊值，也無時間戳記，當中的輸入值就簡化為字串"試試_SHA256d"。所得的NONCE=86199，可是大於期望值$16^4 = 65536$。因雜湊函數為單向函數，從輸出值要找到可能的輸入值，幾乎是無跡可尋，要解不等式，在沒有找到好方法前，基本上用do-while迴圈，採暴力破解。

▶51％雙重支付攻擊

　　在比特幣的網路上，偶爾會發生兩個礦工同時成功挖出區塊的現象，這時候就要比網路速度了。如果兩個礦工的區塊都是正確的區塊，則以先到先贏的方式來決定。一般不是心存惡意的誠實礦工只會在最長的區塊鏈上工作，不在最長區塊鏈上的區塊叫做孤兒區塊(Orphan Block)。然而只有在最長區塊鏈(Longest Block Chain)上發生的交易才算數，孤兒區塊上的交易都不算。

　　但是原本是孤兒區塊上的挖礦的礦工繼續秘密地挖礦,可能因為他掌握相當大的計算資源,難保他繼續挖出的區塊的數目,從分岔點算起,不會長過主鏈上的區塊。一旦發生,原本主鏈上的區塊,反而就會成為孤兒區塊,之前主鏈從分岔點之後的區塊上的交易就會不算。壞礦工就能把他先前在主鏈從分岔點之後的區塊所花掉的密碼貨幣,在他後來所挖出的區塊交易中,再花一次,這就是惡名遠播的雙重支付攻擊。從機率上來看,如果此壞礦工掌握過半的計算力,如此的**51%雙重支付攻擊**,就篤定會成功。

　　中本聰在他的《比特幣白皮書》探討這個問題,其實就是好、壞礦工比賽誰創造出的區塊鏈比較長,誰能勝出的機率問題。

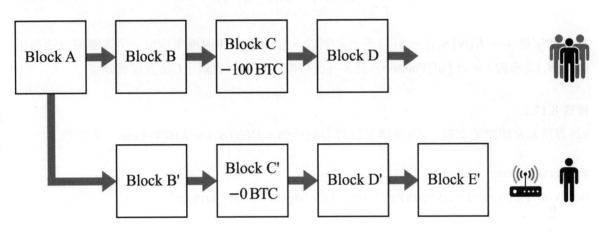

圖 8.13: 惡意礦工所在的區塊鏈長過主鏈,分岔點之後的主鏈上的區塊反而成為孤兒區塊,雙重支付攻擊就成功了。

1. 令 p = 誠實礦工佔全網路的計算力的比率

2. 令 q = 惡意礦工佔全網路的計算力的比率,當然 $p + q = 1$

3. 令 q_z = 惡意礦工從落後 z 次認證追上誠實礦工的機率(假設完成每次認證的時間都是固定的)

如此可得: 註[10]

$$q_z = \begin{cases} 1 & \text{如果} p \leq q \text{ 或 } z \leq 0 \\ (\frac{q}{p})^z & \text{如果} p > q \end{cases}$$

假設 $q < p$,為了降低雙重支付攻擊的成功機率,透過等待 z 次的認證的時間 $t = S_z$,才讓賣家出貨,如此一來,當 $t < S_z$,即在出貨之前雙重支付攻擊是不可能成功的,以比特幣為例

註[10] 這個結果需要用到 Markov's Chain。

$z = 6$。假設惡意攻擊者在時間$t = S_z$時，已經挖出$N(S_z)$個區塊，其攻擊成功的機率為

$$
\begin{aligned}
P(z) &= \sum_{k=0}^{\infty} P(N(S_z) = k)q_{z-k} \\
&= P(N(S_z) \geq z) + \sum_{k=0}^{z-1} P(N(S_z) = k)q_{z-k} \\
&= 1 - \sum_{k=0}^{z-1} P(N(S_z) = k) + \sum_{k=0}^{z-1} P(N(S_z) = k)q_{z-k} \\
&= 1 - \sum_{k=0}^{z-1} P(N(S_z) = k)(1 - q_{z-k})
\end{aligned}
$$

當中期望值 $\lambda = E(N(S_z)) = z(\frac{q}{p})$ 至此的討論，並未使用任何機率模型。中本聰假設隨機變數$N(S_z)$為參數$\lambda = z(\frac{q}{p})$的Poisson分佈，《比特幣白皮書》也附上C語言程式碼：

程式 8.11.2:

z為等待延遲認證的次數，q為壞礦工計算力的比例，$P(N(S_z) = k)$採Poisson分佈計算：

```c
#include <math.h>
double AttackerSuccessProbability(double q, int z)
{
  double p = 1.0 - q;
  double lambda = z * (q / p);
  double sum = 1.0;
  int i,k;
  for (k=0; k<=z; k++)
  {
    double poisson = exp(-lambda);
    for (i=1; i<=k; i++)
      poisson *= lambda/i;
    sum -= poisson * (1 - pow(q / p, z - k));
  }
  return sum;
}
```

按照如此計算，以壞礦工計算力佔總比率$q = 0.1$為例：

```
z=1, P(z)=0.204587
z=2, P(z)=0.0509779
z=3, P(z)=0.0131722
```

```
z=4,  P(z)=0.00345524
z=5,  P(z)=0.000913682
z=6,  P(z)=0.000242803
z=7,  P(z)=6.47353e-005
z=8,  P(z)=1.72998e-005
z=9,  P(z)=4.63116e-006
z=10, P(z)=1.2414e-006
```

然而另外也有學者指出，$N(S_z)$應為負二項分布(Negative binomial distribution)才比較接近事實，[11] 透過等待z次的認證，的確可以大幅降低雙重支付攻擊成功的機率，但不保證不會發生，特別是規模較小的虛擬貨幣。然而曾經發出過密碼貨幣被雙重支付攻擊成功的案例，就在2018年5月中旬Bitcoin Gold遭到51%攻擊，被盜走388,200個BTG，損失價值約1800萬美元。[12]

8.12　訊息鑑別碼MAC

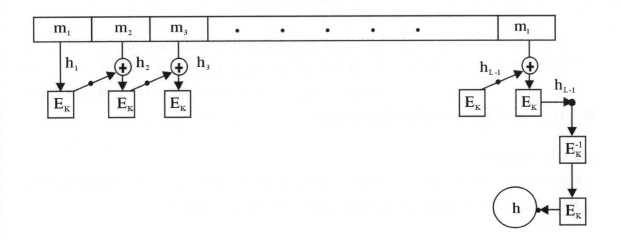

圖 8.14: CBC-MAC

使用金鑰的Hash函數，又稱之為**訊息鑑別碼(Message Authentication Code, MAC)**，常用的方法，就是使用任一區塊密碼演算法，以**CBC**模式加密，只保留最後一區塊所產生之密文當作Hash值，MAC，如圖8.14。

演算法 8.12.1 (CBC-MAC):

註[11] 可參閱兩篇文件：Meni Rosenfeld"*Analysis of Hashrate-Based Double Spending*" arXiv:1402.2009 (2014)
`https://arxiv.org/pdf/1402.2009v1.pdf`
以及 Cyril Grunspan and Ricardo Perez-Marco "*The Mathematics Behind Bitcoin Double Spend Race*", 2017
`https://www.slideshare.net/CyrilGrunspan/the-mathematics-behind-bitcoin`
註[12] 參閱：`https://www.ithome.com.tw/news/123476`

輸入≫訊息m，特定區塊密碼演算法E以及密鑰K。

輸出≪n-bit m之 MAC h，(n為E之區塊位元長度)。

1. 將訊息m分割成以n-bit大小為單位之區塊，並將最後一區塊填補資料

$$m = m_1||m_2||\cdots||m_L \text{。}$$

2. (CBC模式加密)令E_K為密鑰K之加密函數，計算

$$
\begin{aligned}
h_1 &= E_K(m_1) \\
h_j &= E_K(h_{j-1} \oplus m_j)，\quad (j = 2, 3, \cdots, L)
\end{aligned}
$$

注意此時初始向量$IV = 0$，只須保留h_L值，其餘之h_j $(j = 1, \cdots, L-1)$皆無須保留。

3. (增強 MAC 之選擇性過程)另外選取別的密鑰$K' \neq K$，計算

$$h = E_K(E_{K'}^{-1}(h_L)) \text{。}$$

　　MAC本身是加上金鑰之Hash函數，誠然Hash函數之性質都會成立，這在提供資訊完整性有實用之價值。另外，MAC也不一定要借助於區塊加密演算法實踐，其實也可以用常用之Hash函數，如MD5、SHA-1或是RIPEMD完成，此即以Hash為基礎之HMAC(**雜湊訊息鑑別碼，Hash-based message authentication code**)，如以下定義：[13]

定義 8.12.2 (HMAC):

令h為一抗碰撞的 Hash 函數，如，SHA-1、MD5、RIPEMD-128/160，令B為 Hash 函數h的輸出 bytes 個數。K為此 MAC 之密鑰，m為訊息，則可造成一 MAC如下：

$$\text{HMAC} = \text{h}(K'||\text{opad}||\text{h}(K'||\text{ipad}||\text{m}))$$

其中

$$
\begin{aligned}
K' &= \begin{cases} \text{K填補0x00} & \text{如果K的長度} \leq B \\ \text{h(K)} & \text{如果K的長度} > B \end{cases} \\
\text{opad} &= \text{重複}B\text{個 0x5c} \\
\text{ipad} &= \text{重複}B\text{個 0x36}
\end{aligned}
$$

　　HMAC可以用來保證資料的完整性，同時可以作某個訊息的身分驗證。

---

[13] 依據文件RFC 2104 (https://tools.ietf.org/html/rfc2104)。

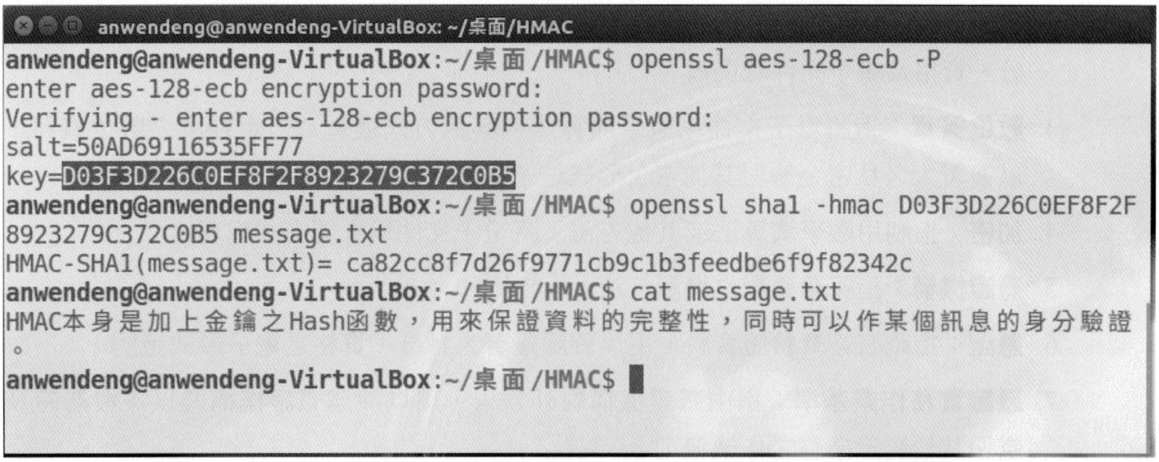

圖 8.15: HMAC之openSSL操作

例 8.12.3:

使用openSSL產生AES-126金鑰，採ECB模式即可，不需初始向量。加上-P可顯示密鑰：

```
$openssl aes-128-ecb -P
```

文字檔 message.txt 內容為：

HMAC本身是加上金鑰之Hash函數，用來保證資料的完整性，同時可以作某個訊息的身分驗證。

然而輸入指令， AES-126金鑰用複製貼上的：

```
$openssl sha1 -hmac D03F3D226C0EF8F2F8923279C372C0B5 message.txt
```

可得

```
HMAC-SHA1(message.txt)= ca82cc8f7d26f9771cb9c1b3feedbe6f9f82342c
```

8.13　台灣現行電子簽章法規

繼歐美先進國家之後，台灣也於2001年11月14日，公佈實施了**電子簽章法**，全文共17條，其條文以其說帖如下:(資料來源經濟部)

第1條 為推動電子交易之普及運用，確保電子交易之安全，促進電子化政府及電子商務之發展，特制定本法。本法未規定者，適用其他法律之規定。

第2條 本法用詞定義如下：

　　1. **電子文件**：指文字、聲音、圖片、影像、符號或其他資料，以電子或其他以人之知覺無法直接認識之方式，所製成足以表示其用意之紀錄，而供電子處理之用者。

2. **電子簽章**：指依附於電子文件並與其相關連，用以辨識及確認電子文件簽署人身分、資格及電子文件真偽者。

3. **數位簽章**：指將電子文件以數學演算法或其他方式運算為一定長度之數位資料，以簽署人之私密金鑰對其加密，形成電子簽章，並得以公開金鑰加以驗證者。

4. **加密**：指利用數學演算法或其他方法，將電子文件以亂碼方式處理。

5. **憑證機構**：指簽發憑證之機關、法人。註[14]

6. **憑證**：指載有簽章驗證資料，用以確認簽署人身分、資格之電子形式證明。

7. **憑證實務作業基準**：指由憑證機構對外公告，用以陳述憑證機構據以簽發憑證及處理其他認證業務之作業準則。

8. **資訊系統**：指產生、送出、收受、儲存或其他處理電子形式訊息資料之系統。

第3條　本法主管機關為經濟部。

第4條　經相對人同意者，得以電子文件為表示方法。依法令規定應以書面為之者，如其內容可完整呈現，並可於日後取出供查驗者，經相對人同意，得以電子文件為之。前二項規定得依法令或行政機關之公告，排除其適用或就其應用技術與程序另為規定。但就應用技術與程序所為之規定，應公平、合理，並不得為無正當理由之差別待遇。

第5條　依法令規定應提出文書原本或正本者，如文書係以電子文件形式作成，其內容可完整呈現，並可於日後取出供查驗者，得以電子文件為之。但應核對筆跡、印跡或其他為辨識文書真偽之必要或法令另有規定者，不在此限。前項所稱內容可完整呈現，不含以電子方式發送、收受、儲存及顯示作業附加之資料訊息。

第6條　文書依法令之規定應以書面保存者，如其內容可完整呈現，並可於日後取出供查驗者，得以電子文件為之。前項電子文件以其發文地、收文地、日期與驗證、鑑別電子文件內容真偽之資料訊息，得併同其主要內容保存者為限。第一項規定得依法令或行政機關之公告，排除其適用或就其應用技術與程序另為規定。但就應用技術與程序所為之規定，應公平、合理，並不得為無正當理由之差別待遇。

第7條　電子文件以其進入發文者無法控制資訊系統之時間為發文時間。但當事人另有約定或行政機關另有公告者，從其約定或公告。電子文件以下列時間為其收文時間。但當事人另有約定或行政機關另有公告者，從其約定或公告。

1. 如收文者已指定收受電子文件之資訊系統者，以電子文件進入該資訊系統之時間為收文時間；電子文件如送至非收文者指定之資訊系統者，以收文者取出電子文件之時間為收文時間。

2. 收文者未指定收受電子文件之資訊系統者，以電子文件進入收文者資訊系統之時間為收文時間。

註[14] 參閱本書《公開鑰基礎建設》一章。

第8條 發文者執行業務之地，推定為電子文件之發文地。收文者執行業務之地，推定為電子文件之收文地。發文者與收文者有一個以上執行業務之地，以與主要交易或通信行為最密切相關之業務地為發文地及收文地。主要交易或通信行為不明者，以執行業務之主要地為發文地及收文地。發文者與收文者未有執行業務地者，以其住所為發文地及收文地。

第9條 依法令規定應簽名或蓋章者，經相對人同意，得以電子簽章為之。前項規定得依法令或行政機關之公告，排除其適用或就其應用技術與程序另為規定。但就應用技術與程序所為之規定，應公平、合理，並不得為無正當理由之差別待遇。

第10條 以數位簽章簽署電子文件者，應符合下列各款規定，始生前條第一項之效力：

　　1. 使用經第十一條核定或第十五條許可之憑證機構依法簽發之憑證。

　　2. 憑證尚屬有效並未逾使用範圍。

第11條 憑證機構應製作憑證實務作業基準，載明憑證機構經營或提供認證服務之相關作業程序，送經主管機關核定後，並將其公布在憑證機構設立之公開網站供公眾查詢，始得對外提供簽發憑證服務。其憑證實務作業基準變更時，亦同。憑證實務作業基準應載明事項如下：

　　1. 足以影響憑證機構所簽發憑證之可靠性或其業務執行之重要資訊。

　　2. 憑證機構逕行廢止憑證之事由。

　　3. 驗證憑證內容相關資料之留存。

　　4. 保護當事人個人資料之方法及程序。

　　5. 其他經主管機關訂定之重要事項。

　　本法施行前，憑證機構已進行簽發憑證服務者，應於本法施行後六個月內，將憑證實務作業基準送交主管機關核定。但主管機關未完成核定前，其仍得繼續對外提供簽發憑證服務。主管機關應公告經核定之憑證機構名單。

第12條 憑證機構違反前條規定者，主管機關視其情節，得處新台幣一百萬元以上五百萬元以下罰鍰，並令其限期改正，逾期未改正者，得按次連續處罰。其情節重大者，並得停止其一部或全部業務。

第13條 憑證機構於終止服務前，應完成下列措施：

　　1. 於終止服務之日三十日前通報主管機關。

　　2. 對終止當時仍具效力之憑證，安排其他憑證機構承接其業務

　　3. 於終止服務之日三十日前，將終止服務及由其他憑證機構承接其業務之事實通知當事人。

　　4. 將檔案記錄移交承接其業務之憑證機構。

　　若無憑證機構依第一項第二款規定承接該憑證機構之業務，主管機關得安排其他憑證機構承接。主管機關於必要時，得公告廢止當時仍具效力之憑證。前項規定，於憑證機構依本法或其他法律受勒令停業處分者，亦適用之。

第14條　憑證機構對因其經營或提供認證服務之相關作業程序，致當事人受有損害，或致善意第三人因信賴該憑證而受有損害者，應負賠償責任。但能證明其行為無過失者，不在此限。憑證機構就憑證之使用範圍設有明確限制時，對逾越該使用範圍所生之損害，不負賠償責任。

第15條　依外國法律組織、登記之憑證機構，在國際互惠及安全條件相當原則下，經主管機關許可，其簽發之憑證與本國憑證機構所簽發憑證具有相同之效力。前項許可辦法，由主管機關定之。主管機關應公告經第一項許可之憑證機構名單。

第16條　本法施行細則，由主管機關定之。

第17條　本法施行日由行政院定之。

總說明

　　建立安全及可信賴之網路環境，確保資訊在網路傳輸過程中不易遭到偽造、竄改或竊取，且能鑑別交易雙方之身分，並防止事後否認已完成交易之事實，乃電子化政府及電子商務能否全面普及之關鍵。為推動安全的電子交易系統，政府及民間企業正致力於利用現代密碼技術，建置各領域之電子認證體系，提供身分認證及交易認證服務，以增進使用者之信心。傳統之通信及交易行為，係以書面文件（如契約書）及簽名、蓋章來確定相關之權利義務，在網路環境中，電子化政府及電子商務勢必依賴電子文件及電子簽章作為通信及交易之基礎，惟現有法令並未明確規範電子文件及電子簽章之法律地位，為配合日益蓬勃之數位經濟活動發展，建立電子簽章法制，實乃當務之急。是以，世界各國為建立安全及可信賴之電子交易環境，普及電子商務之應用，莫不致力於推動與電子簽章相關之立法工作。例如，德國（1997年八月）、馬來西亞（1997年）、義大利（1997年三月）、新加坡（1998年六月）、韓國（1998年十二月立法，1999年七月生效）、香港（2000年一月）、日本（2000年五月）、美國聯邦（2000年六月）以及各州（已有四十餘州完成立法），歐盟部分則是已完成電子簽章法指令之制定（ 2000年一月），各會員國如英（2000年七月）、法（2000年三月）等，依據指令之規範，在2001年七月前便已完成會員國法律之制定。

立法原則

　　為配合國家資訊通信基本建設之推展，國內首於八十六年由經濟部委託資策會科技法律中心進行數位簽章法之研究，並建議政府應儘速制訂數位簽章法，以律定電子簽章及電子文件之法律地位，建立電子憑證機構之管理制度，界定憑證機構（Certificate

Authority, CA）與使用者之權責，建立跨國認證之機制，以解決現有法令規範不足或不確定之處。為建立安全及可信賴之電子交易環境，裨益電子商務之發展，爰參酌各國立法體例及聯合國及歐盟等國際組織訂定之電子簽章立法原則，擬具「電子簽章法」。謹將本法重要立法原則略述如下：

- 技術中立原則：任何可確保資料在傳輸或儲存過程中之完整性及鑑別使用者身分之技術，皆可用來製作電子簽章，並不以「非對稱型」加密技術為基礎之「數位簽章」為限，以免阻礙其他技術之應用發展。本法爰採聯合國及歐盟等國際組織倡議的「電子簽章」（Electronic Signature）為立法基礎，而不以「數位簽章」（Digital Signature）為限，以因應今後諸如生物科技等電子鑑別技術之創新發展。利用任何電子技術製作之電子簽章及電子文件，只要功能與書面文件及簽名、蓋章相當，皆可使用。

- 契約自由原則：對於民間之電子交易行為，宜在契約自由原則下，由交易雙方當事人自行約定採行何種適當之安全技術、程序及方法作成之電子簽章或電子文件，作為雙方共同信賴及遵守之依據，並作為事後相關法律責任之基礎；是以，不宜以政府公權力介入交易雙方之契約原則；交易雙方應可自行約定共同信守之技術作成電子簽章或電子文件。另憑證機構與其使用者之間，亦可以契約方式規範雙方之權利及義務。

- 市場導向原則：政府對於憑證機構之管理及電子認證市場之發展，宜以最低必要之規範為限。今後電子認證機制之建立及電子認證市場之發展，宜由民間主導發展各項電子交易所需之電子認證服務及相關標準。

條文要點

本法計為十七條，其要點如次：

1. 本法條文名詞定義。（第2條）
2. 明定法律行為及依法律之規定應以書面為之者，其得以電子文件為之之要件及依特定條件製作之電子文件之效力。（第4條）
3. 依法律之規定須提出原本或正本者，得以依特定條件製作之電子文件代之。（第5條）
4. 文書依法令之規定須以書面保存者，得以特定條件製作之電子文件為之。（第6條）
5. 電子通信及交易收發文時間與地之準據。（第7條及第8條）
6. 依法令規定須簽名及蓋章者，得以依特定條件製作之電子簽章代之。（第9條）
7. 數位簽章之作成應符合之要件。（第10條）
8. 憑證機構應對外公布憑證實務作業基準。（第11條）

9. 罰則。（第12條）

10. 憑證機構終止服務時之處理。(第13條)

11. 憑證機構所應負之損害賠償責任。(第14條)

12. 外國憑證機構所簽發憑證之效力。(第15條)

13. 本法施行細則，由主管機關定之。(第16條)

14. 本法施行日由行政院定之。(第17條)

第 9 章

質數與大整數算術

在公開鑰密碼系統之計算，動輒百位整數的算術計算，加、減、乘、除以及模運算是當中最基本的。另外，公開鑰密碼系統需要大質數，如**強質數**、**安全質數**等，這些問題都牽涉到**公開鑰密碼**系統的實作問題。對於習慣以Java、C#程式設計的讀者，由於有**BigInteger Class**，在撰寫公開鑰密碼程式時，可省去不少開發底層計算工具的時間，在此我們也特別對此作出相關密碼質數計算的簡介；另外，網路資源也有不少有關計算數論的工具套件，部分基本計算如加、減、乘、除法也有以組合語言開發的工具套件，此也將在本章中介紹。

9.1　大整數之加減乘法

在本節中，我們將介紹大整數之加、減、乘法，這些運算大抵與小學所學之「直式」算法一致，不論是用何種程式設計技巧，其演算法都大致相同。以目前電腦主流，大都是32-bit機器，以C語言為例，型態 unsigned long 可處理 0 至 $2^{32}-1$ 之非負整數，十進位的數字表達在電腦上之計算並不自然，反而2進位、16 進位較為自然，無論加、減、乘法，都會涉及進位、借位問題，在此採以 unsigned short 為單位，即 2^{16} 為基底，因此每一筆非負大整數，皆可以 unsigned short 陣列的方式處理，如

$$x = x[L-1]2^{16(L-1)} + x[L-2]2^{16(L-2)} + \cdots + x[2]2^{32} + x[1]2^{16} + x[0]$$
$$y = y[L-1]2^{16(L-1)} + y[L-2]2^{16(L-2)} + \cdots + y[2]2^{32} + y[1]2^{16} + y[0] ,$$

先考慮 $z = x+y$，其中 z 可表為

$$z = z[L]2^{16L} + z[L-1]2^{16(L-1)} + \cdots + z[2]2^{32} + z[1]2^{16} + z[0] ,$$

其 C 程式核心如下：

程式 9.1.1:
計算 $x+y=z$：

```c
unsigned  int  carrier=0;
for(unsigned short  i=0;i<L;i++)
{
    unsigned int w=(unsigned int)x[i]+
            (unsigned int)y[i]+carrier;
    if(w>0xffff)
       {
            carrier=1;
            z[i]=(unsigned short)(w-0x10000);
       }
```

```
    else
        {
            carrier=0;
            z[i]=(unsigned short)w;
        };
};
z[L]=(unsigned short)carrier;
```

假設 $x > y$，則 $d = x - y$ 可表為

$$d = d[L-1]2^{16(L-1)} + d[L-2]2^{16(L-2)} + \cdots + d[2]2^{32} + d[1]2^{16} + d[0],$$

如同小學直式算式，其 C 程式核心為：

程式 9.1.2：

計算 $x - y = d$：

```
unsigned int carrier=0;
for(unsigned short i=0;i<L;i++)
    {
        int w=(unsigned int)x[i]-(unsigned int)y[i]
            -carrier;
        if(w<0)
            {
                carrier=1;
                d[i]=(unsigned short)(w+0x10000);
            }
        else
            {
                carrier=0;
                d[i]=(unsigned short)w;
            };
    };
```

以上之計算過程均是以 $2^{16} = 65536$ 為基底，若讀者仍執意要以十進位表達，又不想花精神撰寫不同進位之間轉換程式，可以考慮以 10^9 為底，（$\because 2 \times 10^9 < 2^{32}$）略為修改即可。對於乘法 $m = x \times y$，其中 m 可表達成

$$m = m[2L-1]2^{16(2L-1)} + m[2L-2]2^{16(2L-2)} + \cdots m[2]2^{32} + m[1]2^{16} + m[0],$$

C程式核心如下：

程式 9.1.3:

計算 $x \times y = m$：

```
unsigned int carrier=0;
for (unsigned short i=0;i<2*L;i++)
    {
        unsigned int w=carrier;
        for(unsigned short j=0;j<=i;j++)
            w=w+(unsigned int)x[j]*(unsigned int)y[i-j];
        if(w>0xffff)
            {
                carrier=(unsigned short)w/0x10000;
                m[i]=(unsigned short)(w-carrier<<16);
             }//REM: carrier<<16=carrier*0x10000
        else
            {
                carrier=0;
                m[i]=(unsigned short)w;
            };
    };
m[2*L-1]=(unsigned short)carrier;
```

　　加、減法都是在線性時間內可完成，$O(L)$ 次計算即可，而乘法則需要 $O(L^2)$ 次加、減計算，另外較為有效的乘法演算法，在實作上，便頗值得考慮，一種稱之為Karatsuba乘法的作法如下：令整數 x 及 y 均為 $2L$-bit，即 2^{2L}，則 x 與 y 可表為

$$
\begin{aligned}
x &= x_1 2^L + x_0 \\
y &= y_1 2^L + y_0
\end{aligned}
$$

其中 $0 \le x_0, x_1, y_0, y_1 < 2^L$。 先計算

$$
\begin{aligned}
A &= x_0 y_0 \\
B &= (x_0 + x_1)(y_0 + y_1) \\
C &= x_1 y_1
\end{aligned}
$$

則

$$
\begin{aligned}
x \times y &= (x_1 2^L + x_0)(y_1 2^L + y_0) \\
&= x_1 y_1 2^{2L} + (x_1 y_0 + x_0 y_1)2^L + x_0 y_0 \\
&= C 2^{2L} + (B - A - C)2^L + A
\end{aligned}
$$

如此原先是一次 $2L$-bit 之乘法，便可化為三次 L-bit 之乘法與3次 $2L$-bit 之加減法與2次 L-bit 之加減法，以 $M(L)$ 代表 L-bit 乘法計算次數，而 $A(L)$ 代表 L-bit加、減法之計算次數，則

$$M(2L) = 3M(L) + 2A(L) + 3A(2L)，$$

因 $A(L) \approx L$，故得 $M(2L) \approx 3M(L)+8L$; 若 L-bit 之乘法也如法泡製，即化為3個 $\lceil L/2 \rceil$-bit 之乘法與若干加減法，$\lceil L/2 \rceil$-bit 之乘法化為3個 $\lceil \lceil L/2 \rceil /2 \rceil$-bit之乘法與若干加減法，如此一直下去，可得

$$M(L) = O(n^{\log_2 3}) = O(n^{1.585\cdots})，$$

其計算複雜度可藉此降低，演算可以遞迴的方式呈現：

演算法 9.1.4 (Karatsuba乘法)：
輸入 $\gg$ 2 個均為 L-bit 之大整數 x 及 y。
輸出 $\ll x \times y$ 之值。

```
KaratsubaMultiply(x,y)
{
    L=max(x.bitlength,y.bitlength);
    if(L>1)
        {
            LL=ceil(L/2);
            x=x[1]*2^LL+x[0];//將x,y分割成2半
            y=y[1]*2^LL+y[0];
            A=KaratsubaMultiply(x[0],y[0])
            B=KaratsubaMultiply(x[0]+x[1],y[0]+y[1]);
            C=KaratsubaMultiply(x[1],y[1]);
            return(C,B-A-C,A);//C*4^LL+(B-A-C)*2^LL+A
        }
    else
        return   x*y;  //L=1
}
```

9.2　大整數之除法

　　四則運算中，**除法**是最麻煩的，在多位數的除法中，商數各數位的估計，必須先用乘法試算，往往所「猜測」之商數過大，以十進位為例：

例 9.2.1：
正整數 $a = 1345$ 除以 $b = 297$，首先比較兩數之首位數 $a_3 = 1 < 2 = b_2$，所以商數為 1 位

數，然後以被除數 a 之首二位數值 $a_3 \times 10 + a_2 = 13$ 試除除數 b 之首位數 $b_2 = 2$ 得

$$[13/2] = 6,$$

但

$$297 \times 6 = 1782 > 1345,$$

所猜測之商過大，而且

$$297 \times 5 = 297 \times (6-1) = 1782 - 297 = 1485 > 1345,$$

商值必須再向下修正，以乘法式算得

$$297 \times 4 = 297 \times (5-1) = 1485 - 297 = 1188 < 1345,$$

可得商值 $q = 4$，而餘數為

$$1345 - 1188 = 157。$$

例 9.2.2:

正整數 $a = 485$ 除以 $b = 29$，比較兩數之首位數 $a_2 = 4 > 2 = b_1$，所以商數為 2 位數 $q = 10 \times q_1 + q_0$。

1. (求 q_1) 以 a 之首位數 $a_2 = 4$ 試除以 b 之首位數 $b_1 = 2$ 得

   $$[4/2] = 2,$$

   猜測 $\hat{q}_1 = 2$，但

   $$29 \times 2 = 58 > 38,$$

   過大，而

   $$29 \times 1 < 38,$$

   故 $q_1 = 1$。

2. (求 q_0)先計算

   $$a - (b \times q_1) \times 10 = 385 - (29 \times 1) \times 10 = 75 = a',$$

   以 a' 取代 a 之地位，用 a' 之首位數 $a'_1 = 7$ 試除 b 之首位數 $b_1 = 2$ 得

   $$[7/2] = 3,$$

   猜測 $\hat{q}_0 = 3$，但

   $$29 \times 3 = 87 > 75$$

   過大，而

   $$29 \times 2 = 29 \times (3-1) = 87 - 29 = 58 < 75,$$

   故 $q_0 = 2, q = 12$。

3. (求餘數 r) 計算

$$r = a' - q_0 \times b = 75 - 2 \times 29 = 17 \, 。$$

由上述二例中，與「直式」除法類似，主要是考慮 $n+1$ 位或 n 位數之被除數

$$a = a_n a_{n-1} \cdots a_1 a_0 \quad (a_n \neq 0 \text{ 或 } a_n = 0)$$

除以 n 位數之除數

$$b = b_{n-1} b_{n-2} \cdots b_2 b_1 \quad (a \leq b) \, ,$$

以求出商數之各項數值，而所猜測商值為

$$\hat{q} = \min([\frac{10 \times a_n + a_{n-1}}{b_{n-1}}], 9) \, ,$$

其中 $\hat{q}$ 與真實 q 值滿足

$$\hat{q} - 2 \leq q \leq \hat{q} \, ,$$

猜測值不會比真實商值 q 小，但最多大 2；[1] 而若商值有多位數時，作法與直式除法一致，只消逐次以 a' 取代 a，最後終會得商數以及餘數。在程式設計考慮以 2^{16} 為單位，取代十進位，假設正整數

$$
\begin{aligned}
a &= a[n+m-1]2^{16(n+m-1)} + \cdots a[1]2^{16} + a[0] \\
b &= b[n-1]2^{16(n-1)} + \cdots b[1]2^{16} + b[0]
\end{aligned}
$$

以 a 除以 b 得商數 q 與餘數 r，其中

$$
\begin{aligned}
q &= q[m]2^{16m} + \cdots q[1]2^{16} + q[0] \\
r &= r[n-1]2^{16(n-1)} + \cdots r[1]2^{16} + r[0] \, 。
\end{aligned}
$$

可將除法之演算法整理如下：

演算法 9.2.3 (除法):

除法計算商與餘數：

```
//16(n+1)-bit 整數 x 除以 16n-bit 整數 y 之演算法：

division(x,y)
{
    x=(x[n],x[n-1],...,x[1],x[0]);
    y=(y[n-1],y[n-2],...,y[1],y[0]);
    q_test=min(floor((x[n]*(2^16)+x[n-1])/y[n-1]),2^16-1);
```

---

[1] 可參閱 Knuth 之經典名著 "The Art of Computer Programming." Vol 2, 3rd Ed. Addison-Wesley, (1998)之 4.3.1 。

```
    temp=q_test*y;
    while(temp>=x)
        {
            q_test--;
            temp=temp-y;
        }
    q=q_test;
    remainder=x-q*y;
    return(q,remainder)
};


//主要演算法部分:


a=(a[n+m-1],...,a[1],a[0]);
b=(b[n-1],...,b[1],b[0]);
if(a[n+m-1]>=b[n-1])
    {
        a=(0,a[n+m-1],...,a[1],a[0]);
        m++;
    };
x=(a[n+m-1],a[n+m-2],...,a[m-1]);
for(i=m;m>=2;m--)
    {
        (q[i],remainder)=division(x,b);
        x=remainder*(2^16)+a[i-2];
    };
(q[0],remainder)=division(x,b);
```

　　除法是在四則運算中時間花費最高的，因此密碼系統程式設計中，是盡量避免的。

9.3　Montgomery算術

　　在公開鑰密碼的計算，要大量用到模運算，特別是模除法，其實就是要以廣義輾轉相除法計算乘法反元素，再進行乘法，這在直觀的看法上是要先進行多次乘法。然而Peter L. Montgomery在1985年的一篇文章中，[2] 就指出這其實是可以避開惹人煩惱的除法運算，他

註[2] Montgomery,Peter L.,"Modular mulliplication without trial division", *Mathematics of Computation*, P. 519-521, 44(170), 1985

主要的觀察是基於下列非常簡易的模運算事實：

性質 9.3.1:

令兩相互質之整數 n 以及 r，令 r^{-1} 表 r 在 $\pmod n$ 模運算中之乘法反元素，n^{-1} 表 n 在 $\pmod r$ 模運算中之乘法反元素。定義

$$n' = -n^{-1} \pmod r$$
$$m = tn' \pmod r，$$

其中 t 為正整數滿足 $t < nr$，則 $x = \frac{t+mn}{r}$ 為整數滿足 $x < 2n$，且

$$\frac{t+mn}{r} \equiv tr^{-1} \pmod n。$$

證明：先驗證 $t + mn \equiv 0 \pmod r$：

$$t + mn \equiv t + tn'n \equiv t + t(-1) \equiv 0 \pmod r$$

另外，$t + mn \equiv t \pmod n$，所以

$$\frac{t+mn}{r} \equiv tr^{-1} \pmod n。$$

檢驗 $\frac{t+mn}{r} < 2n$：

$$\frac{t+mn}{r} < \frac{nr + rn}{r} = 2n。$$

$\square$

註 9.3.2:

根據此性質，計算 $tr^{-1} \pmod n (0 \le t < rt, \gcd(r,n) = 1)$ 可以如下進行：

```
MontgomeryReduction(t,r,n)
{
    n'=-n^(-1)%r;//可事先計算
    m=t*n'%r;
    u=(t+m*n)/r;
    if(u>=n)  u-=n;
    return u;
}
```

這樣的計算一般稱之為 **Montgomery Reduction**，重點是 r 的選取，一般是取 $r = B^s$（如 $B = 2, 10$），所有的數字 t, r, n 等可採 B 進位(B-adic)表達，如此 %r、/r 的計算就是取右 s 位、向右移 s 位。

註 9.3.3:

Montgomery Reduction算式中$u = (t + m * n)/r$的結果是否 $u \geq n$是關乎是否要多計算一次減法，而這是某些版本的**時序攻擊**(Timing Attack)的關鍵，實際上

$$u = \frac{t + m * n}{r} \geq n \iff t \geq n。$$

證明：

$$
\begin{aligned}
\frac{t + m * n}{r} \geq n &\iff t + m * n \geq rn \quad (\because r > 0) \\
&\iff t \geq (r - m)n = (r - (t * n')\%r)n \\
&\iff t \geq n \quad (\because (t * n')\%r < r)
\end{aligned}
$$

$\square$

例 9.3.4:

令

$$
\begin{aligned}
r &= 10^{10} \\
t &= 15561691199655277118 \\
n &= 2076917629
\end{aligned}
$$

計算 $tr^{-1} \pmod n$。

1. 事先計算$n' = 9022591531$。

2. 計算

$$
\begin{aligned}
m &= t * n' \pmod{10^{10}} \\
&= 140406783226046933444324887658 \pmod{10^{10}} \\
&= 4324887658
\end{aligned}
$$

3. 計算

$$
\begin{aligned}
u &= (t + m * n)/r \\
&= 24544126620000000000/r \\
&= 2454412662
\end{aligned}
$$

4. 因$u > n$，$tr^{-1} \pmod n = 2454412662 - n = 377495033$，即為所得。

在 $\mathbb{Z}/n$ 上採用**代表系統**(**Representative System**) $S = \{0, 1, 2, \cdots, n-1\}$，只要選取 r 使得 $\gcd(r, n) = 1$，就可定義 Montgomery 乘法。

定義 9.3.5 (Montgomery 乘法)：

令 $\gcd(r, n) = 1$。當 $a, b \in S$ 時，其「乘法」可定義為

$$a \boxtimes b := abr^{-1} \pmod{n} \text{。}$$

誠然，函數 $\mathtt{x} \to \mathtt{x * r \% n}$ 為 S 到本身的 1-1 對應，必然存在 $\mathtt{i, j} \in \mathtt{S}$ 使得 $\mathtt{a = ir \% n, b = jr \% n}$，所以

$$a \boxtimes b = (ir)(jr)r^{-1} \equiv (ij)r \pmod{n} \text{，}$$

定義上是無問題的。值得注意的是 $n' = -n^{-1} \pmod{r}$ 之計算可直接由廣義輾轉相除法或 $\mathtt{xeuclidean()}$ 求得，這是耗費較多計算成本的；然而在當 n 為奇數時，取 $r = 2^s$ 滿足 $2^{s-1} \le n < 2^s$，計算可用較為簡捷的演算法：

演算法 9.3.6：

計算 $n' = -n^{-1} \pmod{2^s}$，其中 n 為奇數，$2^{s-1} \le n < 2^s$。

```
MinusInverseMod2power(n,s){
    y[1]=1;
    for(i=2;i<=s;i++)
        if(2^(i-1)<(n*y[i-1])%2^i)
            y[i]=y[i-1]+2^(i-1);
        else
            y[i]=y[i-1];
    n'=2^s-y[s];
    return n';
}
```

證明：只需證明 $n \times y[s] \equiv 1 \pmod{2^s}$。

當 $i = 1$ 時，$y[1] = 1$，n 為奇數，所以 $n \times y[1] \equiv 1 \pmod{2}$。假設 $i = k$ 時，$n \times y[k] \equiv 1 \pmod{2^k}$，考慮 $i = k+1$：若 $2^k < n \times y[k] \pmod{2^{k+1}}$，此時 $n \times y[k] \equiv 2^k + 1 \pmod{2^{k+1}}$，因此，$n \times y[k+1] = n(y[k] + 2^k) \equiv 1 \pmod{2^{k+1}}$；另外的情形，同理可以驗證；故 $n \times y[k+1] = 1 \pmod{2^{k+1}}$。 $\qquad\qquad \square$

例 9.3.7：

令 $\mathtt{n} = 13, \mathtt{r} = 2^4 = 16$，求 $\mathtt{n'} = -\mathtt{n}^{-1} \pmod{16}$。令 $\mathtt{y} = (\mathtt{b_3, b_2, b_1, b_0})_2$，$\mathtt{y} = \mathtt{n}^{-1} \pmod{16}$。

1. $\mathtt{b_0} = 1, \mathtt{y[1]} = 1$。

2. $y[1] * 13 \pmod{2^2} = 13\%4 = 1 < 2$，$\therefore b_1 = 0, y[2] = y[1] = 1$。

3. $y[2] * 13 \pmod{2^3} = 13\%8 = 5 > 4$，$\therefore b_2 = 1, y[3] = y[2] + 4 = 5$。

4. $y[3] * 13 \pmod{2^3} = 5 * 13\%8 = 1 < 8$，$\therefore b_3 = 0, y[4] = y[3] = 5$。

$\therefore y = y[4] = 5, n' = 16 - 5 = 13$。

註 9.3.8:

要計算Montgomery乘法可用下列方式進行：

```
Montgomery(a,b,n)
{
    //a,b<n
    t=a*b;//t<n*n<nr
    u=MontgomeryReduction(t,r,n);
    return u;//u<n
}
```

至於要計算 $z \equiv xy \pmod{n}$ 也可利用Montgomery乘法，即

```
r2=r*r%n;//r2<n這可事先計算
w=MontgomeryProduct(x,y,n);//w<n
z=MontgomeryProduct(w,r2,n);//u<n
```

當然這在計算單獨 $xy \pmod{n}$ 並無多大意義，然而在大批同模數 n 之模乘法運算，如模指數運算，就可藉此加快運算速度。

9.4　模指數運算

模指數運算$y = x^d \pmod{n}$在公開鑰密碼系統是主要的計算，越是快速的模指數演算，越能加快密碼計算。簡易的MSB二元法模指數演算法，可以透過Montgomery乘法改進為**Montgomery模指數演算法**：

演算法 9.4.1:

Montgomery指數運算$y = x^d \pmod{n}$，d 為L-bit。事先計算
$n' = -n^{-1} \pmod{r}, r1 = r \pmod{n}, r2 = r^2 \pmod{n}$。

```
MontgomeryModPow(x,d,n)
{
    xr=MontgomeryProduct(x,r2);//xr=x*r%n
    y=r1;
    for(i=L-1;i>=0;i--)
```

```
{
   y=MontgomeryProduct(y,y);
   //y=y*y*r^(-1)%n
   if(d[i]==1)
      y=MontgomeryProduct(y,xr);
      //y=y*x%n
}
y=MontgomeryReduction(y,r,n);
//y=y*r^(-1)%n
}
```

　　有時為了加快運算，可以花費部分記憶體，將部分計算結果事先儲存。以w-bit為單位 $(w|L)$，考慮L-bit指數

$$d = \sum_{i=0}^{L/w-1} d[i]2^{iw}, \quad (d[i] \in \{0,1,2,\cdots,2^w-1\})$$

事先計算

$$x[i] = x^i \pmod{n}, \quad (i = 0,1,2,\cdots,2^w-1),$$

考慮**Window法**：

演算法 9.4.2：

```
Window(x,d,n)
{
   y=1;
   for(i=L/w-1; i>=0; i--)
   {
      for(j=0; j<w; j++)
         y=y*y%n;
      j=d[i];
      y=y*x[j]%n;
   }
   return y;
}
```

　　如此模平方次數不變，但模乘法可降低到平均約 $\frac{L}{w}$ 次。 Window法可以進一步改進。將指數 d 改寫為

$$d = \sum_{i=0}^{s} d[i]2^{e[i]},$$

其中 $d[i] \in \{1,3,5,\cdots,2^w-1\}$ 且 $e[i+1] - e[i] \geq w$。利用這樣的指數 d 表示法，就可以考慮 **Sliding Window法**：

演算法 **9.4.3**:

```
SlidingWindow(x,d,n)
{
  y=1;
  for(i=s; i>=0; i--)
  {
    for(j=0; j<e[i+1]-e[i]; j++)
        y=y*y%n;
    j=d[i];
    y=y*x[j]%n;
  }
  for(j=0; j<e[0]; j++)
    y=y*y%n;
  return y;
}
```

　　Slidng Window法所計算的模平方次數不變，模乘法可降至平均約 $\frac{L}{w+1}$ 次。

9.5　Miller-Rabin質數測試

　　本書所探討之**公開鑰密碼**技術幾乎都需要質數，以質數分佈理論，註[3] 以隨機選取一1024-bit正奇整數且為質數之機率約為

$$\frac{2}{\ln(2^{1024})} \approx \frac{1}{355},$$

(大於 2 之偶數當然不為質數)因此我們需要判斷該數是否為質數的方法。一種簡易的方式，就是利用**費馬小定理**：

　　『令 a 為任意與 n 互質之整數，若 n 為質數 $\implies a^{n-1} \equiv 1 \pmod{n}$』。

當然只要能找出某值 a 使得該式不成立，n 就一定不是質數，但若就算該式對所有與 n 互質之 a 成立，也不能保證 n 一定是質數，因此，就算 n 能夠通過費馬小定理的測試，也只可能是合成數。

例 **9.5.1**:

$n = 561 = 3 \times 11 \times 17$，由中國餘式定理

$$f : \mathbb{Z}/561 \quad \cong \quad \mathbb{Z}/3 \times \mathbb{Z}/11 \times \mathbb{Z}/17$$
$$x \quad \longmapsto \quad (x_1 = x \bmod 3, x_2 = x \bmod 11, x_3 = x \bmod 17)$$

註[3] 參閱本書之《質數理論》一節

所以

$$x^{561} = f^{-1}(x^{561} \bmod 3, x^{561} \bmod 11, x^{561} \bmod 17)$$
$$= f^{-1}(1,1,1) = 1 \pmod{561}$$

但稍微將費馬小定理推廣,可得下例結果:

定理 9.5.2:

令 n 為奇數,且 $n-1 = d2^s$,其中 d 為奇數,若 a 與 n 為互質之整數,若 n 為質數,則以下兩陳述中必有一成立:

- $a^d \equiv 1 \pmod{n}$;

- 或存在某整數 r(其中 $0 \le r \le s-1$),使得

$$a^{2^r d} \equiv -1 \pmod{n} \,。$$

證明:由於 n 為質數,$\mathbb{Z}/n[x]$ 為唯一分解環UFD,可考慮多項式 $f(x) = x^{n-1} - 1$ 之因式分解:

$$
\begin{aligned}
x^{n-1} - 1 &= (x^d)^{2^s} - 1 \\
&= ((x^d)^{2^{s-1}} + 1)((x^d)^{2^{s-1}} - 1) \\
&= ((x^d)^{2^{s-1}} + 1)((x^d)^{2^{s-2}} + 1)((x^d)^{2^{s-2}} - 1) \\
&\quad\vdots \\
&= ((x^d)^{2^{s-1}} + 1)((x^d)^{2^{s-2}} + 1)((x^d)^{2^{s-3}} + 1)\cdots(x^d + 1)(x^d - 1)
\end{aligned}
$$

考慮 $f(a) = a^{n-1} - 1$,因費馬小定理 $f(a) \equiv 0 \pmod{n}$,故上式之質因式中必有一者 $\equiv 0 \pmod{n}$,即定理之結論陳述成立。 □

註 9.5.3:

與費馬小定理一樣,若整數 n 與所有 $\gcd(a,n) = 1$ 之 a 皆滿足上述定理之結論陳述,並不代表 n 一定是質數,但可經進一步分析知道,定理之結論陳述成立但不為質數之機率最多為 $\frac{1}{4}$。

現行公開鑰密碼系統最常用的質數測試方式,即所謂 Miller-Rabin 質數測試,以近乎 C 程式碼的方式呈現:

演算法 9.5.4 (Miller-Rabin質數測試):

輸入大整數 n 判斷是否為質數。

```
bool MillerRabin_Test(biginteger n,biginteger a)
{
// a=Random_Integer(2,n-1);
    if(gcd(a,n)>1)
        return  0;//0 表一定不是質數
    biginteger  s=1;
    biginteger  d=(n-1)/2;
    while(is_even(d))
        {
            d/=2;
            s++;
        }; //n=2^s*d+1


    if(gcd(a,n)!=1)
        return 0;//一定不是質數
    else
        if(((a^d)-1)%==0)
            return 1;
        else
            {
                for(biginteger  r=0;r<s;r++)
                    if((a^(2^r*d)+1)%n==0)
                        return 1;//可能為質數
                return 0;//一定不是質數
            };
}
```

　　如何使用Miller-Rabin質數測試找出適當的質數，這可在下例演算法中執行：

演算法 9.5.5:

輸出一 k-bit 質數 x。

```
Miller_Rabin_Probable_Prime()
{
Step1:   x=Random_Integer(1,b[k-2],b[k-3],...,b[2],b[1],1);
         //二進位數，b[i]=0或1，x 為一奇數
Step2:   for(i=1; prime[i]<=B;  i++)//prime[i]表第i個質數
             if ( x%prime[i]==0)
```

```
              goto Step1;//x非質數，重來！
Step3:   for(i=1;i<=t;i++)
         {
              a[i]=Random_Integer(2,x-1);
              if ( MillerRabin(x,a[i])==0)
                 goto Step1;
         }
         output<<x<<" 可能是質數,";
         output<<" 所有<= "<<B<<" 之質數無法整除,";
         output<<" 並通過 Miller-Rabin 測試 "<<t<<" 次!";
}
```

註 9.5.6:

1. 在 Step2 中，可藉由試除，篩去非質數，通過此測試之奇整數 x 之比率為

$$1 - \prod_{\substack{p:\,\text{質數} \\ 2 < p \le B}} 1 - \frac{1}{p}\,。$$

2. 若省略 Step2，則所輸出之數為質數之機率為

$$\text{Prob}(x = \text{質數}) \ge 1 - \left(\frac{1}{4}\right)^t\,。$$

3. 若取 $B = 10^6$，$t = 3$ 則

$$\text{Prob}(x = \text{質數}) \ge 1 - (\frac{1}{2})^{80}\,，$$

其中 x 為 k-bit 之奇數，$k \ge 1000$。

4. 若假設大多數學家都相信之**廣義Riemann猜想(Generalized Riemann Hypothesis)**，則此演算法在多項式時間次測試，所輸出之 x 為質數，此時 $t = O((\log(n))^2)$。

9.6　Agrawal-Kayal-Saxena演算法

紐約時報(New York Times)於2002年8月8日報導了「新的方法解開了數學的關鍵問題」，即印度科技學院的Manindra Agrawal、Neeraj Kayal、Nitin Saxena 師徒三人提出一個能在多項式時間內，判斷任意正整數是否為質數的演算法，[4] 該演算法相當乾淨且漂亮，這個

[4] Agrawal, M and Kayal, N and Saxena, Nitin," PRIMES is in P", Preprint of Aug. 2002, http://www.cse.iitk.ac.in/news/primality.html

結果轟動了數學界與資訊界,對於數學界而言,自從高斯以來,判斷一整數是否為質數,本來就是許多數論學家所關心的問題;對於資訊界而言,由於大多數的公開鑰密碼技術需要質數,而且是大質數,一個真正能在適當時間內,找到真正質數的Deterministic演算法,為關鍵性的問題,這樣的演算法實用價值不言可喻。曾經是1997年國際數學奧林比亞競賽印度代表隊隊員的Kayal與Saxena選擇了資訊系就讀,並參加了Agrawal帶領下的學生專題計劃,並在2002年夏天,開始了博士生研究,在6月10日,他們的研究達到突破性的進展,他們找出對質數冪次的重要刻劃,即

定理 9.6.1 (Agrawal-Kayal-Saxena):

令 $n \in \mathbb{N}$ 為自然數,且 $s \leq n$。令質數 q 與 r 滿足

$$
\begin{aligned}
q & \mid (r-1) \\
n^{\frac{r-1}{q}} & \not\equiv 0,1 \pmod{r} \\
C_s^{q+s-1} & \geq n^{2[\sqrt{r}]} 。
\end{aligned}
$$

若對所有之 $1 \leq a < s$ 皆滿足

1. a 與 n 互質,

2. 且在多項式環 $\mathbb{Z}[x]$ 中 $(x-a)^n \equiv x^n - a \bmod (x^r - 1, n)$,

則 n 為某質數之冪次。

我們在此略去證明,值得一提的,證明主要是用到一般基礎數論的結果,如費馬小定理等,對於具有代數以及基礎數論知識的讀者而言,要理解該定理的證明並非難事, [5] 將該結果整理一下,就可得到下列判斷質數的演算法:

演算法 9.6.2 (Agrawal-Kayal-Saxena演算法):

輸入一正整數 $n > 1$,並判斷其是否為質數。

```
bool    Agrawal_Kayal_Saxena(biginteger n) //n>1 整數
{
Step1:  if(is Power(n))   //若n=a^b,其中b>1
                return 0; // n為某數冪次,非質數
Step2:  r=min{r | ord(n, Z/r)>log(n)^2};
        // ord(n, Z/r)表 n 在乘法群 Z/r 之秩
        for(a=2; a<=r ;a++)
        {
```

---

[5] 可參閱 Bornemann, F 之 "PRIMES Is in P: A Breakthrough for 'Everyman'." *Notices of the AMS*, May 2003 一文,或直接參閱 Agrawal、Kayal以及 Saxena之修訂6版: https://www.cse.iitk.ac.in/users/manindra/algebra/primality_v6.pdf

```
            gcd=gcd(a,n);
            if(gcd>1 && gcd<n)
                return 0; //n為合成數，非質數
        }
step3:  if (n<=r) return 1; //n為質數
step4:  s=floor(sqrt(Eulerphi(r))*log(n));
        for(a=1; a<=s; a++)
            if((x+a)^n!=x^n+a (mod x^r-1,n))
                return 0; // n為合成數，非質數
        return 1; //n為質數
};
```

在該演算法中主要可分成 3 個步驟，其中：

- 要判斷 n 是否為某數之冪次，可在多項式時間內完成檢查。

- 而在 Step2 中，r 與 s 之選取，是滿足定理中的假設，這在解析數論中，是常考慮的問題。

- 主要步驟 Step4 是本演算法最花費時間的，在不假設任何數論上重要猜想的情況下，其計算複雜度為 $O(\log^{7.5+\varepsilon} n)$，其中 ε 為任意小之正數，故本演算法之計算複雜度保守估計為 $O(\log^{7.5+\varepsilon} n)$。

然而若假設**Hardy**與**Littlewood**關於**Germain質數**分佈之猜想：

$$\#\{q \leq x | q \text{ 與 } 2q+1 \text{ 為質數} \} \approx \frac{2Cx}{\ln^2 x},$$

其中 C 為某常數；此時演算法之計算複雜度可降至 $O(\log^{6+\varepsilon})$，但若更進一步假設

猜想 9.6.3:

令 r 為質數且 $r \mid n$。若

$$(x-1)^n = x^n - 1 \bmod (x^r - 1, n),$$

則 n 為質數或 $n^2 \equiv 1 \pmod{r}$。

則演算法之計算複雜度可降低至 $O(\log^{3+\varepsilon})$，若真如此，Agrawal-Kayal-Saxena演算法之實用價值就非常大。由於這項重大的成果，在 2002 年 10 月 30 日，Agrawal已獲Clay研究獎，這項獎項也曾頒給證明費馬最後猜想的 Andrew Wiles以及上屆Fields Model獲獎者Connes、Lafforgue、Witten等人。

9.7　公開鑰密碼之質數

在不同之公開金鑰密碼系統因安全性之需求，往往需要不同結構之質數；如RSA密碼系統，不少人就建議用強質數，ElGamal密碼以及ElGamal數位簽章用安全質數，而DSA之質數產生也由NIST制定。 ElGamal密碼以及ElGamal使用安全質數，請參閱本書之《尋找安全質數與原根》一節。

▶強質數

所謂**強質數**就是不易被**Pollard之 p − 1 法**或是**William之 p + 1 法**攻擊成功之RSA質數，即：

定義 9.7.1 (強質數，Strong Prime):

質數 p 稱之為強質數，當正整數 r、s、t 存在滿足：

- $p-1$ 擁有大質數因子 r，

- $p+1$ 擁有大質數因子 s，

- $r-1$ 擁有大質數因子 t。

註：

甚至有人建議 $\frac{p-1}{2}, \frac{p+1}{2}$ 應為**孿生質數**（**Twin Primes**），如此 r 與 s 之存在，自動成立。

而強質數可用**Gordan演算法**迅速找出： [6]

演算法 9.7.2 (Gordan演算法):

輸出 ≪ 強質數 p。

```
Gordan()
{
    s=RandomPrime;
    t=RandomPrime;// s 與 t 之位元數大約相同
    i=RandomInteger;
    while (!isPrime(r=2*i*t+1))
        i++;
    p0=2*(s^(r-2)%r)*s-1;
    j=RandomInteger;
    while (!isPrime(p=p0+2*j*r*s))
```

---

[6] John A. Gordan之 "Strong primes are easy to find" in *Proceedings of EUROCRYPT 84,* P. 216-223, Paris, (1985) Springer-Verlag, LNCS. 209.

```
        j++;
    return p;
}
```

註：

一般隨機質數之找法還是用**Miller-Rabin演算法**。

證明：如此找到之 p 確為強質數，其中 $p = p_0 + 2jrs$ 為質數。利用費馬小定理，得

$$p_0 = 2(s^{r-2} \pmod{r})s - 1 \equiv 2 \times 1 - 1 = 1 \pmod{r},$$

$$p_0 = 2(s^{r-2} \pmod{r})s - 1 \equiv -1 \pmod{s}.$$

檢查強質數條件：

- $p - 1 = p_0 + 2jrs - 1 \equiv 0 \pmod{r}$，$r = 2it + 1$ 是 $p - 1$ 之大質數因子。

- $p + 1 = p_0 + 2jrs + 1 \equiv 0 \pmod{s}$，$s$ 是 $p + 1$ 之大質數因子。

- $r - 1 = 2it \equiv 0 \pmod{t}$，$t$ 是 $r - 1$ 之大質數因子。

$\square$

利用Java **BigInteger Class**，許多公開鑰密碼所需要的各類質數（至少是似質數），都可簡易求得。

程式 9.7.3 (Java強質數):
利用Gordan演算法找出長度約為1024-bit之強似質數。輸出≪強似質數 p。

```java
import java.math.BigInteger;
import java.security.SecureRandom;//安全亂數
class strongPrime
{
    public static void main(String[] args)
    {
        SecureRandom rnd=new SecureRandom();
        int certainty=80;
        BigInteger
          s=new BigInteger(503,certainty,rnd);
        BigInteger
          t=new BigInteger(503,certainty,rnd);
        // s 與 t 為 503-bit 之似質數
        final BigInteger one=BigInteger.ONE;
        BigInteger i=one;
        BigInteger r;
        final BigInteger TWO=new BigInteger("2");
        do
        {
            r=TWO.multiply(i).multiply(t).add(one);
            //r=2*i*t+1
            i=i.add(one);
```

圖 9.1: strongPrime.java編譯執行結果

```
    //i++
} while (!r.isProbablePrime(certainty));
BigInteger p0=s.modPow(r.subtract(TWO),r).
  multiply(s).multiply(TWO).subtract(one);
//p0=2*(s^(r-2)%r)*s-1;
BigInteger j=one;
BigInteger p;
do
{
    p=TWO.multiply(j).multiply(r).multiply(s).
      add(p0);
    //p=p0+2*j*r*s
    j=j.add(one);
    //j++;
} while (!p.isProbablePrime(certainty));
int b=p.bitLength();
System.out.println(b+"-bit 之強似質數 p=\n"+p);
}
}
```

▶DSA質數

DSA之質數 p 與 q 滿足：

- $2^{159} < q < 2^{160}$，q 為 160-bit 之質數。

- $2^{L-1} < p < 2^L$，其中 $L = 512 + 64d$，而 $d = 0, 1, 2 \cdots , 8$。

- $q | p - 1$。

- 同時希望 $\frac{p-1}{2q}$ 應有大質數因子。

而 DSA 之質數也由 NIST 所提之演算法產生：

演算法 9.7.4 (DSA質數):

輸入》 整數 d，（$0 \le d \le 8$）。

輸出》 一 160-bit 之質數 q，以及 L-bit 之質數 p，其中

$$L = 512 + 64d，$$

$$q \quad | \quad p - 1。$$

```
DSA_Prime(d)
{
    L=512+64*d;
    n=(L-1)/160;
    b=(L-1)%160;
    while(1)
    {
        do
        {
            seed=RandomInteger(g-bit);
            //g>=160
            h=SHA-1;
            u=h(seed) XOR h((seed+1)%(2^g));
            q=1<<159 OR 1 OR u;
        } while(!isProbablePrime(q));
        // 使用 Miller-Rabin 測試至多出錯機率<=2^(-80)
        for(i=0,j=2; i<4096;i++,j+=n+1)
        {
            W=0;
            for(k=0,k<=n,k++)
```

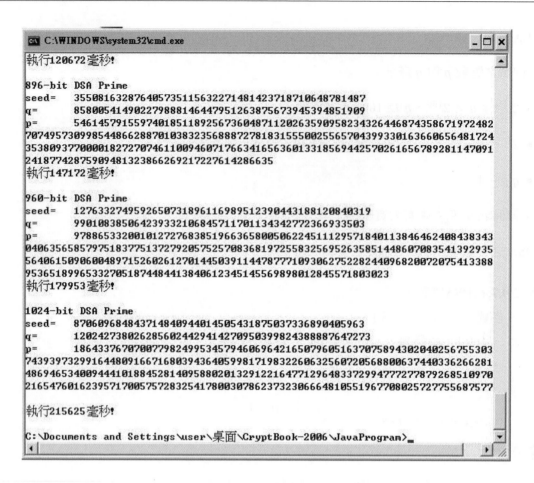

圖 9.2: DSAPrime.java編譯執行結果

```
    {
        V[k]=h((seed+j+k)%(2^g));
        if (k==n)
            V[k]=V[k]%(1<<b);
        W=W+V[k]*(1<<(160*k));
    };
    X=W+(1<<(L-1));
    c=X%(2*q);
    p=X-(c-1);//p%(2*q)==1
    if (p>=(1<<L-1))
    // 使用 Miller-Rabin 測試至多出錯機率<=2^(-80)
        if (isProbablePrime(p))
        return (seed,p,q);
    };
}
```

程式 9.7.5 (DSAPrime.java):

在不使用JCE之DSA相關套件，也可利用Java程式語言，產生自己的DSA質數p, q！

```java
import java.security.*;
import java.math.BigInteger;

class DSAPrime
{
    public static final BigInteger one=BigInteger.ONE;
    public static final BigInteger two=new BigInteger("2");
    public static BigInteger SHA(BigInteger input)
        throws NoSuchAlgorithmException
    {
        MessageDigest sha;// Hash摘要型態變數
        sha=MessageDigest.getInstance("SHA-1");
        sha.update(input.toByteArray());
        byte[] hash=sha.digest();
        //hash為摘要，以byte型態陣列存之
        return new BigInteger(1,hash);
        //hash化為BigInteger型態
    }

    BigInteger p, q, seed;
    int L;
    DSAPrime(int d)
    {
        L=512+64*d;
        int n=(L-1)/160;
        int b=(L-1)%160;
        BigInteger u;
        BigInteger W=BigInteger.ZERO;
        BigInteger [] V=new BigInteger[n+1];
        BigInteger X,c;
        boolean flag=true;
        while (flag)
        {
          do{
            seed=new BigInteger(160, new SecureRandom());
            try {
              u=SHA(seed).xor(SHA(seed.add(one).
                mod(one.shiftLeft(160))));
              q=u.or(one.shiftLeft(159)).or(one);
            } catch(NoSuchAlgorithmException e){};
          } while( !q.isProbablePrime(160));
          for(int i=0, j=2; i<4096; i++, j+=(n+1))
          {
            for(int k=0; k<=n; k++)
            {
              try{
               V[k]=SHA(seed.add(BigInteger.valueOf(j+k))
               .mod(one.shiftLeft(160)));
              } catch(NoSuchAlgorithmException e){};
              if (k==n)
                 V[k]=V[k].mod(one.shiftLeft(b));
              W=W.add(V[k].multiply(one.shiftLeft(160*k)));
            }
```

```
        X=W.add(one.shiftLeft(L-1);
        c=X.mod(two.multiply(q));
        p=X.subtract(c.subtract(one));
        if (p.compareTo(one.shiftLeft(L-1))>=0
           && p.isProbablePrime(160))
              flag=false;
      }
    }
  }
  public static void main(String[] argv)
  {
      DSAPrime X;
      long start, end;
      for (int i=0; i<=8; i++){
        start=System.currentTimeMillis();
        X=new DSAPrime(i);
        end=System.currentTimeMillis();
        System.out.println("\n"+X.L+"-bit DSA Prime");
        System.out.println("seed=\t"+X.seed);
        System.out.println("q=\t"+X.q);
        System.out.println("p=\t"+X.p);
        System.out.println("執行"+(end-start)+"毫秒!");
      }
  }
}
```

9.8　大整數算術與數論套件及軟體

對於一般初次學習密碼學的讀者，能在網路資源找到適當套件或軟體，配合本身對程式語言掌握的能力，方能事半功倍。然而這些套件通常是與計算數論有直接的關連，有時整個套件所涵蓋的範圍遠遠超過大整數計算或質數問題，即使要明白整個套件的內容，也需要相當地了解其數學背景，這也不是一兩門課的內容所能涵蓋的；然而網際網路的資源很多，許多國外學術單位、研究機構早於多年前開始建構自身的程式庫，並開放資源供外界享用，倘若懂得利用這些資源，都會對於學習或研究有更佳的立足點。

以功能強大的數學軟體為例，有**Maple**以及**Mathematica**，此二軟體皆有處理大整數計算以及質數問題之能力，甚至對於程式設計毫無概念者，也能馬上上手，非常便利，以Wade Trappe與Lawrence C. Washington 所著之"Introduction to Cryptography with Coding Theory" 一書，就附上大量要用Maple或Mathematica軟體回答之習題，有興趣之讀者，可自行至www.prenhall.com/washington，下載其Maple或Mathematica套件，　而Maple及Mathematica之官方網址分別為http://www.maplesoft.com以及http://www.mathematica.com，讀者若無此軟體，也可至官方網站下載試用版；部分以Mathematica軟體所寫之套件，也可在http://www.mathsource.com取得。

對於習慣自己動手寫程式的讀者，或欲自行開發密碼系統者，也有觀摩其他行家所撰寫程式庫的需求，以提高自身的功力。較為完整大整數算術以及計算數論的軟體套件，可透過

http://www.numbertheory.org/ntw/N1.html,

找到。下列軟體套件只是在這類軟體套件中的一小部分：

- **ARIBAS**：為一直譯式的軟體，可處理大整數之算術以及數論函數問題，ARIBAS可在 `ftp.mathematik.uni-muenchen.de`取得。

- **CALC**：由 Keith Matthews所開發，該套件是以 ANSI C所撰寫，可以 `http://www.numbertheory.org/calc/krm_calc.html`取得。

- **GNU MP或GMP**：GNU多重精度運算庫（GNU Multiple Precision Arithmetic Library）是一個開源的任意精度運算庫，可處理任意整數之算術，也包括有理數、實數算術，沒有任何精度限制，只受限於可用記憶體。GMP有很多函式，為一C函數程式庫，該C程式庫之函數擁有良好的執行能力，因部分程式碼是用組合語言撰寫，其官網為`https://gmplib.org/`。

- **MPIR**：MPIR(Multiple Precision Integers and Rationals)支援GMP的介面，高度優化的大整數、有理數的函數庫，所建構的函式為執行緒安全(threadsafe)。其官網為`http://mpir.org/`。

- **LiDIA**：為德國Darmstadt科技大學Johannes Buchmann所開發之軟體程式庫，主要是處理數論上之計算問題，所以內容相當龐大，除了大整數、有理數、實數算術之函數程式，也包括不同代數結構上之計算，如Galois體 $\mathbb{F}_{p^n}$、橢圓曲線、代數體、多項式計算等。 LiDIA也支援其他套件如GNU之介面，也支援不同版本C++編譯器，這在開發軟體上，要比ANSI C便利太多，甚至比Java BigInteger Class開發更符合語言邏輯之一致性(惜哉！Java不支援運算子重載)。參閱`https://github.com/mkoeppe/LiDIA`。

- **PARI**：由 Henri Cohen等人所開發之數論套件， 註[7] PARI本身可直譯式使用或當作函數程式庫連結到其他程式使用，並使用不同平台上之組合語言撰寫，執行力強，(可在 UNIX 、 Machintosh 、 PC上執行)， PARI可在 `http://pari.math.u-bordeaux.fr/`取得。

- **Crypto++**：為Wei Dai所撰寫的密碼學C++函式庫自由軟體，包含不少使用的密碼元件，整個軟體可在SourceForge取得。(`http://sourceforge.net/projects/cryptopp/`)

- **cryptlib**：由 Peter Gutmann所開發的密碼學套件，當中是不含橢圓曲線密碼的；該套件特別強調容易使用的高階服務，也適合商用，而其中的大整數程式是取用OpenSSL。(`https://www.cs.auckland.ac.nz/~pgut001/cryptlib/`)

- **Cryptix JCE**： Java的密碼學自由軟體，與JCE相容，由於是自由軟體，在JCE使用受到美國出口管制的限制的時期，雖然已經沒有繼續維護，仍然廣為使用。(`http://www.cryptix.org/`)

註[7] 可參閱Henri Cohen之"A Course in Computational Algebraic Number Theory", Springer-Verlag, Berlin, Heidelberg, 1993

- **OpenSSL**：OpenSSL是廣為使用的密碼學套件，主要函式庫是以C語言所寫成，除了常見的密碼學各類演算法都有實作之外，也實作了相關的SSL與TLS等協定。當中也可以使用內建的大整數函式庫，可參閱https://www.openssl.org/docs/man1.0.2/crypto/bn_internal.html。

第 10 章

橢圓曲線密碼

橢圓曲線(**Elliptic Curve**)的研究至少已經有150年的歷史，一般認為是**數論**以及**代數幾何**所研究的課題，有關橢圓曲線的課題，是足以讓不少數學家無休止地討論下去，過去數學家是根本不在乎橢圓曲線的實用價值，關心的是其豐富的性質，在早期根本沒人知道**橢圓曲線**會有何實用價值。

但自從Miller以及Koblitz [1] 分別發表如何將橢圓曲線引入密碼學的文章，橢圓曲線成了「跨領域」的熱門話題；然而數百年未解之**費馬最後定理**，最後也由Andrew Wiles證明，他的方法就是以橢圓曲線為研究基礎的。在橢圓曲線密碼系統尚未成為市場的主流之際，還有許多細節尚有改善的空間，甚至也有專家懷有疑慮，「不似RSA、因數分解問題，早已被人類研究相當程度，其安全性已被證實；而人類對橢圓曲線根本還不太了解，以橢圓曲線為架構的密碼系統，很有可能會有快速破譯之道，只是還未被發現」。這類的質問，當然不無道理，儘管如此，密碼界還是逐漸接受橢圓曲線，RSA公司之**PKCS#14**就是定義橢圓曲線密碼系統(Elliptic Curve Cryptosystem, **ECC**)， IEEE之P1363以及FIPS也定義了橢圓曲線公開金鑰密碼。大力推動的還有加拿大一家密碼公司**Certicom**。 Java從Java 1.5.0版起，也開始在套件java.security.spec中，制定有關橢圓曲線的基本參數的各種類別、介面。openSSL目前的版本也支援橢圓曲線密碼。

近年來，諸多的密碼貨幣，如比特幣、乙太坊等，都在名為secp256k1的代數曲線上進行EDSA計算，這是一種橢圓曲線版的數位簽章。人稱V神的Vitalik Buterin在" A Proof of Stake Design Philosophy"一文中，是把橢圓曲線密碼，有如下的溢美之詞：

> 『密碼學在21世紀極其特殊，因為密碼學是極少數的領域之一，還在對抗性衝突中繼續極大地偏袒防禦者。摧毀城堡要比建造容易，島嶼能防禦但是仍會被攻擊，但一般人的ECC(橢圓曲線密碼學)金鑰安全到足以對抗國家級的攻擊者。數碼龐克(Cypherpunk)的基礎哲學就是利用這種珍貴的不對稱性來創建一個可以更好地保存個人自主的世界，而且在一定程度上，除了保護複雜協作體系的安全性和活躍度外，密碼經濟學也是Cypherpunk的延伸，而不僅只是囿於隱私資訊的完整性和機密性而已。』

橢圓曲線之所以在密碼學受到重視，除了特定曲線外，是相信不存在次指數時間之有效攻擊法，它的安全性遠優於以簡易模運算為主(包括以因數分解與離散對數為基礎)的各種公開金鑰密碼系統；一般有效之攻擊法為**平行Pollard Rho法**, [2] 其計算複雜度為 $O(2^{n/2})$，其中橢圓曲線密碼之金鑰為 n-bit。以目前所知破譯演算法評估計算複雜度，金鑰為1024-bit之RSA密碼，其安全性大約等同於金鑰為163-bit之橢圓曲線密碼，可詳見表10.1。

而橢圓曲線上之「乘法」運算是比同位元數字之模指數運算慢，但還屬於同數量級，因此，在要求相同安全性的情形下，橢圓曲線密碼的加密解密速度要比RSA密碼快上許多；同

[1] N.Koblitz之 "Elliptic Curve cryptosystem."*Mathematics of Computation 48,* P.203-209, (1987).
Miller之 "Use of elliptic curve in cryptography."in *"Advances in Cryptology, CRYPTO 85. "* Springer-Verlag, LNCS 218, P.417-426 (1986)
[2] Paul C. van Oorschot與Michael J. Wiener之 "Parrallel collision search with cryptanalytic applications." *Journal of Cryptography, 12* P.1-28,(1999)

橢圓曲線密碼	112-bit	163-bit	224-bit
RSA	512-bit	1024-bit	2048-bit
金鑰長度比	5:1	6:1	9:1
橢圓曲線密碼	256-bit	384-bit	512-bit
RSA	3072-bit	7680-bit	15360-bit
金鑰長度比	12:1	20:1	30:1

表 10.1: NIST所估計不同長度金鑰之RSA與橢圓曲線密碼系統所提供之相同之計算安全度

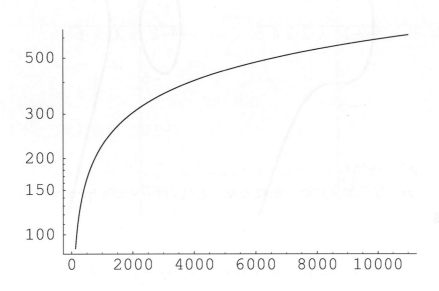

圖 10.1: 相同之計算安全度之RSA金鑰位元(x-軸)與橢圓曲線密碼金鑰位元(y-軸)(RSA以代數數體篩法估計，橢圓曲線密碼以Pollard Rho法估計)

時，短金鑰的橢圓曲線密碼可達長金鑰RSA密碼相同之計算安全度，也非常適合在IC卡上使用，其實用價值不言可喻。

10.1　橢圓曲線

先試圖了解橢圓曲線的基本概念及性質。

定義 10.1.1:
橢圓曲線即三次平滑代數平面曲線(Smooth Algebraic Plane Curve)，可在適當的座標下，表達成**Weierstraß方程式**

$$E : y^2 + a_1xy + a_3y = x^3 + a_2x^2 + a_4x + a_6$$

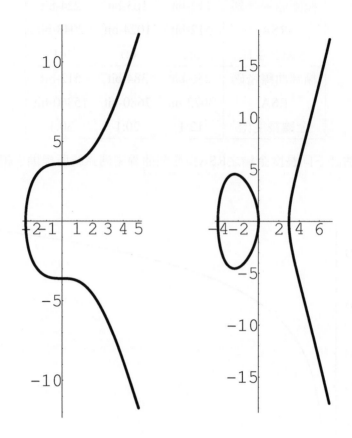

圖 10.2: $y^2 = x^3 + 13$ 與 $y^2 = x(x-3)(x+4)$

除了在特殊係數 K [3]，一般而言，可在適當的座標下，表達成

$$E: y^2 = x^3 + ax + b \qquad (判別式 \Delta = -16(4a^3 + 27b^2) \neq 0)$$

在係數 K 上之平面圖形，其中 E 也包括**無限遠點** $\mathcal{O}$ [4]。

註 10.1.2:   1. 係數 K 的選取可為 $\mathbb{R}$、$\mathbb{C}$、$\mathbb{Q}$ 及 $\mathbb{Z}/p$(p 為質數)等，在橢圓曲線密碼中常用 $K = \mathbb{Z}/p$。

2. 若判別式 $\Delta = -16(4a^3 + 27b^2) = 0$，此時 $E: y^2 = x^3 + ax + b$ 不再是平滑曲線。

3. 當 $K = \mathbb{R}$，可利用微積分技巧描繪略圖，其圖形可分為兩類: (如圖10.1所示)

    (a) $x^3 + ax + b = 0$ 有 3 相異實根，則圖形有二分量 (Component)，如 $y^2 = x(x-3)(x+4)$，

---

[3] 特殊係數指 K 之**特徵數**(**Characteristic**)為 2 或 3。
[4] 採用**投影幾何**(**Projective Geometry**)之平行公設: 平面上二平行線相交於無限遠點。

(b) $x^3 + ax + b = 0$ 有 1 實根及 2 共軛複數根,則圖形為連通(Connected),如 $y^2 = x^3 + 13$。

4. 橢圓曲線不是橢圓,其名源自計算橢圓弧長之橢圓積分(Elliptic Integral)如:

$$\int_{z_1}^{z_2} \frac{dx}{\sqrt{x^3 + ax + b}} \ \text{及} \ \int_{z_1}^{z_2} \frac{xdx}{\sqrt{x^3 + ax + b}} 。$$

橢圓曲線密碼主要用到橢圓曲線的**代數群**(Algebraic Group)結構,而其中的運算「加法」可用截線、切線等幾何概念建構之。

定義 10.1.3 (橢圓曲線加法律):

在橢圓曲線 $E : y^2 = x^3 + ax + b$ 定義「加法」如下:

1. 視無限遠點 $\mathcal{O}$ 為「加法單位元素」。

2. 點 P 之「加法反元素」即點 $-P$,定義為點 P 對 x 軸之鏡射。

3. 一般而言,三次曲線與直線截交於 3 點(需計算重數(Multiplicity),若相切時,重數為 2),如圖,P、Q、$-(P+Q)$ 共線,點 $P+Q$ 即點 $-(P+Q)$ 對 x 軸之鏡射,依此定義「加法」。

4. 加法座標計算:令 $P = (x(P), y(P))$、$Q = (x(Q), y(Q))$,欲求 $R = P + Q = (x(R), y(R))$,其中可分3種情形:

   - $x(P) \neq x(Q)$:取通過 P、Q 截線之斜率 $m = \frac{y(Q)-y(P)}{x(Q)-x(P)}$。
   - $x(P) = x(Q)$、$y(P) = y(Q)$:即 $P = Q$,取通過 P 切線之斜率 $m = \frac{3x(P)^2+a}{2y(P)}$。
   - $x(P) = x(Q)$、$y(P) = -y(Q)$:此時 $R = P + Q = \mathcal{O}$。

   假設通過點 P、Q 的直線為:$L : mx + c$ 則

   $$E \cap L = \{P, Q, -R\}$$

   考慮已知兩解 $x = x(P), x(Q)$(可考慮重根 $x(P) = x(Q)$)的方程式

   $$x^3 + ax + b - (mx + c)^2 = 0$$

   要求第三解 $x(R)$。將三次多項次分解,比較係數:

   $$
   \begin{aligned}
   & x^3 + ax + b - (mx + c)^2 \\
   = \ & (x - x(P))(x - x(Q))(x - x(R)) \\
   = \ & x^3 - (x(P) + x(Q) + x(R)) + (x(P)x(Q) + x(Q)x(R) + x(R)x(P)) \\
   & -x(P)x(Q)x(R)
   \end{aligned}
   $$

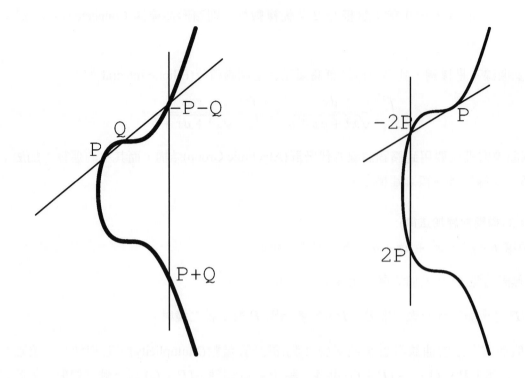

圖 10.3: 橢圓曲線加法律可透過幾何的方式瞭解。任何一點R在橢圓曲線上，都存在其「加法反元素」，即$-R$其實就是 R 對x軸的鏡射。如果一條直線與橢圓曲線恰好有三個交點P, Q, S，那麼 $P + R = -S$，當中$-S$就是 S 對x軸的鏡射。如果有某直線切橢圓曲線於點P，並交於橢圓曲線另一點T，則$2P = -T$當中$-T$就是 T 對x軸的鏡射。

特別是x^2的係數得

$$x(R) = m^2 - x(P) - x(Q)$$

因$-R = (x(R), -y(R))$在直線L上，穿過$(x(P), y(P))$得

$$-y(R) = m(x(R) - x(P)) + y(P)$$

除第3種情形外，

$$R = (x(R), y(R)) = (m^2 - x(P) - x(Q), m(x(P) - x(R)) - y(P))。$$

定理 10.1.4:

$(E, +, \mathcal{O})$ 為交換群(Abelian Group)，其中加法「$+$」，如上所定，無限遠點 $\mathcal{O}$ 為加法單位元素。

註:

證明需檢查封閉性、交換律、加法單位元素、加法反元素以及結合律，除結合律外，幾何方

式較為直接，但若不用座標計算，證明結合律 $(P_1 + P_2) + P_3 = P_1 + (P_2 + P_3)$ 較為困難，需用到代數幾何。而此處「加法」計算 $P_1 + P_2$ 需若干加減乘除，其計算複雜度略同乘除。

　　有了加法律，自然可在橢圓曲線上定義「乘法」，而此乘法運算即是橢圓曲線密碼系統之重要運算。

定義 10.1.5:

令 P 為橢圓曲線 E 上一點。對自然數 n，可定義「乘法」

$$[n]P := \underbrace{P + \cdots + P}_{n \text{ 個}} \text{。}$$

　　而計算 $[n]P$ 之方式，可類似計算指數之二元法計算，詳見本章《質數曲線的乘法演算與測試》。

例 10.1.6:

在橢圓曲線 $E/\mathbb{Q} : y^2 = x(x-3)(x+4)$ 中點

$$\mathcal{O} \cdot (0,0) \cdot (3,0) \cdot (-4,0)$$

滿足

$$
\begin{aligned}
(-4,0) + (0,0) &= (3,0), \\
(0,0) + (3,0) &= (-4,0), \\
(3,0) + (-4,0) &= (0,0), \\
[2](-4,0) &= \mathcal{O}, \\
[2](0,0) &= \mathcal{O}, \\
[2](3,0) &= \mathcal{O},
\end{aligned}
$$

這些都可直接以幾何方式驗證。這 4 點所形成之集合

$$S = \{\mathcal{O}, (0,0), (3,0), (-4,0)\}$$

對加法滿足封閉性，故為 $E(\mathbb{Q})$ 的子群(Subgroup)，且同構於群 $\mathbb{Z}/2 \oplus \mathbb{Z}/2$。

例 10.1.7:

在橢圓曲線 $E/\mathbb{Q} : y^2 = x^3 + 1$ 中點

$$\mathcal{O} \cdot (0,1) \cdot (0,-1)$$

滿足

$$(0,1) + (0,-1) = \mathcal{O},$$

$$[2](0,1) = (0,-1),$$

$$[2](0,-1) = (0,1),$$

$$[3](0,1) = \mathcal{O},$$

$$[3](0,-1) = \mathcal{O}。$$

此3點所形成之集合，也有群結構，同構於循環群$\mathbb{Z}/3$。

例 10.1.8:

在橢圓曲線 $E/\mathbb{Q} : y^2 = x^3 + 15$ 計算點 $P = (1,-4)$ 之「**橢圓曲線乘法**」：

$$P = (1,-4)$$

$$[2]P = \left(-\frac{119}{64}, \frac{1499}{512}\right)$$

$$[3]P = \left(\frac{225361}{33489}, \frac{109585196}{6128487}\right)$$

$$[4]P = \left(\frac{3943950241}{575232256}, -\frac{253381593538319}{13796370427904}\right)$$

$$[5]P = \left(-\frac{623089305949199}{338865324807025}, -\frac{18486988064660195488076}{6237932864318534272375}\right)$$

$$[6]P = \left(\frac{156367575846643826 1961}{160866624216800397 3696}, \frac{257423937485416286781482635773061}{645206779934424900213693 31616256}\right)$$

$$[7]P = \left(\frac{48748916780332207849749 0098401}{5973298167505179706603489},\right.$$

$$\left.\frac{34036700637529678634222123652474487628099 6644}{1459893889410910246131061620631037 4737}\right)$$

$$[8]P = \left(\frac{15186714394580920038062787565276 4595841}{1477247788855707311587650335194242 67264},\right.$$

$$\left.-\frac{72012993091213226484527917613256816589863807492168 90325441}{1795477730521711231945797492103216694101381839944081113088}\right)$$

$$[9]P = \left(-\frac{5399843889499278348768967985186959961128951396319}{2872648880250221874888916792855799840060492828961},\right.$$

$$14075899363740736325521199066521586727209 4559383$$

$$62210636326788713953211 16/48688211218346742888859$$

$$\left.874955478989215090294745936696067836 96776209468209\right)$$

　　由上例可知，定義在有理數上之橢圓曲線，其實只要由「很小」之點 P，[註5] 不消很大之整數 m，就可得到「很大」之點 $[m]P$，這與一般整數上之加法、乘法不同。然而橢圓曲線上之運算，並非無跡可尋，其實數論家對於定義在有理數 $\mathbb{Q}$ 之橢圓曲線 E 之代數結構也有相當的認識，這在密碼學上應用有一定的幫助。其中之一較為深刻為：

[註5] 較為精確的說法，就要用到 **Height函數**。可參閱 Josef H. Silverman之 "The Arithmetic of Elliptic Curves", *Springer-Verlag*(1985)

定理 10.1.9 (Mordell-Weil):

令橢圓曲線 E 定義在有理數 $\mathbb{Q}$，$E(\mathbb{Q})$ 為曲線上所有 x、y 座標皆為有理數之點所成之集合(也包含無限遠點 $\mathcal{O}$)，則

$$E(\mathbb{Q}) \cong \mathbb{Z}^r \times T,$$

其中 r 為某正整數，而

$$T = \{P \in E(\mathbb{Q}) | \ 存在某正整數 \ n \ 使得 \ [n]P = \mathcal{O}\}$$

為一有限交換群，一般稱之為Torsion子群。

註:

r 為自然數，但可能很大，有人猜測 r 可任意大，迄今無人會證或反證；而數論家Mazur證明 T 只有幾種可能。這些都是相當深刻的描述，需要不少理論。而例10.1.6與例10.1.7之各點均為**Torsion點**。

10.2　橢圓曲線 $(\bmod \ p)$

在此，我們的質數 $p > 3$，在前一節中，我們介紹了橢圓曲線，一般而言，密碼學中所用之橢圓曲線最常見的有兩類；即

- 定義在Galois體 $\mathbb{F}_p = \mathbb{Z}/p$ (p 為大質數)上之橢圓曲線，即**質數曲線(Prime Curve)**，

- 定義在Galois體 $\mathbb{F}_{2^m}$ (m 為大整數)之橢圓曲線，即**二元曲線(Binary Curve)**。

兩者都是代數群，其中以定義在 $\mathbb{F}_p$ 上之橢圓曲線，可直接由定義在 $\mathbb{Z}$ 上之橢圓取模運算 $(\bmod \ p)$ 取得，其群結構亦承襲前者，我們將其整理如下定理。

定理 10.2.1:

令 $p > 3$ 為質數。令定義在整數 $\mathbb{Z}$ 上之橢圓曲線

$$E : y^2 = x^3 + ax + b,$$

其中係數 a、$b \in \mathbb{Z}$ 均為整數且滿足

$$4a^3 + 27b^2 \not\equiv 0 \pmod{p}。$$

則

$$\widetilde{E} : y^2 \equiv x^3 + ax + b \pmod{p}$$

為定義在 $\mathbb{F}_p$ 上之橢圓曲線。

而且橢圓曲線 $\widetilde{E}$ 之「加法」運算承襲自橢圓曲線 E，[6] 詳言之，若 P、$Q \in$

---

[6] 以代數之術語而言，就是存在一Homomorphism $\phi : (E, +, \mathcal{O}) \to (\widetilde{E}, +, \mathcal{O})$，即

$$\phi(\mathcal{O}) = \mathcal{O} \ 且 \ \phi(P) + \phi(Q) = \phi(P + Q)。$$

$E(\mathbb{Z})$，則 $\widetilde{P} = P \pmod{p}$、$\widetilde{Q} = Q \pmod{p}$ 均在 $\widetilde{E}(\mathbb{F}_p)$，其「加法」可定為

$$\widetilde{P} + \widetilde{Q} = \widetilde{P + Q}$$

即 P、Q 兩點在 $E(\mathbb{Z})$ 上「加法」再取模運算 $\pmod{p}$。

註：

模運算不只是對數字，也可對定義在整數上之橢圓曲線 E，而造出定義在 $\mathbb{F}_p = \mathbb{Z}/p$ 之橢圓曲線 $\widetilde{E}$，其「加法」也是先在「樓上」E 做好，結果座標經模運算再搬到「樓下」$\widetilde{E}$。但若等式

$$4a^3 + 27b^2 \equiv 0 \pmod{p}$$

成立，造出來的 $\widetilde{E}$ 就不是橢圓曲線。

例 10.2.2：

令橢圓曲線 $E : y^2 = x^3 + x + 1 \pmod 5$。如何找出 E 上所有之 $\mathbb{F}_5$ 點？將 0、1、2、3、4 代入 $f(x) = x^3 + x + 1$，分別得

$$f(0) = 1 \text{、} f(1) = 3 \text{、} f(2) = 1 \text{、} f(3) = 1 \text{、} f(4) = 4 \pmod 5$$

值 $z = 1, 4$ 在 $\mathbb{F}_5$ 有二次剩餘(有平方根)，

$$\because \left(\frac{z}{5}\right) \equiv z^{\frac{5-1}{2}} \equiv \begin{cases} 1 \pmod 5 & \text{若 } z = 1, 4 \\ -1 \pmod 5 & \text{若 } z = 2, 3, \end{cases}$$

故

$$E(\mathbb{F}_5) = \{\mathcal{O}, (0, \pm 1), (2, \pm 1), (3, \pm 1), (4, \pm 2)\}$$

共有 9 點(不要忘了也包含無限遠點)。此時令 $P = (0, 1)$，代入加法座標公式計算 $[n]P$ 可得

$$\begin{aligned} [2]P &= (4, 2) \\ [3]P &= (2, 1) \\ [4]P &= (3, 4) \\ [5]P &= (3, 1) \\ [6]P &= (2, 4) \\ [7]P &= (4, 3) \\ [8]P &= (0, 4) \\ [9]P &= \mathcal{O} \end{aligned}$$

我們發現所有在 $E(\mathbb{F}_5)$ 之點均是由點 $P = (0, 1)$ 所「生成」的，故 $E(\mathbb{F}_5)$ 為一秩為 9 之**循環群**，此時稱點 P 為代數群 $E(\mathbb{F}_5)$ 之**生成元**。

而在密碼學上之應用就是要考慮**橢圓曲線離散對數問題**(**Elliptic Curve Discrete Log Problem, ECDLP**)。

定義 10.2.3 (**橢圓曲線離散對數問題**):

令 $E : y^2 = x^3 + ax + b \pmod{p}$ 為一橢圓曲線，令 P, Q 為 $E(\mathbb{F}_p)$ 上之兩點，假設點 Q 由點 P 生成。在 E 上之離散對數問題就是要解

$$Q = [k]P$$

之 k 值。

例 10.2.4:

令橢圓曲線 $E : y^2 = x^3 + x + 1 \pmod 5$。令 $P = (4, 2), Q = (4, 3)$。求

$$Q = [n]P$$

之 n。由例10.2.2知

$$
\begin{aligned}
P = (4, 2) &= [2](0, 1)，\\
Q = (4, 3) &= [7](0, 1)，\\
E(\mathbb{F}_5) &= 9，
\end{aligned}
$$

故

$$Q = (4, 3) = [n]P = [n]([2](0, 1)) = [2n](0, 1) = [7](0, 1)，$$

所以

$$2n \equiv 7 \pmod{E(\mathbb{F}_5) = 9}，$$

解得

$$n \equiv 8 \pmod 9。$$

上個世紀，數論學家對橢圓曲線，特別是定義在Galois體上，都有相當程度的認知，其中對 $E(\mathbb{F}_p)$ 之個數之估計也相當程度地刻劃。

定理 10.2.5 (**Hasse**):

令 E 為定義在 $\mathbb{F}_p$ 上之橢圓曲線，則 $E(\mathbb{F}_p)$ 之個數滿足

$$\#E(\mathbb{F}_p) = p + 1 + t$$

其中誤差項

$$|t| < 2\sqrt{p}。$$

註 10.2.6:

實際上，這與**Frobenius轉換**

$$\text{Frob} : E \to E$$

$$\text{Frob} : \begin{cases} (x, y) & \mapsto & (x^p, y^p) \\ \mathcal{O} & \mapsto & \mathcal{O} \end{cases} \text{。}$$

有密切關聯：

$$(x^{p^2}, y^{p^2}) - [t](x^p, x^p) + [p](x, y) = \mathcal{O} \text{。}$$

其實Frobenius轉換也為線性變換，因此依線性代數原理，可視為一 2×2 之矩陣，而此時 $t = \text{tr}(\text{Frob})$，即矩陣之跡(Trace)。

在實務上給定出一橢圓曲線

$$E(p; a, b) : y^2 \equiv x^3 + ax + b \pmod{p} \text{，}$$

要計算出 $\#E(p; a, b)/\mathbb{F}_p$ 雖不是馬上可得，但也有合理時間內可算出之演算法， [7] 在 $\ln p$ 之多項式時間內可完成。但若 $p < 10000$ 很小時，也可直接利用公式：

定理 10.2.7:

令橢圓曲線 $E : y^2 \equiv x^3 + ax + b \pmod{p}$，則

$$g = \#E(\mathbb{F}_p) = p + 1 + \sum_{x=0}^{p-1} \left(\frac{x^3 + ax + b}{p} \right) \text{，}$$

其中 $\left(\frac{\cdot}{p} \right)$ 為**Legendre符號**。

證明：令 $f(x) = x^3 + ax + b$，考慮Lengendre符號 $\left(\frac{x^3+ax+b}{p} \right) (x = 0, 1, \cdots, p-1)$：

- $\left(\frac{x_0^3+ax_0+b}{p} \right) = 1$：此時 $(x_0, \pm\sqrt{f(x_0)})$ 兩點均為 $E(\mathbb{F}_p)$ 上之點。
- $\left(\frac{x_0^3+ax_0+b}{p} \right) = -1$：此時 $y^2 \equiv f(x_0) \pmod{p}$ 在 $\mathbb{Z}/p = \mathbb{F}_p$ 無解，故 $E(\mathbb{F}_p)$ 上無 x 座標為 x_0 之點。
- $\left(\frac{x_0^3+ax_0+b}{p} \right) = 0$：此時 $(x_0, 0)$ 為 $E(\mathbb{F}_p)$ 上之點。

---

[7] 其實這有相當的難度，以作者所知約可分為兩大類演算法處理質數曲線：

1. 先以隨機方式產生曲線，以Shoof演算法計算點數。
2. 先確定點之個數，再以所謂之CM法建構曲線。

前者計算雖能在多項式時間內完成，仍為複雜，方法較為直接；而後者需要用到大量之橢圓曲線20世紀末葉知識，較為迂迴，但計算容易。

再加上無限遠點 $\mathcal{O}$ 一點，可得公式。 $\square$

這樣的方式計算是要 $\ln p$ 的指數時間才能完成。但若已知某點 P 之秩 $\mathrm{ord}(P)$，根據群論之 **Lagrange定理**，必然

$$\mathrm{ord}(P)\big|g = \#E(\mathbb{F}_p) \text{ 且 } [g]P = \mathcal{O} \text{。}$$

這對 $g = \#E(\mathbb{F}_p)$ 之個數之估計也有相當幫助。

例 10.2.8:

令橢圓曲線

$$E : y^2 = x^3 - x + 1 \quad (\mathrm{mod}\ 19) \text{，}$$

其中

$$(0,13) \text{、} P = (1,1) \in E(\mathbb{F}_{19}) \text{，}$$

並且

$$[2](0,13) = \mathcal{O} \text{，}$$

故

$$\mathrm{ord}(0,13) = 2 | \#E(\mathbb{F}_{19}) \text{；}$$

另外

$$\begin{aligned}
[2]P &= (18,1) \\
[3]P &= (0,18) \\
[4]P &= (3,14) \\
[5]P &= (5,11) \\
[6]P &= (5,8) = -[5]P \text{，}
\end{aligned}$$

故

$$[11]P = \mathcal{O} \quad \therefore \mathrm{ord}(P) = 11 | \#E(\mathbb{F}_{19}) \text{；}$$

因此

$$22 | \#E(\mathbb{F}_{19}) \text{，}$$

但由Hasse定理可得

$$12 = \lceil 19 + 1 - 2\sqrt{19} \rceil \le \#E(\mathbb{F}_{19}) \le \lfloor 19 + 1 + 2\sqrt{19} \rfloor = 28 \text{，}$$

故

$$\#E(\mathbb{F}_{19}) = 22 \text{。}$$

計算

$$R = (10,12) = (1,1) + (0,13) \text{，}$$

```
anwendeng@anwendeng-VirtualBox: ~/桌面/ECC
anwendeng@anwendeng-VirtualBox:~/桌面/ECC$ openssl ecparam -list_curves
  secp112r1 : SECG/WTLS curve over a 112 bit prime field
  secp112r2 : SECG curve over a 112 bit prime field
  secp128r1 : SECG curve over a 128 bit prime field
  secp128r2 : SECG curve over a 128 bit prime field
  secp160k1 : SECG curve over a 160 bit prime field
  secp160r1 : SECG curve over a 160 bit prime field
  secp160r2 : SECG/WTLS curve over a 160 bit prime field
  secp192k1 : SECG curve over a 192 bit prime field
  secp224k1 : SECG curve over a 224 bit prime field
  secp224r1 : NIST/SECG curve over a 224 bit prime field
  secp256k1 : SECG curve over a 256 bit prime field
  secp384r1 : NIST/SECG curve over a 384 bit prime field
  secp521r1 : NIST/SECG curve over a 521 bit prime field
  prime192v1: NIST/X9.62/SECG curve over a 192 bit prime field
  prime192v2: X9.62 curve over a 192 bit prime field
  prime192v3: X9.62 curve over a 192 bit prime field
  prime239v1: X9.62 curve over a 239 bit prime field
  prime239v2: X9.62 curve over a 239 bit prime field
  prime239v3: X9.62 curve over a 239 bit prime field
  prime256v1: X9.62/SECG curve over a 256 bit prime field
  sect113r1 : SECG curve over a 113 bit binary field
  sect113r2 : SECG curve over a 113 bit binary field
  sect131r1 : SECG/WTLS curve over a 131 bit binary field
```

圖 10.4: openSSL所支援的橢圓曲線

其中

$$[n]R \quad (\gcd(n, 22) = 1)$$

之點均為 $E(\mathbb{F}_{19})$ 之生成元。

例 10.2.9 (openSSL測試):

openSSL中所支援的橢圓曲線不少,可以指令觀察之:

```
$openssl ecparam -list_curves
```

結果請參考圖(10.2)當中顯示prime field的,都是定義在$\mathbb{F}_p$的質數曲線,而顯示binary field的,都是定義在Galois體 $\mathbb{F}_{2^m}$上的二元數曲線。

10.3 質數曲線的乘法演算與測試

橢圓曲線逐漸地受到密碼學界的青睞,而橢圓曲線密碼學,甚至被譽為下個世代的公開金鑰密碼的主流。這樣的宣傳如果只是來自業界,還有其商業考量,畢竟要賣橢圓曲線密碼系統的,也不會說橢圓曲線不重要;但是有關橢圓曲線的研究,特別是與密碼學相關的,的確也有相當程度的進展。

橢圓曲線如果只是滿足純數學上的『存在性』美學,也不可能應用於任何密碼系統;重點是能做得出來,要想解橢圓曲線離散對數問題(Elliptic Curve Discrete Log),就要能先做出橢圓曲線上的加法、乘法。昇陽公司的JCE,從Java 1.5.0版以上的版本,提供有關橢圓曲線的套件,特別是相關的基本定義,有相對應的類別、介面,其中所屬用來存取參數方法成員，也如同一般類別，是以getXXX()命名。下列程式源碼只是將橢圓曲線(質數曲線)的基本參數宣告成某類別的成員，即使不看Java API的說明，也能望文生義。

程式 10.3.1:
質數曲線的基本參數宣告：

```
//須import java.security.spec.*;
//須import java.math.BigInteger;

//質數曲線 E/Fp: y^2=x^3+ax+b
static EllipticCurve E;
static BigInteger a;
static BigInteger b;
static ECFieldFp Fp;
static BigInteger p;

//無限遠點
final static ECPoint Inf=ECPoint.POINT_INFINITY;

final static BigInteger ZERO=BigInteger.ZERO;
final static BigInteger ONE=BigInteger.ONE;
final static BigInteger TWO=BigInteger.valueOf(2);
final static BigInteger THREE=BigInteger.valueOf(3);
final static BigInteger FOUR=BigInteger.valueOf(4);
final static BigInteger Int27=BigInteger.valueOf(27);

//傳回點P的x，y座標
static BigInteger x(ECPoint P){
    return P.getAffineX();
}
static BigInteger y(ECPoint P){
    return P.getAffineY();
}
```

而加法之演算，考慮以仿射座標(Affine Coordinates)實作。

程式 10.3.2:
在橢圓曲線 $E/\mathbb{F}_p : y^2 = x^3 + ax + b$ 上計算 $P+Q$：

```
public static ECPoint add(ECPoint P, ECPoint Q)
{//P+Q
    BigInteger m;// 穿越P,Q直線斜率
    if (P.equals(Inf)) //加法單位元素
        return Q;
    else if (Q.equals(Inf))//加法單位元素
        return P;
    else if (P.equals(Q) && y(P).equals(ZERO))
        return Inf;//無限遠點
    else if (x(P).equals(x(Q)) && !y(P).equals(y(Q)))
        return Inf;//無限遠點
    else if (P.equals(Q))
        //m=(3*x(P)^2+a)*(2*y(P))^(-1)  (mod p)
        m=THREE.multiply(x(P).modPow(TWO,p)).add(a).
        multiply(TWO.multiply(y(P)).modInverse(p)).mod(p);
```

```
else
    //m=(y(Q)-y(P))*(x(Q)-x(P))^(-1)  (mod p)
    m=y(Q).subtract(y(P)).multiply(x(Q).subtract(x(P)).
    modInverse(p)).mod(p);

//x(R)=m^2-x(P)-x(Q)  (mod p)
BigInteger xR=m.modPow(TWO,p).subtract(x(P)).
    subtract(x(Q)).mod(p);

//y(R)=m*(x(P)-x(R))-y(P)%p
BigInteger yR=m.multiply(x(P).subtract(xR)).
    subtract(y(P)).mod(p);
return new ECPoint(xR,yR);
}
```

注意在計算「兩倍」$[2]P$時，要先計算「切線」斜率

$$m = (3 \times x(P)^2 + a) \times (2 \times y(P))^{-1} \pmod p，$$

而在計算「加法」$P + Q$時，要先計算「割線」斜率

$$m = (y(Q) - y(P)) \times (x(Q) - x(P))^{-1} \pmod p，$$

無可避免的，都要計算乘法反元素，這是在整個演算過程最耗時的。

　　學過建構式數學的，都知道「乘法」就是「加法」累加；但是如果一次一個累加，這樣的演算，將會達到指數時間。在此，以LSB的二元法實作；另外，在橢圓曲線$E/\mathbb{F}_p : y^2 = x^3 + ax + b$上計算$[-1]P$，也只是將$y$座標值，以$-y \pmod p$取代。

程式 10.3.3:
在橢圓曲線$E/\mathbb{F}_p : y^2 = x^3 + ax + b$上計算$[-1]P, [n]P$：

```
public static ECPoint minus(ECPoint P)
{
    //計算[-1]P
    BigInteger yP=y(P).negate().mod(p);
    return new ECPoint(x(P),yP);
}

public static ECPoint multiply(BigInteger n, ECPoint P)
{
    //使用LSB二元法算[n]P
    if(n.signum()<0)
    {//n<0
        n=n.negate();
        P=minus(P);
        //[n]P=[-n](-P)
    }
    ECPoint R=Inf;//無限遠點
    while (!n.equals(ZERO))
    {
        if(n.testBit(0))// n%2==1
            R=add(R,P);
```

```
        n=n.shiftRight(1);// n=n>>1
        P=add(P,P);
    }
    return R;
}
```

註 10.3.4:

上述「乘法」演算法，可再進一步改進。若 $P = (x, y)$，計算 $[1023]P$ 時，就可考慮計算

$$[1023]P = [2^{10} - 1]P = \overbrace{[2]([2](\cdots([2]P)\cdots))}^{\text{10次2倍}} + (-P)$$

$$= \overbrace{[2]([2](\cdots([2](x,y))\cdots))}^{\text{10次2倍}} + (x, -y)$$

其中

$$1023 = (111111111)_2 = (1000000000)_2 - (1)_2 = (1, 0, 0, 0, 0, 0, 0, 0, 0, 0, -1)_2,$$

原先要花費「兩倍」9次、「加法」9次，而利用上式計算，則要花費「兩倍」10次、「加法」2次，計算上更為經濟。任何整數 k 都可先化為二進位，再化為所謂**Non-Adjacent型態**，即相鄰兩位必至少有位是 0，與二進位不同，是各位數可用 $-1, 0, 1$，如此在大質數曲線「乘法」計算可節省可觀的計算；一般評估一ℓ-bit的整數二進位表示平均有數字1約$\ell/2$個，而Non-Adjacent型態平均有數字±1約$\ell/3$個，如此平均大約可省$\ell/6$次「加法」。

例 10.3.5:

如 $k = 23$ 時，其Non-Adjacent型態為：

$$\begin{aligned}
23 &= (\quad 0, \quad 1, \quad\; 0, \quad 1, \quad 1, \quad\; 1 \quad)_2 \\
&= (\quad 0, \quad 1, \quad\; 1, \quad 0, \quad 0, \quad -1 \quad)_2 \\
&= (\quad 1, \quad 0, \quad -1, \quad 0, \quad 0, \quad -1 \quad)_2 \, 。
\end{aligned}$$

一般而言，ℓ-bit的整數二進位表示$x = b_{\ell-1}b_{\ell-2}\cdots b_2 b_1 b_0$，考慮 $b_1 b_0 = 00, 01, 10, 11$:

$\underline{b_1 b_0 = 00, 10}$: $b_0 = 0$不動，接著考慮$x' = b_{\ell-1}b_{\ell-2}\cdots b_2 b_1$，而$x' = x/2$。

$\underline{b_1 b_0 = 01}$: $b_0 = 1$不動，接著考慮$x' = b_{\ell-1}b_{\ell-2}\cdots b_2 b_1$，而$x' = (x-1)/2$。

$\underline{b_1 b_0 = 11}$: 將$b_1 b_0 = 11$轉換成$b_2' b_1' b_0' = (1, 0, -1)_2$，接著考慮
　　$x' = 1 + b_{\ell-1}b_{\ell-2}\cdots b_2 b_1'$，而$x' = (x+1)/2$。

將上述規則整理，可以Java實作，演算時間為線性時間。

程式 10.3.6:

將正整數x化為Non-Adjacent型態，以int[] t傳回：

```java
public static int[] NAF(BigInteger x)
{
    int n=(x.bitLength())+1;
    int [] t=new int[n];
    BigInteger tmp=x;
    for(int i=0;i<=n-1;i++){
       if(tmp.testBit(0))//tmp%2=1
       {
        if (tmp.testBit(1))//tmp%4=3
        {
            t[i]=-1;
            tmp=tmp.add(ONE);
        }
        else{//tmp%4=1
            t[i]=1;
            tmp=tmp.subtract(ONE);
        }
      }
      else//tmp%2=0
         t[i]=0;
        tmp=tmp.shiftRight(1);//tmp=tmp/2
    }//endfor
    return t;
}
```

以下為採用Non-Adjacent型態的乘法演算。

程式 10.3.7:
採用Non-Adjacent型態的MSB二元乘法演算計算$[n]P$。

```java
public static ECPoint multiplyNAF(BigInteger n, ECPoint P)
{
    if(n.signum()<0)
    {
        n=n.negate();
        P=minus(P);
    }
    int [] t=NAF(n);
    ECPoint R=Inf;
    for(int i=t.length-1;i>=0;i--)
    {
        R=add(R,R);
        if(t[i]==1)
            R=add(R,P);
        else if(t[i]==-1)
            R=add(R,minus(P));
    }
    return R;
}
```

　　下例為測試163-bit質數曲線在不同乘法演算的計算以及比較。 註[8]

註[8] 該163-bit質數曲線為Certicom所公開懸賞的**ECCp-163**挑戰所用的質數曲線。

例 **10.3.8**:

比較LSB二元法multiply()與使用Non-Adjacent型態MSB二元法multiplyNAF()。

```
163-bit質數p=
744157000185125307832505951007652061060660492267
橢圓曲線E/Fp:
a=6128664532462971392107386013310947315623793878703
b=2799630314917080795956039801991643682217097482322
點P座標:
xP=1364583587110453572841839213505743774493490604 43
yP=970609328460095667156500829053564205807346596995
===============================================
n=231531259917943242904470876030401934760565473 0466
Q=[n]P座標:
xQ=6819192840884640486327354979847687898935166377702
yQ=5956192126237362052299899925781031626132219906281
multiply()計算時間:        62134154 nanosec.
multiplyNAF()計算時間:      27731458 nanosec.
        計算時間比:          0.446316
===============================================
n=339343638819009120208696593954765152296739827 9907
Q=[n]P座標:
xQ=6853260807609929186708940783387526769067221914119
yQ=4464816286831576338871193090664796572988900051695
multiply()計算時間:        32800538 nanosec.
multiplyNAF()計算時間:      22569070 nanosec.
        計算時間比:          0.688070
===============================================
n=420450281642548609352230415902591146637687737 6407
Q=[n]P座標:
xQ=6607329924228358840183696389015682511133414146422
yQ=2717500755949763101182882830205952881507838621337
multiply()計算時間:        22550072 nanosec.
multiplyNAF()計算時間:      18241704 nanosec.
        計算時間比:          0.808942
===============================================
n=376809822393370011019700950435409939772230937 966
```

Q=[n]P座標:
xQ=27525624540028564473108893271213320052694 38051942
yQ=20032852373022141502572122144904675012105 88876332
multiply()計算時間: 23452702 nanosec.
multiplyNAF()計算時間: 17416459 nanosec.
          計算時間比: 0.742621
==
n=173660343012731037195563404090841078516299784157
Q=[n]P座標:
xQ=72520873068214961638462572818823994122647 81080468
yQ=23589498164837104798398501653847657503743 59593808
multiply()計算時間: 19661716 nanosec.
multiplyNAF()計算時間: 18487825 nanosec.
          計算時間比: 0.940296

10.4　Jacobian投影座標

在橢圓曲線之加法公式中,是需要做除法的計算,這在密碼學上的應用,意味著要計算模除法,就必須使用廣義輾轉相除法,計算的花費大。因此在程式實作上,就要考慮較為精細的演算法。以IEEE P1363草案標準 註[9] 為例,就建議採**加權投影座標(Weighted Projective Coordinate)**來計算。以定義在 $\mathbb{Z}$ 上之橢圓曲線

$$E : y^2 = x^3 + ax + b$$

而言,就是要將整條曲線 E 崁入適當的**加權投影空間(Weighted Projective Space)**,如**Jacobian投影座標**就是用

$$P(2,3,1)^{註[10]} ,$$

其實際作法就是除了 x 座標、 y 座標外,再加上 z 座標,並設定其次數

$$\deg(x) = 2, \deg(y) = 3, \deg(z) = 1 ,$$

(此即「加權」之意)其曲線方程式可改寫成**加權齊次(Weighted Homogeneous)**之型態:

$$y^2 = x^3 + ax + b \rightsquigarrow y^2 = x^3 + axz^4 + bz^6$$

註[9] IEEE P1363/D3(Draft Version 3). Shandard specifications for public key cryptography.May 1998
註[10] 以複數加權投影空間就是

$$P(2,3,1) = \{[x,y,z]|(x,y,z) \in \mathbb{C}^3, (x,y,z) \neq (0,0,0), (x,y,z) \sim (k^2x, k^3y, kz), k \in \mathbb{C}^\times\} ,$$

其中 $[x,y,z]$ 為等價類,而無限遠點可表為 $\mathcal{O} = [0,1,0]$。

平面座標轉換為投影座標公式為

$$\begin{cases} (x,y) & \longmapsto & [x,y,1] \\ \mathcal{O} & \longmapsto & [0,1,0] \end{cases}。$$

而投影座標轉換成平面座標公式為

$$\begin{cases} [x,y,z] & \longmapsto & \left(\frac{x}{z^2}, \frac{y}{z^3}\right) & \text{若} z \neq 0 \\ [0,y,0] & \longmapsto & \mathcal{O} \end{cases}。$$

而加權投影座標橢圓加法公式可整理如下:

性質 10.4.1:

令橢圓曲線

$$E : y^2 = x^3 + ax + b。$$

令 $P_1 = [x_1, y_1, z_1], P_2 = [x_2, y_2, z_2]$ 為 E 上之點(加權投影座標表達式)。而點

$$P_3 = [x_3, y_3, z_3] = P_1 + P_2。$$

- 若 $P_1, P_2 \neq \mathcal{O}$,且 $P_1 \neq \pm P_2$ 則加法公式為

$$
\begin{aligned}
m_1 &= x_1 z_2^2 \\
m_2 &= x_2 z_1^2 \\
m_3 &= m_1 - m_2 \\
m_4 &= y_1 z_2^3 \\
m_5 &= y_2 z_1^3 \\
m_6 &= m_4 - m_5 \\
m_7 &= m_1 + m_2 \\
m_8 &= m_4 + m_5 \\
z_3 &= z_1 z_2 m_3 \\
x_3 &= m_6^2 - m_7 m_3^2 \\
m_9 &= m_7 m_3^2 - 2x_3 \\
y_3 &= (m_9 m_6 - m_8 m_3^3)/2
\end{aligned}
$$

- 若$P_1 = P_2$，則$[2]P_1 = [x_3, y_3, z_3]$之公式為

$$
\begin{aligned}
m_1 &= 3x_1^2 + az_1^4 \\
z_3 &= 2y_1z_1 \\
m_2 &= 4x_1y_1^2 \\
x_3 &= m_1^2 - 2m_2 \\
m_3 &= 8y_1^4 \\
y_3 &= m_1(m_2 - x_3) - m_3
\end{aligned}
$$

註:

以質數曲線

$$E : y^2 = x^3 + ax + b \quad (\bmod\ p)$$

為例，加法公式中，尚要計算 $2^{-1} \pmod p$，不過這是固定都要用到的，可事先計算好儲存之，如此一來，在實作中就無須考慮模除法(即廣義輾轉相除法)，反而要多計算數個模乘法，但這對整個演算過程，還是要比一次計算模除法划算。另外，以加權投影座標計算，其實只須在整數上考慮，因任何平面有理數座標，都可轉換成加權投影整數座標值，

$$(\alpha, \beta) = (\frac{x}{z^2}, \frac{y}{z^3}) ,$$

其中 $[x, y, z]$ 為 (α, β) 之加權投影座標值，若座標出現分數，也可轉換成另一整數座標值，如

$$[x, y, z] = [k^2x, k^3y, kz]$$

其中 k 為適當整數。

例 10.4.2:

令橢圓曲線 $E : y^2 = x^3 + x + 1 \pmod 5$。由例10.2.2已知共有9點(不要忘了也包含無限遠點)，且$P = (0, 1)$生成 $E(\mathbb{F}_5)$，代入加權投影座標加法座標公式計算 $[n]P$ 可得

$$
\begin{aligned}
P &= (0, 1) = [0, 1, 1] \\
[2]P &= [1, 1, 2] = (1 \times 2^{-2} \bmod 5, 1 \times 2^{-3} \bmod 5) = (4, 2) \\
[3]P &= [3, 2, 3] = (3 \times 3^{-2} \bmod 5, 2 \times 3^{-3} \bmod 5) = (2, 1) \\
[4]P &= [3, 1, 4] = (3 \times 4^{-2} \bmod 5, 1 \times 4^{-3} \bmod 5) = (3, 4) \\
[5]P &= [2, 2, 3] = (2 \times 3^{-2} \bmod 5, 2 \times 3^{-3} \bmod 5) = (3, 1) \\
[6]P &= [3, 2, 2] = (3 \times 2^{-2} \bmod 5, 2 \times 2^{-3} \bmod 5) = (2, 4) \\
[7]P &= [1, 4, 2] = (1 \times 2^{-2} \bmod 5, 4 \times 2^{-3} \bmod 5) = (4, 3) \\
[8]P &= [0, 3, 3] = (0 \times 3^{-2} \bmod 5, 3 \times 3^{-3} \bmod 5) = (0, 4) \\
[9]P &= [0, 1, 0] = \mathcal{O} 。
\end{aligned}
$$

例 10.4.3:

在橢圓曲線 $E/\mathbb{Z} : y^2 = x^3 + 15$ 以加權投影座標計算點 $P = (1, -4)$ 之「乘法」：

$$(1, -4) = [1, -4, 1]$$

$$[2](1, -4) = [-119, -1499, 8]$$

$$[3](1, -4) = [14423104, -56107620352, -1464]$$

$$[4](1, -4) = [3943950241, -253381593538319, 23984]$$

$$[5](1, -4) = [-12003163117807513780874831616,$$
$$1563091050527955598162448208705253920718848,$$
$$- 80795332152240]$$

$$[6](1, -4) = [368425670326337692349458437740953,$$
$$931008609926094583817309879178082744]$$
$$15106714484736,$$
$$61565096368398336]$$

$$[7](1, -4) = [246178602730108493359573494253566542414526126489,$$
$$386256191090286145132668606353545086063841639573860847596148264705563033,$$
$$5492243241857607770112]$$

$$[8](1, -4) = [1518671439458092003806278756527645958,$$
$$720129930912132264845279176132568165898638074921689032544,$$
$$- 1215420827884608579]$$

可比較例 10.1.8。

10.5　定義在 Galois 體 $\mathbb{F}_{2^m}$ 之橢圓曲線

值得一提的是，本節對於不甚了解 Galois 體之讀者可能有相當的難度，因需要對大學代數有相當程度地了解。對於 **Galois 體** 之理論可參閱本書之「基礎數論」部分。注意 Galois 體 $\mathbb{F}_{2^m}$ 之**特徵值 (Characteristic)** 為 2，故定義在 $\mathbb{F}_{2^m}$ 之橢圓曲線之 **Weierstraß 方程式** 與先前稍有不同，整理如下：

定義 10.5.1:

定義在特徵值為 2 之 **Non-Supersingular** [11] 橢圓曲線，可在適當之座標選取下表達成

$$E : y^2 + xy = x^3 + ax^2 + b$$

其中 $a, b \in K$ 且 $b \neq 0$，也包括無限遠點 $\mathcal{O}$。而其「加法律」可定義如下：令 $P = (x(P), y(P))$、$Q = (x(Q), y(Q))$，欲求 $R = P + Q = (x(R), y(R))$，假設 $P, Q \neq \mathcal{O}$ 則可分為 3 種情形：

---

[11] 特徵值 $p > 0$ 之橢圓曲線有 Supersingular 與 Non-Supersingular 之分，密碼學上是不用不安全之 Supersingular 橢圓曲線。

- $x(P) \neq x(Q)$：

$$
\begin{aligned}
m &= \frac{y(P) + y(Q)}{x(P) + x(Q)} \\
x(R) &= m^2 + m + x(P) + x(Q) + a \\
y(R) &= m(x(P) + x(R)) + x(R) + y(P)
\end{aligned}
$$

- $P = Q$：

$$
\begin{aligned}
m &= \frac{y(P)}{x(P)} + x(P) \\
x(R) &= m^2 + m + a \\
y(R) &= m(x(P) + x(R)) + x(R) + y(P)
\end{aligned}
$$

- $x(P) = x(Q)$、$y(P) \neq y(Q)$：$R = P + Q = \mathcal{O}$

在實際計算上以 $K = \mathbb{F}_{2^n}$ 為例，橢圓曲線之「加法」是必須計算 $(x(P) + x(Q))^{-1}$、以及 $x(P)^{-1}$，即 $x(P) + x(Q)$ 及 $x(P)$ 在 K 中之乘法反元素。此時先固定 $\mathbb{F}_{2^n}$ 之一模型，即

$$
\mathbb{F}_{2^n} \cong \mathbb{F}_2[t]/(\ell(t))
$$

其中 $\mathbb{F}_{2^n}[t]$ 表係數為 $\mathbb{F}_2 = \{0,1\}$ 之多項式之集合，即

$$
\mathbb{F}_2[t] = \{f(t) | f(t) = \sum_{i=0}^{m} a_i t^i \quad m\text{為某非負整數}\};
$$

而 $\ell(x)$ 表一固定次數 (Degree) 為 n 之不可約 $\mathbb{F}_2$ 多項式。求乘法反元素就要使用 $\mathbb{F}_2$ 多項式版之廣義輾轉相除法。考慮實例：

例 **10.5.2**:
令 $K = \mathbb{F}_8$，固定模型

$$
\mathbb{F}_8 \cong \mathbb{F}_2[t]/(t^3 + t + 1)，
$$

求 $5 = (101)_2 = t^2 + 1$ 在 K 之乘法反元素。以 $\mathbb{F}_2$ **多項式版廣義輾轉相除法**計算

k	0	1	2	3	
r_k	t^2+1	t^3+t+1	t^2+1	1	0
q_k		0	t	t^2+1	
x_k	1	0	1	t	0

故乘法反元素為

$$
t = (10)_2 = 2。
$$

　　由上例可知以 $\mathbb{F}_{2^n}$ 為係數之橢圓曲線，可適當地轉換成二元碼，故在硬體上的設計非常便利；在實用上，定義在 $\mathbb{F}_{2^{160}}$ 之上之橢圓曲線，為密碼系統常用之曲線。

例 10.5.3:

考慮 Galois 體 $\mathbb{F}_4 \cong \mathbb{F}_2[t]/(t^2 + t + 1)$，任何在 $\mathbb{F}_4$ 之元素均可表為 2 位元之 $\{0, 1\}$ 字串，即

$$
\begin{aligned}
0 &= (00)_2 = 0 \\
1 &= (01)_2 = 1 \\
2 &= (10)_2 = t \\
3 &= (11)_2 = t + 1 \\
2^{-1} &= t^{-1} \pmod{t^2 + t + 1} = t + 1 = (11)_2 = 3 \\
3^{-1} &= (t+1)^{-1} \pmod{t^2 + 1 + 1} = t = (10)_2 = 2 \text{ 。}
\end{aligned}
$$

為方便起見，往往以數字 $\{0, 1, 2, 3\}$ 代表 $\mathbb{F}_4$，而其中之「加法」即 $\mathbb{F}_2$ 多項式之加法，即其二進位代碼之 XOR 運算，「乘法」即 $\mathbb{F}_2$ 多項式之乘法再經模運算 $\pmod{t^2 + t + 1}$，其結果整理如下：

$\oplus$	0	1	2	3
0	0	1	2	3
1	1	0	3	2
2	2	3	0	1
3	3	2	1	0

$\otimes$	0	1	2	3
0	0	0	0	0
1	0	1	2	3
2	0	2	3	1
3	0	3	1	2

例 10.5.4 (續上例):

令定義在 $\mathbb{F}_4 \cong \mathbb{F}_2[t]/(t^2 + t + 1) = \{0, 1, 2, 3\}$ 之橢圓曲線

$$E : y^2 + xy = x^3 + 2 \text{ 。}$$

考慮在 E 上之所有 $\mathbb{F}_4$ 點：

$$
\begin{aligned}
x = 0 &\Rightarrow y^2 = 2 \Rightarrow y = 3 \\
x = 1 &\Rightarrow y^2 + y = 3 \Rightarrow \text{無解} \\
x = 2 &\Rightarrow y^2 + 2y = 0 \Rightarrow y = 1, 3 \\
x = 3 &\Rightarrow y^2 + 3y = 3 \Rightarrow \text{無解}
\end{aligned}
$$

故

$$E(\mathbb{F}_4) = \{(0, 3), (2, 1), (2, 3), \mathcal{O}\}$$

共有4點。

考慮 $E(\mathbb{F}_4)$ 之群結構先計算 $R = (0,3) + (2,3)$

$$
\begin{aligned}
m &= (3 \oplus 3)(0 \oplus 2)^{-1} = 0, \\
x(R) &= 0 \oplus 2 \oplus 0 = 2 \\
y(R) &= 2 \oplus 3 = 1,
\end{aligned}
$$

故得 $(0,3) + (2,3) = (2,1)$，另外

$$(2,3) + (2,1) = \mathcal{O} \,，\, [2](0,3) = \mathcal{O} \,，\, [2](2,3) = (0,3) \,，\, [2](2,1) = (0,3) \,，$$

可整理如下：

$+$	$\mathcal{O}$	$(0,3)$	$(2,1)$	$(2,3)$
$\mathcal{O}$	$\mathcal{O}$	$(0,3)$	$(2,1)$	$(2,3)$
$(0,3)$	$(0,3)$	$\mathcal{O}$	$(2,3)$	$(2,1)$
$(2,1)$	$(2,1)$	$(2,3)$	$(0,3)$	$\mathcal{O}$
$(2,3)$	$(2,3)$	$(2,1)$	$\mathcal{O}$	$(0,3)$

其中各元素之秩分別為

$$\mathrm{ord}(\mathcal{O}) = 1, \mathrm{ord}((0,3)) = 2, \mathrm{ord}((2,3)) = 4, \mathrm{ord}((2,1)) = 4 \,，$$

故點 $(2,3)$ 與點 $(2,1)$ 為生成元，而 $E(\mathbb{F}_4)$ 與 $\mathbb{Z}/4$ 同構，即：

$$f \cdot g : \mathbb{Z}/4 \to E(\mathbb{F}_4) \quad 其中 f(n) = [n](2,3) \cdot g(n) = [n](2,1)$$

均為群同構。

另外，$E(\mathbb{F}_{2^n})$ 之點個數估計，也可由完整版之**Hasse定理**給出答案：

定理 10.5.5 (Hasse):

令 K 為個數為 $q = p^n$ （p 為質數）之Galois體，令 E 為定義在 K 上之橢圓曲線，則

$$\#E(K) = q + 1 + t$$

其中誤差項

$$|t| \leq 2\sqrt{q} \,。$$

10.6　密碼安全曲線

密碼系統所用之橢圓曲線，基本是考量該曲線上之離散對數問題，以質數曲線為例。

$$E(p;a,b) : y^2 \equiv x^3 + ax + b \pmod{p} ,$$

其中 p 為質數，而 a,b 為整數，且 P 為 $E(p;a,b)(\mathbb{F}_p)$ 上之一點，其**秩**(Order)，(即最小之正整數 n，使得 $[n]P = \mathcal{O}$)為 $\mathrm{ord}(P)$。依據**Lagrange定理**

$$\mathrm{ord}(P)\big|g = \#E(p;a,b)(\mathbb{F}_p) ,$$

原則上，點 P 的選取要使得值

$$h = \frac{g}{\mathrm{ord}(P)}$$

越小越好，[12] 若 $E(p;a,b)$ 之另一點 Q 為 P 所生成，離散對數問題就是要解 $[n]P = Q$ 之 n。橢圓曲線的離散對數問題一般是比 $\mathbb{Z}/p^\times$ 之離散對數問題困難，後者有所謂 Index Calculus 法，而在一般橢圓曲線迄今卻無法有類似成功的演算法，但是當橢圓曲線 $E(p;a,b)$ 是所謂的**Anomalous**，即

$$\#E(p;a,b)(\mathbb{F}_p) = p$$

或是所謂的**Supersingular**，即

$$\#E(p;a,b)(\mathbb{F}_p) = p + 1$$

時，都有較為有效的演算法攻擊，故此兩類曲線在密碼系統使用上，均應排除。另外 $g = \#E(p;a,b)(\mathbb{F}_p)$ 也應有大的質因數因子，否則，若只有小質因子，只消使用中國餘式定理、**Pohlig-Hellman演算法**攻擊，也是不安全的。由於橢圓曲線密碼系統，以金鑰163-bit就可達到RSA金鑰 1024-bit 之安全強度， 256-bit 達 3072-bit RSA之安全強度。如此在把握使用「安全曲線」的原則下，是否一定要與其他安全性強度較弱之其他密碼元件配合使用，如128-bit之Hash函數或是短金鑰對稱金鑰密碼系統，這倒是成為一個令人省思的問題。

例 10.6.1:

令 $p > 3$ 為質數、b 為整數，且 $p \nmid b$。令橢圓曲線

$$E : y^2 \equiv x^3 + b \pmod{p} \text{ 其中 } p \equiv 2 \pmod{3} ,$$

則 E 為Supersingular曲線。

---

[12] 當然最好是 $g = \mathrm{ord}(P)$，但 $E(p;a,b)(\mathbb{F}_p)$ 並不一定是循環群，此時就無生成元(類似 $\mathbb{Z}/p^\times$ 之原根)，但至少可以確定

$$E(p;a,b)(\mathbb{F}_p) \cong \mathbb{Z}/n_1 \times \mathbb{Z}/n_2 ,$$

其中 $n_1|n_2$，(若 $n_1 = 1$，則 $E(p;a,b)(\mathbb{F}_p)$ 為**循環群**) 要克服此問題就必須深入橢圓曲線理論，可參閱 Joseph H · Silverman 之 "The Arithmetic of Elliptic Curves" Springer Verlag, 1985 一書。

證明：只需證明 $\#E(\mathbb{F}_p) = p+1$；此處我們運用群論證明，對群論不熟的讀者可跳過這段說明。

考慮乘法群之Homomorphism：

$$ker \xrightarrow{\text{id}} \mathbb{F}_p^\times \xrightarrow{\varphi} \mathbb{F}_p^\times$$
$$x \longmapsto x \longmapsto x^3$$

其中 $ker := \{x \in \mathbb{F}_p^\times | x^3 \equiv 1 \pmod p\}$ ($\#ker = 1$ 或 3)為乘法群 $\mathbb{F}_p^\times$ 之子群，故依Lagrange定理，可得

$$\#ker \big| \#\mathbb{F}_p^\times = p-1 \equiv 1 \pmod 3 \quad (\because p \equiv 2 \pmod 3),$$

故 $ker = \{1\}$，因此 $\varphi(x) = x^3$ 為乘法群 $\mathbb{F}_p^\times$ 上自身的群同構，換句話說，每個 $y \in \mathbb{F}_p$ 都有唯一存在的三次方根 $x' \in \mathbb{F}_p$，因此對每個 $y \in \mathbb{F}_p$，都有 $y' = y^2 \in \mathbb{F}_p$，對 $y'' = y' - b$ 都有唯一存在的三次方根 $x \in \mathbb{F}_p$；簡言之，每個固定 $y \in \mathbb{F}_p$，都有唯一存在的點 $(x,y) \in E(\mathbb{F}_p)$，再加上無限遠點 $\mathcal{O}$，共 $p+1$ 點。　　　　□

▶secp256k1橢圓曲線

同樣是256-bit的橢圓曲線，為什麼諸多密碼貨幣要選擇這條 secp256k1:$y^2 = x^3 + 7 \pmod p$, $p = 2^{256} - 2^{32} - 977$ 質數曲線？根據 Bitcoin Wiki 的說明：一是因為係數簡單，計算快速，要比一般相同位元的曲線快上30%，如果程式有相當的優化。二是也因為係數簡單，降低創建者植入類似後門之類的可能性。然而只是如此嗎？不少人提出質疑，secp256k1真的有像NIST建議的secp256r1曲線一樣安全？事實上，NIST建議的曲線也被質疑，所謂的安全曲線，人們對橢圓曲線的瞭解，與時俱進，過去認為安全的，以後也不一定成立，這實在值得深思。 註[13]

例 10.6.2 (secp256k1):

密碼貨幣Bitcoin、Ethereum、Litecoin、Dogecoin等多樣密碼貨幣都用secp256k1這條橢圓曲

註[13] 在 "SafeCurves:choosing safe curves for elliptic-curve cryptography"的網站，secp256r1(NIST P-256)與secp256k1這兩條曲線並不認為是安全的。參閱：
https://safecurves.cr.yp.to/
另外，在Nicolas T. Courtois "*Elliptic Curve Crypto in Practice [Bitcoin/Etc.]*"- University College of London 的簡報中，也特別指出secp256k1這條曲線的特殊性質，透過這些特性，secp256k1的計算是有「捷徑」的。這類「捷徑」對計算安全，有時真不是好事。

線。其中的參數為：

$$
\begin{aligned}
E/F_p : y^2 &= x^3 + 7, \\
p &= 2^{256} - 2^{32} - 977 \\
&= 11579208923731619542357098500868790785326998466564056403945758400790883467166 3\\
x(G) &= 5506626302227734366957871889516853432625060345377759417550018736038911672924 0\\
y(G) &= 3267051002075881697808308513050704318447127338065924327593890433575733748242 4\\
n = \mathrm{ord}(G) &= 11579208923731619542357098500868790785283756427907490438260516314151816149433 7
\end{aligned}
$$

相關參數的資料都已經化為十進位，當中 $n = \mathrm{ord}(G)$ 也是質數，因此 $h = 1$。這當然也可以透過 openSSL 指令取得：

`$openssl ecparam -name secp256k1 -out ec.pem`

透過參數 -param_enc explicit 可觀察到完整的 secp256k1 的參數：

`$openssl ecparam -in ec.pem -text -param_enc explicit -noout`

其參數如圖(10.6)所示。還可以透過 ec.pem，記得用 -C 產生 C 程式源碼存於 ec.c 檔，更便利於程式設計：

`$openssl ecparam -in ec.pem -noout -C>ec.c`

程式 10.6.3:
此 C 程式由 openSSL 指令產生。當中所產生的參數如 p, a, b, n, h 以及生成元點 $G = (x(G), y(G))$ 分別存至變數 ec_p_256, ec_a_256, ec_b_256, ec_order_256, ec_cofactor_256, ec_gen_256 都是以 unsigned char 的靜態陣列儲存。當中注意陣列元素 ec_gen_256[0] 的值是 0x04 代表是非壓縮的格式， [14] 陣列元素 ec_gen_256[1] 至 ec_gen_256[32] 是存 x 座標的值，而陣列元素 ec_gen_256[33] 至 ec_gen_256[64] 是存 y 座標的值。之後再於函數 get_ec_group_256(void) 轉換為橢圓曲線代數群的相關型態。

```
static unsigned char ec_p_256[] = {
    0xFF,0xFF,0xFF,0xFF,0xFF,0xFF,0xFF,0xFF,0xFF,0xFF,0xFF,0xFF,
    0xFF,0xFF,0xFF,0xFF,0xFF,0xFF,0xFF,0xFF,0xFF,0xFF,0xFF,0xFF,
    0xFF,0xFF,0xFF,0xFE,0xFF,0xFF,0xFC,0x2F
```

[14] 其實 Weierstraß 的質數橢圓曲線 $y^2 = x^3 + ax + b \pmod{p}$ 上相同 x 座標的，除非 $y = 0$，會有兩點 $(x, y), (x, p - y)$ 其中 $y, p - y$ 一為奇數、一為偶數，壓縮式的表達，只要表明 x 座標以及 y 座標為奇數、偶數即可。 0x02 代表該點的 y 座標為偶數，0x03 代表該點的 y 座標為奇數。

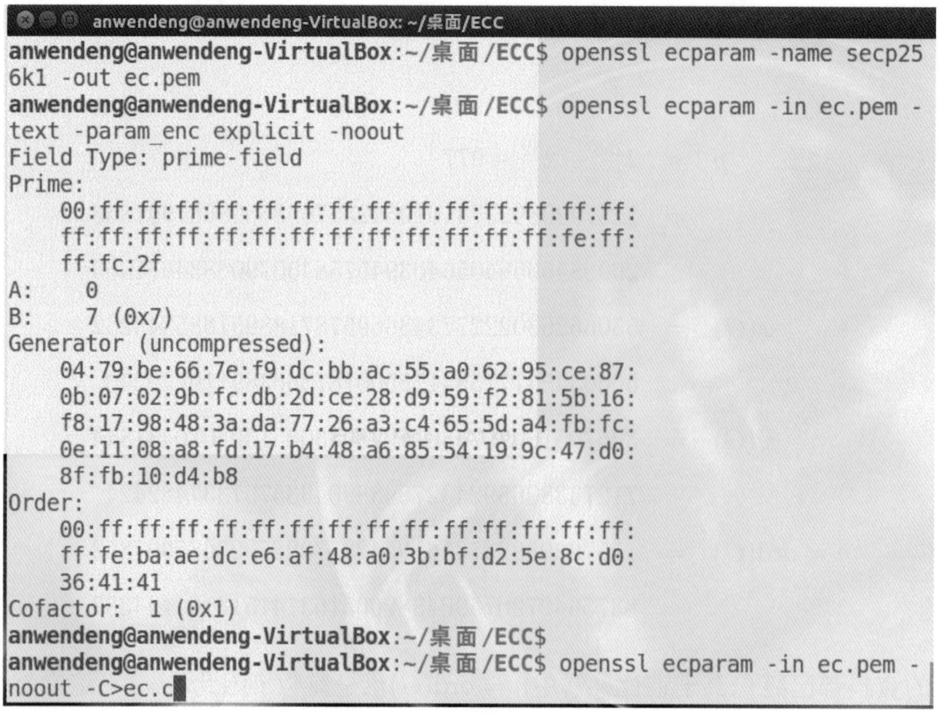

圖 10.5: openSSL與橢圓曲線secp256k1

```
    };

static unsigned char ec_a_256[] = {
    0x00
    };

static unsigned char ec_b_256[] = {
    0x07
    };

static unsigned char ec_gen_256[] = {
    0x04,0x79,0xBE,0x66,0x7E,0xF9,0xDC,0xBB,0xAC,0x55,0xA0,0x62,
    0x95,0xCE,0x87,0x0B,0x07,0x02,0x9B,0xFC,0xDB,0x2D,0xCE,0x28,
    0xD9,0x59,0xF2,0x81,0x5B,0x16,0xF8,0x17,0x98,0x48,0x3A,0xDA,
    0x77,0x26,0xA3,0xC4,0x65,0x5D,0xA4,0xFB,0xFC,0x0E,0x11,0x08,
    0xA8,0xFD,0x17,0xB4,0x48,0xA6,0x85,0x54,0x19,0x9C,0x47,0xD0,
    0x8F,0xFB,0x10,0xD4,0xB8
    };

static unsigned char ec_order_256[] = {
    0xFF,0xFF,0xFF,0xFF,0xFF,0xFF,0xFF,0xFF,0xFF,0xFF,0xFF,0xFF,
    0xFF,0xFF,0xFF,0xFE,0xBA,0xAE,0xDC,0xE6,0xAF,0x48,0xA0,0x3B,
    0xBF,0xD2,0x5E,0x8C,0xD0,0x36,0x41,0x41
    };

static unsigned char ec_cofactor_256[] = {
    0x01
    };
```

```
EC_GROUP *get_ec_group_256(void)
    {
    int ok=0;
    EC_GROUP *group = NULL;
    EC_POINT *point = NULL;
    BIGNUM   *tmp_1 = NULL, *tmp_2 = NULL, *tmp_3 = NULL;

    if ((tmp_1 = BN_bin2bn(ec_p_256, sizeof(ec_p_256), NULL)) == NULL)
        goto err;
    if ((tmp_2 = BN_bin2bn(ec_a_256, sizeof(ec_a_256), NULL)) == NULL)
        goto err;
    if ((tmp_3 = BN_bin2bn(ec_b_256, sizeof(ec_b_256), NULL)) == NULL)
        goto err;
    if ((group = EC_GROUP_new_curve_GFp(tmp_1, tmp_2, tmp_3, NULL)) == NULL)
        goto err;

    /* build generator */
    if ((tmp_1 = BN_bin2bn(ec_gen_256, sizeof(ec_gen_256), tmp_1)) == NULL)
        goto err;
    point = EC_POINT_bn2point(group, tmp_1, NULL, NULL);
    if (point == NULL)
        goto err;
    if ((tmp_2 = BN_bin2bn(ec_order_256, sizeof(ec_order_256), tmp_2)) == NULL)
        goto err;
    if ((tmp_3 = BN_bin2bn(ec_cofactor_256, sizeof(ec_cofactor_256), tmp_3)) == NULL)
        goto err;
    if (!EC_GROUP_set_generator(group, point, tmp_2, tmp_3))
        goto err;

    ok=1;
err:
    if (tmp_1)
        BN_free(tmp_1);
    if (tmp_2)
        BN_free(tmp_2);
    if (tmp_3)
        BN_free(tmp_3);
    if (point)
        EC_POINT_free(point);
    if (!ok)
        {
        EC_GROUP_free(group);
        group = NULL;
        }
    return(group);
    }
```

註 10.6.4:

有關橢圓曲線的程式設計，特別是secp256k1曲線上的計算，也可參考「請在secp256k1曲線上產生金鑰對」：

https://anwendeng.blogspot.com/2018/06/ex-secp256k1.html

例 10.6.5 (secp256k1)：

利用在Java程式產生橢圓曲線secp256k1幾對金鑰對，其中n為私鑰，生成元為P=(xP, yP)，而點Q=(xQ, yQ)為公鑰。

256-bit質數p=
115792089237316195423570985008687907853269984665640564039457584007908834671663
橢圓曲線E/Fp:
a=0
b=7
點G(=P)座標:
xP=55066263022277343669578718895168534326250603453777594175500187360389116729240
yP=32670510020758816978083085130507043184471273380659243275938904335757337482424
Group Order N=115792089237316195423570985008687907852837564279074904382605163141518161494337
應該是質數
==
n=26568036493811734043276393512904072621689881401623412475482160734219600778059
Q=[n]P座標:
xQ=79097003087627398453063575113662228326297846903476042603825599890417369367847
yQ=32861767515473151076521047122305533139833817269410876682928714165430859828270
multiply()計算時間: 25768854 nanosec.
==
n=25042299414712669546135480691813280623747074278329950227557912611426134036309
Q=[n]P座標:
xQ=28223199282208230383297036270159394252923709808865430476443765016590849055814
yQ=59434781952731867959584602567191017166403745415929211640185787432122524247821
multiply()計算時間: 10368268 nanosec.
==
n=22771879615860997703198811906387489615628957952065163917024539638 33197314554
Q=[n]P座標:
xQ=43409053914237746868525843085407790914348377371527123345318034580536915624066
yQ=10724386182796916898992104963559054045975324767387921833986661128161636367033
multiply()計算時間: 14346852 nanosec.
==
n=23228441636003194591740376008565509773688094787996493267614191676184744044657
Q=[n]P座標:
xQ=78170883061628246648203704352155512366480970312236183154551631742300522324645
yQ=52735348377075714485023616412706691138596616653969945667708025 73

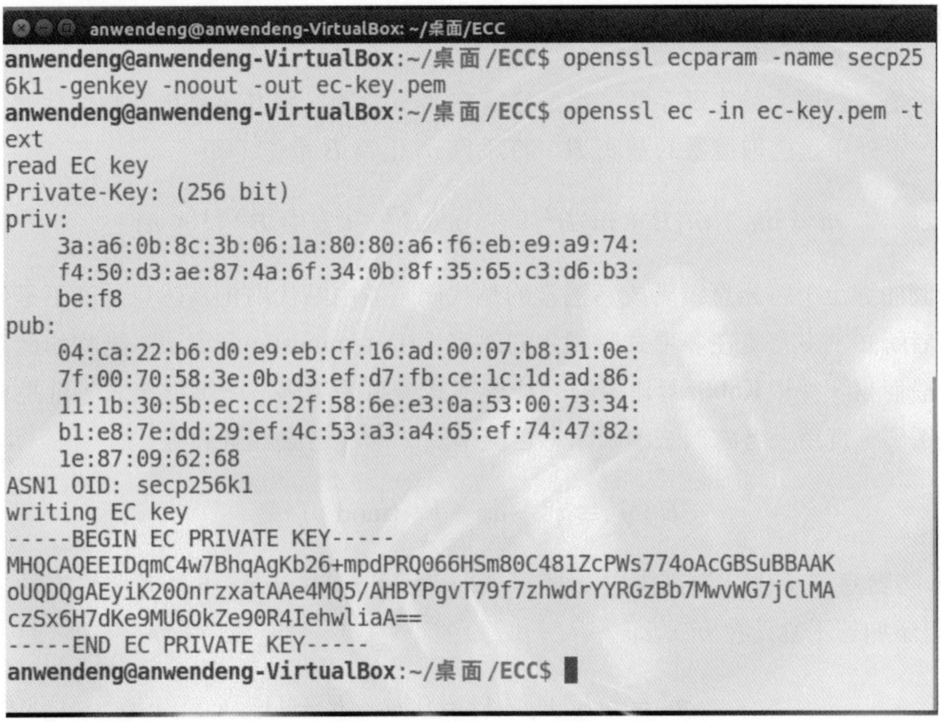

圖 10.6: openSSL產生橢圓曲線secp256k1金鑰

```
4536560782053
multiply()計算時間:        10478887 nanosec.
========================================================
n=2332018841056409126069577058465888453551797872354736513824783708555 8047261154
Q=[n]P座標:
xQ=11272360410094928283075561375129592030194845569651369729663669263 7979027862373
yQ=36118114449103318571861986845619950457962135113574621612987800062 311025628585
multiply()計算時間:        14704939 nanosec.
```

例 10.6.6 (openSSL測試):

利用openSSL指令,產生secp256k曲線的私鑰(私鑰未加密)

```
$penssl ecparam -name secp256k1 -genkey -noout -out ec-key.pem
```

利用openSSL指令,觀察 ec-key.pem 中金鑰的資訊:

```
$openssl ec -in ec-key.pem -text
```

所顯示金鑰的資訊如圖(10.6)。

10.7　如何將訊息化為橢圓曲線代碼

　　之前所提之公開金鑰密碼系統，都是建構在 $\mathbb{Z}/n$ 之上，將其訊息化為數位代碼，較為經濟的方式，不外乎是選取適當的基底 B，將訊息 m 化為 B 進位，即

$$m = m_0 + m_1 B + m_2 B^2 + \cdots m_N B^N \quad (\text{當中 } B^{N+1} \leq n)。$$

然而在橢圓曲線上，將訊息編碼成為適當的點代碼，並由點代碼化為訊息，就不是如此之容易，以筆者所知，沒有能在多項式時間內的決定性(Deterministic)演算法，能夠如此互相轉換編碼，一般而言，採取**Kobliz**所建議的一種機率式演算法編碼。所謂機率式，就是會有部分訊息無法編碼，實用上考慮無法編碼訊息之機率為 2^{-30}。考量橢圓曲線

$$E : y^2 \equiv x^3 + ax + b \pmod{p}，$$

而訊息 m 將對應到 $E(\mathbb{F}_p)$ 之某點之 x 座標值。然而，$m^3 + am + b$ 為完全平方數之機率為 $\frac{1}{2}$，因此可添加若干位元在 m，即

$$m' = mK + j \quad (j = 0, \cdots, K-1)$$

使得 $x^2 + ax + b$ 為完全平方數，如此便可對應到 $E(\mathbb{F}_p)$ 上一點；而失敗的機率，即 m' 無法對到 $E(\mathbb{F}_p)$ 之機率是為 2^{-K}，其中 $(m+1)K < p$。

　　而收訊者收到訊息 $P_m = (x, y)$ 只消計算

$$m = [\frac{x}{K}]$$

就可回復訊息。注意，此處只是編碼，並未涉及加密解密。

例 10.7.1：

以橢圓曲線

$$E : y^2 \equiv f(x) = x^3 + 82x + 502773 \pmod{502807}$$

為例，欲將明文 $m =$ 'coding' 以曲線上之點表達，其中表達失敗率為 $\frac{1}{2^{20}}$，取 $K = 20$。協定代碼為：空白 $= 0$、$a = 1$、$b = 2$、$\cdots$、$z = 26$，因

$$[\log_{27} \frac{502807}{20}] = 3，$$

故每3字母區塊編碼

$$
\begin{aligned}
m &= \text{'coding'} \\
&= (m_1, m_2) \\
&= ((3, 15, 4)_{27}, (9, 14, 7)_{27}) \\
&= (2596, 1047),
\end{aligned}
$$

其中

$$x(P_{m_1}) = f(20m_1), x(P_{m_2}) = f(20m_2 + 3)$$

在 $\mathbb{F}_p^\times$ 有平方根,即Legendre符號

$$\left(\frac{51920}{p}\right) = \left(\frac{2043}{p}\right) = 1。$$

另外,由於 $p \equiv 3 \pmod 4$,計算

$$
\begin{aligned}
y(P_{m_1}) &= 51920^{\frac{p+1}{4}} \pmod p = 309270, \\
y(P_{m_2}) &= 20943^{\frac{p+1}{4}} \pmod p = 142027,
\end{aligned}
$$

得曲線點代碼

$$
\begin{aligned}
P_{m_1} &= (51920, 309270), \\
P_{m_2} &= (20943, 142027)。
\end{aligned}
$$

而曲線點代碼化為數字代碼只消計算

$$
\begin{aligned}
m_1 &= [\frac{x(P_{m_1})}{20}] = [\frac{51920}{20}] = 2596, \\
m_2 &= [\frac{x(P_{m_2})}{20}] = [\frac{20943}{20}] = 1047。
\end{aligned}
$$

10.8　橢圓曲線公開金鑰密碼演算法

　　鑒於橢圓曲線離散對數問題,只要很短的金鑰,就可達到RSA一般長度金鑰的安全性,所以有些從事密碼人士,將其喻為密碼學之明日之星,綜觀所有以乘法群 $\mathbb{Z}/p^\times$ 離散對數為基礎之公開金鑰密碼系統,是均可改以相對的橢圓密碼系統; 雖然也曾有考慮RSA在橢圓曲線的推廣,但後來被人指出,其實與RSA之計算安全度同數量級,所以不列入實用考量,只有純學術之價值。以Diffie-Hellman金鑰交換而言,只需將 $\mathbb{Z}/p^\times$ 換成橢圓曲線 $E/\mathbb{F}_q$ (當中 $q = p$ 質數或 $q = 2^m$),將數 g 的 A 次冪方運算, $g \mapsto g^A \pmod p$ 換成點 P 的 A 倍運算 $P \mapsto [A]P$ 便可實施。以橢圓曲線離散對數問題為基礎之公開金鑰密碼系統都要先協定曲線參數值:

- 先協定所欲計算之橢圓曲線 $E = E(q; a, b)$,

  - 若 $q = p$ 為質數,即 $E : y^2 = x^3 + ax + b \pmod p$;

  - 若 $q = 2^n$ 時,即 $E : y^2 + xy = x^3 + ax^b + b/\mathbb{F}_{2^m}$,選取Galois體之模型 $\mathbb{F}_{2^n} \cong \mathbb{F}_2[t]/(\ell(t))$ (其中 $\ell(x)$ 為次數 n 之不可約之 $\mathbb{F}_2$ 多項式)

- 計算值 $g = \#E(\mathbb{F}_q)$。

- 選擇在 $E(\mathbb{F}_q)$ 上之某點 P，使得

  – 值

$$n = \mathrm{ord}(P)$$

  有大質數因子。

  – 值

$$h = \frac{\#E(\mathbb{F}_q)}{\mathrm{ord}(P)}$$

  很小。

- 曲線參數值 $(E/\mathbb{F}_q, P)$ 代表 $(q, \ell(x), a, b, g, x(P), y(P), \mathrm{ord}(P), h)$。

例 10.8.1 (質數曲線簡例):

選取一20-bit質數曲線

$$E : y^2 \equiv x^3 + ax + b \pmod{p}$$

含點 $P = (1, 65537)$。

1. 隨機取一20-bit質數

$$p = 681899 \text{。}$$

2. 隨機取整數

$$a = 251114, b = 65537^2 - 1 - a = 247352,$$

   且

$$\gcd(4a^3 + 27b^2, p) = 1 \text{。}$$

3. 因為 p 小，可利用Legendre符號公式計算

$$g = \#E(\mathbb{F}_p) = p + 1 + \sum_{x=0}^{p-1} \left(\frac{x^3 + ax + b}{p} \right) = 681657 \text{。}$$

4. 質因數分解 g，得

$$681657 = 3 \times 227219 \text{。}$$

5. 計算

$$[227219]P = [227219](1, 65537) = \mathcal{O},$$

   故點 $P = (1, 65537)$ 之秩為

$$\begin{aligned} n &= \mathrm{ord}(P) = 227219, \\ h &= \frac{\#E(\mathbb{F}_p)}{\mathrm{ord}(P)} = 3 \text{。} \end{aligned}$$

演算法 10.8.2 (橢圓曲線版之Diffie-Hellman金鑰交換)：

Alice與Bob欲以橢圓曲線密碼共同協定金鑰。

- (曲線參數協定)協定 $(E/\mathbb{F}_q, P)$。

- Alice選擇一正整數 A，計算 $P_A = [A]P$，將點 P_A 傳訊給Bob。

- Bob選擇一正整數 B，計算 $P_B = [B]P$，將點 P_B 傳訊給Alice。

- Alice收到 P_B，計算 $P_K = [A]P_B$， P_K 即共同協定之密鑰。

- Bob收到 P_A，計算 $P_K = [B]P_A$， P_K 即共同協定之密鑰。

例 10.8.3 (**EC Diffie-Hellman金鑰交換簡例**)：

Alice與Bob欲以橢圓曲線密碼共同協定金鑰。

- 曲線參數協定如例10.8.1：

$$
\begin{aligned}
E \quad &: \quad y^2 \equiv x^3 + 251114x + 247352 \quad (\bmod\ 681899) ，\\
P \quad &= \quad (1, 65537) ，\\
g \quad &= \quad \#E(\mathbb{F}_p) = 681657 ，\\
n \quad &= \quad = \operatorname{ord}(P) = 227219 ，\\
h \quad &= \quad \frac{\#E(\mathbb{F}_p)}{\operatorname{ord}(P)} = 3 。
\end{aligned}
$$

- Alice選擇一正整數 $A = 99138$，計算

$$P_A = [A]P = [99138](1, 65537) = (410541, 668940)$$

將點 P_A 傳訊給Bob。

- Bob選擇一正整數 $B = 12570$，計算

$$P_B = [B]P = [12570](1, 65537) = (184674, 237849)$$

將點 P_B 傳訊給Alice。

- Alice收到 P_B，計算

$$P_K = [A]P_B = [99138](184674, 237849) = (27978, 190758) ，$$

P_K 即共同協定之密鑰。

- Bob收到 P_A，計算

$$P_K = [B]P_A = [12570](410541, 668940) = (27978, 190758) ，$$

P_K 即共同協定之密鑰。

橢圓曲線版之ElGamal密碼只是將原先在 $\mathbb{Z}/p^{\times}$ 之指數運算換成在橢圓曲線 $E/\mathbb{F}_q$ 上之加法運算而已:

演算法 10.8.4 (橢圓曲線版之ElGamal密碼):
Alice欲加密明文代碼 P_m 成密文 P_c 傳訊給Bob。

- (曲線參數協定) 協定 $(E/\mathbb{F}_q, P)$。

- (金鑰產生) Bob隨機選取一整數 B 且 B 與 g 互質,即 $\gcd(B, g) = 1$,計算 $P_B = [B]P$ (同橢圓曲線版之Diffie-Hellman演算法)。公開金鑰為 $(E/\mathbb{F}_q, P, P_B)$,私鑰為值 B。

- (加密) 明文代碼 $P_m \in E(\mathbb{F}_q)$。 Alice得Bob之公開金鑰 $(E/\mathbb{F}_q, P, P_B)$,隨機選取整數 A,計算 $P_A = [A]P$,(同橢圓曲線版之Diffie-Hellman演算法) 計算 $P_c = P_m + [A]P_B$,密文為 (P_A, P_c),傳訊給Bob。

- (解密) Bob收到密文 (P_A, P_c),計算 $P_m = P_c - [B]P_A$ 得明文代碼。

證明: $P_m = P_c - [B]P_A$:

$$\begin{aligned} \because P_c - [B]P_A &= (P_m + [A]P_B) - [AB]P \\ &= P_m + [AB]P - [AB]P \\ &= P_m + \mathcal{O} = P_m \end{aligned}$$

$\square$

例 10.8.5 (EC ElGamal密碼簡例):
Alice欲加密明文代碼 P_m 成密文 P_c 傳訊給Bob。

- (曲線參數協定) 協定曲線

$$E : y^2 \equiv x^3 + 3x + 498917 \pmod{744187}$$

其中

$$\begin{aligned} P &= (283426, 64607) \\ g &= \#E(\mathbb{F}_{744187}) = 744994 \\ n &= \operatorname{ord}(P) = 372497 \text{ 為質數} \\ h &= g/n = 2 \end{aligned}$$

- (金鑰產生) Bob隨機選取一整數 $B = 366161$ 且 $\gcd(B, n) = 1$,計算

$$P_B = [B]P = (9358, 353904),$$

公開金鑰為 $(E/\mathbb{F}_q, P, P_B)$,私鑰為值 B。

- (加密)明文代碼

$$P_m = (678189, 436766) \in E(\mathbb{F}_q)。$$

Alice得Bob之公開金鑰，隨機選取整數 $A = 139523$，計算

$$P_A = [A]P = (568668, 660971)，$$

計算

$$
\begin{aligned}
P_c = P_m + [A]P_B &= (678189, 436766) + [139523](9358, 353904) \\
&= (678189, 436766) + (213845, 28661) \\
&= (742504, 399355)，
\end{aligned}
$$

密文為 (P_A, P_c)，傳訊給Bob。

- (解密) Bob收到密文 (P_A, P_c)，計算

$$
\begin{aligned}
P_m &= P_c - [B]P_A \\
&= (742504, 399355) - [366161](568668, 660971) \\
&= (742504, 399355) - (213845, 28661) \\
&= (742504, 399355) + (213845, -28661) \\
&= (678189, 436766)
\end{aligned}
$$

得明文代碼。

演算法 10.8.6 (橢圓曲線版之ElGamal數位簽章):
Alice欲數位簽章訊息 m 成 s 傳訊給Bob，其中 m 為整數且 $0 \leq m \leq n$。

- (曲線參數協定) 協定 $(E/\mathbb{F}_q, P)$。

- (金鑰產生) Alice隨機選取一整數 A，計算 $P_A = [A]P$ (同橢圓曲線版之Diffie-Hellman演算法)。公開金鑰為 $(E/\mathbb{F}_q, P, P_A)$，私鑰為值 A。

- (數位簽章)

  1. Alice隨機選取一整數 k 使得 $\gcd(k, g) = 1$。
  2. 計算 $R = [k]P$。
  3. 計算 $s^* = k^{-1}(m - Ax(R)) \pmod{n}$，其中 $x(R)$ 為點 R 之 x 座標。
  4. 將數位簽章

$$s = (m, R, s^*)$$

  傳訊給Bob。

- (驗證)

    1. Bob收到數位簽章 $s = (m, R, s^*)$ 並取得Alice之公鑰 $(E/\mathbb{F}_q, P, P_A)$。

    2. 計算

$$V_1 = [x(R)]P_A + [s^*]R \text{,}$$
$$V_2 = [m]P \text{。}$$

    3. 若 $V_1 = V_2$ 則驗收，否則拒絕。

證明：$V_1 = V_2$：

$$
\begin{aligned}
V_1 &= [x(R)]P_A + [s^*]R \\
&= [x(R)][A]P + [k^{-1}(m - Ax(R))][k]P \\
&= [x(R)A + m - Ax(R)]P \\
&\quad (\because [k^{-1}k]P = [1 + gt]P = P + [t]([g]P) = P + \mathcal{O} = P \text{ 其中 } t \in \mathbb{Z}) \\
&= [m]P = V_2 \text{。}
\end{aligned}
$$

$\square$

註 10.8.7:

ElGamal加密與ElGamal數位簽章之對象不同；ElGamal加密之對象是明文代碼點

$$P_m \in E(\mathbb{F}_q) \text{,}$$

而ElGamal數位簽章之對象是訊息代碼

$$m \in \mathbb{Z}/n \text{。}$$

這對以橢圓曲線對數問題為主之附錄式數位簽章方案均是如此。

例 10.8.8 (EC ElGamal數位簽章簡例):

Alice欲數位簽章訊息 $m = 204819$ 成 s 傳訊給Bob，其中 m 為整數且 $0 \leq m \leq n$。

- (曲線參數協定) 協定曲線

$$
\begin{aligned}
E : y^2 &\equiv x^3 + 13x + 445618 \pmod{581227} \\
P &= (1, 99787) \\
g &= \#E(\mathbb{F}_p) = n = \mathrm{ord}(P) = 580373 \\
h &= 1 \text{。}
\end{aligned}
$$

- (金鑰產生) Alice隨機選取一整數 $A = 247070$，計算

$$P_A = [A]P = (535932, 400788),$$

公開金鑰為 $(E/\mathbb{F}_q, P, P_A)$，私鑰為值 A。

- (數位簽章)

  1. Alice隨機選取一整數 $k = 202277$ 使得 $\gcd(k, n) = 1$。
  2. 計算

$$R = [k]P = (107521, 116109)。$$

  3. 計算

$$
\begin{aligned}
s^* &= k^{-1}(m - Ax(R)) \pmod{n} \\
&= 212315(204819 - 247070 \times 107521) \pmod{580373} \\
&= 210277。
\end{aligned}
$$

  4. 將數位簽章

$$s = (m, R, s^*)$$

  傳訊給Bob。

- (驗證)

  1. Bob收到數位簽章並取得Alice之公鑰。
  2. 計算

$$
\begin{aligned}
V_1 &= [x(R)]P_A + [s^*]R = (291788, 530336) \\
V_2 &= [m]P = (291788, 530336)。
\end{aligned}
$$

  驗收。

演算法 10.8.9 (橢圓曲線版之DSA, **ECDSA**):
Alice欲數位簽章訊息 m 成 s 傳訊給Bob，其中 m 為整數且 $0 \le m \le n$。

- (曲線參數協定) 協定 $(E/\mathbb{F}_q, P)$。

- (金鑰產生)

  1. Alice找出 $g = \#E/\mathbb{F}_q$ 之大質因子 n(假設 $0 \le m < n$)。
  2. 找出階數(Order)為 n 的 $P_A \ne \mathcal{O} \in E/\mathbb{F}_q$ 使得 $[n]P_A = \mathcal{O}$。
  3. Alice選取一整數 A，計算 $P_B = [A]P_A$。

4. Alice公佈 $(E/\mathbb{F}_q, P, n, P_A, P_B)$，公鑰為$P_B$，私鑰為值 A。

- (數位簽章)

    1. Alice隨機選取一整數 k 使得 $1 \le k \le n$。
    2. 計算 $R = [k]P_A = (x(R), y(R))$。
    3. 計算 $s^* = k^{-1}(h(m) + Ax(R)) \pmod n$，其中 $x(R)$ 為點 R 之 x 座標，$h(\cdot)$ 表 Hash函數。
    4. 將數位簽章

    $$s = (m, x(R), s^*)$$

    傳訊給 Bob。

- (驗證)

    1. Bob收到數位簽章 $s = (m, x(R), s^*)$ 並取得Alice之公鑰 P_B。
    2. 計算

    $$\begin{aligned} v_1 &= s^{*-1}h(m) \pmod n \\ v_2 &= s^{*-1}x(R) \pmod n \\ P_V &= [v_1]P_A + [v_2]P_B \end{aligned}$$

    3. 若 $P_V = R$ 則驗收，否則拒絕。

證明：$[s^*]P_V = [s^*]R$：

$$\begin{aligned} [s^*]P_V &= [s^*]([v_1]P_A + [v_2]P_B) \\ &= [h(m)]P_A + [x(R)]P_B \\ &= [h(m)]P_A + [x(R)]([A]P_A) \\ &= [h(m) + Ax(R)]P_A \\ &= [s^*k]P_A \\ &= [s^*]R 。 \end{aligned}$$

$\square$

註 10.8.10 (機率上之錯誤)：
與DSA一樣，在金鑰產生時，s^* 有可能會$s^* \equiv 0 \pmod n$，此時當然不存在 $s^{*-1} \pmod n$，就必須重新選取 k，但出現如此的機率為 $\frac{1}{n}$，是微乎其微。一般而言，當簽署者發現 $s^* = 0$ 或者 $R = \mathcal{O}$ 就要重新選取 k。

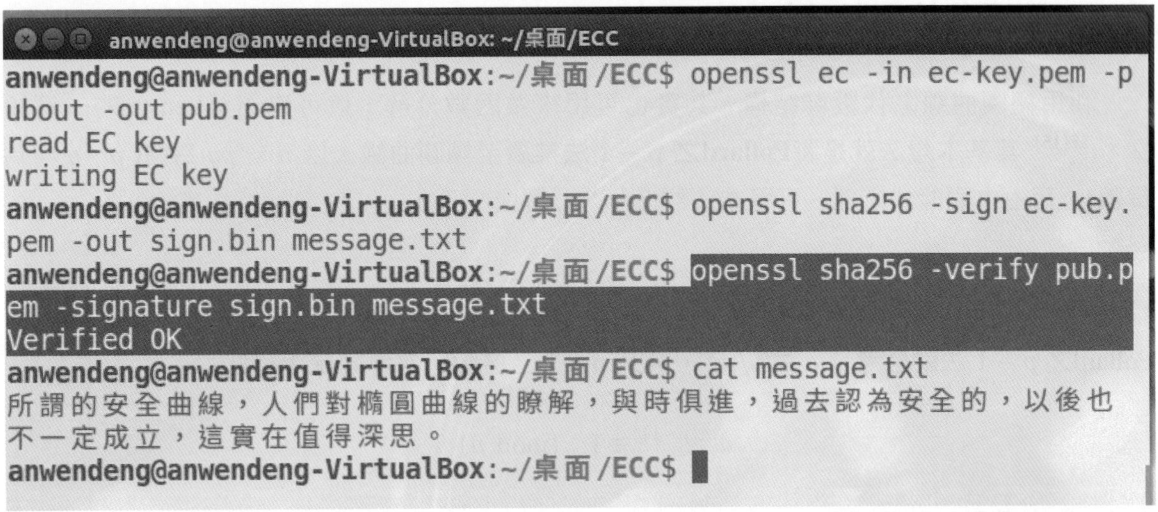

圖 10.7: openSSL操作ECDSA數位簽章與驗證

例 **10.8.11** (openSSL測試):

openSSL也有支援橢圓曲線數位簽章法ECDA，先提取公鑰：

```
$openssl ec -in ec-key.pem -pubout -out pub.pem
```

如要觀察公鑰完整資訊，可輸入指令

```
$openssl ec  -pubin -in pub.pem -text
```

透過私鑰完成ECDSA數位簽章，hash函數採SHA-256，文件為message.txt，附錄式的數位簽章檔為sign.bin

```
$openssl sha256 -sign ec-key.pem -out sign.bin message.txt
```

透過公鑰驗證，一切正確，就會出現"Verified OK"字樣：

```
$openssl sha256 -verify pub.pem -signature sign.bin message.txt
```

其操作畫面如圖(10.7)。

10.9　橢圓曲線因數分解

利用橢圓曲線之代數群結構，其實也可用來做因數分解，這可追溯至Lenstra的一篇論文，[15] 其基本想法就是將**Pollard之 p − 1 法**推廣至橢圓曲線。以 $n = pq$ 為例(p、q 均為質數)，藉由中國餘式定理，可將乘法群 $\mathbb{Z}/n^\times$ 分解成

$$\mathbb{Z}/n^\times \cong \mathbb{F}_p^\times \times \mathbb{F}_q^\times \text{。}$$

Pollard之 $p − 1$ 法就是考量 $a \in \mathbb{Z}/n^\times$，其某 $p − 1$ 之倍數冪次會同餘 1，即

$$a^{m(p-1)} \equiv 1 \pmod{n} \text{，}$$

其中m為某整數，並預期

$$\gcd(a^{m(p-1)} - 1, n) = p \text{，}$$

而 $p − 1$ 若是"Smooth"[16]，Pollard之 $p − 1$ 法就有可能成功。

而橢圓曲線的情形，就是用橢圓曲線取代Pollard之 $p − 1$ 法之乘法群，同樣地藉由中國餘式定理，可得

$$E(\mathbb{Z}/n) \cong E(\mathbb{F}_p) \times E(\mathbb{F}_q) \text{，}$$

其中 E 為某係數為整數之橢圓曲線(為方便模運算)，此時選取某點$P = [x, y, 1]$(為加權投影座標值)。假設

$$\#E(\mathbb{F}_p)$$

為"Smooth"，在適當的整數值k選取下，計算

$$[x_k, y_k, z_k] \equiv [k!]P \pmod{n} \text{。}$$

若

$$\#E(\mathbb{F}_p)\big|k!$$

則 p 整除 z_k，此時，n 之因子可能藉計算

$$\gcd(z_k, n)$$

求出。值得注意的是，當 $\gcd(z_k, n) > 1$ 之際，加權投影座標值 $[x_k, y_k, z_k] \pmod{n}$ 是不代表 $E(\mathbb{F}_p)$ 中之任何一點，若以平面座標計算，就必須額外處理，這也是以權投影座標計算的好處之一。另外由Hasse定理知

$$p - 2\sqrt{p} \le \#E(\mathbb{F}_p) \le p + 2\sqrt{p} \text{，}$$

---

[15] 請參閱H.W. Lenstra之 "Factoring integers with elliptic curves." *Annals of Math.* 126(1987),P.649-673
[16] $p − 1$ 是"Smooth"當 "$p − 1$" 只有「小」質因子。

$\#E(\mathbb{F}_p)$ 之值是分佈在「小」範圍中，而且會隨 a、b 變動而「均勻」分佈，[17] 這使得**橢圓曲線因數分解**又多具備機率之成分。以上為橢圓曲線因數分解的原理，在某些數學軟體如Maple、Mathematica都已有現成之指令，對於20-50之十進位之數的因數分解，有實質的效用，由於曲線的選取可任意隨機選取，且互相無關聯性，故可以平行計算處理之，這在實作計算上有相當價值，但前提是數值 $\#E(\mathbb{F}_p)$ "Smooth"，點 P 的選取須適當，這使得橢圓曲線因數解法不一定能「成功」，然而有時很大之數反而有效，如617十進位數費馬11號數

$$\mathbb{F}_{11} = 2^{2^{11}} - 1 = 2^{2048} - 1$$

就被Bent於1989年用橢圓曲線因數分解分解成功， [18] 橢圓曲線因數分解是有機率演算法的特性。一般而言，其演算法在僅使用一條曲線之計算複雜度為

$$O(e^{\sqrt{2\ln p \ln\ln p}}) ,$$

(其中 p 為 n 之最小質因子) 若 $p \approx \sqrt{n}$ 時，這比二次篩法較為緩慢，但仍屬同數量級。

演算法 10.9.1 (橢圓曲線因數分解):
令 $n \geq 2$ 為一合成數，欲找出n之某因數。

```
ECFactor(n)
{
     if(g=gcd(n,6)>1)
          return  g;
     m=n;
     for(r=2;m>=2;r++)
     {
         m=n^(1/r);
         if(isInteger(m))
            return  m;
     };

//判斷n是否與6互質或n非某整數m之r冪次


Point:
        px=RandomInteger(1,n);
        py=RandomInteger(1,n);
//P=(px,py)=[px,py,1]為橢圓曲線之點
```

[17] 參閱J.F. Blake、G. Seroussi與N.P. Smart之 "Elliptic Curves in Cryptography." *Cambridge University Press*,(1999) P.161
[18] 詳情參閱D.M. Bressoud之 "Factorization and Primality Testing," *Springer-Verlag,* New York,(1989)

```
newCurve:
        a=RandomInteger(1,n);
        b=py^2-px^3-a*px(mod n);
//E:y^2=x^3+a*x+b


Discriminant:
        g=gcd(4*a^3+27*b^2,n);
        if(g==n)
            goto   newCurve;
        else if(1<g<n)
            return   g;
            //g=1
new:
    input>>k;
    //選取適當之k值


compute:
    [x,y,z]=[px,py,1];
    factor=1;
    for(B=2;B<=k;B++)
    {
        [x,y,z]=[B][x,y,z]   (mod n);
        //以加權投影座標公式計算
        factor=gcd(n,z);
        if(1<factor<n)
            return   factor;
        else   if(factor==0)
            goto newCurve;
        else
        //factor==1
            continue;
    };
    if(factor==1)
        goto new;
}
```

例 10.9.2:

令 $n = 52597$，欲以橢圓曲線法因數分解，選擇橢圓曲線

$$E : y^2 = x^3 + ax + b \text{ 含點 } P = (13, 1)，$$

隨機取 $a = 13$，$b = 13^2 - a - 1 = 155$。以加權投影座標計算 $[k!]P \pmod{n}$　$(k = 2, 3, 4, \cdots)$ 得

$$
\begin{aligned}
[2!]P \pmod{n} &= [2][1, 13, 1] = [51501, 10252, 26] \\
[3!]P \pmod{n} &= [3][51501, 10252, 26] = [3653, 31955, 17322] \\
[4!]P \pmod{n} &= [4][3653, 31955, 17322] = [4044, 35059, 11405] \\
[5!]P \pmod{n} &= [5][4044, 35059, 11405] = [38656, 12056, 267] \\
[6!]P \pmod{n} &= [6][38656, 12056, 267] = [45019, 593, 5576] \\
[7!]P \pmod{n} &= [7][45019, 593, 5576] = [30419, 46401, 19165], \\
[8!]P \pmod{n} &= [8][30419, 46401, 19165] = [44679, 33806, 51197] \\
[9!]P \pmod{n} &= [9][44679, 33806, 51197] = [2693, 29599, 6923] \\
[10!]P \pmod{n} &= [10][2693, 29599, 6923] = [26157, 12465, 27565]
\end{aligned}
$$

當中逐次計算 $\gcd(n, z([k!]P))\,(k = 2, 3 \cdots)$，在 $k = 10$ 時，得

$$\gcd(n, z([10!]P)) = \gcd(27565, 52597) = 149$$

為 n 之因數，而 $n/149 = 353$ 均為質數，故 n 之質因數分解為

$$52597 = 149 \times 353。$$

例 10.9.3:

以橢圓曲線法因數分解一30-bit整數 $n = 416824937$，我們以10條橢圓曲線含點 $P = (1, 5)$ 處理，其中

$$
\begin{aligned}
E/\mathbb{Z} : y^2 &= x^3 + ax + b， \\
P_k &= [k!]P = [x_k, y_k, z_k], \quad (\gcd(z_k, n) > 1) \\
b &= 5^2 - a - 1，
\end{aligned}
$$

其計算結果如表：

i	a	b	k	P_k	$\gcd(z_k, n)$
1	1	23	43	$[274685671, 40571092, 163562272]$	21937
2	2	22	46	$[353933000, 361170342, 138049541]$	21937
3	3	21	79	$[124713088, 51546826, 112751934]$	19001
4	4	20	353	$[196000083, 361673235, 212964396]$	21937
5	5	19	199	$[3866157, 101298769, 310715668]$	21937
6	6	18	7	$[41057255, 32340878, 366434285]$	19001
7	7	17	67	$[377489714, 36225653, 368739033]$	21937
8	8	16	59	$[406999829, 330386496, 20028481]$	21937
9	9	15	2087	$[292245752, 102729625, 221817674]$	21937
10	14	10	11047	$[343369149, 160715264, 317932941]$	21937

由計算結果，可發現橢圓曲線法因數分解所需計算之差異度很大，最少只消 $k = 7$，而最多竟達 $k = 11047$(甚至比試除法還慢)。這也無怪乎利用橢圓曲線法因數分解，是需要多試幾條不同之曲線，然而這些計算都可平行處理執行。

10.10　橢圓曲線挑戰

　　加拿大專門研發製造密碼產品公司 **Certicom**，自1997年11月6日在網站公佈了一系列有關**橢圓曲線離散對數問題的挑戰**，當中的問題，所考慮的曲線有質數曲線與二元曲線。各種不同曲線之挑戰命名，分別以：

- ECCp-x 代表隨機之質數曲線，x代表x-bit之質數；

- ECC2-m 代表隨機之二元曲線，m代表秩為 2^m 之Galois體；

- ECCk-m 代表一種特殊之二元曲線，稱之為**Koblitz曲線**，而m代表秩為 2^m 之Galois體。

以**ECCp-109挑戰**為例，　Certicom所提供的獎金為一萬美金。　Certicom更是將挑戰的級數分成練習級、第一級以及第二級等三種。對於第二級的挑戰，如**ECCp-163**，其獎金就高達三萬美金，而最高獎額的為**ECCp-359**、**ECC2-353**、**ECC2K-358**，獎金均為十萬美金。究竟Certicom舉辦這些橢圓曲線的目的何在？據他們自己聲稱，舉辦這類挑戰的目標有下列6項：

1. 增進密碼界對橢圓曲線離散對數問題的了解接受程度及困難度的認知。

2. 不同密碼系統如**ECC**、**RSA**以及**DSA**已在理論上有其安全程度的比較，而這項挑戰就是要去驗證這些理論上的安全比較。

3. 對於橢圓曲線公開金鑰系統的使用者，提供對特定安全需求所需金鑰長度之資訊。

4. 判斷在質數曲線上以及在二元曲線上之橢圓曲線離散對數問題之困難度是否有任何重大意義之差別。

5. 判斷在二元曲線上，隨機曲線或是**Koblitz曲線**之橢圓曲線離散對數問題之困難度是否有任何重大意義之差別。

6. 鼓勵並且激勵在**計算數論**以及**演算數論**(Algorithmic Number Theory)的研究，特別是橢圓曲線離散對數問題之研究。

　　Certicom自身評估，以ECCp-109挑戰為例，若以一部Pentium 100的電腦來跑，則需要 9.0×10^6 天才會破解，而所需之橢圓曲線計算次數達 2.1×10^{16} 次之多。以下即為ECCp-109挑戰所公佈之數據內容：

```
======== ECCp-109 ========
p = 1BD5 79792B38 0B5B521E 6D9FB599
seedE = 1A4D696E 67687561 5175F8DC 47334A5E EDA1C34C
r = 0167 90D37BA1 CC98B1FE 53558DEA
a = 0FD4 C926FD17 8E9805E6 63021744
b = 153D 3CBB508F FE3A7F31 FF4FAFFD
h = 01
n = 1BD5 79792B38 0B049C4D 13A75AE5
seedP = 2409C5C7 E50FF4D6 96E67687 56151755 2DF2B48C
x = 04CC 974EBBCB FDC3636F EB9F11C7
y = 0761 1B0EB122 9C0BFC5F 35521692
seedQ = 2CC6F5DA 1DBA34D6 96E67687 5615175D 2D30BDF2
x = 0233 857E4E8B 5F005512 6E7D7B7C
y = 19C8 C91063EB 4276371D 68B6B4D9
```

- 其中p表質數曲線所定義的質數。

- SeedE表用來生成曲線

$$E(p; a, b) : y^2 \equiv x^3 + ax + b \pmod{p}$$

之亂數種子。

- r為SHA-1所產生，與 a, b 有關，即 $rb^2 \equiv a^3 \pmod{p}$。

- SeedP表用來生成點P之亂數種子，下面之 x、y 即是點P之x座標、y座標。

- n為點P之秩，為質數。

- h表數

$$\#E(\mathbb{F}_p)/n \text{。}$$

- SeedQ表用來生成點Q之亂數種子，下面之 x、y即是點Q之x座標、y座標。

- 其中所有數據皆以16進位表示，而亂數生成所使用之演算法，則是用到Hash函數SHA-1。

有興趣的讀者可參閱"Certicom ECC Challenge"一文，該文可在Certicom之官方網站 www.certicom.com/download/did-111/cert.ecc.challenge.pdf 取得。然而對於有心挑戰ECCp-109的讀者，恐怕要失望了！因為早在2002年10月15日 12:56分，橢圓曲線離散對數問題

$$Q = [k]P$$

之問題已被解開。其解為

$$k = 281183840311601949668207954530684 \text{，}$$

Certicom也證實了這項答案。據破解這項挑戰團隊的發言人 Chris Monico(當時正於Notre Dame大學從事博士後研究)表示：

1. 他們總共讓一萬部電腦(大部分為PC)計算了549天。

2. 破解成員共有10308名成員，分屬249個單位。

3. 總共計算了36507222×10^9個橢圓曲線點，**特殊點(Distinguished Point)** 共68228567個。

4. 在領得的獎金一萬美金中，他們捐出了8000美金給自由軟體基金會(Free Software Foundation)；而分別找出最關鍵步驟的Meunier Gerard以及B.J. Smith則各得1000美金。

　　然而破譯ECCp-109的總計算量是遠高於破譯**RSA-155**，這要比NIST之估計還多，事實上比ECCp-109容易的**ECC2-108**就50倍難於RSA-155；練習級的**ECC2-97**仍2倍難於RSA-155；另一同級的**ECC2-109**，也在兩年後就被破譯(2004年4月27日)。另外值得注意的是，在2009年，定義在112-bit質數曲線上的橢圓曲線離散對數問題，也宣告被解。 註[19]

　　Certicom下一階段的為ECC 131系列挑戰，預估計算量是ECCp-109的數千倍，網路上已有人開始組織；這些都是利用網路分散計算，參加的人分散各大洲。而Certicom的Vanstone也表示，原先預計與1024-bit金鑰RSA同級之163-bit金鑰ECC之計算量將是破譯ECCp-109的總計算量之 10^8 倍。

　　目前網路上流傳破譯橢圓曲線密碼挑戰**ECC2K-130**正在進行中，在2009年出現一篇匿名的文章"**Breaking ECC2K-130**"，這篇文章以ePrint的方式呈現在網路上，參閱：

註[19] 參閱 Joppe W. Bos and Marcelo E. Kaihara, *"PlayStation 3 computing breaks 2^60 barrier: 112-bit prime ECDLP solved,"* EPFL Laboratory for cryptologic algorithms - LACAL, (http://lacal.epfl.ch/112bit_prime)

```
http://ecc-challenge.info/
```
隨後的版本就有署名，原來這也是跨國際的合作，什麼時候能有進一步的結果，實值引領期待。

10.11   平行Pollard Rho法

截至目前為止，所有挑戰ECC公開問題成功的方法，大多是用**平行Pollard Rho法**，其實就是將Pollard Rho法改進成可便於平行計算的一種演算法。而考慮的對象就是橢圓曲線離散對數問題

$$Q = [k]P$$

解 k，其中 $P, Q \in E(\mathbb{F}_q)$，令 G 為由 P 所生成之子群（$\#G = n$）

$$G = <P> := \{[m]P \mid m \in \mathbb{Z}\} \subset E(\mathbb{F}_q)，$$

將 G 分成3塊大小略等之子集 S_1、S_2、S_3，隨機取兩整數

$$a_0 、 b_0 \text{ 使得 } 1 \le a_0, b_0 \le n-1。$$

起始點為

$$X_0 = [a_0]P + [b_0]Q，$$

建構一序列(Sequence) $\{X_i\}_i$ 使得

$$X_i = \begin{cases} P + X_{i-1} & \text{若} X_{i-1} \in S_1 \\ [2]X_{i-1} & \text{若} X_{i-1} \in S_2 \\ Q + X_{i-1} & \text{若} X_{i-1} \in S_3 \end{cases}$$

由此序列可定義兩序列 $\{a_i\}_i$ 與 $\{b_i\}$ 滿足

$$X_i = [a_i]P + [b_i]Q，$$

其中

$$a_i = \begin{cases} a_{i-1} + 1 \pmod n & \text{若} X_{i-1} \in S_1 \\ 2a_{i-1} \pmod n & \text{若} X_{i-1} \in S_2 \\ a_{i-1} & \text{若} X_{i-1} \in S_3 \end{cases}$$

且

$$b_i = \begin{cases} b_{i-1} & \text{若} X_{i-1} \in S_1 \\ 2b_{i-1} \pmod n & \text{若} X_{i-1} \in S_2 \\ b_{i-1} + 1 \pmod n & \text{若} X_{i-1} \in S_3 \end{cases}$$

若 $X_i = X_j (i \ne j)$，即找到碰撞，則

$$[a_i]P + [b_i]Q = [a_j]P + [b_j]Q$$

重新整理式子得

$$k \equiv -\frac{a_i - a_j}{b_i - b_j} \pmod n$$

(若 $b_i - b_j \not\equiv 0 \pmod n$)就得解。這就是Pollard Rho法，Rho法的意義就是序列從起始點開始到找到碰撞 $\{X_i\}$ 之路徑會像希臘字母

i	X_i	a_i	b_i	i	X_i	a_i	b_i
0	$(205, 137)$	212	190	15	$(154, 208)$	142	201
1	$(103, 22)$	212	191	16	$(171, 59)$	142	202
2	$(177, 139)$	201	159	17	$(133, 200)$	142	203
3	$(70, 14)$	201	160	18	$(65, 179)$	61	183
4	$(171, 152)$	179	97	19	$(208, 56)$	62	183
5	$(154, 3)$	179	98	20	$(186, 133)$	62	184
6	$(164, 24)$	179	99	21	$(122, 152)$	62	185
7	$(18, 187)$	179	100	22	$(117, 175)$	124	147
8	$(125, 119)$	180	100	23	$(204, 110)$	25	71
9	$(17, 17)$	137	200	24	$(112, 186)$	25	72
10	$(0, 1)$	138	200	25	$\boxed{(42, 131)}$	50	144
11	$(55, 116)$	139	200	26	$(123, 56)$	51	144
12	$(13, 14)$	140	220	27	$(206, 121)$	102	65
13	$(200, 145)$	141	200	28	$\boxed{(42, 131)}$	102	66
14	$(53, 133)$	141	201	29	$(123, 56)$	103	66

表 10.2: 例10.11.1用Pollard Rho法計算 $[k]P = Q$ 之過程

例 10.11.1 (Pollard Rho法簡例):

令橢圓曲線

$$E : y^2 \equiv x^3 + x + 1 \pmod{221},$$

其中 $P = (117, 36) \in E(\mathbb{F}_{221})$ 且 $g = \#E(\mathbb{F}_{221}) = 223$ 為質數。另一點 $Q = (29, 24) \in E(\mathbb{F}_{221})$，欲解

$$[k]P = Q。$$

隨機取整數 $a_0 = 212, b_0 = 190$，計算

$$X_0 = [212]P + [190]Q = (205, 137)。$$

將 $E(\mathbb{F}_{221})$ 分成3塊子集：

$$S_1 = \{(x,y) \in E(\mathbb{F}_{221})|0 \le x < 70\} \cup \{\mathcal{O}\}$$
$$S_2 = \{(x,y) \in E(\mathbb{F}_{221})|70 \le x < 140\}$$
$$S_3 = \{(x,y) \in E(\mathbb{F}_{221})|140 \le x < 221\} \text{。}$$

帶入計算公式如表10.2。

發現第一次碰撞發生在 $X_{25} = X_{28}$，在 $i = 25$ 之後，$X_{i+3} = X_i$，形成週期變化現象，其中

$$a_{25} = 50, b_{25} = 144, a_{28} = 102, b_{28} = 66,$$

計算

$$k \equiv -(50 - 102)(144 - 66)^{-1} \pmod{221} = 75 \text{。}$$

而平行Pollard Rho法是由Oorschot以及Wiener改良上述方法而成。其作法就是先在群 G 取一子集 D，其中之元素即稱為**特殊點(Distinguished Point)**。其中每個Client計算一個序列 $\{X_i\}$ 直至找到一特殊點 $X_i \in D$，將此 X_i 與所對應之值 a_i，b_i 傳給Server，而Client再重新從新的起始點開始計算。Server儲存所有Client所傳之點的資料，直至有某點的資料被傳送兩次，即產生碰撞，再計算最後一步驟，便可得解。總計算時間約為

$$\left(\frac{\sqrt{\pi n}}{\sqrt{2}m} + \frac{1}{\theta}\right) t$$

其中假設 m 部等速電腦平行計算，θ 為特殊點所佔之比例，t 為計算一曲線點之時間。

第 11 章

公開金鑰基礎建設

在 公開金鑰技術下，Alice以她的密鑰數位簽章一份電子文件 m 成 s 傳訊給Bob，Bob如何取得Alice之公鑰去解讀這份數位簽章文件 s？關鍵是如何能證實，所取得之公鑰確定是Alice的，如此的不可否認性才有意義。是否需要所謂的「**受信託的第三者**」(**Trusted Third Party, TTP**)擔任**憑證機構**(**Certification Authority, CA**) 才能證實Alice公鑰之真實性？當中的信任機制又如何建構？適當的**公開金鑰基礎建設**(**Public Key Infrastructure, PKI**)在此就越顯其重要。

　　在本章中，除了簡介PKI外，我們並探討PKI協定 X.509，值得注意的，目前幾乎所有與PKI有關之標準，都是架構在**X.509**上發展出來的；另外所謂的網路身份證「自然人憑證」，更是不得不提。

11.1　憑證機構CA

　　如果Alice使用某公開金鑰密碼系統，只是將她的私鑰保密是不足夠的，若她想與Bob通訊，她還必須取得Bob之公鑰，而且還必須知道所取得之公鑰是Bob的。一種解決此問題的方式，就是建立一個雙方可信賴的機構，所有的使用者對應到這個機構，即憑證機構CA，當然所有使用者，均信任CA。藉由CA之數位簽章，CA可憑證所有使用者之公鑰之正確性及有效性，所有使用者均知道CA之公鑰，因此他們均可驗證CA之數位簽章。在CA下的公開金鑰密碼系統簡易運作方式如下：

- 所有使用者均有CA公鑰之資料有效備份。

- CA的工作，即用**可回復式數位簽章方案**數位簽章下列資料

$$(\text{Bob}, \text{Bob} 之公鑰 \ K_{e_B}),$$

  此資料連同其數位簽章，稱之為Bob之**數位憑證**(**Digital Certificate**)。CA只在已確認該公鑰確實屬於Alice的情形下，才會數位簽章此資料。

- Alice欲在此密碼系統下加密傳訊給Bob，她在CA處取得Bob之數位憑證，用CA之公鑰驗證是否為真，若為真，Alice就取得Bob之真實公鑰 K_{e_B}。

當然實際的數位憑證，不會只是

$$(\text{Bob}, \text{Bob} 之公鑰 \ K_{e_B})$$

之數位簽章。一般而言，數位憑證可能包括下列資訊：

- 使用者姓名，

- 使用者公鑰，

- 是用來加密或數位簽章之金鑰，

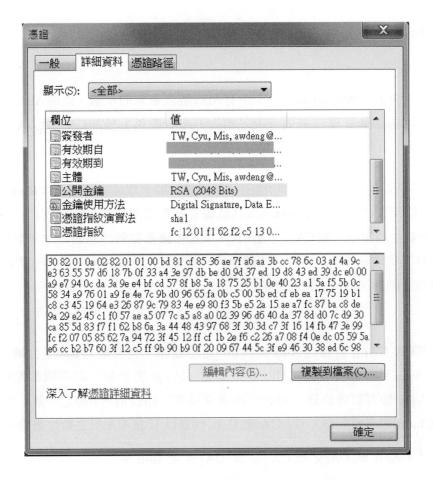

圖 11.1: 這是一份數位憑證，用自己的私鑰簽發給自己，其用途可作為Root CA。當中可以看到的資訊，除了完整公鑰的資訊，使用2048-bit RSA的金鑰，用途為加密解密、數位簽章驗證，還有SHA-1的雜湊值等

- CA 之名稱，

- 憑證之序號，

- 憑證到期之時間，
  ⋮

　然而數位憑證的資料都是公開的，也同時提供有心攻擊者不少訊息，如公鑰使用人之姓名、電話號碼等是否也要放在數位憑證中，也有疑慮。

　　CA可依其功能分成兩部分，其一為處理使用者身分的驗證；其二為實際地將使用者之公鑰數位簽章成數位憑證。產生數位憑證的工作為CA完成，而使用者之身分的驗證，亦在其他的機構完成，即註冊機構(Registration Authority, **RA**)，許多的CA都是採取CA與RA分開的作法。

　　數位憑證在有效期限內，若其使用者之私鑰遭竊、被破解，或其他種種原因，該憑證就要註銷，而其他使用者也應被告知。一種作法，就是由CA定期公佈**憑證中止清單(Certificate**

Revocation List, CRL)，當中列出所有被註銷數位憑證之序號。

例 11.1.1:

Alice在旅行中，失去了她的Smart卡，卡中有Alice數位簽章的私鑰，此時Alice本人無法再進行數位簽章，因為私鑰就僅在這張卡上。如此，Alice應馬上通知CA，而CA必須立即註銷Alice的數位憑證。

　　曾有人很烏托邦地(或很老大哥地)提出一個構想，即全球成立一個全球**Root CA**，每個國家各自設立一個國家CA，全球Root CA以其私鑰簽發數位憑證給各國國家CA，各國家CA再以其私鑰簽發數位憑證給下層CA，下層CA再以其私鑰簽發數位憑證給次下層CA，···，最後底層CA再以其私鑰簽發數位憑證給該國國民。於是乎，全球Root CA、各國家CA與所有以下多層CA以及該國國民形成一樹狀結構(Tree)。

例 11.1.2:

假設在德國某CA CA_{DE} 註冊之Alice欲與Bob加密通訊，先要取得Bob之公鑰，而Bob為在台灣某CA CA_{TW}下註冊之用戶，Alice並不知道 CA_{TW} 之公鑰。在中國的某CA CA_{CN} 與CA CA_{DE}, CA_{TW} 皆有對方公鑰，Alice可透過兩種不同路徑取得Bob之公鑰，係採**憑證鏈結(Certificate Chain)**的方式取得。 (以 CA ≪ U ≫ 代表以 U 在 CA 下之數位憑證)

- $CA_{DE} ≪ CA_{CN} ≫, CA_{CN} ≪ CA_{TW} ≫, CA_{TW} ≪ Bob ≫,$

- $CA_{DE} ≪ CA_{TW} ≫, CA_{TW} ≪ Bob ≫$。

如果Alice不願相信CA CA_{CN}，她當然可以選擇較短之「**信任路徑**」(**Trust Path**)。

例 11.1.3 (PGP信任模式):

eMail加密軟體**PGP**之公開金鑰基礎建設，早期版本就不是以CA為主之樹狀結構。相反的，他是以個別使用者為中心，個別使用者Alice，可依自行需求設定對其他使用者Bob不同信任程度：

- (完全信任，Complete Trust)：Alice完全信任Bob，所有由Bob金鑰所簽署之金鑰，她都信任。

- (部分信任，Partial Trust)：Alice不完全信任Bob，所有由Bob金鑰所簽署之金鑰，還需要別人的簽署，她才可能信任。

- (不信任，No Trust)：Alice完全不信任Bob，所有由Bob金鑰所簽署之金鑰，她都不信任。

- (未知，Unkown)：Alice不知要不要信任Bob，通常是視為Alice不信任Bob。

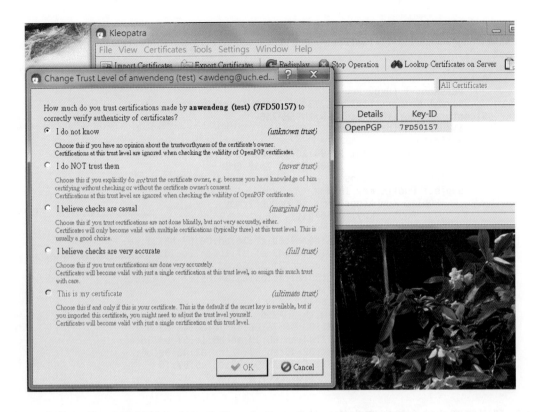

圖 11.2: GPG加密軟體針對其他用戶的信任選項,由上而下有:不知、不信任、部分信任、完全信任,最後一個選項:這是我的憑證(終極信任)。信任模式跟PGP是一致的。

加密軟體PGP早期版本就是依如此不同信任程度的模式,在不同使用者之間,形成一個**信任網(Trust Web)**,藉以有效地安全加密通訊。然而這樣的信任模式,不需要CA,相較金字塔式階層的X.509是不同的。

11.2 X.509

CA核發數位憑證的格式,目前都是以**X.509**的規格為主。X.509是利用公開金鑰密碼技術對通信的雙方訂定了幾種不同識別的方法。最初的版本發表於1988年,經多年的修改,最新版本發表於1997年,目前所使用的版本為V3版,為 ISO9594-8之憑證標準。基本的X.509數位憑證結構很簡單,但在進階的應用上,因要加入額外的資訊,可能會很複雜,大體而言,標準文件中所定義之X.509數位憑證內容,包括下列資訊:

$$CA \ll A \gg = CA\{V, SN, AI, CA, UCA, A, UA, A_p, T^A\}$$

其中各符號所代表之意義如下:

- $CA \ll A \gg$: 由憑證機構 CA 發給使用者A之數位憑證。

- V: 版本號數。用以區別是哪一版本X.509所做之數位憑證。

```
anwendeng@anwendeng-VirtualBox: ~/桌面/ECC
anwendeng@anwendeng-VirtualBox:~/桌面/ECC$ openssl x509 -in testca.crt -text -no
out
Certificate:
    Data:
        Version: 1 (0x0)
        Serial Number: 13812816773423168963 (0xbfb0fbac0771fdc3)
    Signature Algorithm: ecdsa-with-SHA256
        Issuer: CN=localhost
        Validity
            Not Before: Jul 29 04:20:11 2018 GMT
            Not After : Aug 28 04:20:11 2018 GMT
        Subject: CN=localhost
        Subject Public Key Info:
            Public Key Algorithm: id-ecPublicKey
                Public-Key: (256 bit)
                pub:
                    04:ca:22:b6:d0:e9:eb:cf:16:ad:00:07:b8:31:0e:
                    7f:00:70:58:3e:0b:d3:ef:d7:fb:ce:1c:1d:ad:86:
                    11:1b:30:5b:ec:cc:2f:58:6e:e3:0a:53:00:73:34:
                    b1:e8:7e:dd:29:ef:4c:53:a3:a4:65:ef:74:47:82:
                    1e:87:09:62:68
                ASN1 OID: secp256k1
    Signature Algorithm: ecdsa-with-SHA256
         30:45:02:20:7b:9e:7c:d1:08:96:7a:8c:d8:7b:60:4e:b2:d9:
         8b:19:e7:e6:3f:46:18:72:d4:ab:86:1d:ae:a0:1e:5f:b3:28:
         02:21:00:ed:7e:11:53:ec:22:46:cb:80:42:aa:a2:4a:0e:a6:
         9d:bc:d1:56:f7:bc:78:92:36:96:35:9e:38:c5:c5:87:f6
anwendeng@anwendeng-VirtualBox:~/桌面/ECC$ 
```

圖 11.3: 利用橢圓曲線金鑰所產生的自簽數位憑證。當中的格式是X.509，除公鑰資訊外，所使用數位簽章的演算法為ecdsa-with-SHA256。

- SN：序號，每個不同的使用者都有唯一不同的序號。

- AI：演算法之識別代碼，CA是用何種數位簽章之演算法來製作該數位憑證。

- CA：CA之名稱。

- UCA：CA之特有編號(亦可選擇不用)。

- A：使用者，即此公鑰之擁有者。

- UA：使用者識別碼，此公鑰擁有者之特有編號(亦可不選)。

- A_P：CA 之公鑰，以及其他相關資訊。

- T^A：數位憑證之有效期限，包括此數位憑證之啟用日以及終止日。

例 11.2.1 (openSSL測試)：
此處將使用橢圓曲線的私鑰 ec-key.pem 產生一自簽的X.509格式的數位憑證。第一個步驟，當然是先產生數位憑證申請書testca.req：

```
$openssl req -new -key ec-key.pem -subj '/CN=localhost' -out
testca.req
```

當中如不用 -subj '/CN=localhost'，就隨問答的方式輸入資訊。然後讀取這份申請書，產生自簽的CA於 testca.crt：

```
$openssl x509 -req -days 30 -sha256 -signkey ec-key.pem -in
testca.req -out testca.crt
```

所製作的數位憑證，有效期30天，主要是公鑰的資訊，可透過openSSL指令觀察

```
$openssl x509 -in testca.crt -text -noout
```

產生的數位憑證資訊如圖(11.3)。

　　X.509對用戶的認證另外規定了3種不同的程序。這些程序都使用到了公開碼的技術。同時也假定雙方都已交換了雙方的證明文件。3種程序都表示在下列。

- **(單向認證)** 單向認證的程序可以在一個回合的傳輸過程中，使接受者Bob識別由Alice產生的訊息。 t_A 是Alice設定的時間值，代表這份訊息的有效期限，用以防止攻擊者對此訊息的延誤。 r_A 是防止「重放」(Replay)攻擊，一個不重複的任意數。Bob可以儲存這數值來區分訊息是否被「重放」。訊息中也可以包含用Alice的密鑰簽署過的資料。$D_A(Data)$為Alice針對資料的數位簽章，Bob可以用Alice的公鑰鑑定其真偽。此外，Alice更可以選定一支秘密通信密鑰 K_{AB}，再用Bob的公鑰將之加密 $E_B(K_{AB})$，以與Bob共享此密鑰。即

$$\boxed{\text{Alice}} \xrightarrow{\text{Alice}\{t_A,r_A,\text{Bob},D_A(\text{Data}),E_B(K_{AB})\}} \boxed{\text{Bob}}$$

- **(雙向認證)** 「雙向認證」，包含有兩道訊息，除了前述「單向認證」的發方送出的訊息之外，收方尚需產生一道回覆訊息給發方。而其在安全上達到的功能，除了前面所介紹的「單向識別」所能達到的三項認證功能外，尚可達到下列認證功能：

  1. 由收方送回給發方的身分識別資料，可確認資料是收方所產生的，且可以確定此訊息的接收端確實是發方。
  2. 可以保證此由收方送回給發方的身分識別資料的完整性。
  3. 雙方可以共享身分識別資料中秘密的部分。(可選擇是否採用)

係
步驟1：

$$\boxed{\text{Alice}} \xrightarrow{\text{Alice}\{t_A,r_A,\text{Bob},D_A(\text{Data}),E_B(K_{AB})\}} \boxed{\text{Bob}}$$

步驟2：

$$\boxed{\text{Alice}} \xleftarrow{\text{Bob}\{t_B,r_B,\text{Alice},D_A(\text{Data}),E_A(K_{AB})\}} \boxed{\text{Bob}}$$

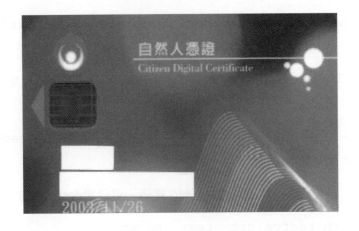

圖 11.4: 自然人憑證

- (三向認證) 三向認證的識別程序較上述方法多了一道程序。多出的一道程序是Alice將Bob產生的亂數 r_B 解開後再傳回給Bob。這樣的作法可以免除使用同步時鐘值來區分訊息是否被「重放」攻擊。因網路的時間延遲，時鐘同步很難達成時，這樣的識別方法特別有用。係

  步驟1：

  $$\boxed{\text{Alice}} \xrightarrow{\text{Alice}\{t_A, r_A, \text{Bob}, D_A(\text{Data}), E_B(K_{AB})\}} \boxed{\text{Bob}}$$

  步驟2：

  $$\boxed{\text{Alice}} \xleftarrow{\text{Bob}\{t_B, r_B, \text{Alice}, D_A(\text{Data}), E_A(K_{AB})\}} \boxed{\text{Bob}}$$

  步驟3：

  $$\boxed{\text{Alice}} \xrightarrow{\text{Alice}\{r_B\}} \boxed{\text{Bob}}$$

11.3　自然人憑證

　　自然人憑證(Citizen Digital Certificate)「自然人憑證」，就是「電子身分證IC卡」。算是公開金鑰基礎建設的一種應用，(另外一重要應用就是健保IC卡，也是攸關全民的。)它是e化政府的基礎建設之一。據官方宣稱，透過自然人憑證，運用公開金鑰密碼技術，未來在政府與民眾之間就可以數位簽章技術之應用，進行各種便捷的網路申辦服務。民眾只需要坐在電腦前，透過網路證明自己的身分(所以「自然人憑證」也就是「網路上的身分證」)，就可以免去以往舟車勞頓、大排長龍之苦，輕而易舉地向各政府單位申請辦理戶籍謄本、網路報稅等作業。自然人憑證推廣初期，將著重在現有提供網路服務之業務，如戶政、地政、稅務、公路監理等，未來更將有1,500項政府業務開放上網申辦，讓民眾不出門就能辦該辦的事，並提升政府行政效率與為民服務的品質，達到簡政便民的政策目標。

▶內政部憑證管理中心的驗證

當民眾以自然人憑證上網申請辦理各項政府業務時，其個人的身分資料都會先經過「內政部憑證管理中心」的驗證。內政部憑證管理中心是e化政府資訊安全基礎建設計劃之一，其驗證項目有：該憑證是否仍在有效使用期間內、以及是否被列入憑證廢止清單中，是一個我國電子簽章法所謂的「憑證機構」，負責簽發我國滿18歲以上國民之IC卡及公鑰憑證，並提供其他自然人之e化政府應用服務網路通訊的安全基礎。

▶自然人憑證之安全性

在自然人憑證上(如圖示11.4)，擁有持有人與跟政府約定好的「數位簽章」跟「數位密碼」。這個數位簽章與數位密碼，將會經由智慧IC卡，將持有人的身分資料自動演算出來，並且儲存在IC晶片當中。日後，用這IC卡數位簽章的功能，藉由不可否認性，身分就可以確認，不易假冒；另外，用這IC卡「電子密碼」的功能，不管你跟政府在網路上傳什麼資料(除非內神通外鬼，或是所使用之公開金鑰密碼RSA及所使用之密碼原件不再安全，或是所使用之軟體、硬體出了問題)，理論上駭客攔截了資料也沒用，資料都被密碼鎖住了，根本就解不開。自然人憑證正是藉此提供使用者網路認證，並確保其交易安全。

值得注意的是，根據內政部憑證管理中心的說法，為提昇用戶憑證安全及因應網路環境效能提升，參考世界各主要國家對於金鑰安全長度的建議，自然人憑證已在2012年1月1日起全面換發金鑰長度為RSA 2048-bit的自然人憑證IC卡。相關使用的密碼安全資訊：(參考資料來源：內政部憑證管理中心)

- 自然人憑證管理中心只提供SHA-1 with RSA與SHA-2 with RSA的數位簽章演算法。

- 自然人憑證是採用雙金鑰對，也就是簽驗章和加解密是使用不同的金鑰對。

- 目前內政部提供的加解密運算法為:非對稱式加解密運算法有RSA，對稱式加解密運算法有：DES CBC、DES ECB、3DES CBC、3DES ECB等四種。

- 憑證管理中心使用2048位元RSA金鑰及SHA-1雜湊函數演算法簽發憑證，而用戶端使用1024位元及2048位元RSA金鑰。

- 通過FIPS 140-1等級2認證或相當安全強度的IC卡。並採用硬體密碼模組或其他軟硬體密碼模組，於IC卡內產製金鑰對。

- 憑證管理中心自身所使用之金鑰有1.私密金鑰與2.公開金鑰兩部分。憑證管理中心所簽發私密金鑰僅適用於簽發憑證及憑證廢止清冊。憑證管理中心所簽發公開金鑰僅適用於憑證用戶交換憑證。

- 憑證廢止清冊每天一次更新，可於儲存庫下載最新之廢止清冊。信賴憑證者在使用憑證管理中心公佈於儲存庫之憑證廢止清冊時，應先檢驗其數位簽章，已確認該憑證廢止清冊是否正確。

圖 11.5: 內政部的憑證管理中心連線到 http://moica.nat.gov.tw/

- 憑證管理中心金鑰採多人分持(為學者Shamir所提出)制度,它是一種完全隱密的秘密分享方式,可作為私密金鑰分持備份及回復方法。採用此方法能讓憑證管理中心私密金鑰的多人控管具備最高的安全度,同時也用來做私密金鑰之啟動方式。

註 11.3.1:

根據行政院研究發展考核委員會所公佈之《政府機關公開金鑰基礎建設技術規範第1.2版》:

- 主要所規範使用公開金鑰密碼、數位簽章也以**PKCS#1**所定義之**RSA**為主,一般的RA、用戶也應至少安全強度為1024-bit RSA金鑰,或其他強度相等的金鑰;而Root CA為安全強度為4096-bit RSA金鑰,或其他強度相等的金鑰;下層的CA安全強度為2048-bit RSA金鑰,或其他強度相等的金鑰。(值得注意的,未特別提到DSS)

- 所建議之Hash函數均是**SHA**系列,如SHA-1、SHA-256、SHA-384、SHA-512。

- 對稱金鑰密碼的有效長度,至少應為128-bit,所建議之對稱金鑰密碼Triple DES-EDE3、RC-2,均以CBC模式編碼; **Rijndael演算法**的AES-128、AES-192、AES-256也在建議之列。

- 憑證格式採**X.509**。

▶**內政部憑證管理中心**

(參考資料來源:內政部憑證管理中心) 內政部憑證管理中心有兩大管理目標:

1. 規劃建置憑證中心,建立可信賴之資訊安全機制。台灣**政府公開金鑰基礎建設(Government Public Key Infrastructure, GPKI)**是一個階層式的憑證管理架構,以行政院研考

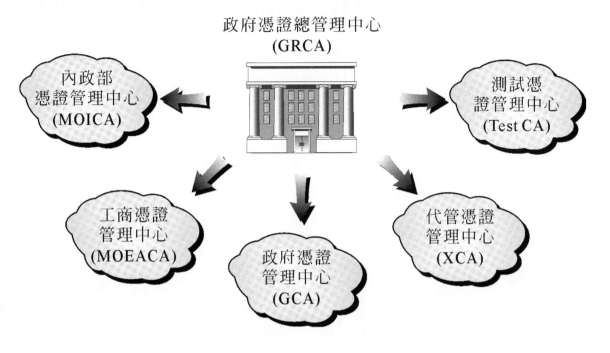

圖 11.6: 台灣政府公開金鑰基礎建設

會設置的**政府憑證總管理中心**(**Government Root CA**， **GRCA**)，作為整個GPKI的信賴基點(Trust Anchor)，GRCA將簽發CA憑證給GPKI的下層CA。而內政部憑證管理中心則屬於GPKI中的第一層下屬憑證機構(Level 1 Subordinate CA)，並且遵循GPKI憑證政策(Certificate Policy, CP)所訂定之保證等級第三級的規定，對在我國設籍登記滿18歲以上國民之自然人的公鑰憑證進行簽發及管理。在標準之公開金鑰基礎建設中，CA的角色是為加密公鑰之正確性做擔保，因此建立與維持可信賴之資訊安全機制為本中心規劃時之重點。

2. 帶動電子化政府應用發展，提升國家競爭力。電子化政府電子證照之基礎建設包含 PKI (Public Key Infrastructure，公開金鑰基礎建設)與**PMI** (**Privilege Management Infrastructure**， **授權管理基礎建設**)，分別提供公鑰憑證(Public-Key Certificate)及屬性憑證(Attribute Certificate)服務，用來做為G2G、G2B、G2C之身分識別及資格確認之用。在與自然人相關的PMI發展上，相關主管機關可以依權責分工設立屬性憑證管理中心(AA)及RA，簽發自然人主體相關的屬性憑證，其中將包括以下e化的證照及證明書：

   • 人員識別證，如：公務人員識別證、學生識別證、機關人員識別、市民識別、會員資格識別等

   • 技師證照證明書，如：駕照執照證書、土地代書、電機、土木、醫事人員專業技師等

　　據官方宣稱，屆時將會把所有紙本證照逐步全面電子化，營造一個電子化服務環境，以提升國家競爭力。

第 12 章

量子密碼

量子密碼學(Quantum Cryptography)大概是所有密碼學相關領域，最難令人了解的，但卻也可能是密碼加密演算法中，最後一個里程碑。這一切都要追溯到諾貝爾物理獎得主，費曼(Richard Feynman)觀察特定量子力學的現象，他發現這些現象是無法以傳統電腦模擬的；然而他卻反過頭來建議，應該利用這些量子力學的特定性質，建構一種新的「量子電腦」，來大幅增加計算速度。當時並沒有任何實例，也沒有人知道如何去做，這在當時，也只是大師的一個構想。一直到了1994年，量子計算，才算是有了新的突破，在當時於 AT&T 研究實驗室工作的Peter Shor介紹了一種量子演算法，這種量子演算法可在多項式時間(機率式的)內分解整數，當然前提是量子電腦已經造好了；這意味著當代公開金鑰密碼 RSA將會失效，而整個資訊技術的理論平台，也必須將量子力學、量子計算納入，[1] 甚至重新改寫歷史。

量子電腦的實作因數分解進展是，透過Pete Shor的量子演算法，2001年IBM利用核磁共振的技術，造好可以執行因數分解$15 = 3 \times 5$之數個量子位元(Quantum Bit)量子電腦。2012年造好10個量元的量子電腦分解$21 = 3 \times 7$。之後就採用別的演算法，到了2014年，只用四個量元，成功分解$56153 = 241 \times 233$。2016年是$200099 = 401 \times 499$。2017年是$291311 = 523 \times 557$。不同種類的量子演算也在不同類型的量子電腦達到一定的成效。[2] 然而能有效執行一般RSA模數$n = pq$因數分解的量子電腦，需要數百甚至上千量子位元，因此，短期內公開金鑰密碼主流RSA、橢圓曲線密碼霸主的地位，應不受威脅才是。即使剛造好不久的Google的72量子位元之量子處理器Bristlecone，對於因數分解有任何突破性結果，完稿前尚未見到任何文獻報導。

另一方面，量子訊息卻提供了量子金鑰交換(Quantum Key Exchange)技術，結合古典的One-Time Pad加密，提供了真正無法破譯的加密方法，目前已經有人將其商品化推行上市，這方面的發展不可小覷。[3] 如同過去歷史，密碼學的前衛技術，總是由國家安全單位秘密地發展採用，很可能對一般平民百姓，在仍搞不清什麼叫作數位憑證的時候，國家安全機構量子電腦也早已運轉，而學界的新發現，對他們而言，也只是後知後覺罷了。

12.1　量子實驗

量子力學是困難的，即使對物理學家而言，量子力學的開創者之一波耳(Niels Bohr)也說道：「任何在思考量子力學時不會感到暈眩的人，都還沒有了解它。」量子力學是處理粒子層面的物理學，光線的行為，有時像是波，有時像是粒子，是具有波/粒子二重性質的，現代

---

[1] 量子系列中還包括了量子遙傳(Quantum Teleportation)，這對喜歡看星際爭霸戰(Star Trek)的影迷，應不至陌生，企業號(Enterprise)中艦長Picard與其隊員，就是在傳輸台一站，瞬間消失，而重現在其他某處，這就是量子遙傳。

[2] 2011年宣稱第一家出品商業量子電腦的D-Wave公司，其設備無法執行Shor的量子演算法，被不少人批評根本不算是真正的量子電腦，但在因數分解的競賽中，也沒有缺席。

S. Jiang et al."*Quantum Annealing for Prime Factorization*" https://arxiv.org/pdf/1804.02733.pdf

[3] 據筆者所知，目前有MagiQ, id Quantique兩家公司賣量子金鑰交換商品。

http://www.magiqtech.com/

http://www.idquantique.com/

物理學認為一束光含有許多粒子，這些粒子，即**光子(Photon)**，是具有波一般的性質。任何人都可在家進行以下的光子實驗：

例 12.1.1 (光子偏振):
考慮一束強光源照射在一投影布幕上，並準備三個偏光濾器(Polaroid Filter)為A、B、C，偏光過濾方向分別為水平方向、45°方向，以及垂直方向。

1. 首先將偏光濾器A放置於光束路徑當中，發現布幕上之照度只剩下原照度的一半。一種解釋的方式就是每一光子都有不同偏振的方向，偏光濾器A的作用就是過濾「特定」方向的光子。

2. 在光束路徑上，介於偏光濾器A與布幕之間，再放上偏光濾器C，此時布幕上已無任何光照，所有的光子，都被偏光濾器A或偏光濾器C擋住。

3. 此時再將偏光濾器B放置於偏光濾器A與偏光濾器C當中，竟然發現，布幕上有些微照度的光芒，照度為最初照度之 $\frac{1}{8}$。

　　傳統的經驗論述或古典物理無法解釋這個現象，為何在偏光濾器A、C中再放偏光濾器B會有照度？

　　這可由光子偏振狀態解釋，每個光子都有偏振的狀態，偏振的可能性，是**狀態的疊加(Superposition of States)**。

註 12.1.2:
1933年諾貝爾物理獎得主薛丁格(Erwin **Schrödinger**)曾以「**薛丁格的貓**」，用以解釋疊加之概念：在盒子內的貓有兩種狀態：死的或活的。剛放入之時貓還是活的，盒中並放入瓶劇毒氰化物，關上蓋子之盒中之貓，是不知其死活，因為牠可能舔氰化物或不舔，此時貓的狀態進入疊加狀態，在打開盒蓋之際，觀察貓，必處於其一狀態，非死即活，而狀態疊加就告消逝。

　　這些可以適當方向的單位向量表達，即任何偏振都可視為水平偏振向量 $|\rightarrow\rangle$ 與垂直偏振向量 $|\uparrow\rangle$ 之線性組合，即

$$a|\rightarrow\rangle + b|\uparrow\rangle。$$

由於偏振狀態為單位向量，故係數 a、b 必須滿足

$$|a|^2 + |b|^2 = 1，$$

而 a、b 也容許是複數(Complex Number)，[4] 而偏光濾器的作用就是執行「測量」光子的偏振：「測量」會導致兩種輸出結果，一種是與偏光濾器平行方向，另一種則是與偏光濾器垂直方向。

---

[4] 若 a、b 為複數時，虛數部分的係數就代表旋振(Circular Polarization)。

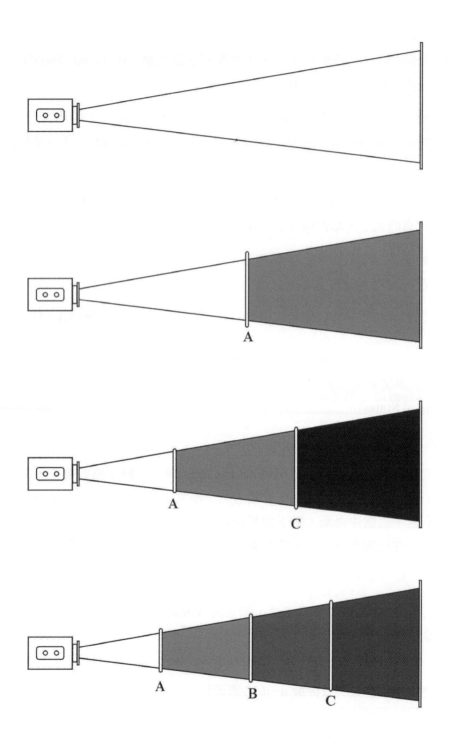

圖 12.1: 光子偏振實驗

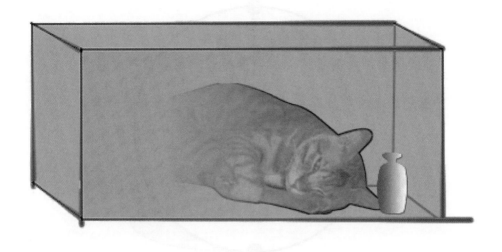

圖 12.2: 薛丁格的貓進入又死又活的疊加狀態

1. 以水平方向偏光濾器A測量光子，若光子偏振狀態為 $a|\rightarrow\rangle + b|\uparrow\rangle$，有 $|a|^2$ 之機率會呈水平方向偏振通過，而 $|b|^2$ 之機率會呈垂直方向偏振被擋下。因此對一束光子而言，會有 $1/2$ 之光子呈水平方向偏振通過偏光濾器A。

2. 現在所有通過偏光濾器A之光子都呈水平方向偏振，然而

$$|\rightarrow\rangle = \frac{1}{\sqrt{2}}|\nearrow\rangle + \frac{-1}{\sqrt{2}}|\nwarrow\rangle,$$

因此，經過45°方向偏光濾器測量，有剩下 $\left(\frac{-1}{\sqrt{2}}\right)^2 = \frac{1}{2}$ 的光子會呈 $\nwarrow$ 方向偏振被擋下，有剩下之 $\frac{1}{2}$ 之光子會呈 $\nearrow$ 方向偏振通過，此時已剩下 $\frac{1}{4}$ 之光子呈 $\nearrow$ 方向偏振通過偏光濾器A及B。

3. 所有通過偏光濾器B之光子都呈 $\nearrow$ 方向偏振，而

$$|\nearrow\rangle = \frac{1}{\sqrt{2}}|\uparrow\rangle + \frac{1}{\sqrt{2}}|\rightarrow\rangle,$$

故通過垂直方向偏光濾器C之光子都呈垂直方向偏振，而只剩下最初光子總數之 $\frac{1}{2} \times \frac{1}{4} = \frac{1}{8}$，其餘的都分別被3個偏光濾器擋下。

12.2　量子電腦基本元件

　　上節所言之光子偏振狀態，其實就是量子計算的基礎，要建構一量子電腦，就要先了解何謂量子電腦的最基本單位-**量元(Quantum bit或Qubit)**。

定義 12.2.1 (量子位元, Qubit):
一Qubit即在二維複數Hilbert空間之單位向量。

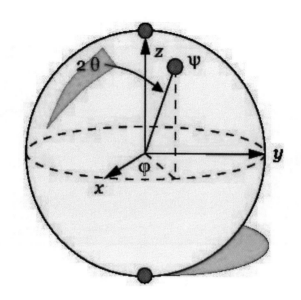

圖 12.3: 量元可表為Bloch球面上的向量 $|\psi\rangle = \cos\theta\,|0\rangle + e^{i\varphi}\sin\theta\,|1\rangle$

物理上用以表徵Qubit的方式有若干不同的方式，如光子(Photon)、具有 $\text{Spin}\frac{1}{2}$ 現象之二態粒子。以光子為例，單一光子二偏振狀態，通常固定一正交基底(Orthonormal Basis)以 Dirac 之 Bra-ket 符號 "ket"

$$\{|0\rangle, |1\rangle\}$$

表示之，(可以是

$$\{|\rightarrow\rangle, |\uparrow\rangle\} = \left\{\begin{bmatrix} 1 \\ 0 \end{bmatrix}, \begin{bmatrix} 0 \\ 1 \end{bmatrix}\right\} \text{ 或 } \{|\nearrow\rangle, |\searrow\rangle\} = \left\{\begin{bmatrix} \frac{\sqrt{2}}{2} \\ \frac{\sqrt{2}}{2} \end{bmatrix}, \begin{bmatrix} \frac{\sqrt{2}}{2} \\ -\frac{\sqrt{2}}{2} \end{bmatrix}\right\}$$

或是其他任何正交基底，為方便起見，取 $\{|0\rangle, |1\rangle\} \equiv \left\{\begin{bmatrix} 1 \\ 0 \end{bmatrix}, \begin{bmatrix} 0 \\ 1 \end{bmatrix}\right\}$。) 與古典位元概念不同，一Qubit其實是以「疊加」(Superposition)的狀態呈現，如

$$a|0\rangle + b|1\rangle \equiv \begin{bmatrix} a \\ b \end{bmatrix},$$

其中 a, b 為複數，且 $|a|^2 + |b|^2 = 1$。若此疊加狀態以正交基底 $\{|0\rangle, |1\rangle\}$ 測量，其所測量狀態為 $|0\rangle$ 之機率為 $|a|^2$, 而所測量狀態為 $|1\rangle$ 之機率為 $|b|^2$。

而"bra"之意義，即

$$\bar{a}\langle 0| + \bar{b}\langle 1| \equiv [\bar{a}, \bar{b}] = \begin{bmatrix} a \\ b \end{bmatrix}^H,$$

其中 H 表矩陣之共軛轉置(Conjugate Transpose)。而二維複數Hilbert空間 $\mathbb{C}^2$ 上除了內積(Inner Product)外，也可透過矩陣表示，定義出外積(Outer Product)，如

$$|1\rangle\langle 0| \equiv \begin{bmatrix} 1 \\ 0 \end{bmatrix} \begin{bmatrix} 0 \\ 1 \end{bmatrix}^H = \begin{bmatrix} 1 \\ 0 \end{bmatrix} [0, 1] = \begin{bmatrix} 0 & 1 \\ 0 & 0 \end{bmatrix}。$$

而 n-Qubit 之狀態空間，是這些Qubit狀態空間之張量積(Tensor Product)，即Hilbert空間 $(\mathbb{C}^2)^{\otimes n} = \mathbb{C}^{2^n}$，其中基底之向量為[5]

$$|b_1 b_2 \cdots b_n\rangle := |b_1\rangle|b_2\rangle \cdots |b_n\rangle := |b_1\rangle \otimes |b_2\rangle \otimes \cdots \otimes |b_n\rangle \quad (b_i \in \{0,1\}) \text{。}$$

定義 12.2.2 (糾結態, Entanglement):

[6] n-qubit 狀態向量 $v \in \mathbb{C}^{2^n}$ 為**糾結態(Entanglement)** $\Longleftrightarrow$ $\nexists v_1 \in V_1 \subsetneq \mathbb{C}^{2^n}$, $v_2 \in V_2 \subsetneq \mathbb{C}^{2^n}$ 使得 $v = v_1 \otimes v_2$。

例 12.2.3:

$v = \frac{|00\rangle + |11\rangle}{\sqrt{2}}$ 為糾結，即所謂EPR對(EPR pair)。

例 12.2.4:

$v = \frac{1}{\sqrt{2}}(|000\rangle + |111\rangle)$ 為糾結，即所謂Greenberger-Horne-Zeilinger (GHZ) 態。

量子電腦除了要有許多Qubit外，也需要量子閘門(Quantum Gate)。與傳統電腦Boolean代數計算不同，所有的量子閘門都可視為么正算子(Unitary Operator)。[7]

例 12.2.5 (Welsh-Hadmard閘門):

Welsh-Hadmard閘門定為

$$H_i = \frac{\sqrt{2}}{2} \begin{bmatrix} 1 & 1 \\ 1 & -1 \end{bmatrix} \text{。}$$

將第i個Qubit之狀態

$$\{|\rightarrow\rangle, |\uparrow\rangle\} = \left\{ \begin{bmatrix} 1 \\ 0 \end{bmatrix}, \begin{bmatrix} 0 \\ 1 \end{bmatrix} \right\} \text{轉換成} \{|\nearrow\rangle, |\searrow\rangle\} = \left\{ \begin{bmatrix} \frac{\sqrt{2}}{2} \\ \frac{\sqrt{2}}{2} \end{bmatrix}, \begin{bmatrix} \frac{\sqrt{2}}{2} \\ -\frac{\sqrt{2}}{2} \end{bmatrix} \right\} \text{。}$$

例 12.2.6 (Controlled Phase Shift閘門):

---

[5] 張量積的抽象定義：

令 A 表示為一個在一個環(Ring) R 的右模(Right Module)，且 B 是一個在一個環(Ring) R 的左模(Left Module)。讓 F 為一個在集合 $A \times B$ 上的自由交換群(Free Abelian Group)。令 K 為 F 的一個子群，且其元素為由一些符合下列三項規則的元素所組成 ($\forall$　$a, a' \in A, b, b' \in B, r \in R$)：

1. $(a + a', b) - (a, b) - (a', b)$;
2. $(a, b + b') - (a, b) - (a, b')$;
3. $(ar, b) - (a, rb)$.

而其商群(Quotient Group) F/K 被稱為 A 和 B 的張量積，並記為 $A \otimes_R B$ (當環 R 是為整數 $\mathbb{Z}$ 時，我們會簡略掉 R，並記為 $A \otimes B$)。而對在 F 中的元素 (a, b) 所形成共集(Coset)為 $(a, b) + K$，被記為 $a \otimes b$。

[6] 特別注意的地方，就是 $A \otimes B$ 的元素型態，並非只是單純的 $a \otimes b$，它真正的元素型態是 $\sum_{i=1}^r n_i(a_i \otimes b_i)$，其中的 $n_i \in \mathbb{Z}$。

[7] 量子閘門都可視為線性轉化(Linear Transformation)，即所對應的矩陣T滿足$T^H T = I$。

Controlled Phase Shift閘門定為

$$S_{jk}(\delta) = \begin{bmatrix} 1 & 0 & 0 & 0 \\ 0 & 1 & 0 & 0 \\ 0 & 0 & 1 & 0 \\ 0 & 0 & 0 & e^{i\delta} \end{bmatrix} \circ$$

將第j, k $(j < k)$個Qubit之狀態轉換，如 $S_{12}(\delta)|11\rangle = e^{i\delta}|11\rangle$。

12.3　量子金鑰分配

Alice與Bob如何利用量子金鑰分配來加密傳訊信息？首先，他們需要建立兩個通路 (Channel)：一是傳統通路、另一是量子通路。 (通過量子通路之光子不會改變其光子偏振狀態。傳統通路是雙向的，而量子通路僅是單向的，其金鑰分配的作法，整理如下：

演算法 12.3.1 (BB84量子金鑰分配協定):
Alice與Bob欲使用量子金鑰分配協定出一傳統密碼的金鑰。

- Alice用傳統通路傳一組$\mathbb{F}_2$字串

$$b_1 b_2 b_3 b_4 \cdots b_n$$

  給Bob。

- Alice選擇兩組正交基底

$$\bigoplus = \{|\uparrow\rangle, |\rightarrow\rangle\} \text{ 以及 } \bigotimes = \{|\nwarrow\rangle, |\nearrow\rangle\} \circ$$

- Alice將字串 $b_1 b_2 \cdots b_n$ 隨機編碼呈光子偏振狀態：

$$\begin{cases} 0 \rightarrow |\uparrow\rangle, & \text{若用} \bigoplus \\ 1 \rightarrow |\rightarrow\rangle, & \text{若用} \bigoplus \\ 0 \rightarrow |\nwarrow\rangle, & \text{若用} \bigotimes \\ 1 \rightarrow |\nearrow\rangle, & \text{若用} \bigotimes \circ \end{cases}$$

  將這些光子偏振狀態利用**量子通路**傳給Bob。

- Bob測量隨機以正交基底 $\bigoplus$ 或$\bigotimes$測量這些光子偏振，並秘密地將這些測量結果紀錄下來。

- Bob利用傳統通路，告知Alice，每次測量光子所用之基底。

- Alice比對她與Bob對每次測量光子所用之基底選擇，並利用傳統通路告知Bob，哪些光子之測量是用相同之基底。而這些相同位元便是所協定之傳統密碼所用之金鑰。

Alice用傳統通路傳訊	0	1	1	1	0	0	1	1	1	0
Alice選用基底	⊕	⊗	⊗	⊕	⊗	⊗	⊕	⊗	⊗	⊕
Alice用量子通路傳訊	$\|\uparrow\rangle$	$\|\nearrow\rangle$	$\|\nearrow\rangle$	$\|\rightarrow\rangle$	$\|\nwarrow\rangle$	$\|\nwarrow\rangle$	$\|\rightarrow\rangle$	$\|\nearrow\rangle$	$\|\nearrow\rangle$	$\|\uparrow\rangle$
Bob選用基底	⊕	⊕	⊗	⊗	⊕	⊗	⊕	⊗	⊕	⊗
產生金鑰	0		1			0	1	1		

表 12.1: 例12.3.2中Alice與Bob使用量子金鑰分配位元資料與量元資料比對

例 12.3.2:

假設Alice與Bob欲利用量子金鑰分配協定單次密碼簿之金鑰,其過程如下:

1. Alice利用傳統通路,傳位元

$$0111001110,$$

   給Bob。

2. Alice用基底

$$\oplus, \otimes, \otimes, \oplus, \otimes, \otimes, \oplus, \otimes, \otimes, \oplus。$$

3. Alice利用量子通路傳Qubit

$$|\uparrow\rangle, |\nearrow\rangle, |\nearrow\rangle, |\rightarrow\rangle, |\nwarrow\rangle, |\nwarrow\rangle, |\rightarrow\rangle, |\nearrow\rangle, |\nearrow\rangle, |\uparrow\rangle$$

   給Bob。

4. Bob選擇基底

$$\oplus, \oplus, \otimes, \otimes, \oplus, \otimes, \oplus, \otimes, \oplus, \otimes$$

   測量Qubit,並利用傳統通路告知Alice他使用何基底。

5. Alice比對發現相符之基底選擇,即第1、3、6、7、8選擇相符,並利用傳統通路告知Bob,所以協定之金鑰值為 01011。

　　量子金鑰分配的安全性是建立在量子力學的基本定律:

　　『只要測量光子,就會引起光子偏振狀態的改變。』

攻擊者Eve要截收Alice與Bob之間的通訊,就必須測量在量子通路所傳送之光子,假設Eve測量Alice所傳送之光子偏振,因經過測量,光子偏振態可能改變 (只要Eve用錯基底,這發生的機率有 50%),當Bob測量那些已經Eve測量之光子,Bob有 25% 的機會測量錯誤。舉例而言,若Alice傳Qubit $|\rightarrow\rangle$ 給Bob,Alice與Bob均使用基底 ⊕,假設Eve在測量此Qubit時是用

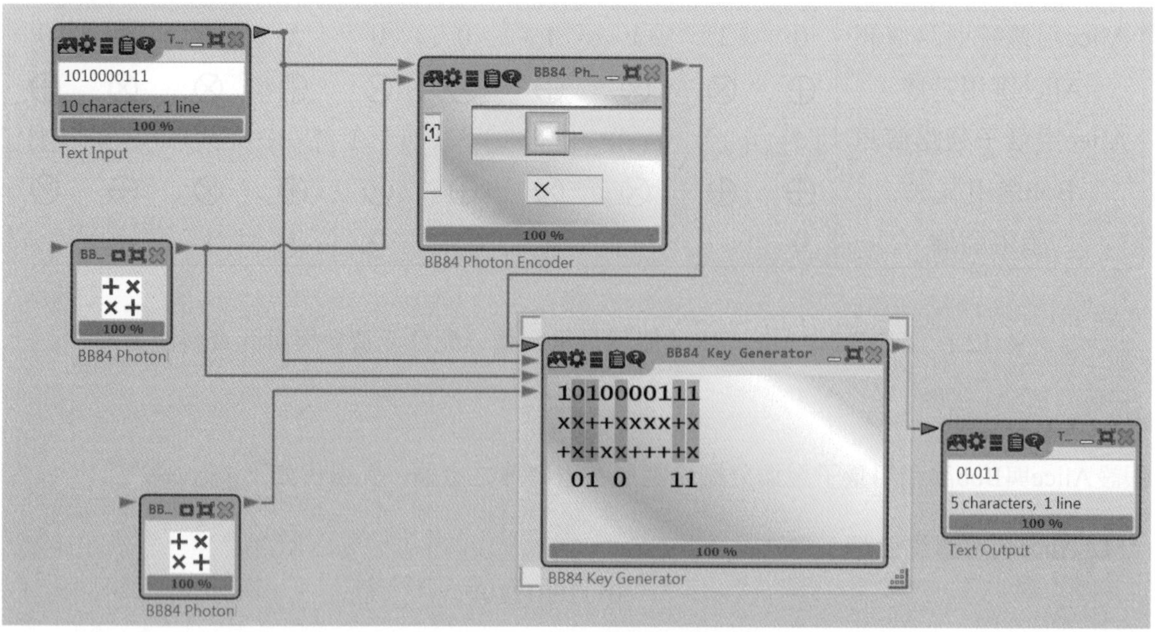

圖 12.4: 透過密碼學教學軟體CrypTool 2可以模擬BB84量子金鑰分配協定。相關的教學影片可參閱「量子密碼BB84量子金鑰分配協定(2) via cryptool 2」：

https://anwendeng.blogspot.com/2015/10/bb842-via-cryptool-2.html

基底 $\otimes$，所得之測量值為 $|\nearrow\rangle$或$|\nwarrow\rangle$ (機率各半)，將此測量過之光子傳給Bob，Bob測量光子偏振值為 $|\rightarrow\rangle$ 或 $|\uparrow\rangle$ (機率也各半)，因此在此出錯的機率就有 25%，如此的錯誤，可藉由Alice所傳之位元值檢查出來，而Eve測量 n 個光子，會產生錯誤的機率為 $1-(\frac{3}{4})^n$，毫無疑問，只要所測量光子數 n 越多，出錯的機率就越接近 1。如此利用量子金鑰分配與單次加密簿法，就可建立一個無條件安全的密碼系統，此時就算Eve再有能耐，也無法破譯任何密文，或許這是最最理想的密碼系統。

以量子電腦與量子密碼比較，量子密碼的技術是較為成熟的。量子金鑰分配 (Quantum key distribution, QKD)實現的量子密碼應用，MaqiQ (http://www.magiqtech.com)早已經商品化。世界上很多國家，如中國、日本、瑞士、美國使用國家的資源，已經耗費上億經費在建置QKD網路的硬體原型，千萬不可小覷。 QKD 允許遠距離的兩方通過傳送量子訊息來產生安全的共同秘密金鑰。另外，若量子電腦技術也告成熟，那麼真正實用安全的密碼系統大概只剩下號稱「後量子」密碼系統。 註[8]

註[8] 可參閱Daniel J. Bernstein、Johannes Buchmann與 Erik Dahmen所著的" Post-Quantum Cryptography" (2008)

12.4　淺談Shor之量子演算法

最為成功的**量子演算法**應屬**Shor**所提出之演算法，[9] 誠然，這是一個機率式的演算法，可以用之分解RSA模數 n，也可以略加修改攻擊所有以離散對數為基礎之公開金鑰密碼系統，以及數位簽章系統，除非運氣很背，一般都可在多項式時間內破譯成功。然而，量子演算法要能發揮威力，則是要在量子電腦造好以後才能達成。倘若量子電腦能真正研發成功，所有截至目前所發展之公開金鑰密碼系統主流，如RSA、ElGamal，或是橢圓曲線密碼系統，都將成為歷史，所有建立在公開金鑰密碼技術的應用，都必須重新檢視其適用性，整個密碼學發展、相關之資訊安全領域，都將被顛覆，因為一旦到了此刻—量子電腦技術成熟之際，也大概只剩下量子密碼是安全的，這並非危言聳聽，截至目前為止，我們僅能從學界，業界略知這方面的發展，至於國家安全單位的成果，大概也只有他們自己人知道，真正的進展如何，還是一團迷霧。

以質因分解大整數 n 而言，傳統最快的分解法是**代數數體篩法**，其計算時間複雜度為

$$\exp((1.923 + o(1))(\log n)^{\frac{1}{3}}(\log\log n)^{\frac{2}{3}})。$$

Shor的基本想法是要將 n 之因數分解問題化約成模指數函數之週期問題；隨機取一正整數 a，其中 $1 < a < n$，可利用廣義輾轉相除法或xeuclidean()計算 a 與 n 之最大公因數，即 $\gcd(a,n)$，若 $\gcd(a,n) > 1$，那就能將 n 因數分解，不過絕大部分的 a 都會與 n 互質。根據**Euler定理**，存在某正整數 r 使得

$$a^r \equiv 1 \pmod{n}，$$

其中 a 與 n 互質，而如此最小之 r 是 a 在乘法群 $\mathbb{Z}/n^{\times}$ 中之秩(即模指數函數之週期)，而Shor演算法是可以計算 a 之秩 r 值。

在這種情況下，若 r 為偶數，其實可將上式改寫成

$$(a^{r/2} - 1)(a^{r/2} + 1) \equiv 0 \pmod{n}；$$

令 $\alpha = a^{r/2} - 1, \beta = a^{r/2} + 1$，毫無問題的，$n$ 必然整除 $\alpha\beta$；若α以及β都不是n之倍數，如此計算

$$\gcd(\alpha, n) \text{ 與 } \gcd(\beta, n)$$

就可得 n 之因子。

---

[9] 可參閱Peter Shor之完整版論文 "Polynomial-time algorithms for prime factorization and discrete logarithms on a quantum computer." *Society for Industrial and Applied Mathematics Journal on Computing* 26 ,5 , 1484-1509 (1997) 這也可藉由 http://xxx.lanl.gov/abs/quant-ph/9508027取得。

例 12.4.1:

令 $n = 15$，取整數 $a = 7$，計算模指數得

$$7 \equiv 7 \pmod{15}$$
$$7^2 \equiv 4 \pmod{15}$$
$$7^3 \equiv -2 \pmod{15}$$
$$7^4 \equiv 1 \pmod{15},$$

$a = 7$ 在 $\pmod{15}$ 運算之秩為 4，

$$7^4 \equiv 1 \pmod{15}$$
$$\implies (7^{4/2} - 1)(7^{4/2} + 1) = 48 \times 50 \, \text{。}$$

計算

$$\gcd(48, 15) = 3 \text{、} \gcd(50, 15) = 5$$

得 $n = 15$ 之因數 $3, 5$。

如此找因數的方法是冀望於 $(a^{r/2} \pm 1)$ 兩整數都不是 n 之倍數，然而這並不是都成立的，但是滿足如此之 a 的機率卻是 $\geq \frac{1}{2}$：

定理 12.4.2:

令 n 為兩相異奇質數的積，且整數 $a < n$ 是一與 n 互質之隨機整數。令 r 為 a 在乘法群 $\mathbb{Z}/n^\times$ 之秩。則 r 為偶數且同時 $a^{r/2} \pm 1$ 皆非 n 之倍數之機率為 $\geq \frac{1}{2}$。

證明：令 a 在乘法群 $(\mathbb{Z}/n)^\times, (\mathbb{Z}/p)^\times, (\mathbb{Z}/q)^\times$ 之秩分別為

$$\text{ord}_n(a) = r = 2^s t, \quad \text{ord}_p(a) = r_p = 2^{s_p} t_p, \quad \text{ord}_q(a) = 2^{s_q} t_q,$$

其中 t, t_p, t_q 與 2 互質，而且 $r = \text{lcm}(r_p, r_q)$。由秩之定義可知 $a^{r/2} \not\equiv 1 \pmod{n}$。欲證機率

$$p' = \text{Prob}(r \text{為奇數，或} r \text{為偶數} a^{r/2} \equiv -1 \bmod n) \leq 1/2 \, \text{。}$$

若 r 為偶數，由中國餘式定理得

$$a^{r/2} \equiv -1 \pmod{n} \iff \begin{cases} a^{r/2} \equiv -1 \pmod{p} \\ a^{r/2} \equiv -1 \pmod{q} \end{cases}$$

但這只在 $s = s_p = s_q$ 時發生；另外，r 為奇數時，$s = s_p = s_q = 0$; 而

$$\text{Prob}(s = s_p = s_q) \leq 1/2$$

欲證之機率 $p' \leq 1/2$。 □

因此，只要重複以上步驟 k 次，能將 n 因數之機率為 $\geq 1 - \frac{1}{2^k}$，如此又是一Las Vegas演算法，這部分之計算，主要是用到廣義輾轉相除法，在多項式時間內可完成。因此一在量子電腦上，只須在多項式時間內之因式分解演算法，於焉成形。

▶Shor演算法量子計算部分

量子電腦的量子運算技術和古典的運算技術，有著根本上的差異。所有的所知量子演算法，[10] 都是以**量子富立葉變換**(Quantum Fourier Transformation)為基礎，其實就是量子計算版的**離散富立葉變換**(Discrete Fourier Transformation)：

定義 12.4.3：

量子富立葉變換(Quantum Fourier Transformation) $\mathrm{QFT_N}$，　$(N = 2^m)$ 是為一個么正映射(Unitary Mapping)

$$\mathrm{QFT_N} : |x\rangle \mapsto \frac{1}{\sqrt{N}} \sum_{y=0}^{N-1} e^{2\pi i xy/N} |y\rangle \text{。}$$

註：

定義中的符號要注意，以十進位數字12表4-qubit態為例：

$$|12\rangle = |1100\rangle = |1\rangle|1\rangle|0\rangle|0\rangle$$
$$= |1\rangle \otimes |1\rangle \otimes |0\rangle \otimes |0\rangle \text{。}$$

以下為求$f(x) = a^x \pmod{n}$週期的作法：

演算法 12.4.4：

求$f(x) = a^x \pmod{n}$週期r。令$n^2 \leq N = 2^m < 2n^2$。

1. 將一對 m-qubit暫存器$\mathrm{REG}_1, \mathrm{REG}_2$初始化

$$\frac{1}{\sqrt{N}} \sum_{x=0}^{N-1} |\mathrm{REG}_1\rangle|\mathrm{REG}_2\rangle = \frac{1}{\sqrt{N}} \sum_{x=0}^{N-1} |x\rangle|0\rangle,$$

2. 對x作用$f(x)$將結果存放REG_2

$$\frac{1}{\sqrt{N}} \sum_{x=0}^{N-1} |x\rangle|f(x)\rangle,$$

3. 將REG_2作用量子富立葉變換$\mathrm{QFT_N}$

$$\frac{1}{N} \sum_{x=0}^{N-1} \sum_{y=0}^{N-1} e^{2\pi i xy/N} |y\rangle |f(x)\rangle = \frac{1}{N} \sum_{y=0}^{N-1} |y\rangle \left(\sum_{x=0}^{N-1} e^{2\pi i xy/N} |f(x)\rangle \right),$$

4. 測量在REG_1得到結果y_0，y_0被測量到的機率為

$$\frac{1}{N^2} \left| \sum_{x=0}^{N-1} e^{2\pi i xy_0/N} \right|^2$$

---

[10] 最有名的量子演算法，除了Peter Shor的質因數分解演算法，還有**Grover的搜尋演算法**。 Grover的搜尋演算法是針對N無序(Unordered)的物件搜尋，其計算時間複雜度為$O(\sqrt{N})$，而一般的搜尋演算法需時$O(N)$。

5. 如果y_0被測量到，以連分數逼近$\frac{y_0}{N}$，找出某個適當收斂項的分母$r < n$，檢查是否 $f(x) = f(x + r)$，若是就找到，若否就重新來過。

12.5 「後量子」密碼系統

後量子密碼學(Post-Quantum Cryptography)顧名思義，就是探討能抵抗量子電腦平行量子演算的密碼系統的學問。 Berstein在他的"Introduction to post-quantum cryptography"文中，可是列出一份能夠抵禦量子電腦攻擊的密碼系統清單，檢視這份清單，除了不敵Shor量子演算的RSA、DSA、ECDSA之外，還是有其他的選擇：

- 雜湊函數為主的密碼：像是以Merkle Hash Tree所建立的公開金鑰數位簽章法。

- 編碼方法的密碼：像是McEliece的 hidden-Goppa-code公開金鑰密碼。

- Lattice為主的密碼：像是Hoffstein-Pipher-Silverman的NTRU公開金鑰密碼。

- 多變數二次等式密碼學(Multivariate-quadratic-equations cryptography)。

- 秘密金鑰密碼：如AES。

除了這份清單，在橢圓曲線 Supersingular 曲線上的Supersingular isogeny金鑰交換，即Diffie-Hellman金鑰交換在Supersingular isogeny上運算的推廣。誰說量子電腦興，密碼學死的？密碼學在資訊攻防的修羅場上，依然是武運長久。

參 考 文 獻

[1] Agrawal, M.; Kayal, M. and Saxena, N., "*PRIMES is in P*", Preprint of Aug, 2002

[2] Bishop, David, "*Introduction to Cryptography with Java Applets*", Jones and Bartlett, 2003

[3] Blake, J. F.; Seroussi, G. and Smart, N. P., "*Elliptic Curves in Cryptography.*" Cambridge University Press, p. 161, 1999

[4] Blum, L.; Blum, M. and Shub, M., "*A Simple Unpredictable Pseudo-Random Number Generator*", SIAM Journal on Computing, No. 2, 1986

[5] Boneh, Dan, "*Twenty years of Attacks on the RSA Cryptosystem.*" Notices of AMS, 46, p. 203-213, 1999

[6] David Brumley and Dan Boneh,"*Remote timing attacks are practical,*" USENIX Security Symposium, August 2003

[7] Bornemann, F., "*PRIMES Is in P: A Breakthrough for 'Everyman'* " Notices of the AMS, May 2003

[8] Buchmann, Johannes A., "*Introduction to Cryptography*", Springer, 1999

[9] Campbell, K. W. and Wiener, M. T., "*DES IS Not a Group*" , Advances in Cryptology-CRYPTO'92 Proceedings, Springer-Verlag, p. 512-520

[10] Cohen, Daniel I. A., "*Introduction to Computer Theory*", 2nd ed., John Wiley & Sons, Inc., 1997

[11] Cohen, Henri, "*A Course in Computational Algebraic Number Theory,*" Springer-Verlag, Berlin, Heidelberg, 1993

[12] Cohen, H.; Miyaji, A. and Ono, T., "*Efficient elliptic curve exponentiation using mixed coordinates*". ASIACRYPT 98. Springer-Verlag, LNCS 917, 51-65, 1998

[13] Courtois, N.T. and J. Pierprzy,"*Cryptanalysis of Block Ciphers with Overdefined Systems of Equations.*" Asiacrypt 2002

[14] Churchhouse, Robert, *"codes and ciphers"*, Cambridge, 2002

[15] Daemen, J. and Rijmen, V., *"Rijndael: The Advanced Encryption Standard"*, Dr. Dobb's Journal, March 2001

[16] Dahms, H. Günther, *"Der Zweite Weltkrieg in Text und Bild"*, Herbig, 1995

[17] Dhem, J.; Koeune, F.; Leroux, P.; Mestré, P.; Quisquater,J. and Willems, J., *" A practical implementation of the timing attack"*, In CARDIS, pages 167-182, 1998.

[18] Diffie and Hellman, *"New directions in cryptography." IEEE Trans. Inform. Theory IT-22*, p. 644-654, 1976

[19] Eker, A. and Jozsa, R., *"Quantum computation and Shor's factoring algorithm,"Reviews of Modern Physics.*, 68, 733, p. 733-753, 1996

[20] ElGamal, T., *"A public key cryptosystem and signature scheme based on discrete logarithms"*, IEEE Trans. Inf. theory. 31, p. 469-472, 1985

[21] Elkies, N. D., *"Elliptic and modular curves over finite field and related computational issues"*, Computational Perspectives on Number Theory: Proc. Conf. in Honor of A.O.L. Atkin, AMS. Internat. Press, 7, 21-76, 1998

[22] Ellis, J., *"The Possibility of Secure Non-Secret Digital Encryption"*, CESG Report, January 1970

[23] Ellis, J., *"The History of Non-Secret Encryption"*, Cryptologia, July 1999

[24] Ferguson, N. and Schneier, B. "Practical Cryptography", Wiley Publishing, 2003

[25] Garrett, Paul, *"Making, Breaking Codes: an introduction to cryptography"*, Prentice-Hall, 2001

[26] Gordan, John A., *"Strong primes are easy to find"*, in *Proceedings of EUROCRYPT 84,*, p. 216-223, Paris, Springer-Verlag,LNCS. 209., 1985

[27] Hankerson, D.; Menezes, A. and Vanstone, S.,*"Guide to Elliptic Curve Cryptography"*, Springer, 2004

[28] Hughes, R. J.; Buttler, W. T.; Kwiat, P. G.; Luther, G. G.; Morgan, G. L.; Nordholt, J. E.; Peterson, C. G. and Simmon, C. M., " Secure communications using quantum cryptography" in *Photonic Quantum Computing*, Vol3076, p. 2-11, 1997

[29] IEEE P1363/D3(Draft Version 3), Shandard specifications for public key cryptography, May 1998

[30] Kahate, A. ,"*Cryptography and Network Security*", Tata McGraw-Hill Publ. 2003

[31] Kahn, D., "*The Codebreakers: The Story of Secret Writing*", New York, Scribner, 1996

[32] Kippenhahn, Rudolf, "*Verschlüsselte Botschaften*", Göttingen, 1997

[33] Kocher, P., "*Timing attacks on implementations of Diffie-Hellman, RSA, DSS, and other systems*", CRYPTO '96, Springer-Verlag, LNCS 1109, 104-113, 1996

[34] Knuth, "*The Art of Computer Programming*", Vol 2, 3rd ed., Addison-Wesley, 1998

[35] Koblitz, N., "*Elliptic Curve cryptosystems.*" Mathematics of Computation 48, p. 203-209, 1987

[36] Koblitz, N., "*CM-curves with good cryptographic properties*", CRYPTO 91, Springer-Verlag, LNCS 576, 279-287, 1992

[37] Koblitz, N., "*Algebraic aspects of cryptography. 3, Algorithms and Computation in Mathematics*", Springer-Verlag, 1998

[38] Kocher, P., "*Timing Attacks on Implementations of Diffie-Helman, RSA, DSS, and Other Systems*", Proceedings, Crypto '96, August 1996

[39] Lang, S., "*Elliptic Curves: Diophantine Analysis.*" Springer-Verlag, 1978

[40] Lenstra, H. W., "*Factoring integers with elliptic curves.*" Annals of Math., 126, p. 649-673, 1987

[41] Lidl, R. and Niederreiter, H., "*Finite Fields*", Encyclopedia of Mathematics and its Application, G.C. Rota, editor, Addison-Wesley, 1983

[42] Lomonaco, S.J. Jr. et al, "*Quantum computation*", A grand mathematical challenge for the twenty-first century and its millennium (Washington, DC, 2000)

[43] Menezes, A. J., "*Elliptic Curve Public Key Cryptosystems*". Kluwer Academic Publishers, 1993

[44] Menezes, A. J.; van Oorschot, P. C. and Vanstone, S.A., "*Handbook of Applied Cryptography.*" CRC Press, 1996

[45] Menezes, A. J.; Okamoto, T. and Vanstone, S. A., "*Reducing elliptic curve logarithms to a finite field.*", IEEE Trans. Info. Theory, 39, 1639-1646, 1993

[46] Menezes, A. J.; Vanstone, S. A. and Zuccherato, R. J., "*Counting points on elliptic curves over F_2^n*", Math. Comp., 60, 407-420, 1993

[47] Meyer, B. and Müller, V., "*A public key cryptosystem based on elliptic curves over Z/nZ equivalent to factoring*", EUROCRYPT 91. Springer-Verlag, LNCS 1070, 49-59, 1996

[48] Miller, G., "*Riemann's hypothesis and test for primality*", J. Comp. and Sys. Sci, 13, 300-317, 1976

[49] Miller, "*Use of elliptic curve in cryptography.*" Advances in Cryptology, CRYPTO 85. " Springer-Verlag, LNCS 218, p.417-426, 1986

[50] Mollin, Richard A., "*RSA and Public-Key Cryptography*", Chapman & Hall/CRC, 2002

[51] Montgomery, P. L., "*Speeding the Pollard and elliptic curve methods of factorization.*", Math. Comp., 48, 243-264, 1987

[52] Montgomery, Peter L.,"*Modular mulliplication without trial division*", Mathematics of Computation, p. 519-521, 44(170), 1985

[53] Nielsen M.A. and Chuang I.L.,"*Quantum Computation and Quantum Information*", Cambridge University Press, 2000

[54] van Oorschot, P. and Wiener, M., "*Parallel Collision Search with Application to Hash Functions and Discrete Logarithms.* ", Proc. 2nd ACM Conf. on Computer a. Communicat. Sec., 1994

[55] Pollard, J. M., "*Theorems on factorization and primality testing.*" Proccedings Cambridge Philosphical Society,76, p. 521-528, 1974

[56] Pohlig, S.C. and Hellman, M.E., "*An improved algorithm for computing discrete logarithms over GF(p) and its cryptographic significance*", IEEE-IT, vol. 24 (1978), p. 106-110

[57] Rabin, M., "*Digitized signatures and public key functions as intractable as factorization*", MIT/LCS/TR-212, MIT Laboratory for Computer Science, 1979

[58] Reeds, Jim, Book Review in "*Notices of the AMS*", vol 47, N.3 p.369-372, 2000

[59] Rejewski, Marian, "*An Application of the Theory of Permutations in Breaking the Enigma Cipher*", Applicationes Mathematicae. 16, No. 4, Warsaw, 1980

[60] Rijmen, V., "*Advanced Encryption Standard - AES4*" Springer,2005

[61] Rivest, Shamir and Adleman, "*A Method for Obtaining Digital Signature and Public-Key Cryptosystems*", Communication of the A.C.M., 21. No.2 p. 120-126, 1978

[62] Rivest, R. and Silverman, Robert D., "*Are 'Strong' Primes Needed for RSA?*" IACR Cryptology,, 2001

[63] Rosen, Kenneth H., *"Elementary Number Theory and its application"*, Addison Wesley Longman, Inc., 2000

[64] Rosing, Michael, *"Implemting Elliptic Curve Cryptography"*, Greenwich, Manning, 1999

[65] Schneier, Bruce, *"Applied Cryptography"*, John Wiley & Sons, Inc., 1996

[66] Schoof, R., *"Counting points on elliptic curves over finite fields"*, in J. Théorie des Nombres de Bordeaux, 7, 219-254, 1995

[67] Shor, Peter, *"Polynomial-time algorithms for prime factorization and discrete logarithms on a quantum computer."* Society for Industrial and Applied Mathematics Journal on Computing , 26, 5, 1484-1509, 1997 (http://xxx.lanl.gov/abs/quant-ph/9508027)

[68] Schroeder, M. R., *"Number Theory in Science and Communication"*, Springer-Verlag, 1983

[69] Shannon, Claude, *"A mathematical theory of communication"*, Bell Systems Technical Journal, 27, p. 379-423, 1948

[70] Shannon, Claude, *"Communication theory of secrecy systems"*, Bell Systems Technical Journal,28, p. 656-715, 1949

[71] Silverman, Josef H., *"The Arithmetic of Elliptic Curves"*, Springer-Verlag, 1985

[72] Silverman, Josef H., *"Advanced Topics in the Arithmetic of Elliptic Curves."*, in Springer-Verlag, GTM 151, 1994

[73] Singh, Simon, *"The Code Book"*, 2000, 《碼書》，譯者劉燕芬，商務出版， 2001

[74] Smart, Nigel, *"Cryptography: An Introduction"*, McGraw-Hill, 2003

[75] Stallings, William, *"Cryptography and Netwrok Security: Principles and Practice, 3rd ed."*, Pearson Education International, 2003

[76] Stinson, Douglas R., *"Cryptography: Theory and Practice"*, Chapman & Hall/CRC, 2002

[77] Benjamin K. T'sou，*"Synchronous Corpus: Some Methodological Considerations on Design and Applications"*, 2004 Taiwan Summer Institute of Linguistics, Academia Sinica, 2004.07.

[78] Trappe, Wade and Washington, Lawrence C. , *"Introduction to Cryptography with Coding Theory"*, Prentince Hall, 2002

[79] van Oorschot, Paul C. and Wiener, Michael, J., *"Parallel collision search with cryptanalytic applications"*, Journal of Cryptography, 12, p. 1-28, 1999

[80] Xiaoyun Wang, Yiqun Yin, Hongbo Yu,*"Finding Collisions in the Full SHA-1"*,Crypto 2005.

[81] Welschenbach, Michael, "*Cryptography in C and C++*", Apress, 2001

[82] Wiener, M., "*Cryptanalysis of short RSA secret exponents.*", IEEE Trans. Inform. Theory, 36, p. 553-558, 1990

[83] Wiles, A., "*Modular elliptic curves and Fermat's Last Theorem.*", Ann Math., 142, 443-551, 1995

[84] Williams, H. C., "*A $p+1$ method for factoring.*" Mathematics of Computation, 39(159), p. 225-234, 1982

[85] Zimmerman, P., "*The Official PGP User's Guide*", MIT Press, Cambridge, 1995

[86] 《政府機關公開金鑰基礎建設技術規範第1.2版》，行政院研究發展考核委員會，2005

[87] 《「時序攻擊法」(Timing Attack)與安全防護說明》，行政院研究發展考核委員會，2005年8月 (http://www2.nsysu.edu.tw/cc/20050829.pdf)

[88] 鄧安文，《密碼學—加密演算法》，全華科技圖書，2004年

[89] 張牧九、鄧安文、陳光武，《量子計算技術專利地圖製作》，行政院國科會科學技術資料中心編印，2004年

[90] 鄧安文，《密碼學—加密演算與密碼分析計算實驗》，全華科技圖書，2006年

[91] http://www.bletchleypark.org.uk

[92] http://csrc.nist.gov/crypto/toolkit/rijndael

[93] http://enigmaco.de/enigma/enigma.html

[94] http://www.rsa.com/rsalabs/node.asp?id=2108

[95] http://www.cryptix.org

[96] http://www.cse.iitk.ac.in/news/primality.html

[97] http://www.iaik.tu-graz.ac.at/research/krypto/AES/index.php

[98] http://docs.oracle.com/javase/1.5.0/docs/api/

[99] http://www.rsasecurity.com/rsalabs/pkcs/

[100] http://www.turing.org.uk/turing

[101] http://www.cesg.gov.uk

[102] J. Orlin Grabbe *"The DES Algorithm Illustrated"* Laissez Faire City Times 2.28 (1992): 12-15.

[103] John Viega, Matt Messier, Pravir Chandra *"Network Security with OpenSSL Cryptography for Secure Communications"* : O'Reilly Media 2009

[104] Verma, A. K., Mayank Dave, and R. C. Joshi. *"Genetic algorithm and tabu search attack on the mono-alphabetic substitution cipher i adhoc networks."* Journal of Computer science. 2007.

[105] Klaus Schmeh *"Cryptography and public key infrastructure on the internet"* Wiley, 2001

[106] Samuel S. Wagstaff *"Cryptanalysis of number theoretic ciphers"* Chapman & Hall, 2003

[107] Christopher Swenson *"Modern cryptanalysis : techniques for advanced code breaking "* Wiley Publishing, 2008

[108] D. V. Bailey et al. *"Breaking ECC2K-130"* http://eprint.iacr.org/2009/541.pdf

[109] *"NIST Selects Winner of Secure Hash Algorithm (SHA-3) Competition "*http://www.nist.gov/itl/csd/sha-100212.cfm

[110] Thorsten Kleinjung, *"Discrete logarithms in GF(p) - 160 digits"* February 5, 2007

[111] Joppe W. Bos and Marcelo E. Kaihara, *"PlayStation 3 computing breaks 2∧60 barrier: 112-bit prime ECDLP solved"* EPFL Laboratory for cryptologic algorithms - LACAL

圖 目 錄

1.1 勒索病毒Wanna Cry 20

1.2 通訊場景 22

1.3 使用http協定明文傳輸帳號密碼，難保不會被像是**wireshark**這類的網路封包分析軟體擷取到敏感資料。 23

1.4 資訊隱藏術(Sternography)用於圖像隱藏 24

1.5 藏頭詩 25

1.6 雜湊函數Hash是檢查資料完整性的利器 26

1.7 對稱性/公開金鑰密碼系統 30

1.8 用GPG4win軟體解密一加密電子郵件 31

1.9 將公鑰上傳至金鑰伺服器 32

2.1 早期NSA的logo 34

2.2 用Scratch所做的電子密碼盤 36

2.3 自然語言英文字母頻率長條圖 42

2.4 例2.3.5密文中字母出現的比例 44

2.5 解譯部分密文 46

2.6 跳舞的小人1 47

2.7 跳舞的小人2 47

2.8 跳舞的小人3 47

2.9 跳舞的小人4 48

2.10 跳舞的小人5 48

2.11 跳舞的小人6 48

2.12 跳舞的小人7 48

2.13 跳舞的小人8 48

2.14 跳舞的小人9 49

2.15 CrypTool 2統計金甲蟲密文單字母頻率比 50

2.16 Java程式執行破譯金甲蟲密文過程 51

2.17 計算吻合數 coincidence(ciphertext,place) 56

2.18 ciphertext之 $C[0]$ 子字串之字母出現相對頻率圖(a)是與一般英文字母出現相對
　　　頻率圖、將字母排列右旋7位時之圖(b)「形狀」是較為相近。 57

2.19 Kasiski法與autocorrelation計算結果 58

2.20 C++解譯Vernam密碼 63

2.21 Colossus破譯機 65

2.22 Bletchley Park 66

2.23 Enigma M3型密碼編碼路徑圖 66

2.24 Enigma滾輪中的進位凹槽(Notch, Übertragskerbe) 67

2.25 Enigma密文形成的路徑 70

2.26 Enigma密碼機，M4型(攝自Bletchleypark博物館) 73

2.27 Hagelin密碼機—與Enigma同期 74

2.28 「碼書」第八個挑戰的已知金鑰設定 78

2.29 Enigma金鑰做適當設定，找出最佳猜測 78

3.1 Galois的畫像 82

3.2 ISBN碼與條碼(Barcode) 83

3.3 testBigInteger.java在JVM上編譯執行結果 98

3.4 jacobiSymbol.java計算Jacobi符號 109

3.5 GF256.java編譯執行結果 116

3.6 Eratosthenes 篩法篩的過程 123

3.7 eratosthenesSieve.java編譯執行結果 125

3.8 高斯以及他的弟子Riemann 126

3.9 $Li(n)/\pi(n)$ 之比值 126

3.10 數論大師 G. H. Hardy 127

3.11 函數 $y = f(x) = \#\{q \leq x | q$與$2q + 1$同時為質數$\}$。 128

3.12 continuedFraction.java編譯執行結果 130

5.1 在微軟的環境下，執行openSSL進行des加解密 152

5.2 Feistel密碼加密一回合 154

5.3 DES f 函數 155

5.4 DES加密流程 158

5.5 使用CrypTool 2觀察DES加密的過程 159

5.6 目前的健保IC卡是用Triple DES加密 162

5.7 Triple DES-EDE3(用3把不同密鑰) 163

5.8 MixColumn的Java實作 173

5.9 使用CrypTool 2觀察AES回合子金鑰產生步驟 175

5.10 AES128demo.java編譯執行結果 179

5.11 利用CrypTool 2解密AES-128密文 181

5.12 IDEA之MA-Box 185

5.13 IDEA之一回合作用 186

5.14 ECB模式DES演算 188

5.15 CBC模式DES演算 189

5.16 將NSA的舊Logo圖以AES-256 ECB、CBC的方式加密 190

5.17 在Linux環境下,將NSA的舊Logo圖以AES-256 CBC的方式加密、解密 192

5.18 使用openSSL採AES-128 OFB針對文字檔加密解密 194

6.1 數位彌封 198

6.2 用CrypTool 2實作模擬RSA的金鑰生成、加密以及解密 200

6.3 RSA演算法 200

6.4 Java程式比較1024-bit RSA不同版本解密的執行時間 207

6.5 RSAkey.java編譯執行結果 211

6.6 testRSA.java編譯執行結果 213

6.7 用openSSL產生RSA金鑰對 214

6.8 用openSSL採2048-bit RSA對文字檔加密、解密 216

6.9 RSA數位簽章是可回復的數位簽章法 216

6.10 用openSSL採2048-bit RSA對文字檔採用Recover Scheme的數位簽章、驗證 218

6.11 同時RSA加密和RSA數位簽章 220

6.12 用代數體篩法因數分解不同位元金鑰之RSA模數所需之計算次數 224

7.1 離散對數函數為模指數函數之反函數,模指數函數計算容易,而離散對數函數
計算複雜 251

7.2 SafePrime.java編譯執行結果 256

7.3 以openSSL產生Diffie-Hellmann的參數 257

7.4 用Diffie-Hellman金鑰交換協定對稱鑰密碼密鑰 258

7.5 居中攻擊 260

7.6 ElGamal密碼系統 261

8.1 用Hash函數之RSA數位簽章 273

8.2 用RSA SHA-256測試openSSL數位簽章 274

8.3 Hash函數 276

8.4 透過openSSL針對文字檔行DSA數位簽章與驗證 288

8.5 MD5一回合作用 296

8.6 MD4一回合作用 298

8.7 不同檔案擁有相同的SHA-1雜湊值 299

8.8 SHA-1一回合作用 301

8.9 SHA-256雜湊函數一回合作用 304

8.10 比特幣區塊中的Merkle雜湊樹 307

8.11 比特幣某個區塊的資訊 308

8.12 比特幣的區塊示意圖 309

8.13 惡意礦工發動雙重支付攻擊示意圖 311

8.14 CBC-MAC 313

8.15 HMAC之openSSL操作 315

9.1 strongPrime.java編譯執行結果 342

9.2 DSAPrime.java編譯執行結果 344

10.1 相同之計算安全度之RSA金鑰位元(x-軸)與橢圓曲線密碼金鑰位元(y-軸
)(RSA以代數數體篩法估計，橢圓曲線密碼以Pollard Rho法估計) 351

10.2 $y^2 = x^3 + 13$ 與 $y^2 = x(x-3)(x+4)$ 352

10.3 橢圓曲線加法律 354

10.4 openSSL所支援的橢圓曲線 362

10.5 openSSL與橢圓曲線secp256k1 378

10.6 openSSL產生橢圓曲線secp256k1金鑰 381

10.7 openSSL操作ECDSA數位簽章與驗證 391

11.1 數位憑證 405

11.2 針對其他用戶GPG加密軟體的信任選項 407

11.3 利用橢圓曲線金鑰所產生的自簽數位憑證 408

11.4 自然人憑證 410

11.5 內政部的憑證管理中心連線到 http://moica.nat.gov.tw/ 412

11.6 台灣政府公開金鑰基礎建設 413

12.1 光子偏振實驗 418

12.2 薛丁格的貓進入又死又活的疊加狀態 419

12.3 量元可表為Bloch球面上的向量$|\psi\rangle = \cos\theta\,|0\rangle + e^{i\varphi}\sin\theta\,|1\rangle$ 420

12.4 透過密碼學教學軟體CrypTool 2可以模擬BB84量子金鑰分配協定 424

表 目 錄

1.1 演算法處理 $n = 10^6$ 在1 MIPS電腦所需之「時間」 27

1.2 使用代數數體篩法分解不同金鑰長度的RSA模數所需運算次數 28

1.3 不同長度金鑰之RSA與對稱金鑰密碼系統所提供之相同之計算安全度(美國 NIST估計) 30

2.1 英文字母出現頻率 43

2.2 ciphertext之 $C[0]$ 子字串之字母出現頻率分析表 56

2.3 $P \cdot W_i$ 內積值 57

3.1 $\mathbb{Z}/7$之加法乘法表 86

3.2 $\mathbb{F}_4$乘法表 115

5.1 初始置換 IP 與終結置換 IP^{-1} 155

5.2 函數E與函數P 156

5.3 DES之S-Box 157

5.4 函數 PC1 與函數 PC2 160

5.5 DES Challenge III 164

5.6 AES記事 165

5.7 AES中SubByte所用之S-Box 169

5.8 AES中InverseSubByte所用之S-Box 170

6.1 質因數分解之紀錄 224

8.1 $y[j] = [2^{32}|\sin(j+1)|]$ 297

8.2 SHA-256所用的常數K[0..63] 304

10.1 NIST所估計不同長度金鑰之RSA與橢圓曲線密碼系統所提供之相同之計算安 全度 351

10.2 例10.11.1用Pollard Rho法計算 $[k]P = Q$ 之過程 401

12.1 例12.3.2中Alice與Bob使用量子金鑰分配位元資料與量元資料比對 423

索 引

$\mathbb{F}_{2^8}$, 82, 112, 115

2-Cycle, 40

51%雙重支付攻擊, 311

A Proof of Stake Design Philosophy, 21

Abelian Group, 85, 86

Acoustic Cryptanalysis, 23

Active Attack, 23

AddRoundKey, 167

Adleman, 196

Advanced Encryption Standard, 165

AES, 112, 165

AES-128, 165, 167

AES-128子鑰, 174

AES-Box, 170

Affine Cipher, 38

Agrawal-Kayal-Saxena演算法, 338

Algebraic Number Field Sieve Method, 223

Algorithm, 21

Algorithmic Number Theory, 250

Alice, 21

Anomalous, 375

Appendix Scheme, 271

ARP Spoofing, 259

ARP攻擊, 259

Asymmetric Key Cryptosystem, 29

Attacking the Square, 243

Authentication, 26

Axiom, 85

Bayes定理, 139

BB84, 422

Bi-prime Cipher, 222

BigInteger Class, 92, 322, 341

Bigram, 42

Binary Algorithm, 202

Binary Curve, 357

Binary Field, 115

Birthday Attack, 219, 278

Bitcoin, 21, 306

Bletchley Park, 65, 196

Blind Factor, 274

Blinding, 244

Block chain, 21

Block Cipher, 153

Blum-Blum-Shub似亂數位元生成器, 134

Bob, 21

Bohr, 416

Bombes, 65

Breaking ECC2K-130, 398

Brute-Force Attack, 24

CA, 404

Caesar Shift Cipher, 36

CBC, 188, 189, 313

Certicom, 350, 396

Certificate Chain, 406

Certificate Revocation List, 405

Certification Authority, 404

CFB, 188, 192

Chain Rule, 144

Chaining Variable, 276

Characteristic, 352, 371

Chaum, 274

Chinese Remainder Theorem, 99

Chosen-Ciphertext Attack, 22

Chosen-Plaintext Attack, 22

Cipher Alphabet, 36

Ciphertext, 21

Ciphertext-Only Attack, 22

Citizen Digital Certificate, 410

Cocks, 196

Colossus, 65

Common Modulus Protocol Failure, 235

Commutative Ring, 86, 101

Compression Function, 276

Computational Complexity, 27

Computational Number Theory, 250

Computationally Secure, 26

Conditional Entropy, 144

Conditional Probability, 139

Confidentiality, 25

Congruence Class, 84

Continued Fraction, 128

Controlled Phase Shift閘門, 421

CRL, 406

Cryptanalysis, 22, 34

Cryptix JCE, 179

Cryptocurrency, 308

Cryptography, 20

Cryptology, 20

Cycle, 40

Cyclic Group, 105

Cyclic Shift, 153

Cycling Attack, 236

Data Integrity, 25

Dependent Events, 139

DES, 24, 153

DES Challenge III, 163

DES子鑰, 159

DES不是群, 161

DES金鑰, 154

Detecting Error Code, 83

Differential Cryptanalysis, 159, 178

Diffie, 196

Diffie-Hellman金鑰交換, 258

Diffie-Hellman問題, 259

Digest, 275

Digital Certificate, 404

Digital Envelope, 198

Digital Signature, 270

Digital Signature Algorithm, 284

Digital Signature Standard, 284

Discrete Fourier Transformation, 427

Discrete Logarithm, 251

Discrete Logarithm Problem, 251

Distinguished Point, 398, 402

DLP, 251

Double DES, 162

DSA, 284, 396

DSAPrime.java, 345

DSA質數, 343

DSS, 284

EC Diffie-Hellman金鑰交換, 385

EC ElGamal密碼, 386

EC ElGamal數位簽章, 388

ECB, 188

ECC, 350, 396

ECC2-108, 398

ECC2-109, 398

ECC2-353, 396

ECC2-97, 398

ECC2K-130, 398

ECC2K-358, 396

ECCp-109挑戰, 396

ECCp-163, 366, 396

ECCp-359, 396

ECDLP, 359

ECDSA, 306, 389

Electromagnetic Analysis Attack, 23

Electronic Signature, 270

Electronic Vote, 274

ElGamal密碼, 261

ElGamal數位簽章, 280

Elliptic Curve, 350

Elliptic Curve Discrete Log Problem, 359

Ellis, 196

Enigma, 24, 65

Enigma金鑰特徵, 75

Entanglement, 421

Entropy, 138, 143

Entropy of the Natural Language, 138, 147

Equivalence Class, 84

Eratosthenes篩法, 122

Ethereum, 21

Euclidean Algorithm, 86

Euclidean Domain, 112

Euler, 204

Euler-Phi函數, 101, 200, 205

Euler判別, 107

Euler定理, 200, 253, 425

Eve, 21

Event, 138

Exhaustive Attack, 24

Expanded Key, 173

Extended Euclidean Algorithm, 39, 89

Fault Analysis Attack, 23

Feistel密碼, 153

Fermat Number, 209

Fermat's Last Theorem, 102

Fermat's Little Theorem, 102

Fermat因數分解, 226

Field, 111

Finite Field, 112

FIPS-197, 165

Frequency Analysis, 34

Friedman, 54

Frobenius轉換, 360

Fully-exponential-time, 28

Galois Field, 112

Galois體, 82, 112, 115, 165, 371

Gauß, 204

Gauß Elimination, 225

gcj, 97

Generalized Riemann Hypothesis, 337

Generator, 105

Germain質數, 127, 255, 339

GNU C, 97

GNU Privacy Guard, 31, 32

Gordan演算法, 340

Government Public Key Infrastructure, 412

Government Root CA, 413

GPG, 31, 32

GPG4win, 31

GPKI, 412

GRCA, 413

Group, 86

Grover的搜尋演算法, 427

Hamming Weight, 203

Hamming加權, 203

Hardy, 204, 339

Hardy-Littlewood猜想, 127

Hash-based message authentication code, 314

Hashcash, 308

Hash函數, 219, 270, 275

Hasse, 359

Hasse定理, 374

Heartbleed bug, 214

Height函數, 356

Hellman, 196

Hill密碼, 59

HMAC, 314

IDEA, 31, 183

IDEA子鑰, 187

IDEA的S-Box, 184

Independent Events, 139

Index, 251

Index Calculus, 265

Index of Coincidence, 54

Inductive Hypothesis, 89

Information Theory, 138

Initial Permutation, 155

International Data Encryption Algorithm, 183

International Standard Book Number, 83

Intial Vector, 189

InverseSubByte, 168

IP, 155

ISBN碼, 83

Isomorphic, 252

Jacobian投影座標, 368

Jacobi符號, 108, 109

Java Cryptograhy Extension, 179

Java Cryptography Extension (JCE) Unlimited Strength Jurisdiction Policy Files, 179

JCE, 179, 211

Joint Entropy, 143

Karatsuba乘法, 325

Keccak, 303

Kerckhoffs原理, 24

Key, 21

Key Equivocation, 145

Known-Plaintext Attack, 22

Koblitz曲線, 396, 397

Kobliz, 382

Lagrange定理, 102, 205, 361, 375

Las Vegas演算法, 233

Least-Signifant-Bit-First, 202

Least-Significant-Bit-First, 118

Legendre符號, 107, 228, 360

Linear Cryptanalysis, 178

Littlewood, 339

Lorenz, 65

Lucifer, 153, 161

Möbius函數, 126

MA-Box, 185

MAC, 313

Man in the Middle Attack, 259

Maple, 346

Mathematica, 346

Mauborgne, 62

MD5, 294

MD系列, 270

Meet-in-the-Middle Attack, 162

Mersenne Twister, 134

Message Authentication Code, 313

Message Expansion, 262

Miller-Rabin演算法, 341

Miller-Rabin質數測試, 335

MIPS, 27

MIPS-年, 27

MixColumn, 167, 172

Modular Exponentiation, 202

Modular Operations, 82

Monic Irreducible, 112

Monoid, 101

Montgomery Reduction, 329

Montgomery模指數演算法, 332

Most-Significant-Bit-First, 203

Multiplicative Inverse, 90

National Institute of Standard and Technology, 284

National Security Agency, 153

NIST, 284

Non-Adjacent型態, 365

Non-Repudiation, 26

Non-Supersingular, 371

Nonce, 270

NP時間, 28

NP複雜性, 250

NSA, 153, 289

Nyberg-Rueppel數位簽章, 290

OFB, 188, 193

One-Time Pad, 62

One-Way Function, 275

openMP, 124

openSSL, 152, 190

openSSL des-ecb, 152

Order, 104, 114, 252

Parity Bit, 154

Pentanomial, 115

Perfect Secrecy, 140, 141

Permutation, 40

PetaFLOPS, 28

PGP, 31, 187, 198, 406

PGP信任模式, 406

Photon, 417

PKCS, 207

PKCS#1, 207, 412

PKCS#14, 350

PKCS#3, 259

PKI, 270, 404

Plain Alphabet, 36

Plaintext, 21

PMI, 413

Pohlig-Hellman密碼, 251

Pohlig-Hellman演算法, 263, 375

Poisson分佈, 138

Pollard之 $p-1$ 法, 231, 340, 392

Polyalphabetic Substitution, 51

Polynomial Basis, 116

Polynomial-time, 28

Post-Quantum Cryptography, 428

Power Analysis Attack, 23

Pretty Good Privacy, 31

Prime, 121

Prime Curve, 357

Prime Field, 115

Prime Number Theorem, 124

Primitive Root, 104, 252

Private Key, 29, 199

Privilege Management Infrastructure, 413

PRNG, 134

Probabilistic Cipher, 263

Probability Distribution, 138

Projective Geometry, 352

Proof of Work, 140

Proof-of-Work, 308

Provably Secure, 27

Pseudo Random Number Generator, 134

Public Key, 29

Public Key Cryptography Standards, 207

Public Key Cryptosystem, 29, 196

Public Key Infrastructure, 404

Quadratic Nonresidue, 106

Quadratic Reciprocity, 107

Quadratic Residue, 106

Quadratic Sieve Method, 223

Quantum bit, 419

Quantum Computation, 238

Quantum Computer, 238

Quantum Cryptography, 416

Quantum Fourier Transformation, 427

Quantum Teleportation, 416

Qubit, 419

Ròzycki, 72

RA, 405

Rabin密碼, 244

Rainbow Table, 297

Ransomware, 21, 152

RC4, 182

Reblocking問題, 219

Recovery Scheme, 216, 271

Redundancy, 147

Redundancy Function, 290

Reflector, 65

Reflexivity, 84

Rejewski, 72

Representative System, 85, 331

Richard Feynman, 416

Riemann-Zeta函數, 121

Riemann猜想, 126

Rijndael, 165

Rijndael演算法, 412

Rijndael演算法的代數攻擊, 178

Ring Isomorphism, 101

RIPEMD系列, 270

Rivest, 182, 196, 276

Root CA, 406

Rotor, 65

RSA, 27, 199, 396, 412, 416

RSA Modulus, 199

RSA-129挑戰, 223

RSA-155, 398

RSA似亂數位元生成器, 135

RSA私鑰, 232

RSA盲簽章, 274

RSA密碼, 196

RSA演算法, 199

RSA模數, 199, 222

S-Box, 120, 156, 157, 182

Salt, 297

Sample Space, 138

Satoshi Nakamoto, 307

Scherbius, 65

Schnorr數位簽章, 289

Schrödinger, 417

Secret Key, 29

Secret Key Cryptosystem, 29

Secure Hash Algorithm, 299

Session Key, 31

SHA, 299, 412

SHA-1, 289, 299

SHA-2, 303

SHA-256, 270

SHA-3, 303

SHA1PRNG, 134

Shamir, 196

Shannon, 138

shattered, 276

SHA系列, 270

ShiftRow, 167, 171

Shor, 416, 425

Short Plaintext, 237

Side Channel Attack, 23, 238, 242

Sieve of Eratosthenes, 122

Sliding Window法, 333

smooth, 228

Sponge Functions, 303

Spurious Key, 146

Square Attack, 178

State Matrix, 165

Stecker, 65

Sternography, 24

Stream Cipher, 24

Stream cipher, 182

Strong Prime, 340

Strongly Collision Resistance, 275

SubByte, 166, 168

Subexponential-time, 28

Subgroup, 102

Substitution, 34

Superposition of States, 417

Supersingular, 375

Symmetric Group, 40

Symmetric Key Cryptosystem, 29

Symmetric Key Cryptosystems, 152

Symmetry, 84

Tempest Attack, 23

testBigInteger.java, 97

Timing Attack, 23, 238, 242

Torsion點, 357

Transitivity, 84

Transposition, 34, 40, 71

Trapdoor, 197

Trapdoor One-Way Function, 197

Trapdoor One-Way Permutation, 197

Trigram, 42

Trinomial, 115

Triple DES, 153, 162

Truncated Differential, 178

Trust Path, 406

Trust Web, 407

Trusted Third Party, 404

TTP, 404

Twin Primes, 340

Unconditionally Secure, 26

Unicity距離, 138, 148

Unicode, 64, 212

Unique Factorization Domain, 106

Vernam, 62

Vigenère密碼, 51

Vitalik Buterin, 21

Weierstraß方程式, 351, 371

Weighted Homogeneous, 368

Weighted Projective Coordinate, 368

Weighted Projective Space, 368

Welsh-Hadmard閘門, 421

WEP, 24, 182

Wiener低冪次 d 攻擊, 239

Williamson, 196

William之 p + 1 法, 340

Window法, 333

Wired Equivalent Privacy, 24

wireshark, 23

X.509, 404, 407, 412

XOR, 153

Zimmerman, 187

Zygalski, 72

一定長度之數位資料, 270

乙太坊, 21

二元曲線, 357

二元演算法, 202

二元體, 115

二次剩餘, 106

二次篩法, 223, 226, 265

三向認證, 410

三字母組合, 42

三項式, 115

子群, 102
工作量證明, 308
工作證明, 140

不可否認性, 26, 218, 219, 270

中本哲史, 307
中本聰, 307
中國餘式定理, 99, 206, 244, 263
中途相遇攻擊, 162
中間人攻擊, 259

五項式, 115

公理, 85
公開金鑰, 196, 404
公開金鑰基礎建設, 404
公開金鑰密碼, 250
公開金鑰密碼系統, 26, 29, 196, 197
公開金鑰密碼標準, 207
公開鑰基礎建設, 270
公開鑰密碼, 322, 334
公鑰, 29

反身性, 84
反射器, 65

心臟出血漏洞, 214

比特幣, 21, 270, 306

加密, 316
加權投影空間, 368
加權投影座標, 368
加權齊次, 368
加鹽, 297

主動式攻擊, 23

代表系統, 85, 331
代替, 34

代數乘法性質, 283
代數幾何, 350
代數群, 353
代數數體篩法, 28, 223, 265, 425
可回復式的數位簽章, 270
可回復式數位簽章方案, 404
可回復式數位簽章法, 216
可認證性, 25, 219
可證明安全, 27
右旋, 153

左旋, 153

平行Pollard Rho法, 350, 400

生日攻擊, 219, 270, 278
生成元, 105, 358

交換群, 85, 86, 354
交換環, 86, 101

仿射密碼, 38

光子, 417
光子偏振, 417

全指數時間, 28

因數分解, 222

回復式方案, 271

同構, 252
同餘類, 84
多套字母替代法, 51
多項式版廣義輾轉相除法, 113, 372
多項式時間, 28, 91
多項式基底, 116
多項式環, 112
安全質數, 255, 281, 322

有限體, 112

次指數時間, 28

自然人憑證, 270, 410
自然語言, 146
自然語言熵, 138, 147

串流密碼, 24, 182
串聯變數, 276, 294

位移, 34

似亂數生成器, 64, 134

低冪次e攻擊, 236
吻合指數, 54

完美秘密, 140, 141

投影幾何, 352

攻擊平方, 243

私鑰, 26, 29, 199

事件, 138

函數體篩法, 230

受信託的第三者, 404

居中攻擊, 259

明文, 21
明文字母, 36
明文攻擊, 22, 60, 263

波/粒子二重性質, 416
波耳, 416

狀態的疊加, 417
狀態矩陣, 165

盲因子, 274
盲簽章, 270, 274

糾結態, 421

初始向量, 189
初始置換, 155
初始置換 IP, 160

金鑰, 21
金鑰模糊度, 145

附錄式方案, 271

非二次剩餘, 106
非對稱金鑰密碼, 271
非對稱金鑰密碼系統, 29
非對稱金鑰密碼學, 21

信任路徑, 406
信任網, 407

後量子密碼學, 428

政府公開金鑰基礎建設, 412
政府憑證總管理中心, 413

相同模數協定錯誤, 235
相依事件, 139

美國國家安全局, 153
美國國家標準局, 153
美國國家標準技術局, 284

計算上安全, 26, 138
計算數論, 250, 397
計算複雜度, 27

重複函數, 219, 290
重複率, 138, 147

乘法反元素, 39, 90
乘法代數性質, 218, 247, 276
乘法群, 82, 252

原根, 104, 252

差分分析, 178

差分攻擊, 159

時序攻擊, 23, 170, 238, 242, 330

海綿函數, 303

特殊點, 398, 402

特徵值, 371

特徵數, 352

秩, 104, 114, 252, 375

訊息理論, 138

訊息擴張, 262

訊息鑑別碼, 313

除法, 325, 327

高斯, 108, 124, 204

高斯消去法, 225

假金鑰, 146

偵錯碼, 83

側面通道攻擊, 23

側面管道攻擊, 238, 242

勒索病毒, 21, 152

區塊密碼, 153

區塊雜湊, 306

區塊鏈, 21, 270

唯一分解環, 106

密文, 21

密文回饋, 188

密文字母, 36

密文攻擊, 22, 146

密碼分析, 22

密碼分析學, 34

密碼安全的似亂數生成器, 134

密碼區塊串聯, 188

密碼貨幣, 21, 308

密碼學, 21

密鑰, 29

密鑰密碼系統, 29

強抗碰撞, 275

強質數, 231, 322, 340, 341

彩虹表, 297

接線板, 65

授權管理基礎建設, 413

條件機率, 139

條件熵, 144

終結置換 IP^{-1}, 160

連分數, 128, 239

連分數收斂值, 132

連結熵, 143

陷門, 197

凱撒挪移碼, 36

單向函數, 275

單向陷門函數, 32, 197, 201, 255

單向陷門置換, 197

單向認證, 409

單次密碼簿, 27, 62, 138, 142

單套字母替代法, 36, 40

單群, 101

循環攻擊, 236

循環移位, 153

循環群, 105, 358, 375

無限遠點, 352

無條件安全, 26, 138

短明文, 237

等價類, 84

費馬, 102
費馬小定理, 102, 205, 231, 244, 262, 334
費馬最後定理, 102, 350
費馬數, 184, 209
費曼, 416
量子力學, 416
量子計算, 238, 416
量子通路, 422
量子富立葉變換, 427
量子電腦, 238, 416
量子演算法, 425
量子遙傳, 416
量元, 419

萬國碼, 64, 212
置換, 40
群, 86

解析數論, 226

資料完整性, 25
資訊系統, 316
資訊隱藏術, 24

電力解析攻擊, 23
電子文件, 315
電子投票, 270, 274
電子編碼簿, 188
電子簽章, 270, 316
電子簽章法, 315
電磁波解析攻擊, 23

對稱性, 84
對稱金鑰密碼, 26
對稱金鑰密碼系統, 29, 152
對稱群, 40, 72

摘要, 275
演算法, 21
演算數論, 250, 397
滾輪, 65

赫序函數, 275

遞移性, 84

廣義Riemann猜想, 337
廣義輾轉相除法, 89, 201

數位憑證, 270, 404
數位彌封, 198
數位簽章, 26, 216, 260, 270, 316
數論, 204, 350

暴力攻擊, 24
暴風雨攻擊, 23

樣本空間, 138

模指數, 202
模除法, 39
模運算, 82

窮舉法, 24
線性分析, 178

質數, 121
質數曲線, 357
質數定理, 124
質數體, 115

憑證, 316
憑證中止清單, 405
憑證實務作業基準, 316
憑證機構, 316, 404
憑證鏈結, 406

橢圓曲線, 350
橢圓曲線加法律, 353

橢圓曲線因數分解, 231, 393
橢圓曲線乘法, 356
橢圓曲線離散對數問題, 359
橢圓曲線離散對數問題的挑戰, 396

機密性, 25, 219
機率分佈, 138
機率式密碼, 263

獨立事件, 139

輸出回饋, 188

選擇明文攻擊, 22
選擇密文攻擊, 22, 247

錯誤解析攻擊, 23

頻率分析, 34, 43

壓縮函數, 270, 276

檢查位元, 154

環同構, 101

聲音解析攻擊, 23

薛丁格的貓, 417

輾轉相除法, 39, 86

韓信點兵, 99

歸納法假設, 89

離散富立葉變換, 427
離散對數, 104, 251, 270
離散對數問題, 251, 259, 265, 270, 288

雜湊函數, 275
雜湊訊息鑑別碼, 314
雜湊現金, 308

雙向認證, 409

雙字母組合, 42
雙質數密碼, 222

鏈鎖律, 144

孿生質數, 340

體, 111

熵, 138, 143

國家圖書館出版品預行編目資料

密碼學：密碼分析與實驗 / 鄧安文 作.
-- 三版. -- 新北市：全華圖書.
2018.12
面 ； 公分
ISBN 978-986-463-996-0(平裝)
1. 密碼學
448.761 107020855

密碼學——密碼分析與實驗

作者 / 鄧安文
發行人 / 陳本源
執行編輯 / 李慧茹
出版者 / 全華圖書股份有限公司
郵政帳號 / 0100836-1 號
印刷者 / 宏懋打字印刷股份有限公司
圖書編號 / 0594302
三版二刷 / 2021 年 09 月
定價 / 新台幣 580 元
ISBN / 978-986-463-996-0
全華圖書 / www.chwa.com.tw
全華網路書店 Open Tech / www.opentech.com.tw
若您對本書有任何問題，歡迎來信指導 book@chwa.com.tw

臺北總公司(北區營業處)
地址：23671 新北市土城區忠義路 21 號
電話：(02) 2262-5666
傳真：(02) 6637-3695、6637-3696

南區營業處
地址：80769 高雄市三民區應安街 12 號
電話：(07) 381-1377
傳真：(07) 862-5562

中區營業處
地址：40256 臺中市南區樹義一巷 26 號
電話：(04) 2261-8485
傳真：(04) 3600-9806(高中職)
(04) 3601-8600(大專)

歡迎加入 全華會員

● 會員獨享

會員享書折扣、紅利積點、生日禮金、不定期優惠活動…等。

● 如何加入會員

填妥讀者回函卡直接傳真 (02) 2262-0900 或寄回,將由專人協助登入會員資料,待收到 E-MAIL 通知後即可成為會員。

如何購買 全華書籍

1. 網路購書

全華網路書店「http://www.opentech.com.tw」,加入會員購書更便利,並享有紅利積點回饋等各式優惠。

2. 全華門市、全省書局

歡迎至全華門市(新北市土城區忠義路 21 號)或全省各大書局、連鎖書店選購。

3. 來電訂購

(1) 訂購專線:(02) 2262-5666 轉 321-324
(2) 傳真專線:(02) 6637-3696
(3) 郵局劃撥(帳號:0100836-1 戶名:全華圖書股份有限公司)
※ 購書未滿一千元者,酌收運費 70 元。

OpenTech 全華網路書店.com.tw

全華網路書店 www.opentech.com.tw
E-mail: service@chwa.com.tw

※ 本會員制如有變更則以最新修訂制度為準,造成不便請見諒。

讀者回函卡

填寫日期： ／ ／

姓名： 生日：西元 年 月 日 性別：□男 □女

電話：（ ） 傳真：（ ） 手機：

e-mail：（必填）

註：數字零，請用 Φ 表示，數字 1 與英文 L 請另註明並書寫端正，謝謝。

通訊處：□□□□□

學歷：□博士 □碩士 □大學 □專科 □高中 · 職

職業：□工程師 □教師 □學生 □軍 · 公 □其他

學校 / 公司： 科系 / 部門：

· 需求書類：

□ A. 電子 □ B. 電機 □ C. 計算機工程 □ D. 資訊 □ E. 機械 □ F. 汽車 □ I. 工管 □ J. 土木

□ K. 化工 □ L. 設計 □ M. 商管 □ N. 日文 □ O. 美容 □ P. 休閒 □ Q. 餐飲 □ B. 其他

· 本次購買圖書為： 書號：

· 您對本書的評價：

封面設計：□非常滿意 □滿意 □尚可 □需改善，請說明

內容表達：□非常滿意 □滿意 □尚可 □需改善，請說明

版面編排：□非常滿意 □滿意 □尚可 □需改善，請說明

印刷品質：□非常滿意 □滿意 □尚可 □需改善，請說明

書籍定價：□非常滿意 □滿意 □尚可 □需改善，請說明

整體評價：請說明

· 您在何處購買本書？

□書局 □網路書店 □書展 □團購 □其他

· 您購買本書的原因？（可複選）

□個人需要 □幫公司採購 □親友推薦 □老師指定之課本 □其他

· 您希望全華以何種方式提供出版訊息及特惠活動？

□電子報 □DM □廣告 （媒體名稱 ）

· 您是否上過全華網路書店？（www.opentech.com.tw）

□是 □否 您的建議

· 您希望全華出版那方面書籍？

· 您希望全華加強那些服務？

~感謝您提供寶貴意見，全華將秉持服務的熱忱，出版更多好書，以饗讀者。

全華網路書店 http://www.opentech.com.tw 客服信箱 service@chwa.com.tw

2011.03 修訂

勘誤表

親愛的讀者：

感謝您對全華圖書的支持與愛護，雖然我們很慎重的處理每一本書，但恐仍有疏漏之處，若您發現本書有任何錯誤，請填寫於勘誤表內寄回，我們將於再版時修正，您的批評與指教是我們進步的原動力，謝謝！

全華圖書 敬上

書號		書名	作者
頁數	行數	錯誤或不當之詞句	建議修改之詞句

我有話要說：（其它之批評與建議，如封面、編排、內容、印刷品質等⋯⋯）